O poder do pensamento matemático

Jordan Ellenberg

O poder do pensamento matemático

A ciência de como não estar errado

Tradução:
George Schlesinger

Revisão técnica:
Samuel Jurkiewicz
Professor da Politécnica e da Coppe/UFRJ

6ª reimpressão

Para Tanya

Tradução autorizada da primeira edição americana, publicada em 2014 por Penguin Press, de Nova York, Estados Unidos

Grafia atualizada segundo o Acordo Ortográfico da Língua Portuguesa de 1990, que entrou em vigor no Brasil em 2009.

Título original
How Not to Be Wrong: The Power of Mathematical Thinking

Capa
Sérgio Campante

Preparação
Angela Ramalho Vianna

Indexação
Gabriella Russano

Revisão
Eduardo Monteiro
Eduardo Farias

CIP-Brasil. Catalogação na publicação
Sindicato Nacional dos Editores de Livros, RJ

Ellenberg, Jordan
E43p O poder do pensamento matemático: a ciência de como não estar errado / Jordan Ellenberg; tradução George Schlesinger; revisão técnica Samuel Jurkiewicz. – 1ª ed. – Rio de Janeiro: Zahar, 2015.
il.

Tradução de: How Not to Be Wrong: The Power of Mathematical Thinking.
Inclui índice
ISBN 978-85-378-1421-5

1. Matemática financeira. 2. Estatística. I. Título.

CDD: 513.93
15-20201 CDU: 51-7

EDITORA SCHWARCZ S.A.
Praça Floriano, 19, sala 3001 — Cinelândia
20031-050 — Rio de Janeiro — RJ
Telefone: (21) 3993-7510
www.companhiadasletras.com.br
www.blogdacompanhia.com.br
facebook.com/editorazahar
instagram.com/editorazahar
twitter.com/editorazahar

"Aquilo que há de melhor na matemática não merece ser aprendido apenas como obrigação; deve ser assimilado como parte do pensamento diário e depois lembrado vezes e vezes seguidas, com interesse sempre renovado."

BERTRAND RUSSELL, "The study of Mathematics", 1902

Sumário

Introdução: Quando será que eu vou usar isso? 9

PARTE I **Linearidade**

1. Menos parecido com a Suécia 31

2. Localmente reto, globalmente curvo 42

3. Todo mundo é obeso 63

4. Quanto é isso em termos de americanos mortos? 77

5. A pizza maior que o prato 93

PARTE II **Inferência**

6. O corretor de ações de Baltimore e o código da Bíblia 105

7. Peixe morto não lê mentes 120

8. *Reductio ad* improvável 153

9. A *Revista Internacional de Haruspício* 168

10. Ei, Deus, você está aí? Sou eu, a inferência bayesiana 188

PARTE III **Expectativa**

11. O que esperar quando você espera ganhar na loteria 223

12. Perca mais vezes o avião! 265

13. Onde os trilhos do trem se encontram 287

PARTE IV Regressão

14. O triunfo da mediocridade 333

15. A elipse de Galton 352

16. O câncer de pulmão leva você a fumar? 393

PARTE V Existência

17. Não existe esse negócio de opinião pública 413

18. "A partir do nada criei um estranho Universo novo" 444

Epílogo: Como estar certo 475

Notas 495

Agradecimentos 515

Índice remissivo 519

Introdução
Quando será que eu vou usar isso?

NESTE EXATO MOMENTO, numa sala de aula em algum lugar do mundo, uma aluna está xingando o professor de matemática. O professor acaba de lhe pedir que passe uma parte substancial de seu fim de semana calculando uma lista de trinta integrais definidas.

Há milhares de coisas que a aluna prefere fazer. Na verdade, dificilmente há alguma coisa que *não* prefira fazer. E ela sabe disso muito bem, porque passou boa parte do fim de semana anterior calculando uma lista diferente – mas não *muito* diferente – de trinta integrais definidas. Ela não vê qual o sentido disso, e é o que diz ao professor. Em algum ponto da conversa, a aluna fará ao professor a pergunta que ele mais teme:

"Quando será que eu vou usar isso?"

Agora o professor de matemática provavelmente diz algo do tipo:

"Eu sei que para você parece bobagem, mas, lembre-se, você não sabe que carreira irá escolher. Pode ser que você não veja a relevância agora, mas talvez entre numa área em que seja realmente importante saber como calcular integrais definidas à mão, de forma rápida e correta."

Poucas vezes essa resposta satisfaz a aluna. Porque é mentira. E o professor e a aluna sabem que é mentira. O número de adultos que algum dia lança mão de uma integral de $(1 - 3x + 4x^2)^{-2}\,dx$, da fórmula para o cosseno de 3θ ou da divisão sintética de polinômios pode ser contado em poucos milhares de mãos.

A mentira tampouco é muito satisfatória para o professor. Eu devo saber disso. Nos muitos anos em que ensinei matemática, pedi a algumas centenas de alunos da faculdade que calculassem listas de integrais definidas.

Felizmente existe uma resposta melhor. Ela é mais ou menos assim:

"A matemática não é só uma sequência de cálculos a serem executados por rotina até que sua paciência ou sua energia se esgote – embora possa parecer isso, pelo que lhe ensinaram nos cursos de *matemática*. Essas integrais são para a matemática a mesma coisa que trabalhar com pesos e fazer ginástica para o futebol. Se você quer jogar futebol – quer dizer, jogar *mesmo*, em nível de competição –, vai ter de fazer um monte de exercícios chatos, repetitivos e aparentemente sem sentido. Será que os jogadores profissionais algum dia *usam* esses exercícios? Bom, você nunca vai ver ninguém em campo levantando halteres nem correndo em zigue-zague entre cones de trânsito. Mas vê os jogadores usando a força, a velocidade, a percepção e a flexibilidade que desenvolveram fazendo esses exercícios, semana após semana, de forma tediosa. Praticar esses exercícios é parte de aprender futebol.

"Se você quer jogar futebol para ganhar a vida, ou mesmo participar do time do colégio, vai ter de passar uma porção de fins de semana enfadonhos no campo de treinamento. Não há outro jeito. Mas aqui está a boa notícia. Se os exercícios são demais para você, sempre pode jogar por diversão, com os amigos. Pode apreciar a emoção de passar driblando pelos zagueiros ou marcar um gol de longe, exatamente como um atleta profissional. Você será mais saudável e feliz do que se ficasse em casa assistindo aos profissionais na TV.

"Com a matemática acontece mais ou menos a mesma coisa. Pode ser que você não esteja almejando uma carreira com orientação matemática. Tudo bem – a maioria das pessoas não almeja. Mesmo assim, você ainda pode usar matemática. Provavelmente já *está usando*, mesmo que não dê a ela esse nome. A matemática está entrelaçada à nossa forma de raciocinar. E deixa você melhor em muita coisa. Saber matemática é como usar um par de óculos de raios X que revelam estruturas ocultas por sob a superfície caótica e bagunçada do mundo. Matemática é a ciência de como não estar errado em relação às coisas. Suas técnicas e hábitos foram moldados ao longo de séculos de trabalho árduo e muita argumentação. Com as ferramentas da matemática à mão, você pode entender o mundo de maneira mais profunda, consistente e significativa. Tudo de que você necessita é um treinador, ou mesmo um livro, que lhe ensine as regras e algumas táticas básicas. Eu serei seu treinador. E vou lhe mostrar como."

Por razões de tempo, raramente é isso o que eu digo em aula. Mas num livro há lugar para se estender um pouco mais. Espero justificar a alegação que acabei de fazer mostrando a você que os problemas nos quais pensamos todo dia – problemas de política, medicina, comércio, teologia – são enfrentados com a matemática. Compreender isso lhe dá acesso a insights não acessíveis por outros meios.

Mesmo que eu fizesse à minha aluna esse discurso motivacional na íntegra, ela ainda poderia – se for realmente afiada – não se convencer.

"Isso soa muito legal, professor", ela dirá. "Mas é uma coisa bem abstrata. Você diz que com a matemática à sua disposição pode acertar em coisas que faria errado. Mas que tipo de coisa? Me dê um *exemplo concreto*."

A essa altura eu lhe contaria a história de Abraham Wald e os furos de bala que faltam.

Abraham Wald e os furos de bala que faltam

Essa história, como muitas outras da Segunda Guerra Mundial, começa com os nazistas expulsando um judeu da Europa e termina com os nazistas lamentando esse ato. Abraham Wald nasceu em 1902,[1] na cidade que então se chamava Klausenburg, que na época fazia parte do Império Austro-Húngaro. Quando Wald era adolescente, a Primeira Guerra Mundial estava só nos livros, e sua cidade natal havia se tornado Cluj, na Romênia. Ele era neto de rabino e filho de um padeiro kosher, mas desde sempre o jovem Wald fora um matemático. Seu talento para a matéria logo foi reconhecido, e ele foi admitido para estudar matemática na Universidade de Viena, onde se sentiu atraído por temas abstratos e recônditos até pelos padrões da matemática pura: teoria dos conjuntos e espaços métricos.

Quando Wald completou os estudos, em meados da década de 1930, a Áustria estava mergulhada numa profunda crise econômica, e não havia possibilidade de um estrangeiro ser contratado como professor em Viena. Wald foi salvo por uma oferta de emprego feita por Oskar Morgenstern, que mais tarde emigraria para os Estados Unidos e ajudaria a inventar a teoria dos jogos. Contudo, em 1933, ele era diretor do Instituto Austríaco de Pesquisa Econômica e contratou Wald por um pequeno salário para efetuar tarefas matemáticas estranhas. Isso acabou se revelando um bom passo para Wald: sua experiência em economia lhe valeu uma oferta de bolsa na Comissão Cowles, um instituto de economia então situado em Colorado Springs. Apesar da situação política cada vez pior, Wald relutou em dar um passo que o afastaria da matemática pura para sempre. Mas então os nazistas conquistaram a Áustria, facilitando substancialmente sua decisão. Após apenas alguns meses no Colorado, foi-lhe oferecida uma cadeira de estatística em Columbia; ele fez as malas mais uma vez e mudou-se para Nova York.

E foi lá que lutou sua guerra.

O Grupo de Pesquisa Estatística (SRG, de Statistical Research Group),[2] no qual Wald passou grande parte da Segunda Guerra Mundial, era um programa sigiloso que mobilizava o poderio reunido dos estatísticos americanos para o esforço de guerra – algo semelhante ao Projeto Manhattan, exceto que as armas desenvolvidas eram equações, e não explosivos. O SRG era efetivamente *em* Manhattan, no número 401 da West 118th Street, em Morningside Heights, apenas a uma quadra da Universidade Columbia. O prédio agora abriga apartamentos para o corpo docente da universidade e alguns consultórios médicos, mas em 1943 era o fervilhante e reluzente centro nervoso da matemática de guerra. No Grupo de Matemática Aplicada de Columbia, dezenas de moças debruçadas sobre calculadoras de mesa Marchant calculavam fórmulas para a curva ideal que um caça deveria traçar no ar a fim de manter o avião inimigo sob a mira de sua metralhadora. Em outro aposento, uma equipe de pesquisadores de Princeton desenvolvia protocolos para bombardeios estratégicos. A ala de Columbia para o projeto da bomba atômica ficava na sala ao lado.

Mas o SRG era o mais poderoso e, em última análise, o mais importante de todos esses grupos. A atmosfera combinava a abertura e intensidade intelectual de um departamento acadêmico ao sentido de determinação que vem apenas com os mais altos desafios. "Quando elaborávamos recomendações",[3] escreveu W. Allen Wallis, o diretor, "muitas vezes aconteciam coisas. Caças entravam em combate com suas metralhadoras carregadas conforme as advertências de Jack Wolfowitz acerca de misturar tipos de munição, e talvez os pilotos voltassem, talvez não. Aviões da Marinha lançavam foguetes cujos propulsores haviam sido aceitos pelos planos de inspeção de amostragem de Abe Girshick, e talvez os foguetes explodissem destruindo nossos próprios aviões e pilotos, ou talvez destruíssem o alvo."

O talento matemático ali disponível correspondia à gravidade da tarefa. Nas palavras de Wallis, o SRG foi "o mais extraordinário grupo de estatísticos já organizado, levando em conta tanto a quantidade quanto a qualidade".[4] Frederick Mosteller, que mais tarde fundaria o Departamento de Estatística de Harvard, estava lá. Como também Leonard Jimmie Savage, o pioneiro da teoria da decisão e grande advogado com atuação na área que viria a ser conhecida por estatística bayesiana.* Norbert Wiener, matemático do Instituto Tecnológico de Massachusetts (MIT, de Massachusetts Institute of Technology) e criador da cibernética, dava uma passada por ali de tempos em tempos. Este era o grupo no qual Milton Friedman, futuro Prêmio Nobel de Economia, muitas vezes se tornava a quarta pessoa mais inteligente na sala.

A pessoa *mais inteligente* na sala em geral era Abraham Wald. Ele fora professor de Allen Wallis em Columbia e funcionava como uma espécie de eminência matemática do grupo. Ainda qualificado como "estrangeiro inimigo", tecnicamente não tinha permissão para ver os relatórios sigilosos que produzia. A piada em torno do SRG[5] era de que as secretárias deviam arrancar uma folha de papel de sua mão logo que ele acabasse de escrevê-la. Wald, de certa forma, era um integrante improvável do grupo. Como sempre, inclinava-se para a abstração, para longe das aplicações

---

* Savage era quase totalmente cego, capaz de ver apenas pelo canto de um dos olhos, e em certa época passou seis meses vivendo apenas de *pemmican* (mistura concentrada de proteína e gordura de alto valor nutritivo) para comprovar um assunto acerca da exploração do Ártico. Achei que valia a pena mencionar isso.

diretas. Mas sua motivação para usar o talento contra o Eixo era óbvia. E quando era necessário transformar uma ideia vaga em matemática sólida, Wald era a pessoa que se queria ter ao lado.

Assim, eis a questão.[6] Você não quer que seus aviões sejam derrubados pelos caças inimigos, então você os blinda. Mas a blindagem torna o avião mais pesado, e aeronaves mais pesadas são mais difíceis de manobrar e usam mais combustível. Blindar demais os aviões é um problema; blindar os aviões de menos é um problema. Em algum ponto intermediário há uma situação ideal. O motivo de você ter uma equipe de matemáticos enfurnados num aposento na cidade de Nova York é descobrir qual é essa situação ótima.

Os militares foram ao SRG com alguns dados que julgaram úteis. Quando os aviões americanos voltavam de suas missões na Europa, estavam cobertos de furos de balas. Mas os danos não eram distribuídos uniformemente pela aeronave. Havia mais furos na fuselagem, não tantos nos motores.

Seção do avião	**Balas por pé* quadrado**
Motor	1,11
Fuselagem	1,73
Sistema de combustível	1,55
Resto do avião	1,8

Os oficiais viam aí uma oportunidade de eficiência. Pode-se obter a mesma proteção com menos blindagem se a concentrarmos nos locais mais necessários, onde os aviões são mais atingidos. Contudo, exatamente quanto mais de blindagem caberia a essas partes do avião? Essa era a resposta que foram obter de Wald. Mas não a obtiveram.

A blindagem, disse Wald, não devia ir para onde os furos de bala estão, mas para onde os furos *não estão*, isto é, nos motores.

* Um pé corresponde mais ou menos a 30,50cm. (N.T.)

A grande sacada de Wald foi simplesmente perguntar: onde estão os furos de bala que faltam? Aqueles que estariam sobre todo o revestimento do motor caso os danos tivessem se distribuído de forma igual pelo avião? Wald estava bastante seguro a esse respeito. Os furos de balas que faltavam estavam nos aviões que faltavam. A razão de os aviões voltarem com menos pontos atingidos no motor era que os atingidos no motor não voltavam. A grande quantidade de aviões que retornava à base com a fuselagem semelhante a um queijo suíço era forte evidência de que os tiros sofridos pela fuselagem podem (e portanto devem) ser tolerados. Se você for à sala de recuperação num hospital, verá muito mais gente com furos de bala nas pernas que no peito. Mas isso não ocorre porque as pessoas não são atingidas no peito, e sim porque as pessoas atingidas no peito não se recuperam.

Eis aqui um velho truque matemático que torna o quadro completamente claro: *estabeleça algumas variáveis como zero*. Nesse caso, a variável a pinçar é a probabilidade de um avião que leve um tiro no motor conseguir permanecer no ar. Estabelecer essa probabilidade como zero significa que um único tiro no motor sem dúvida derruba o avião. Qual deveria ser a aparência dos dados nesse caso? Você teria aviões com furos de bala ao longo das asas, da fuselagem, do nariz, mas nenhum no motor. O analista militar tem duas opções para explicar isso: ou as balas alemãs atingem qualquer parte do avião, menos o motor, ou o motor é o ponto de vulnerabilidade total. Ambas as situações explicam os dados, mas esta última faz mais sentido. A blindagem vai para onde não estão os furos.

As recomendações de Wald foram rapidamente materializadas, e ainda eram empregadas pela Marinha e pela Força Aérea na Guerra da Coreia e do Vietnã.[7] Não sei dizer exatamente quantos aviões americanos elas salvaram, embora os analistas de dados descendentes do SRG e que hoje são militares devam fazer uma boa ideia a respeito. Uma coisa que o establishment de defesa americano tem tradicionalmente compreendido muito bem é que os países não vencem guerras somente sendo mais corajosos que o outro lado, nem mais livres, nem um pouco preferidos por Deus. Os vencedores em geral são os caras que têm 5% a menos de aviões derrubados, ou que utilizam 5% menos combustível, ou que nutrem sua infantaria 5% a mais com 95% do custo. Esse não é o tipo de coisa que figure nos filmes de guerra, mas que constitui a própria guerra. E há matemática em cada passo do caminho.

Por que Wald viu o que os oficiais, que tinham um conhecimento e uma compreensão muito mais vastos dos combates aéreos, não conseguiram ver? Tudo volta para os seus hábitos matemáticos de pensamento. Um matemático sempre pergunta: "Quais são suas premissas? Elas se justificam?" Isso pode ser muito irritante, mas também bem produtivo. Nesse caso, os oficiais tinham uma premissa involuntária, de que os aviões que voltavam eram uma amostra aleatória de todos os aviões. Se isso fosse verdade, você poderia tirar conclusões sobre a distribuição dos furos de bala em todos os aviões examinando a distribuição dos furos apenas nos aviões sobreviventes. Uma vez reconhecendo que a hipótese é esta, basta um instante para perceber que ela está totalmente errada; não há motivo para esperar que os aviões apresentem uma probabilidade igual de sobrevivência, independentemente de onde são atingidos. Num fragmento de jargão matemático ao qual voltaremos no Capítulo 15, a taxa de sobrevivência e a localização dos furos de balas estão *correlacionados*.

A outra vantagem de Wald era sua tendência para a abstração. Wolfowitz, que estudara com Wald em Columbia, escreveu que os problemas favoritos de seu colega eram "do tipo mais abstrato possível",[8] e que ele "sempre estava pronto para falar sobre matemática, mas não se interessava pela popularização nem pelas aplicações específicas".

A personalidade de Wald dificultava que ele focalizasse sua atenção em problemas aplicados, é verdade. A seu ver, os detalhes de aviões e metralhadoras eram puro enchimento – ele mirava direto por entre escoras e pregos que sustentavam a história. Às vezes essa abordagem pode levar você a ignorar características do problema que têm importância. Mas também permite que você veja o esqueleto comum compartilhado por questões que parecem muito diferentes na superfície. Assim você tem uma experiência significativa em áreas nas quais parece não ter vivência alguma.

Para um matemático, a estrutura subjacente ao problema do furo de bala é um fenômeno chamado *viés de sobrevivência*, que sempre ressurge em todos os tipos de contexto. Uma vez que tenha familiaridade com ele, como Wald, você facilmente o percebe, onde quer que ele se esconda.

É como os fundos mútuos. A avaliação da performance dos fundos mútuos é uma área em que ninguém quer estar errado, nem um pouquinho só. Uma variação de 1% no crescimento anual pode ser a diferença entre um ativo financeiro valioso e aquela roubada. Os fundos na categoria Large Blend da Morningstar, investidos em grandes empresas que representam aproximadamente o S&P 500,* parecem pertencer ao primeiro tipo. Os fundos nessa classe cresceram em média 178,4% entre 1995 e 2004, saudáveis 10,8% ao ano.** Parece que você se sairia bem, se tivesse dinheiro, investindo nesses fundos, não?

Bem, não. Um estudo de 2006, feito pela Savant Capital,[9] lançou luz um tanto mais fria sobre esses números. Pense outra vez em como a Morningstar gera seus cálculos. Estamos em 2004, você pega todos os fundos classificados como Large Blend e vê quanto cresceram nos últimos dez anos.

Mas falta alguma coisa: *os fundos que não estão ali*. Fundos mútuos não vivem para sempre. Alguns florescem, outros morrem. Os que morrem, de forma geral, são aqueles que não dão dinheiro. Logo, julgar o desempenho de uma década de fundos mútuos a partir daqueles que ainda existem no fim dos dez anos é como julgar as manobras evasivas dos nossos pilotos contando os furos de bala nos aviões que retornam. O que significaria não encontrar nunca mais de um furo de bala por avião? Não que os nossos pilotos sejam brilhantes em se esquivar do inimigo, mas que os aviões que foram atingidos duas vezes despencaram em chamas.

---

* O S&P 500 é um índice financeiro que, grosso modo, representa as quinhentas ações mais importantes no mercado. (N.T.)

** Para ser justo, o próprio índice S&P 500 teve resultado ainda melhor, crescendo 212,5% no mesmo período.

O estudo da Savant descobriu que, se fosse incluída a performance dos fundos mortos junto com a dos sobreviventes, a taxa de retorno cairia para 134,5%, num valor muito mais normal de 8,9% ao ano. Pesquisa mais recente respaldou essa conclusão. Um estudo abrangente realizado em 2011 e publicado na *Review of Finance*,[10] cobrindo quase 5 mil fundos, descobriu que a taxa de retorno excedente dos 2.641 sobreviventes é cerca de 20% mais alta que a mesma cifra recalculada de modo a incluir os fundos que não deram certo. O tamanho do efeito de sobrevivência pode ter surpreendido os investidores, mas provavelmente não surpreenderia Abraham Wald.

Matemática é a extensão do senso comum por outros meios

A essa altura minha interlocutora adolescente vai me interromper e perguntar, muito razoavelmente: "Onde está a matemática?" Wald era matemático, é verdade, e não se pode negar que sua solução para o problema dos furos de bala foi engenhosa. Mas o que há de matemático nela? Não havia nenhuma identidade trigonométrica a ser observada, nem integral, nem inequação, nenhuma fórmula.

Em primeiro lugar, Wald usou fórmulas, sim. Eu contei a história sem elas porque isso é apenas a introdução. Quando se escreve um livro explicando a reprodução humana para pré-adolescentes, a introdução é interrompida imediatamente antes da coisa realmente hidráulica de como os bebês entram na barriga da mamãe. Em vez disso, você começa com algo como: "Tudo na natureza muda; as árvores perdem as folhas no inverno só para florir de novo na primavera; a humilde lagarta entra na sua crisálida e emerge como magnífica borboleta. Você também é parte da natureza, e..."

É nessa parte do livro que estamos agora.

Mas aqui somos todos adultos. Desligando momentaneamente a abordagem suave, eis uma página de amostra do aspecto real do relatório de Wald:[11]

limite inferior para os Q_i poderia ser obtido. A premissa aqui é que o decréscimo de q_i para q_{i+1} está entre limites definidos. Portanto, tanto o limite superior quanto o inferior para Q_i podem ser obtidos.

Assumimos que:

$$\lambda_1 q_i \leq q_{i+1} \leq \lambda_2 q_i,$$

onde $\lambda_1 < \lambda_2 < 1$ é tal que a expressão

$$\sum_{j=1}^{n} \frac{\frac{a_j}{j(j-1)}}{\lambda_1^{\;2}} < 1 - a_0 \qquad \text{(A)}$$

seja satisfeita.

A solução exata é tediosa, mas aproximações aos limites superior e inferior para Q_i para $i < n$ podem ser obtidas pelo procedimento a seguir. O conjunto de dados hipotéticos usado é

$a_0 = 0{,}780$ $\quad a_3 = 0{,}010$

$a_1 = 0{,}070$ $\quad a_4 = 0{,}005$

$a_2 = 0{,}040$ $\quad a_5 = 0{,}005$

$\lambda_1 = 0{,}80$ $\quad \lambda_2 = 0{,}90$

A condição A é satisfeita, pois, por substituição

$$0{,}07 + \frac{0{,}04}{0{,}8} + \frac{0{,}01}{(0{,}8)^3} + \frac{0{,}005}{(0{,}8)^6} + \frac{0{,}005}{(0{,}8)^{10}} = 0{,}20529,$$

que é menos que

$$1 - a_o = 0{,}22\ .$$

LIMITE INFERIOR DE Q_i

O primeiro passo é resolver a equação 66. Isso envolve a solução das quatro equações seguintes para raízes positivas g_o, g_1, g_2, g_3.

Espero que não tenha sido chocante demais.

Ainda assim, a ideia *real* por trás do insight de Wald não requer nada desse formalismo. Nós já a explicamos sem usar notação matemática de nenhum tipo. Então a pergunta da minha aluna continua a valer: "O que faz essa matemática? Ela não é só senso comum?"

Sim. Matemática é senso comum. Em algum nível básico, isso é claro. Como se pode explicar a alguém por que somar sete coisas com cinco coisas dá o mesmo resultado que somar cinco coisas com sete? Não se pode. O fato está embutido na nossa forma de pensar acerca de juntar coisas. Os matemáticos gostam de dar nomes aos fenômenos que o nosso senso comum descreve. Em vez de dizer "*Esta* coisa somada com *aquela* coisa é a *mesma* coisa que *aquela* coisa somada com *esta* coisa", nós falamos: "A adição é comutativa." Ou, como gostamos de símbolos, escrevemos:

Para qualquer escolha de a e b, $a + b = b + a$.

Apesar da fórmula de aspecto oficial, estamos falando de um fato compreendido instintivamente por qualquer criança.

Multiplicação é um caso ligeiramente diferente. A fórmula parece bem similar:

Para qualquer escolha de a e b, $a \times b = b \times a$.

A mente, diante dessa afirmação, não diz "Está na cara" com a mesma rapidez que no caso da adição. É "senso comum" que dois conjuntos de seis coisas correspondam à mesma quantidade que seis conjuntos de duas?

Talvez não. Mas pode *se tornar* senso comum. Eis minha mais antiga memória de matemática. Estou deitado no chão da casa dos meus pais, a bochecha pressionada contra o tapete felpudo, olhando para o aparelho estéreo. Provavelmente estou escutando o lado B do *Álbum azul* dos Beatles. Devo ter uns seis anos. Foi na década de 1970, e o aparelho estéreo deve estar embutido num painel de madeira compensada, com um arranjo retangular de furos para entrada de ar num dos lados. Oito furos na horizontal, seis na vertical. Então, estou ali deitado, olhando os furos. As seis fileiras de furos. As oito colunas de furos. Fazendo meu olhar entrar e sair de foco, eu conseguia fazer minha mente oscilar entre ver as fileiras e ver as colunas. Seis fileiras com oito furos cada. Oito colunas com seis furos cada.

E aí eu saquei. Oito grupos de seis eram a mesma coisa que seis grupos de oito. Não porque fosse uma regra que me tivessem dito, mas porque não podia ser de outro jeito. O número de furos no painel era o número de furos no painel, não importava a maneira como eram contados.

O APARELHO ESTÉREO DE MEUS PAIS, 1977

Temos uma tendência de ensinar matemática como uma longa lista de regras. Você as aprende numa ordem e deve obedecê-las, caso contrário tira nota baixa. *Isso não é matemática*. Matemática é o estudo de coisas que aparecem de certo modo porque não poderiam ser de modo diferente.

Agora, sejamos justos. Nem tudo na matemática pode ser perfeitamente transparente para a nossa intuição como a adição e a multiplicação. Você não pode fazer cálculo integral e diferencial por senso comum. Mas ainda assim o cálculo *derivou* do nosso senso comum – Newton pegou nossa intuição física sobre objetos que se movem em linha reta, formalizou-a e aí construiu sobre essa estrutura formal uma descrição matemática universal do movimento. Uma vez tendo a teoria de Newton à mão, você pode aplicá-la a problemas que fariam sua cabeça girar se não tivesse equações para ajudá-lo. Da mesma maneira, temos sistemas mentais embutidos para avaliar a probabilidade de um resultado incerto. Mas esses sistemas são bastante fracos e pouco confiáveis, especialmente quando se trata de eventos de extrema raridade. É aí que respaldamos nossa intuição com alguns teoremas e técnicas robustos e adequados, e fazemos deles uma teoria matemática da probabilidade.

A linguagem especializada na qual os matemáticos conversam entre si é uma ferramenta magnífica para transmitir ideias complexas de forma ágil e precisa. Mas sua estranheza pode criar entre os não matemáticos a impressão de uma esfera de pensamento totalmente alheia ao raciocínio habitual. Isso está absolutamente errado.

A matemática é como uma prótese alimentada por energia atômica que você prende ao seu senso comum, multiplicando vastamente seu alcance e sua potência. Apesar do poder da matemática, e apesar de sua notação e abstração às vezes proibitivas, o efetivo trabalho mental envolvido é pouco diferente da maneira como pensamos sobre problemas mais pé no chão. Eu acho útil ter em mente uma imagem do Homem de Ferro abrindo um buraco a socos através de uma parede de tijolos. De um lado, a efetiva força que quebra a parede não é fornecida pelos músculos de Tony Stark, mas por uma série de servomecanismos finamente sincronizados e alimentados por um compacto gerador de partículas beta. De outro lado, do ponto de vista de Tony Stark, o que ele está fazendo é socar uma parede, exatamente como faria sem a armadura. Só que muito, muito mais forte.

Parafraseando Clausewitz, a matemática é a extensão do senso comum por outros meios.

Sem a estrutura rigorosa que a matemática provê, o senso comum pode levar você a se perder. Foi isso que aconteceu com os oficiais que queriam blindar as partes dos aviões já suficientemente fortes. Mas a matemática formal sem senso comum – sem a constante inter-relação de raciocínio abstrato e nossa intuição sobre quantidade, tempo, espaço, movimento, comportamento e incerteza – seria apenas um exercício estéril de contabilidade e obediência a regras. Em outras palavras, a matemática seria realmente o que a impertinente aluna de cálculo acha.

Aí está o verdadeiro perigo. John von Neumann, no ensaio de 1947 chamado "The Mathematician", advertiu:

> À medida que uma disciplina matemática viaja para longe de sua fonte empírica, ou ainda mais, se é uma segunda ou terceira geração inspirada apenas indiretamente por ideias vindas da "realidade", ela é assediada por graves perigos. Torna-se cada vez mais uma pura estetização, cada vez mais simplesmente *l'art pour l'art*. Isso não é necessariamente ruim, se o campo está cercado de temas correlatos, que ainda têm conexões empíricas mais próximas, ou se a disciplina está sob a influência de homens com um gosto excepcionalmente bem desenvolvido. Mas existe um grave perigo de que esse assunto se desenvolva segundo a linha de menor resistência, de que a corrente, longe de sua fonte, se separe numa grande variedade de ramos insignificantes, e que a disciplina se torne uma massa desorganizada de detalhes e complexidades. Em outras palavras, a uma distância grande de sua fonte empírica, ou após muita endogamia abstrata, a disciplina matemática corre o risco de degeneração.*

Qual o tipo de matemática deste livro?

Se seu conhecimento de matemática vem inteiramente da escola, contaram-lhe uma história muito limitada e, sob alguns aspectos importantes, falsa. A matemática escolar é largamente composta por uma sequência de fatos e regras, fatos que são certos, regras que vêm de uma autoridade mais alta e não podem ser questionadas. Ela trata questões matemáticas como assunto completamente encerrado.

* A visão de Von Neumann sobre a natureza da matemática é sólida, mas é justo se sentir um pouco incomodado a respeito de sua caracterização da matemática executada com fins puramente estéticos como "degenerada". Von Neumann escreve apenas dez anos depois da exposição de *entartene Kunst* ("arte degenerada") na Berlim de Hitler, cujo tema era que *l'art pour l'art* era o tipo de coisa de que judeus e comunistas gostavam, e destinava-se a erodir a saudável arte "realista" requerida por um vigoroso Estado teutônico. Sob tais circunstâncias, é possível sentir-se um pouco defensivo em relação à matemática que não serve a nenhum propósito aparente. Um autor com compromisso político diferente do meu apontaria, a essa altura, o enérgico trabalho de Von Neumann no desenvolvimento e execução de armas nucleares.

A matemática não está encerrada. Mesmo com referência a objetos básicos de estudo, como números e figuras geométricas, nossa ignorância é muito maior que nosso conhecimento. E as coisas que sabemos só foram alcançadas após maciço esforço, disputa e confusão. Todo esse suor e tumulto é cuidadosamente excluído do seu livro-texto.

Há fatos e fatos, claro. Nunca houve muita controvérsia sobre $1 + 2 = 3$. A questão de *se e como podemos realmente provar* que $1 + 2 = 3$, que oscila desconfortavelmente entre a matemática e a filosofia, é outra história – vamos voltar a isso no fim do livro. Mas que o cálculo está correto, isso é pura verdade. A confusão está em outra parte. Diversas vezes vamos chegar muito perto dela.

Fatos matemáticos podem ser simples ou complicados, superficiais ou profundos. Isso divide o universo matemático em quatro quadrantes:

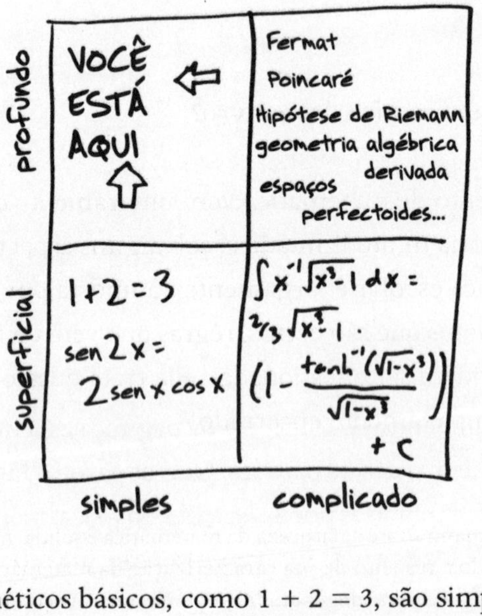

Fatos aritméticos básicos, como $1 + 2 = 3$, são simples e superficiais. O mesmo ocorre com identidades básicas como $\text{sen}(2x) = 2\,\text{sen}x\cos x$ ou a fórmula quadrática: podem ser ligeiramente mais difíceis de convencer você que $1 + 2 = 3$, mas no final não têm muito mais carga conceitual.

Passando para o quadrante complicado/superficial, você tem o problema de multiplicar números de dez dígitos, ou o cálculo de uma intrincada integral definida, ou, dados alguns anos no curso de graduação, o traço de Frobenius em forma modular de condutor 2377. É concebível que por algum motivo você precise saber a resposta desse problema, e é inegável que seria algo entre irritante e impossível resolvê-lo à mão; ou, como é o caso da forma modular, pode ser necessária alguma instrução séria até para entender o que se pede. Mas saber essas respostas na realidade não enriquece seu conhecimento a respeito do mundo.

O quadrante complicado/profundo é onde matemáticos profissionais como eu gostam de passar a maior parte do tempo. É onde vivem teoremas e conjecturas célebres: a hipótese de Riemann, o último teorema de Fermat,* a conjectura de Poincaré, P/NP, o teorema de Gödel. Cada um desses teoremas envolveu ideias de profundo significado, importância fundamental, beleza estonteante e tecnicidade brutal, e cada um deles é protagonista de alguns livros.[12]

Mas não deste livro aqui, que vai se ater ao quadrante superior esquerdo: simples e profundo. As ideias matemáticas que queremos abordar são aquelas que podem ser enfrentadas de forma direta e proveitosa, quer seu treinamento de matemática pare em pré-álgebra, quer vá muito além disso. E não são meros "fatos", como uma simples afirmação aritmética – são princípios, cujas aplicações se estendem para além das coisas em que você está acostumado a pensar como matemática. São ferramentas práticas no cinto de utilidades. Usadas da forma adequada, ajudarão você a não estar errado.

A matemática pura pode ser uma espécie de convento, um lugar tranquilo, a salvo das influências perniciosas da bagunça e da inconsistência do mundo. Eu cresci dentro dessas paredes. Outros garotos fãs de matemática que conheci ficavam tentados por aplicações na física, na genômica ou na arte negra da administração dos fundos de pensão, mas eu não queria essas vivências agitadas.** Como aluno de pós-graduação, dediquei-me à teoria

---

* Que, entre os profissionais, agora é chamado de teorema de Wiles, pois Andrew Wiles o provou (com assistência crítica de Richard Taylor) e Fermat, não. Mas é provável que o nome tradicional jamais seja trocado

** Para ser sincero, quando eu estava na casa dos vinte anos, passei parte da minha vida pensando que talvez quisesse ser um "sério romancista". Cheguei mesmo a terminar um dos números, que Gauss chamou de "a rainha da matemática", o mais puro dos temas, o jardim central do convento, onde contemplamos as mesmas questões sobre números e equações que preocupavam os gregos e que mal se tornaram menos incômodos nos 25 séculos que se passaram desde então.

De início trabalhei com teoria dos números com sabor clássico, provando fatos acerca de somas de quartas potências de números inteiros que poderia, se pressionado, explicar para a minha família no Dia de Ação de Graças, mesmo que não conseguisse justificar como provei o que provara. Mas não demorou muito para eu ser seduzido por campos ainda mais abstratos, investigando problemas em que era impossível mencionar os atores básicos – "representações de Galois residualmente modulares", "co-homologia de esquemas de módulos", "sistemas dinâmicos em espaços homogêneos", coisas desse tipo – fora do arquipélago dos anfiteatros de seminários e salas de professores que se estendem de Oxford a Princeton, de Kyoto a Paris e a Madison, Wisconsin, onde sou professor agora. Quando digo que essa matéria é empolgante, significativa e linda, e que nunca vou me cansar de pensar nela, é bom você acreditar em mim, porque se faz necessária uma longa formação apenas para alcançar o ponto em que os objetos de estudo entram no seu campo de visão.

Mas aconteceu uma coisa engraçada. Quanto mais abstrata e distante da experiência viva foi ficando minha pesquisa, mais comecei a notar quanto a matemática estava presente no mundo fora das minhas quatro paredes. Não as representações de Galois nem a co-homologia, mas ideias que eram mais simples, mais antigas e igualmente profundas – o quadrante noroeste do quadro conceitual. Comecei a escrever artigos para revistas e jornais sobre como o mundo era visto pelas lentes matemáticas e descobri, para minha surpresa, que até gente que dizia detestar matemática estava disposta a lê-los. Era uma espécie de ensino de matemática, mas muito diferente do que fazemos em sala de aula.

"sério romance literário", chamado *The Grasshopper King*, que foi publicado. No entanto, durante o processo, descobri que cada dia que eu dedicava a escrever um "sério romance literário" correspondia a meio dia me lastimando, com desejo de estar resolvendo problemas matemáticos.

O que esse ensino tem em comum com a sala de aula é que o leitor é solicitado a fazer algum trabalho. Voltando a Von Neumann, em "The Mathematician":

> É mais difícil compreender o mecanismo de um avião e as teorias das forças que o erguem e propulsionam que simplesmente voar, ser erguido no ar e transportado por ele – ou até mesmo dirigi-lo. É excepcional que se possa adquirir essa compreensão de um processo sem antes ter profunda familiaridade sobre como dirigi-lo e usá-lo, sem antes tê-lo assimilado de forma instintiva e empírica.

Em outras palavras, é bastante difícil *compreender* matemática sem *fazer* um pouco de matemática. Não há uma estrada régia para a geometria, como disse Euclides a Ptolomeu; ou talvez, dependendo da fonte, como Menecmo disse a Alexandre Magno. (Vamos encarar o fato, velhas máximas atribuídas a cientistas antigos provavelmente são inventadas, mas nem por isso são menos instrutivas.)

Este não será o tipo de livro em que faço gestos vagos e grandiosos para grandes monumentos da matemática, instruindo você sobre a forma apropriada de admirá-los a grande distância. Estamos aqui para sujar um pouquinho as mãos. Vamos fazer alguns cálculos. Haverá algumas fórmulas e equações, quando eu sentir necessidade delas para explicar alguma coisa. Não se exigirá nenhuma matemática formal além da aritmética, embora se vá explicar um bocado da matemática que está muito além da aritmética. Desenharei alguns gráficos e diagramas grosseiros. Vamos encontrar alguns tópicos da matemática escolar fora de seu hábitat usual. Veremos como as funções trigonométricas descrevem quanto duas variáveis estão relacionadas entre si, o que o cálculo tem a dizer sobre a relação entre fenômenos lineares e não lineares e como a fórmula quadrática serve de modelo cognitivo para a pesquisa científica.

E também vamos deparar com parte da matemática em geral empurrada para o período da faculdade, como a crise na teoria dos conjuntos, que aqui aparece como uma espécie de metáfora para a jurisprudência da

Suprema Corte e a arbitragem em jogos de beisebol; desenvolvimentos recentes na teoria analítica dos números, que demonstram a inter-relação entre estrutura e aleatoriedade; e teoria da informação e projetos combinatórios, que ajudam a explicar como um grupo de estudantes de graduação do MIT ganhou milhões de dólares compreendendo as entranhas da Loteria Estadual de Massachusetts.

Haverá ocasionalmente fofocas sobre matemáticos famosos e certa quantidade de especulação filosófica. Haverá até uma ou duas provas. Mas nada de dever de casa nem testes de avaliação.

PARTE I

Linearidade

Inclui: a curva de Laffer; o cálculo explicado em uma página; a lei dos grandes números; diversas analogias com o terrorismo; "Todo mundo nos Estados Unidos terá excesso de peso em 2048"; por que em Dakota do Sul há mais câncer encefálico que em Dakota do Norte; os fantasmas das grandezas mortas; o hábito de definição.

1. Menos parecido com a Suécia

ALGUNS ANOS ATRÁS, no calor da batalha sobre o Affordable Care Act,* Daniel J. Mitchell, do libertário Instituto Cato, postou uma entrada num blog com o provocativo título:[1] "Por que Obama está tentando tornar os Estados Unidos mais parecidos com a Suécia quando os suecos tentam ser menos parecidos com a Suécia?"

Boa pergunta! Formulada assim, ela parece bastante perversa. Por que, senhor presidente, estamos nadando contra a correnteza da história, enquanto Estados com política de bem-estar social ao redor do mundo – mesmo a pequena e rica Suécia! – cortam benefícios caros e impostos altos? "Se os suecos aprenderam com seus erros e agora estão tentando reduzir o tamanho e o alcance do governo", escreve Mitchell, "por que os políticos americanos estão determinados a repetir esses erros?"

Responder a essa pergunta exige um gráfico extremamente científico. Eis o aspecto do mundo para o Instituto Cato:

O eixo *x* representa o jeito sueco de ser** e o eixo *y* é alguma medida de prosperidade. Não se preocupe em saber como estamos quantificando

---

* Literalmente, "Ato de Cuidados Médicos Acessíveis", também conhecido como Patient Protection and Affordable Care Act ou simplesmente Obamacare, é um estatuto federal americano transformado em lei pelo presidente Barack Obama em março de 2010, representando a mais significativa medida regulatória sobre o sistema de saúde e os planos de saúde nos Estados Unidos. Na época, foi motivo de acalorados embates entre democratas e republicanos, sendo que estes últimos não viam com bons olhos aquilo que consideravam uma "socialização" da medicina pública. (N.T.)

** Aqui, "jeito sueco de ser" refere-se a "quantidade de serviços sociais e taxação", não a outras características da Suécia, como "disponibilidade imediata de arenques em dezenas de molhos diferentes", condição à qual todas as nações deveriam obviamente aspirar.

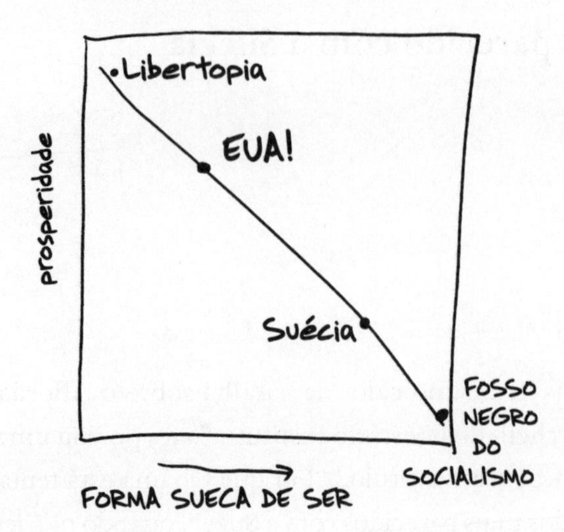

essas coisas. A questão é justamente essa: de acordo com o gráfico, quanto mais sueco você é, pior de vida está seu país. Os suecos, que não são nada bobos, descobriram isso e estão empreendendo sua escalada rumo ao noroeste, em direção à prosperidade do mercado livre. Mas Obama escorrega no sentido errado.

Deixe-me agora desenhar o mesmo perfil do ponto de vista das pessoas cuja visão econômica está mais próxima da do presidente Obama que da do pessoal do Instituto Cato.

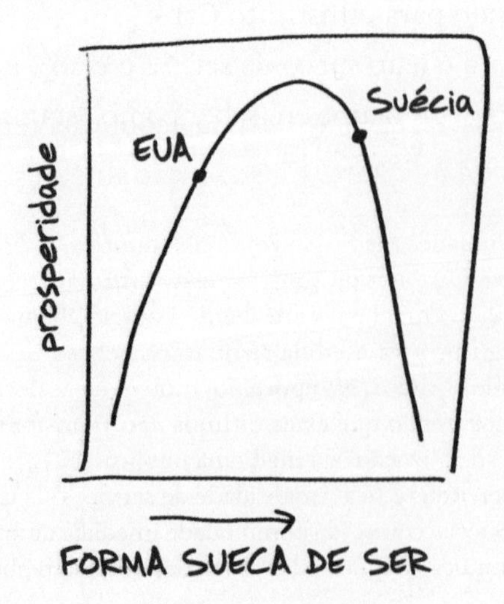

Esse perfil nos dá uma sugestão muito diferente de quão suecos deveríamos ser. Onde achamos a prosperidade máxima? Num ponto mais sueco que os Estados Unidos, porém menos sueco que a Suécia. Se essa figura está correta, faz perfeito sentido que Obama fortaleça nossa política de bem-estar social enquanto os suecos reduzem a deles.

A diferença entre as duas figuras é a distinção entre linearidade e não linearidade, uma das mais centrais na matemática. A curva Cato é uma reta.* A curva não Cato, aquela com a corcova no meio, não. Uma reta é um tipo de curva, mas não o único tipo, e as retas desfrutam toda qualidade de propriedades especiais de que as curvas em geral não podem desfrutar. O ponto mais alto num segmento de reta – a prosperidade máxima, nesse exemplo – precisa estar numa extremidade ou na outra. É assim que são as retas. Se baixar os impostos é bom para a prosperidade, então baixar ainda mais os impostos é melhor. Se a Suécia quer se "dessuecizar", devemos fazer o mesmo. Claro que um pensamento anti-Cato radical poderia afirmar que a inclinação da reta é no sentido oposto, indo de sudoeste para nordeste. Se a reta tiver esse aspecto, então, nenhuma quantidade de gastos sociais é exagerada. A política ideal é a Suécia máxima.

Geralmente, quando alguém se proclama "pensador não linear", é porque está prestes a se desculpar por ter perdido algo que você lhe emprestou. Mas a não linearidade é uma coisa real! Nesse contexto, pensar não linearmente é crucial porque nem todas as curvas são retas.** Um momento de reflexão lhe dirá que as curvas reais da economia têm a aparência da segunda figura, não da primeira. Elas são não lineares. O raciocínio de Mitchell é um exemplo de *falsa linearidade* – ele está assumindo, sem dizer claramente, que o curso da prosperidade é descrito pelo segmento de

* Ou um segmento de reta, se você faz questão. Não vou dar muita bola para essa distinção.

** Em favor da clareza, devemos fazer aqui uma observação quanto à nomenclatura. Quando dizemos em português que uma variação é "linear", estamos nos referindo a uma variação cujo gráfico é uma linha reta. Em inglês o termo *straight line* é usado abreviadamente na forma *line*, daí a ligação imediata com *"linearity"*. Em português essa ligação não é imediata, pois abreviamos o termo *linha reta* simplesmente como *reta*, e não como *linha*. (N.T.)

reta na primeira figura, em cujo caso o fato de a Suécia se despir da sua infraestrutura social significa que devemos fazer o mesmo.

Mas enquanto você acredita que existe algo como bem-estar social demais e algo como bem-estar social de menos, você sabe que o retrato linear é errado. Está em operação algum princípio mais complicado do que "Mais governo é ruim, menos governo é bom". Os generais que consultaram Abraham Wald depararam com o mesmo tipo de situação: blindagem de menos significava que os aviões seriam abatidos, blindagem demais significava que não conseguiriam voar. Não é uma questão de ser bom ou ruim adicionar mais blindagem – podia ser qualquer uma das duas, dependendo do peso da blindagem dos aviões, para começar. Se há uma resposta ideal, ela está em algum ponto no meio, e o desvio em qualquer uma das direções é péssima notícia.

Pensamento não linear significa que *a direção em que você deve ir depende de onde você já está*.

Essa sacação não é nova. Já em tempos romanos encontramos o famoso comentário de Horácio: *"Est modus in rebus, sunt certi denique fines, quos ultra citraque nequit consistere rectum"*[2] ("Há uma medida apropriada nas coisas. Existem, afinal, certos limites aquém e além dos quais aquilo que é certo não pode existir"). E ainda mais para trás, na *Ética a Nicômaco*, Aristóteles observa que comer demais ou de menos é problemático para a constituição. O ideal está em algum ponto intermediário, pois a relação entre comer e saúde não é linear, mas curva, com resultados ruins em ambas as extremidades.

Economia vodu

A ironia é que os conservadores, em economia, como o pessoal do Cato, costumavam entender isso melhor que ninguém. Aquele segundo perfil que desenhei ali? O extremamente científico, com a corcova no meio? Não sou a primeira pessoa a desenhá-lo. Ele se chama *curva de Laffer* e desempenhou papel importante na economia republicana por quase quarenta anos. Na metade da administração Reagan, a curva havia se tornado tamanho lugar-comum no discurso econômico que Ben Stein sentiu-se à vontade para introduzi-la em sua impagável aula em *Curtindo a vida adoidado*:

> Alguém sabe o que é isso? Turma? Alguém?... Alguém? Alguém já viu isso antes? A curva de Laffer. Alguém sabe o que ela diz? Diz que neste ponto sobre a curva da receita você obterá exatamente a mesma receita que neste ponto. Isso é muito controverso. Alguém sabe como o vice-presidente Bush chamou isso em 1980? Alguém? Economia "vodu".

A lenda da curva de Laffer é mais ou menos assim: Arthur Laffer, então professor de economia na Universidade de Chicago, jantou certa noite de 1974 com Dick Cheney, Donald Rumsfeld e o editor do *Wall Street Journal*, Jude Wanniski, no restaurante de um hotel de luxo em Washington, DC. Estavam discutindo sobre o plano tributário do presidente Ford, e, como sempre acontece entre intelectuais quando o debate esquenta, Laffer pediu um guardanapo* e desenhou uma figura. A figura era assim:

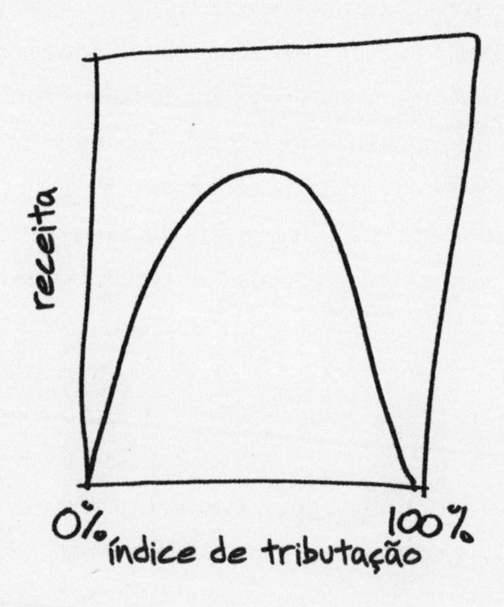

* Laffer questiona a parte do guardanapo da história, recordando que o restaurante tinha chiquíssimos guardanapos de linho que ele jamais estragaria com um rabisco sobre economia.

O eixo horizontal aqui é o nível de tributação, e o eixo vertical representa o valor da receita que o governo arrecada dos contribuintes. Na borda esquerda do gráfico, o índice de tributação é 0%; nesse caso, por definição, o governo não obtém receita tributária. À direita, o índice de tributação é 100%; qualquer que seja a sua renda, seja de um negócio que você dirige ou de um salário que lhe é pago, ela vai direto para o bolso do Tio Sam.

Que está vazio. Se o governo usa o aspirador de pó para sugar cada centavo do salário que você recebe para aparecer na escola e lecionar, ou vender equipamentos, ou gerenciar alguma atividade, por que se preocupar em fazê-lo? Na extremidade direita do gráfico as pessoas simplesmente não trabalham. Ou, se trabalham, o fazem em nichos de economia informal onde os coletores de impostos não conseguem pôr as mãos. A receita do governo volta a ser zero.

Na faixa intermediária no meio da curva, onde o governo nos cobra algo entre nada da nossa renda e toda ela – em outras palavras, no mundo real –, o governo consegue alguma receita.[3]

Isso significa que a curva que registra a relação entre índice tributário e receita do governo não pode ser uma linha reta. Se fosse, a receita seria maximizada na borda esquerda ou na borda direita do gráfico; mas em ambos os lugares ela é zero. Se o índice tributário corrente é realmente próximo de zero, de modo que você está na região esquerda do gráfico, então aumentar impostos significa aumentar a quantia que o governo tem disponível para financiar serviços e programas, como você intuitivamente iria esperar. Mas se o índice está perto de 100%, aumentar impostos na realidade *diminui* a receita do governo. Se você está à direita do pico de Laffer e quer diminuir o déficit sem cortar despesas, há uma solução simples e politicamente apetitosa: reduzir o índice tributário, e dessa forma aumentar o valor dos impostos arrecadados. *Para onde você deve ir depende de onde você está.*

E então, onde estamos nós? É aí que as coisas ficam encardidas. Em 1974, a taxa tributária máxima era de 70%, e a ideia de que os Estados Unidos estavam na região descendente direita da curva de Laffer tinha certo apelo – em especial para pessoas suficientemente afortunadas para pagar impostos com uma taxa dessas, que somente se aplicava a rendas superiores aos US$ 200 mil.* E a curva de Laffer tinha um poderoso advogado em Wanniski, que trouxe sua teoria para a consciência do público num livro de 1978 com um título extremamente seguro de si, *The Way the World Works*.** Wanniski era um verdadeiro crente, com a mistura certa de fé e sagacidade política para fazer as pessoas escutarem uma ideia considerada marginal mesmo pelos advogados do corte de impostos. Ele não se importava de ser chamado de maluco. "Agora, o que quer dizer 'maluco'?", ele perguntou a um entrevistador. "Thomas Edison era maluco, Leibniz era maluco, Galileu era maluco, e assim por diante. Todo mundo que chega com uma ideia nova diferente da sabedoria convencional e tem uma ideia distante das correntes principais é considerado maluco."[4]

(Aparte: é importante ressaltar aqui que pessoas com ideias fora do convencional que se comparam a Edison e Galileu *nunca estão efetivamente certas*. Recebo cartas com esse tipo de linguagem pelo menos uma vez por mês, em geral de pessoas que têm "provas" de afirmações matemáticas que há centenas de anos sabe-se serem falsas. Posso garantir a você que Einstein não perambulou por aí dizendo às pessoas: "Veja, eu sei que essa teoria da relatividade geral parece uma doideira, mas foi isso que disseram de Galileu!")

A curva de Laffer, com sua representação visual compacta e seu cutucão convenientemente contraintuitivo, acabou se mostrando um produto fácil de se vender para políticos com uma fome preexistente por corte de impostos. Nas palavras do economista Hal Varian: "Você pode explicá-la a um congressista em seis minutos e ele pode falar sobre ela durante seis meses."[5] Wanniski tornou-se assessor primeiro de Jack Kemp, depois de Ronald Reagan, cujas experiências como rico astro de cinema na década de 1940 formaram o substrato para sua visão da economia quatro décadas depois. Seu diretor de orçamento, David Stockman, recorda:

---

* Alguma coisa entre US$ 500 mil e US$ 1 milhão em valores atuais.

** Quem sou eu para falar.

> "Eu entrei numa grana preta fazendo filmes durante a Segunda Guerra Mundial", [Reagan] sempre dizia. Naquela época o imposto adicional para tempo de guerra chegava a 90%. "Você podia fazer só quatro filmes, e já estava na faixa de cima", prosseguia ele. "Então todos parávamos de trabalhar depois de quatro filmes e saíamos para o campo." Altos índices tributários geravam menos trabalho. Baixos índices tributários geravam mais. Sua experiência provava isso.[6]

Hoje é difícil encontrar um economista respeitável que pense que estamos na ladeira descendente da curva de Laffer. Talvez não seja surpresa, considerando que as rendas mais altas são tributadas em apenas 35%, índice que teria parecido absurdamente baixo durante a maior parte do século XX. Greg Mankiw, economista em Harvard e republicano que presidiu o Conselho de Assessores Econômicos do segundo presidente Bush, escreve em seu livro-texto de microeconomia:

> A história subsequente fracassou em confirmar a conjectura de Laffer de que índices tributários mais baixos fariam crescer a receita tributária. Quando Reagan cortou impostos depois de ter sido eleito, o resultado foi menos receita, não mais. A receita dos impostos de renda de pessoas físicas (por pessoa, corrigida pela inflação) caíram 9% de 1980 a 1984, embora a renda média (por pessoa, corrigida pela inflação) tenha crescido 4% no mesmo período. Contudo, uma vez instituída a política, era difícil revertê-la.[7]

Impõe-se agora alguma solidariedade com os adeptos da economia "do lado da oferta" (*supply-siders*). Em primeiro lugar, maximizar a receita governamental não precisa ser a meta da política tributária. Milton Friedman, que encontramos pela última vez durante a Segunda Guerra Mundial fazendo trabalho militar sigiloso para o Grupo de Pesquisa Estatística, foi adiante e se tornou Prêmio Nobel de Economia e assessor de presidentes, além de potente defensor dos impostos baixos e da filosofia libertária. O slogan famoso de Friedman sobre tributação é: "Sou a favor de cortar impostos em quaisquer circunstâncias e com qualquer desculpa, por qualquer motivo, sempre que possível." Ele não pensava que deveríamos ter como meta chegar ao topo da curva de Laffer, onde a receita tributária governamental é a mais alta possível. Para Friedman, o dinheiro obtido pelo governo acabaria como dinheiro gasto pelo governo, e, na maioria das vezes, esse dinheiro era mal gasto, e não bem gasto.

Pensadores mais moderados adeptos da economia do lado da oferta, como Mankiw, argumentam que impostos mais baixos podem aumentar a motivação para trabalhar duro e lançar negócios, acabando por levar a uma economia maior e mais forte, mesmo que o efeito imediato do corte de impostos seja uma receita governamental menor e déficits maiores. Um economista com mais simpatias redistribucionistas observaria que o corte se dá nos dois sentidos; talvez a capacidade reduzida do governo de gastar signifique construir menos infraestrutura, regular fraudes com menos rigor e, de forma geral, fazer menos aquele trabalho que possibilite a prosperidade da livre iniciativa.

Mankiw também ressalta que as pessoas muito mais ricas – aquelas que estariam pagando 70% na parcela superior de sua renda – contribuíram, *sim*, com mais receita tributária após o corte de impostos de Reagan.* Isso leva à possibilidade um tanto vexatória de que a maneira de maximizar a receita governamental seja tascar um aumento de impostos sobre a classe média, que não tem alternativa a não ser continuar trabalhando, e ao mesmo tempo fazer cortes brutais nos índices sobre os ricos; esses caras têm riqueza acumulada suficiente para fazer ameaças factíveis de reduzir sua atividade econômica, ou de realizá-la no exterior, caso o governo lhes cobre uma taxa que considerem alta demais. Se essa história estiver correta, uma porção de liberais acabará subindo desconfortavelmente no barco de Milton Friedman: talvez maximizar a receita tributária não seja uma ideia tão boa.

A avaliação final de Mankiw é bastante polida: "Não deixa de haver mérito no argumento de Laffer." Eu daria a Laffer mais crédito que isso!

---

* É difícil saber ao certo se houve aumento da receita tributária porque os ricos começaram a trabalhar mais duro quando menos sobrecarregados pelo imposto de renda, como prediz a teoria do lado da oferta.

Seu esquema mostrou o ponto matemático fundamental e incontroverso, de que a relação entre tributação e receita é necessariamente não linear. Não precisa, obviamente, ser um morro único e suave como ele esboçou; poderia ser algo como um trapezoide,

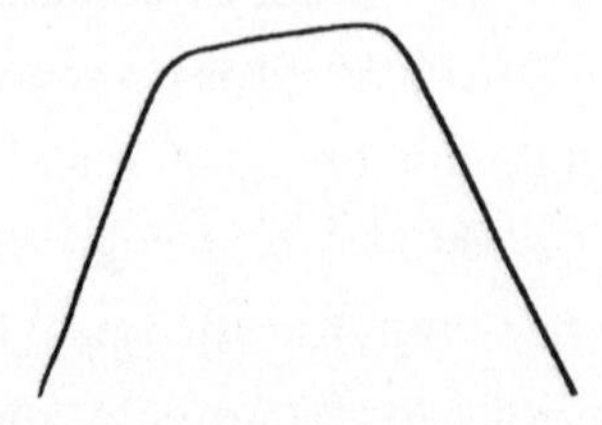

ou um lombo de dromedário,

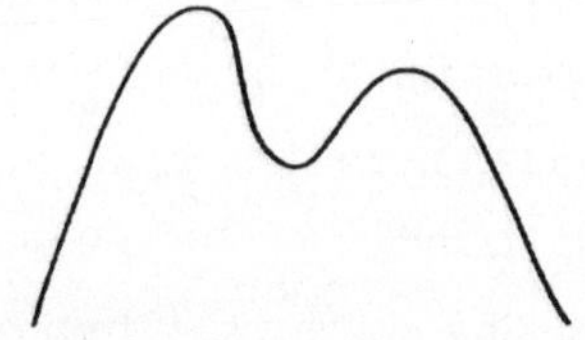

ou um vale-tudo com ferozes oscilações.*

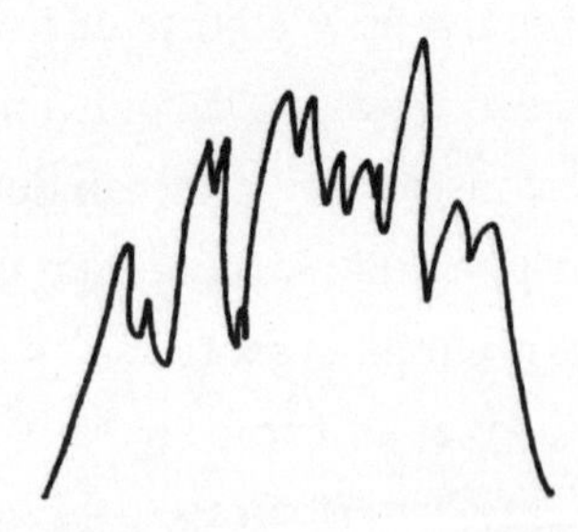

Mas se a ladeira é ascendente em um dos lados, precisa ser descendente em algum outro lugar. Existe algo do tipo ser sueco demais. Essa é uma afirmação que nenhum economista contestaria. E é também, como o próprio Laffer ressaltou, alguma coisa que foi compreendida por muitos cientistas sociais antes dele. Contudo, para a maioria das pessoas, não é algo assim

* Ou, ainda mais provavelmente, poderia nem ser uma curva única, conforme Martin Gardner ilustrou por meio da cínica "curva neo-Laffer" em sua ácida avaliação da teoria do lado da oferta ("The Laffer Curve", *The Night Is Large: Collected Essays, 1938-1995*, Nova York, St. Martin's, 1996, p.127-39).

tão óbvio – pelo menos até você ver a figura no guardanapo. Laffer compreendeu muito bem que sua curva não tinha o poder de dizer se a economia de um dado país em determinado momento tinha ou não impostos altos demais. Questionado durante seu depoimento ao Congresso americano[8] sobre a localização precisa do índice tributário ideal, ele reconheceu: "Francamente, não posso medi-lo, mas posso lhe dizer quais são suas características, sim senhor." Tudo que a curva de Laffer diz é que baixar os impostos, em algumas circunstâncias, é aumentar a receita de impostos; mas descobrir quais são essas circunstâncias requer trabalho empírico profundo e difícil, o tipo de trabalho que não cabe num guardanapo.

Não há nada de errado com a curva de Laffer – só com o uso que as pessoas fazem dela. Wanniski e os políticos que seguiram sua flauta de Pã caíram vítimas do mais velho silogismo da história:

> *Talvez* baixar impostos aumente a receita do governo.
> Eu *quero* que baixar impostos aumente a receita do governo.
> Portanto, *é* para baixar impostos e aumentar a receita do governo.

2. Localmente reto, globalmente curvo

Talvez você jamais pensasse em necessitar de um matemático profissional para lhe dizer que nem todas as curvas são linhas retas. Mas o raciocínio linear está por toda parte. Você o utiliza toda vez que diz que, se é bom ter alguma coisa, ter mais dessa coisa ainda é melhor. Aqueles que berram opiniões políticas se baseiam nele: "Você apoia a ação militar contra o Irã? Aposto que você gostaria de lançar uma *invasão por terra* em cada país que *olhe torto para nós*!" Ou, do outro lado: "Envolver-se com o Irã? Você provavelmente *também* acha que *Adolf Hitler* foi simplesmente *malcompreendido*."

Por que esse tipo de raciocínio é tão popular, quando um instante de reflexão revela quanto ele é errado? Por que haveria alguém de pensar, mesmo por um segundo, que todas as curvas são linhas retas, quando obviamente não são?

Um dos motivos é que, num sentido, elas são. A história começa com Arquimedes.

Exaustão

Qual a área do seguinte círculo?

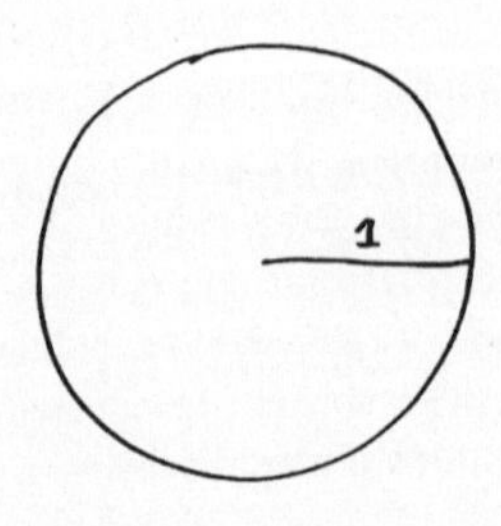

No mundo moderno, esse é um problema tão padrão que poderia ser incluído num exame de ensino médio. A área de um círculo é πr^2, e nesse caso o raio é 1, logo a área é π. Mas 2 mil anos atrás essa era uma questão incômoda, suficientemente importante para chamar a atenção de Arquimedes.

Por que era tão difícil? Por uma coisa: os gregos não pensavam realmente em π como um número, como nós pensamos. Os números que eles entendiam eram números inteiros, que contavam coisas: 1, 2, 3, 4 … Mas o primeiro grande sucesso da geometria grega – o teorema de Pitágoras* – acabou se tornando a ruína de seu sistema numérico.

Eis uma figura:

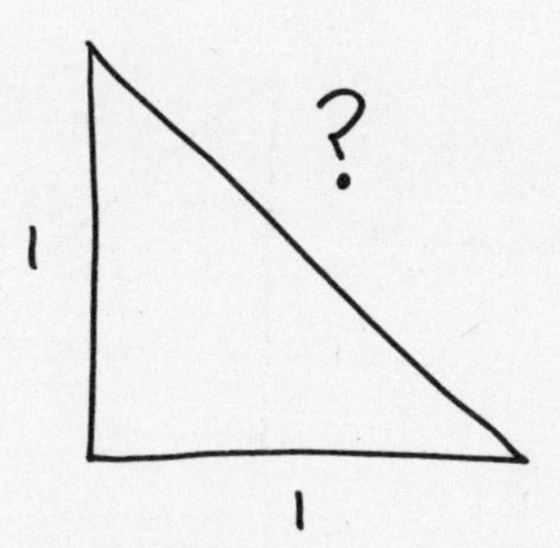

O teorema de Pitágoras nos diz que o quadrado da *hipotenusa* – o lado aqui desenhado em diagonal, aquele que não toca o ângulo reto – é a soma dos quadrados dos outros dois lados, ou *catetos*. Nessa figura, isso significa que o quadrado da hipotenusa é $1^2 + 1^2 = 1 + 1 = 2$. Em particular, a hipotenusa é mais comprida que 1 e mais curta que 2 (como você pode verificar com seus próprios olhos, sem que se faça necessário nenhum teorema). Que o comprimento não seja um número inteiro não era, em si, um pro-

* Aliás, não sabemos quem foi o primeiro a provar o teorema de Pitágoras, mas os estudiosos estão quase certos de que não foi o próprio Pitágoras. Na verdade, além do fato nu e cru, atestado por contemporâneos, de que um homem culto com esse nome viveu e ganhou fama no século VI Antes da Era Comum (AEC), não sabemos praticamente nada de Pitágoras. Os principais relatos de sua vida e obra datam de quase oitocentos anos após sua morte. Nessa época, a pessoa real Pitágoras havia sido completamente substituída pelo Pitágoras mito, uma espécie de síntese em um só indivíduo da filosofia dos eruditos que se autodenominavam pitagóricos.

blema para os gregos. Talvez simplesmente tenhamos medido tudo nas unidades erradas. Se escolhermos nossa unidade de comprimento de modo a deixar cada cateto com 5 unidades, você poderá verificar com uma régua que a hipotenusa tem cerca de 7 unidades de comprimento. Em torno disso – um pouquinho mais comprida. Pois o quadrado da hipotenusa é

$$5^2 + 5^2 = 25 + 25 = 50$$

e se a hipotenusa fosse 7, seu quadrado seria $7 \times 7 = 49$.

Ou, se você fizer os catetos com 12 unidades de comprimento, a hipotenusa tem quase exatamente 17 unidades, porém, é irritantemente curta demais, porque $12^2 + 12^2$ é 288, uma pitada a menos que 17^2, que é 289.

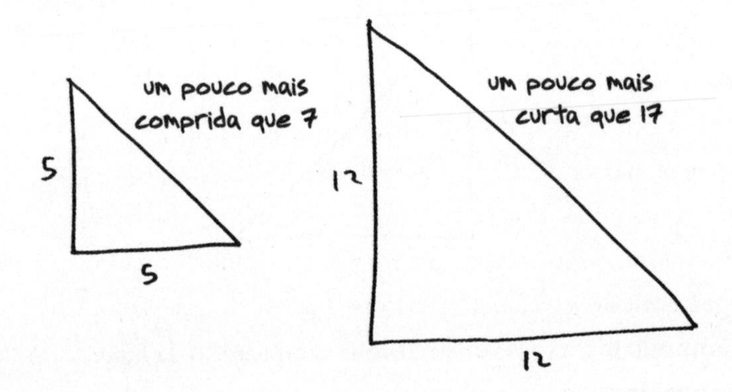

Em algum momento por volta do século V AEC,* um membro da escola pitagórica fez uma descoberta chocante: não havia *nenhum meio* de medir o triângulo retângulo isósceles de modo que o comprimento de cada lado fosse um número inteiro. Pessoas modernas diriam que "a raiz quadrada de 2 é irracional" – isto é, não é a razão entre quaisquer dois números inteiros. Mas os pitagóricos não teriam dito isso. Como poderiam? Sua noção de quantidade assentava-se sobre a ideia de proporção entre números inteiros. Para eles, o comprimento daquela hipotenusa *simplesmente não era um número.*

* AEC: Antes da Era Comum; EC: Era Comum: notação adotada na ciência, em substituição a a.C. e d.C. (N.T.)

Isso causou um alvoroço. Os pitagóricos, você deve se lembrar, eram extremamente esquisitos. Sua filosofia era uma densa mistura de coisas que agora chamaríamos de matemática, de coisas que agora chamaríamos de religião e de coisas que agora chamaríamos de doença mental. Acreditavam que os números ímpares eram bons e os pares eram ruins; que um planeta idêntico ao nosso, Antícton, estava do outro lado do Sol; e que era errado comer grãos, segundo alguns relatos, porque eram o repositório das almas das pessoas mortas. Dizia-se que o próprio Pitágoras tinha a capacidade de falar com o gado (ele lhes dizia para não comer grãos) e que havia sido um dos pouquíssimos gregos antigos a usar calças.[1]

A matemática dos pitagóricos estava inseparavelmente ligada à sua ideologia. Conta a história (provavelmente não verdadeira, mas dá a impressão exata do estilo pitagórico) que o pitagórico que descobriu a irracionalidade da raiz quadrada de 2 foi um homem chamado Hipaso, cuja recompensa por provar teorema tão repugnante foi ser lançado ao mar pelos colegas, para morrer.

Mas não se pode afogar um teorema. Os sucessores dos pitagóricos, como Euclides e Arquimedes, compreenderam que era preciso arregaçar as mangas e medir coisas, mesmo que isso obrigasse a sair do aprazível quintal murado que era o jardim dos números inteiros. Ninguém sabia se a área de um círculo podia ser expressa usando somente números inteiros.* Mas rodas precisam ser construídas, e silos, enchidos;** então, as medições precisam ser feitas.

A ideia original vem de Eudoxo de Cnido; Euclides a incluiu como Livro 12 dos *Elementos*. Mas foi Arquimedes quem realmente levou o projeto à sua fruição plena. Hoje chamamos sua abordagem de *método da exaustão*. E ele começa assim:

---

* De fato não se pode, mas ninguém descobriu como provar isso até o século XVIII.

** Na verdade, os silos não eram redondos até o começo do século XX, quando um professor da Universidade de Wisconsin, H.W. King, inventou o desenho cilíndrico agora onipresente para solucionar o problema da deterioração dos cereais nos cantos do armazém.

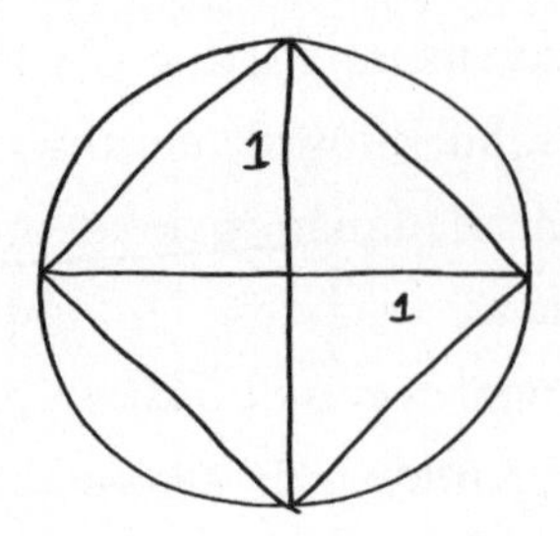

O quadrado na figura é chamado *quadrado inscrito*; cada um de seus vértices apenas encosta no círculo, mas não se estende além da fronteira do círculo. Por que fazer isso? Porque círculos são misteriosos e intimidantes, e quadrados são fáceis. Se você tem diante de si um quadrado cujo lado de comprimento é x, sua área é x vezes x – é por isso que chamamos a operação de multiplicar um número por si mesmo de elevar ao quadrado, ou quadrar o número! Uma regra básica da vida matemática: se o Universo lhe entrega um problema difícil, tente resolver outro mais fácil, em vez do primeiro, e fique na esperança de que a versão simples seja próxima o bastante do problema original para o Universo não fazer objeção.

O quadrado inscrito se divide em quatro triângulos, cada um dos quais nada mais é que o triângulo isósceles que acabamos de desenhar.* Logo, a área do quadrado é quatro vezes a área do triângulo. Esse triângulo, por sua vez, é o que se obtém quando se pega um quadrado de 1×1 e o corta diagonalmente pela metade, como um sanduíche de atum.

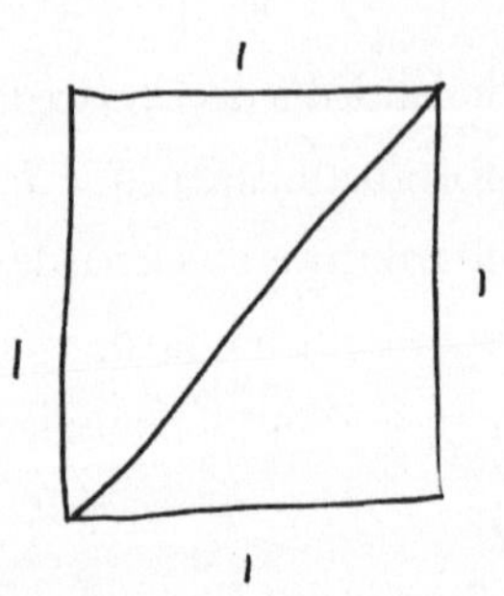

* Ao contrário, cada um dos quatro pedaços pode ser obtido a partir do triângulo retângulo isósceles original deslizando-o e girando-o pelo plano; assumimos como dado que essas manipulações não modificam a área da figura.

A área do sanduíche de atum é $1 \times 1 = 1$, logo, a área de cada meio sanduíche triangular é ½ e a área do quadrado inscrito é $4 \times$ ½, ou 2.

Falando nisso, suponha que você *não* saiba o teorema de Pitágoras. Adivinhe só – você sabe, sim! Ou pelo menos sabe o que ele tem a dizer a respeito desse triângulo retângulo específico. Porque o triângulo retângulo que forma a metade inferior do sanduíche de atum é exatamente igual ao que está no quadrante noroeste do quadrado inscrito. E sua hipotenusa está inscrita no lado do quadrado. Então, quando você eleva a hipotenusa ao quadrado, você obtém a área do quadrado inscrito, que é 2. Ou seja, a hipotenusa é aquele número que, ao ser elevado ao quadrado, dá 2; ou, no jargão usual mais conciso, raiz quadrada de 2.

O quadrado inscrito está inteiramente contido dentro do círculo. Se sua área é 2, a área do círculo deve ser *pelo menos* 2.

Agora desenhamos outro quadrado:

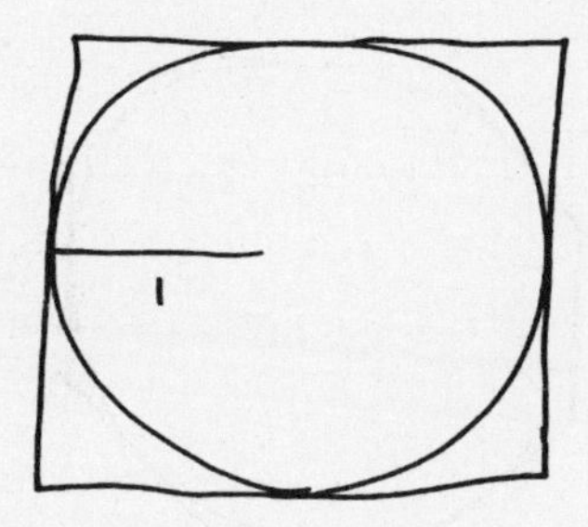

Este é o chamado quadrado *circunscrito*; ele também toca o círculo exatamente em quatro pontos. Mas esse quadrado contém o círculo. Seus lados têm comprimento 2, então sua área é 4; e assim sabemos que a área do círculo é no máximo 4.

Demonstrar que π está entre 2 e 4 talvez não seja tão impressionante. Mas Arquimedes mal começou. Pegue os quatro cantos do seu quadrado inscrito e marque novos pontos no círculo na metade do caminho entre cada par de vértices adjacentes. Agora você tem oito pontos igualmente espaçados. Quando você os liga, obtém um octógono inscrito, ou, em linguagem técnica, uma placa de trânsito "Pare":

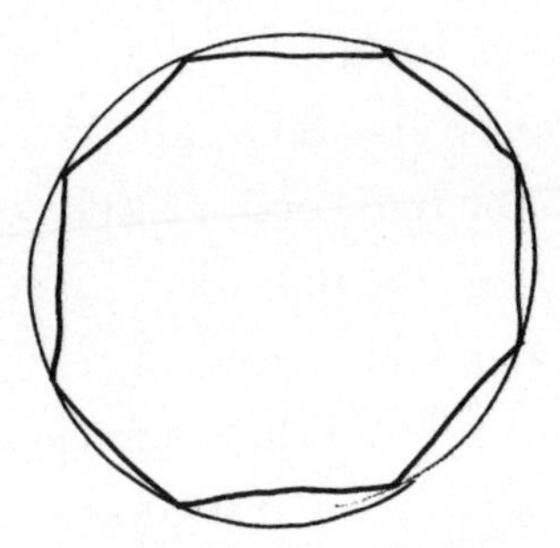

Calcular a área do octógono inscrito é um pouco mais difícil, e eu vou poupar você da trigonometria. O importante é que isso tem a ver com linhas retas e ângulos, e não com curvas; então, era possível fazer com os métodos disponíveis a Arquimedes. E a área é o dobro da raiz quadrada de 2, que é mais ou menos 2,83.

Você pode fazer o mesmo jogo com o octógono circunscrito,

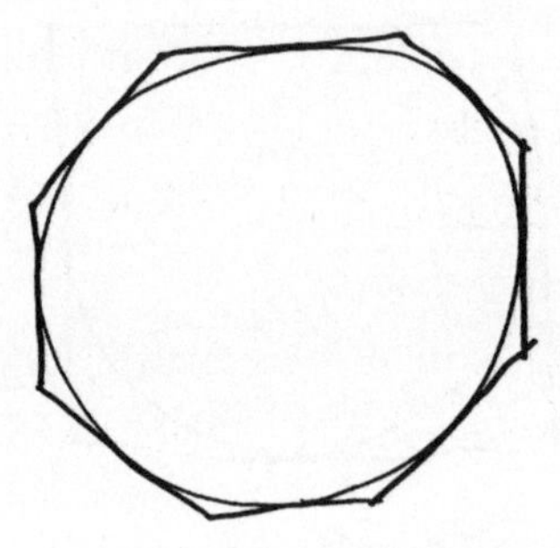

cuja área é $8(\sqrt{2} - 1)$, pouco mais de 3,31.

Portanto, a área do círculo está presa entre 2,83 e 3,31.

Por que parar aqui? Você pode inserir pontos entre os vértices do octógono (seja inscrito ou circunscrito) para criar um 16-gono; depois de mais alguns cálculos trigonométricos, isso lhe diz que a área do círculo está entre 3,06 e 3,18. Faça mais uma vez, criando um 32-gono; e mais outra, e mais outra, e em pouquíssimo tempo você terá algo com um aspecto mais ou menos assim:

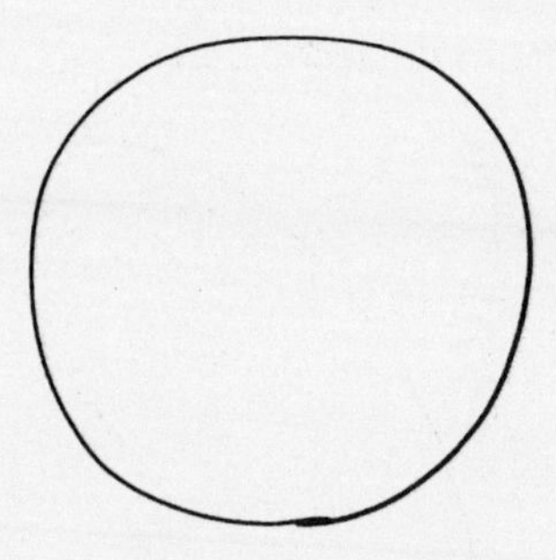

Espere aí, isso não é justamente o círculo? Claro que não! É um polígono regular com 65.536 lados. Você não percebeu?

O grande insight de Eudoxo e Arquimedes foi que *não importa* se é um círculo ou um polígono com muitos lados muito pequenos. As duas áreas estarão suficientemente próximas para qualquer propósito que você possa ter em mente. A área da minúscula margem entre o círculo e o polígono foi levada à "exaustão" pela nossa inexorável iteração. O círculo tem uma curva, é verdade. Mas cada pedacinho mínimo dele pode ser aproximado por uma linha perfeitamente reta, assim como o minúsculo pedaço da superfície da Terra sobre o qual estamos parados é bem aproximado por um plano perfeitamente achatado.*

O slogan a se ter em mente é: localmente reto, globalmente curvo.

Ou pense nisso assim. Você está descendo em direção ao círculo vindo de uma grande altitude. No começo você vê a coisa inteira:

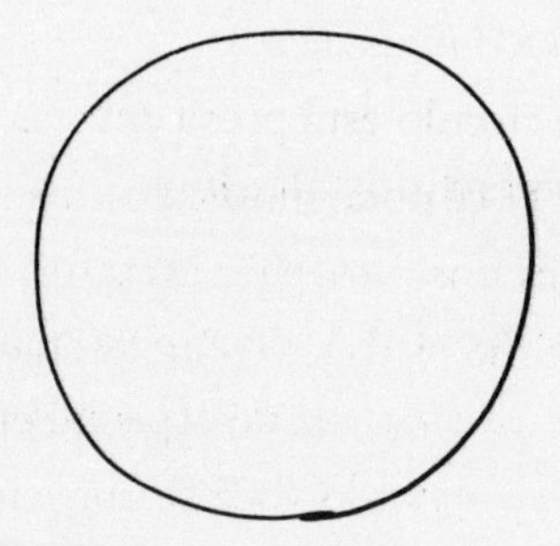

* Pelo menos se, como eu, você mora no Meio-Oeste dos Estados Unidos.

Depois só um segmento de arco:

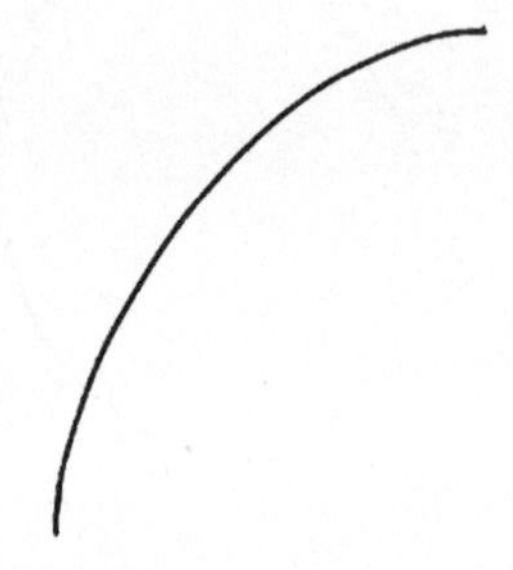

E um segmento ainda menor:

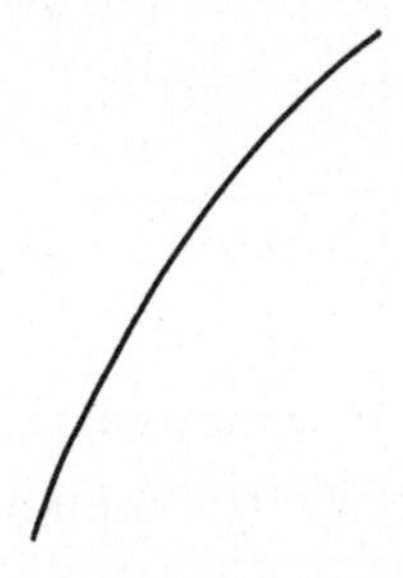

Até que, aproximando, e aproximando, o que você vê é praticamente indistinguível de uma reta. Uma formiga nesse círculo, cônscia apenas de seus arredores imediatos, pensaria estar numa linha reta, assim como uma pessoa na superfície da Terra (a não ser que seja esperta o bastante para observar objetos surgindo no horizonte à medida que eles se aproximam de longe) sente que está parada num plano.

A página em que eu lhe ensino cálculo

Vou lhe ensinar cálculo. Pronto? A ideia, pela qual devemos agradecer a Isaac Newton, é que não existe nada de especial em relação a um círculo perfeito. *Toda* curva suave, quando você se aproxima o suficiente, parece exatamente uma reta. Não importa quanto ela seja sinuosa ou retorcida – basta que não tenha qualquer canto reto.

Quando você dispara um míssil, a trajetória tem o seguinte aspecto:

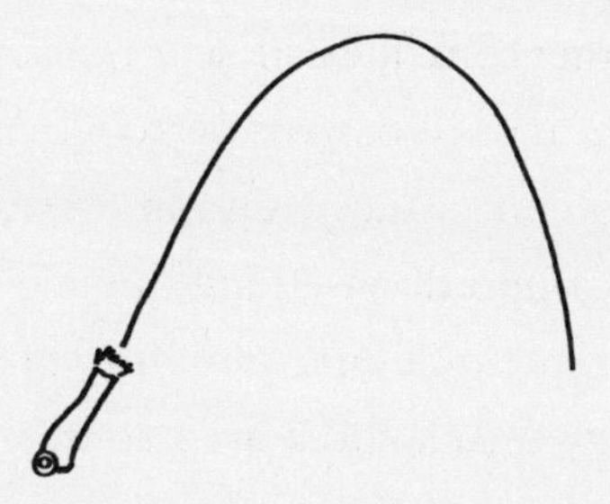

O míssil sobe, depois desce, numa arco de parábola. A gravidade torna todo movimento curvo no sentido da Terra; isso está entre os fatos fundamentais da nossa vida física. Mas, se aproximamos a lente e focalizamos um segmento muito curto, a curva começa a ter o seguinte aspecto:

E depois este:

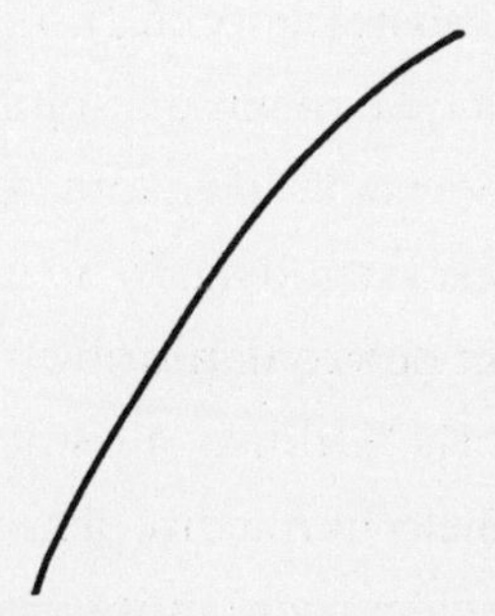

Da mesma maneira que o círculo, a trajetória do míssil a olho nu parece uma linha reta, progredindo para cima com uma certa inclinação. O desvio em relação à reta causado pela gravidade é pequeno demais para ser visto – mas continua lá, claro. A aproximação da lente sobre uma região ainda menor da curva faz com que esta se torne ainda mais parecida com uma reta. Mais perto e mais reto, mais perto e mais reto...

Agora vem o salto conceitual. Newton disse, olhe aqui, vamos até o fim. Reduza o seu campo de visão até que ele seja *infinitesimal* – tão pequeno que é menor que qualquer tamanho possível de ser nomeado, mas não zero. Você está estudando o arco do míssil não ao longo de um intervalo de tempo muito curto, mas num único momento. O que era *quase* uma reta torna-se *exatamente* uma reta. E a inclinação dessa reta é o que Newton chamou de *fluxão* e o que chamamos agora de *derivada*.

Esse é o tipo de salto que Arquimedes não estava disposto a dar. Ele compreendeu que polígonos com lados cada vez menores chegavam mais e mais perto do círculo – mas jamais teria dito que o círculo *era* realmente um polígono com um número infinito de pequenos lados.

Alguns dos contemporâneos de Newton também relutaram em acompanhá-lo em sua viagem. Seu opositor mais famoso foi George Berkeley, que denunciou os infinitesimais de Newton num tom de alta zombaria tristemente ausente da literatura matemática corrente: "E o que são essas fluxões? As velocidades de incrementos evanescentes. E o que são esses incrementos evanescentes? Não são grandezas finitas nem grandezas infinitamente pequenas, nem nada. Não poderíamos chamá-los de fantasmas das grandezas desaparecidas?"[2]

E todavia o cálculo *funciona*. Se você gira uma pedra amarrada num barbante sobre sua cabeça e de repente a solta, ela será disparada numa trajetória retilínea com velocidade constante,* exatamente na direção que o cálculo diz que a pedra está se movendo no instante exato em que você a solta. Esse é outro insight newtoniano: objetos em movimento tendem a prosseguir numa trajetória retilínea, a menos que alguma outra força interfira para desviar o objeto numa direção ou outra. Essa é uma razão de o pensamento linear nos vir com tanta naturalidade: nossa intuição em relação ao tempo e ao movimento é formada pelos fenômenos que

---

* Desconsiderando os efeitos da gravidade, da resistência do ar etc. Mas, numa escala de tempo reduzida, a aproximação linear é mais que suficiente.

observamos no mundo. Mesmo antes de Newton ter codificado suas leis, algo em nós sabia que as coisas gostam de se mover em linha reta, a não ser que haja algum motivo para que ocorra algo diferente.

Incrementos evanescentes e perplexidades desnecessárias

Os críticos de Newton tinham razão num ponto: sua construção das derivadas não redundava no que hoje chamamos de rigor matemático. O problema é a noção do infinitamente pequeno, que foi um aspecto ligeiramente nebuloso para os matemáticos durante milhares de anos. O problema começou com Zeno, filósofo grego do século V AEC, da escola eleática, que se especializou em fazer perguntas aparentemente inocentes sobre o mundo físico que imediatamente floresciam em gigantescos bafafás filosóficos.

Seu paradoxo mais famoso é o seguinte. Eu decido caminhar até a sorveteria. Agora, com certeza não posso chegar à sorveteria sem percorrer metade do caminho até ela. E uma vez tendo chegado à metade do caminho, não posso chegar sem percorrer metade do caminho que resta. Tendo feito isso, ainda preciso cobrir metade da distância restante. E assim por diante, e assim por diante. Posso ir chegando cada vez mais perto da sorveteria – porém, não importa quantos passos do processo eu execute, jamais efetivamente *alcançarei* a sorveteria. Estou sempre a alguma distância minúscula, mas diferente de zero, da minha casquinha com calda. Portanto, concluiu Zeno, é impossível andar até a sorveteria. O argumento funciona para qualquer destino; é igualmente impossível atravessar a rua, dar um único passo ou acenar com a mão. Todo movimento é descartado.

Dizia-se que Diógenes, o Cínico, teria refutado o argumento de Zeno ficando em pé e percorrendo a sala. Esse é um argumento bastante bom para mostrar que o movimento é possível. Então, algo deve estar errado com o argumento de Zeno. Mas onde está o erro?

Vamos decompor numericamente a ida à sorveteria. Primeiro você percorre metade do caminho. Depois percorre a metade da distância que resta, que é ¼ da distância total, ficando ¼ para percorrer. Então metade do que resta é ⅛, depois $\frac{1}{16}$, depois $\frac{1}{32}$. O seu progresso rumo à sorveteria é assim:

$$\frac{1}{2}+\frac{1}{4}+\frac{1}{8}+\frac{1}{16}+\frac{1}{32}+\ldots$$

Se você somar dez termos dessa sequência obterá mais ou menos 0,999. Se somar vinte termos chega perto de 0,999999. Em outras palavras, você está chegando realmente, realmente, realmente, realmente perto da sorveteria. Mas não importa quantos termos você some, nunca chega a 1.

O paradoxo de Zeno é muito parecido com qualquer outro enigma: o decimal repetido 0,99999... é igual a 1?

Tenho visto gente quase dar um ataque com essa questão.* Ela é acaloradamente discutida em websites de fãs do jogo World of Warcraft até fóruns de debate sobre a filósofa Ayn Rand. Nosso sentimento mútuo sobre Zeno é: "Claro que você acaba chegando à sorveteria." Mas nesse caso a intuição aponta para o sentido oposto. A maioria das pessoas, se você pressioná-las,[3] diz que 0,9999... não é igual a 1. Não *parece* 1, isso é certo. Parece menor. Mas não muito menor! Como o faminto amante de sorvetes de Zeno, ele vai chegando cada vez mais perto da meta, mas, ao que parece, jamais consegue chegar lá.

No entanto, professores de matemática em toda parte, inclusive eu mesmo, lhe dirão: "Não, é 1."

Como eu convenço alguém a vir para o meu lado? Um bom artifício é argumentar como se segue. Todo mundo sabe que

$$0{,}33333\ldots.. = \frac{1}{3}.$$

Multiplique ambos os lados por 3 e você verá

$$0{,}99999\ldots. = \frac{3}{3} = 1.$$

* Tudo bem, devo reconhecer que essa gente em particular eram adolescentes num acampamento de férias dedicado à matemática.

Se isso não abala você, tente multiplicar 0,99999... por 10, que é só uma questão de mover a vírgula decimal uma casa para a direita.

$$10 \times (0{,}99999\ldots) = 9{,}99999\ldots$$

Agora subtraia o incômodo decimal de ambos os lados:

$$10 \times (0{,}99999\ldots) - 1 \times (0{,}99999\ldots) = 9{,}99999\ldots - 0{,}99999\ldots$$

O lado esquerdo da equação é simplesmente $9 \times (0{,}99999\ldots)$ porque 10 vezes alguma coisa menos essa coisa é 9 vezes a coisa mencionada. E do lado direito demos um jeito de cancelar o terrível decimal infinito e ficamos com um simples 9. Então acabamos com

$$9 \times (0{,}99999\ldots) = 9.$$

Se 9 vezes alguma coisa é 9, essa coisa só pode ser 1 – não é?

Esses argumentos em geral são suficientes para trazer as pessoas para o nosso lado. Mas sejamos honestos: está faltando alguma coisa neles. Eles não abordam realmente a ansiosa incerteza induzida pela alegação $0{,}99999\ldots = 1$; em vez disso, representam um tipo de intimidação algébrica. "Você acredita que ⅓ é 0,3 repetido – não acredita? *Não acredita?*"

Ou pior: talvez você tenha aceitado o meu argumento baseado na multiplicação por 10. Mas que tal este? O que é

$$1 + 2 + 4 + 8 + 16 + \ldots?$$

Aqui o "..." significa "continue esta soma para sempre, adicionando cada vez o dobro". Sem dúvida a soma deve ser infinita! Mas um argumento como o aparentemente correto referente a 0,9999... parece sugerir outra coisa. Multiplique a soma acima por 2 e você obtém

$$2 \times (1 + 2 + 4 + 8 + 16 + \ldots) = 2 + 4 + 8 + 16 + \ldots,$$

que parece muito a soma original; de fato, é exatamente a soma original $(1 + 2 + 4 + 8 + 16 + \ldots)$ com o 1 tirado do começo, o que significa que $2 \times (1 + 2 + 4 + 8 + 16 + \ldots)$ é 1 a menos que $(1 + 2 + 4 + 8 + 16 + \ldots)$. Em outras palavras:

$$2 \times (1 + 2 + 4 + 8 + 16 + \ldots) - 1 \times (1 + 2 + 4 + 8 + 16 + \ldots) = -1.$$

Mas o lado esquerdo resulta na própria soma com que começamos, e então ficamos com

$$1 + 2 + 4 + 8 + 16 + \ldots = -1.$$

É *nisso* que você quer acreditar?* Que somar números cada vez maiores, ad infinitum, joga você na terra dos números negativos?

Mais maluquice: Qual é o valor da soma infinita

$$1 - 1 + 1 - 1 + 1 - 1 + \ldots$$

Pode-se observar inicialmente que a soma é

$$(1 - 1) + (1 - 1) + (1 - 1) + \ldots = 0 + 0 + 0 + \ldots$$

e argumentar que a soma de um monte de zeros, mesmo numa quantidade infinita, tem de ser zero. De outro lado, $1 - 1 + 1$ é a mesma coisa que $1 - (1 - 1)$, porque negativo de negativo é positivo; aplicando este fato vezes e vezes repetidas, podemos reescrever a soma como

$$1 - (1 - 1) - (1 - 1) - (1 - 1) \ldots = 1 - 0 - 0 - 0\ldots$$

que parece exigir, da mesma maneira, que a soma seja igual a 1!

---

* Só para não deixar você no ar: há um contexto, o de *números 2-ádicos*, no qual esse argumento de aparência maluca está completamente correto. Mais sobre isso nas notas finais, para os entusiastas da teoria dos números. Na teoria de Cauchy, uma série que converge para um limite x significa que quando se somam mais e mais termos, o total vai chegando cada vez mais próximo de x. Isso requer que tenhamos em mente uma ideia do que significa dois números estarem "próximos" um do outro. Acontece que a noção familiar de proximidade não é a única! No mundo 2-ádico, diz-se que dois números são próximos entre si quando sua diferença é um múltiplo de uma potência grande de 2. Quando dizemos que a série 1 + 2 + 4 + 8 + 16 + ... converge para −1, estamos dizendo que as somas parciais 1, 3, 7, 15, 31 ... estão chegando mais e mais perto de −1. Com o significado usual de "próximo" isso não é verdade, mas usando a proximidade 2-ádica a história muda. Os números 31 e −1 têm uma diferença de 32, que é 2^5, um número 2-ádico bastante pequeno. Some mais alguns termos, e você obtém 511, cuja diferença de −1 é de apenas 512, ainda pequeno (2-adicamente). Muito da matemática que você conhece – cálculo, logaritmos e exponenciais, geometria – tem um análogo 2-ádico (e de fato um análogo *p*-ádico para qualquer *p*), e a interação entre todas essas diferentes noções de proximidade é uma história maluca e gloriosa por si só.

Então, qual é a resposta, zero ou 1? Ou será, de algum modo, zero na metade das vezes e 1 na outra metade das vezes? Parece depender de onde você para – mas somas infinitas não param nunca!

Não resolva ainda, porque a coisa fica pior. Suponha que o valor da nossa soma misteriosa seja T:

$$T = 1 - 1 + 1 - 1 + 1 - 1 + \dots$$

Multiplicando ambos os lados por −1, teremos

$$-T = -1 + 1 - 1 + 1 \dots$$

Mas a soma no lado direito é precisamente o que se obtém quando pega a soma original definindo T e tira fora aquele primeiro 1, ou seja, subtraindo 1; em outras palavras,

$$-T = -1 + 1 - 1 + 1 \dots = T - 1.$$

Logo, $-T = T - 1$ é uma equação em T que é satisfeita apenas quando T é igual a ½. Pode uma soma de infinitos números inteiros, num passe de mágica, virar uma fração? Se disser não, você tem o direito de alimentar pelo menos alguma suspeita de argumentos cheios de artimanha como este. Mas note que algumas pessoas disseram sim, inclusive o matemático e padre italiano Guido Grandi,[4] em homenagem a quem a série $1 - 1 + 1 - 1 + 1 - 1 + \dots$ foi batizada. Num artigo de 1703, ele argumentou que a soma da série é ½; e, mais ainda, que essa conclusão milagrosa representava a criação do Universo a partir do nada. (Não se preocupe, eu também não sigo este último passo.) Outros importantes matemáticos da época, como Leibniz e Euler, estavam a bordo do estranho cálculo de Grandi, se não de sua interpretação.

Mas na verdade a resposta para a charada do 0,999… (e para o paradoxo de Zeno, e para a série de Grandi) jaz um pouco mais fundo. Você não precisa se render à minha queda de braço algébrica. Você pode, por exemplo, insistir em que 0,999… não é igual a 1, e sim a 1 menos um minúsculo número infinitesimal. Sob esse aspecto, pode insistir também em que 0,333… não é *exatamente* igual a ⅓, e também por uma diferença infinitesimal. Esse ponto de vista requer alguma energia para forçar sua comprovação, mas isso pode ser feito. Certa vez tive um aluno de cálculo chamado Brian que, descontente com as definições de sala de aula, deduziu um bom bocado da teoria sozinho, referindo-se a suas grandezas infinitesimais como "números de Brian".

Brian na verdade não foi o primeiro a chegar lá. Existe todo um campo da matemática especializado em estudar números desse tipo, chamado *análise não padronizada.** A teoria, desenvolvida por Abraham Robinson em meados do século XX, finalmente deu sentido aos "incrementos evanescentes" que Berkeley achou tão ridículos. O preço que se tem a pagar (ou, de outro ponto de vista, a recompensa que se tem a colher) é uma profusão de novos tipos de número; não só infinitamente pequenos, mas infinitamente grandes, uma nuvem enorme deles, de todas as formas e tamanhos.**

E aconteceu de Brian estar com sorte – eu tinha um colega em Princeton, Edward Nelson, especialista em análise não padronizada. Arranjei um encontro entre os dois para que Brian aprendesse mais sobre o assunto. O encontro, Ed me contou depois, não foi muito bom. Assim que Ed deixou claro que as grandezas infinitesimais na verdade não viriam a ser chamadas de *números de Brian*, Brian perdeu todo o interesse.

(Moral da história: pessoas que entram na matemática em busca de fama e glória não ficam na matemática por muito tempo.)

Mas não chegamos mais perto de resolver nossa discussão. O que é 0,999... *de fato*? É 1? Ou é algum número infinitesimalmente menor que 1, um tipo doido de número que nem sequer havia sido descoberto cem anos atrás?

A resposta correta é desfazer a pergunta. O que é 0,999... de fato? O número parece se referir a uma espécie de soma:

---

* Usa-se também o termo *análise não standard*. (N.T.)

** Os *números surreais*, desenvolvidos por John Conway, são exemplos charmosos e especialmente esquisitos, como sugere o nome; são estranhos híbridos entre números e estratégia de jogos, e sua profundidade ainda não foi plenamente explicada. O livro *Winning Ways*, de Berlekamp, Conway e Guy, é um bom lugar para aprender sobre esses números exóticos, e, paralelamente, de saber muito mais sobre a rica matemática dos jogos.

$$0{,}9 + 0{,}09 + 0{,}009 + 0{,}0009 + \ldots$$

Mas o que significa isso? Essas desagradáveis reticências parecem ser o verdadeiro problema. Não pode haver controvérsia sobre o que significa somar dois, ou três, ou cem números. Essa é simplesmente a notação matemática para um processo físico que entendemos muito bem: pegue cem pilhas de alguma coisa, misture tudo e veja quanto você tem. Mas e infinitas pilhas? Isso é outra história. No mundo real, nunca se pode ter uma quantidade infinita de pilhas. Qual o valor numérico de uma soma infinita? Ela não tem um valor – *até nós lhe darmos um*. Essa foi a grande inovação de Augustin-Louis Cauchy, que introduziu no cálculo a noção de *limite*, na década de 1820.*

O teórico britânico dos números G.H. Hardy, em seu livro *Divergent Series*, de 1949, explica melhor:

> Não ocorre a um matemático moderno que uma coleção de símbolos matemáticos devesse ter um "significado" até que lhe seja atribuído um por definição. Essa não era uma trivialidade nem para os maiores matemáticos do século XVIII. Eles não tinham o hábito da definição: não era natural para eles dizer, em algumas palavras, "por *X queremos dizer Y*". ... É uma verdade bem ampla dizer que os matemáticos antes de Cauchy não perguntavam "Como *definiremos* $1 - 1 + 1 - 1 + \ldots$", e sim "O que *é* $1 - 1 + 1 - 1 + \ldots$?", e que esse hábito mental os levava a perplexidades e controvérsias desnecessárias que muitas vezes se tornavam verbais.

Isso não é só relativismo matemático relaxado. Só porque *podemos* atribuir qualquer significado matemático que nos aprouver a uma corrente de símbolos matemáticos, isso não significa que devamos fazê-lo. Em matemática, como na vida, há boas e más escolhas. No contexto matemático,

* Como todos os grandes avanços matemáticos, a teoria dos limites de Cauchy teve precursores – por exemplo, a definição de Cauchy estava muito no espírito das fronteiras para os termos de erro da série binomial de D'Alembert. Mas é inquestionável que Cauchy foi o ponto da virada; depois dele, a análise é moderna.

as escolhas boas são aquelas que resolvem perplexidades desnecessárias sem criar novas.

A soma 0,9 + 0,09 + 0,009 + … vai chegando cada vez mais perto de 1 à medida que novos termos são acrescentados. E nunca chega muito mais longe. Não importa quão apertado seja o cordão que amarremos em torno do número 1, após uma quantidade finita de passos, a soma acabará por penetrar nesse cordão para nunca mais sair. Nessas circunstâncias, disse Cauchy, deveríamos simplesmente *definir* o valor da soma infinita como 1. E aí ele trabalhou duro para provar que comprometer-se com essa sua definição não fazia com que contradições terríveis viessem à tona em outra parte. Ao encerrar esse trabalho, Cauchy havia construído um arcabouço que tornou absolutamente rigoroso o cálculo de Newton. Quando dizemos que uma curva tem localmente o aspecto de uma reta, em um certo ângulo, agora queremos dizer mais ou menos isso: à medida que você aproxima a lente, a curva se assemelha cada vez mais à reta dada. Na formulação de Cauchy, não há necessidade de mencionar números infinitamente pequenos, nem nada que fizesse um cético se assustar.

Claro que há um custo nisso. A razão de o problema do 0,999… ser difícil é que ele provoca um conflito em nossas intuições. Nós gostaríamos que a soma de uma série infinita se encaixasse direitinho nas manipulações aritméticas como as que realizamos nas páginas anteriores, e isso parece exigir que a soma seja igual a 1. Por outro lado, gostaríamos que cada número fosse representado por uma cadeia única de dígitos decimais, o que entra em conflito com a alegação de que o mesmo número possa ser chamado de 1 ou de 0,999…, conforme nos dê vontade. Não podemos nos prender simultaneamente a esses dois desejos, um deles precisa ser descartado. Na abordagem de Cauchy, que tem provado amplamente seu valor nos dois séculos depois de ser inventada, é a singularidade da expansão decimal que voa pela janela. Nós não temos problema com o fato de que nosso idioma às vezes utilize duas séries de letras (isto é, duas palavras) para se referir à mesma coisa, os sinônimos; da mesma maneira, não é tão ruim assim que duas diferentes séries de dígitos possam se referir ao mesmo número.

Quanto ao 1 − 1 + 1 − 1 + … de Grandi, esta é uma das séries que estão fora do alcance da teoria de Cauchy, ou seja, uma das *séries divergentes* que constituíam o tema do livro de Hardy. O matemático norueguês Niels Henrik Abel, um dos primeiros fãs da abordagem de Cauchy, escreveu em 1828: "Séries divergentes são invenção do diabo, e é uma vergonha basear nelas qualquer demonstração."* A visão de Hardy, que é a nossa atual, é mais complacente. Há algumas séries divergentes às quais devemos atribuir valores e outras às quais não devemos, e algumas às quais devemos ou não, dependendo do contexto no qual surge a série. Os matemáticos modernos diriam que, se vamos atribuir um valor à série de Grandi, deveria ser ½, porque, como se descobriu, todas as teorias interessantes de somas infinitas ou dão valor ½ ou, como na teoria de Cauchy, não lhe atribuem qualquer valor.**

Anotar precisamente a definição de Cauchy exige um pouco mais de trabalho. Isso valeu especialmente para o próprio Cauchy, que não havia elaborado as ideias em sua forma limpa e moderna.*** (Em matemática, muito raramente você obtém o relato mais claro de uma ideia da pessoa que a inventou.) Cauchy era um resoluto conservador e monarquista, mas, em sua matemática, foi orgulhosamente revolucionário e um flagelo para a autoridade acadêmica. Uma vez que compreendeu como fazer as coisas sem os perigosos infinitesimais, reescreveu unilateralmente seu programa de estudos na École Polytechnique de modo a refletir suas novas ideias. Isso enfureceu todo mundo ao seu redor: seus mistificados alunos, que haviam se matriculado em cálculo para principiantes; seus colegas, que sentiam que os estudantes de engenharia da École não tinham necessidade do nível de rigor de Cauchy; e os administradores, cujas ordens de se ater à diretriz oficial do curso haviam sido completamente ignoradas. A École impôs um novo currículo, que enfatizava a abordagem infinitesimal tradicional do cálculo, e colocou na aula de Cauchy encarregados de tomar

---

* Irônico, considerando-se a aplicação teológica original de Grandi de sua série divergente!

** Nas famosas palavras de Lindsay Lohan: "O limite não existe!"

*** Se alguma vez você já fez um curso de matemática que usa épsilons e deltas, já viu os descendentes das definições formais de Cauchy.

notas para se assegurar de que ele ia obedecer. Cauchy não obedeceu. Não estava interessado nas necessidades dos engenheiros. Estava interessado na verdade.[5]

É difícil defender a posição de Cauchy com fundamentos pedagógicos. Mas, de qualquer maneira, sou solidário com ele. Um dos grandes prazeres da matemática é o inconfundível sentimento de ter entendido algo do jeito certo, tim-tim por tim-tim, até o final. Esse é um sentimento que não experimentei em nenhuma outra esfera da vida mental. E quando você sabe como fazer alguma coisa do jeito certo, é difícil – para alguns teimosos, impossível – obrigar-se a explicá-la do modo errado.

3. Todo mundo é obeso

O COMEDIANTE *stand-up* Eugene Mirman conta essa piada sobre estatística. Ele diz que gosta de dizer às pessoas: "Eu li que 100% dos americanos eram asiáticos." "Mas, Eugene", protesta seu companheiro, confuso, "*você* não é asiático." E a tirada, contada com uma segurança magnífica: "Mas eu li que era!"

Pensei na piada de Mirman quando encontrei um artigo na revista *Obesity*[1] cujo título apresentava uma desconcertante pergunta: "Será que todos os americanos vão ficar acima do peso ou se tornar obesos?" Como se não bastasse a pergunta retórica, o artigo fornece a resposta: "Sim, por volta de 2048."

Em 2048 terei 77 anos e espero não estar acima do peso. Mas eu li que estaria!

O artigo da *Obesity* teve muita publicidade, como se pode imaginar. A ABC News alertou para um "apocalipse de obesidade".[2] O *Long Beach Press-Telegram* saiu com a simples manchete "Estamos ficando mais gordos".[3] Os resultados do estudo ressoavam como a mais recente manifestação da febril e constante ansiedade com que os americanos sempre contemplaram o estado moral do país. Antes de eu nascer, os rapazes deixavam crescer o cabelo, e, portanto, estávamos sujeitos a ser açoitados pelos comunistas. Quando eu era criança, jogávamos videogame demais, o que nos condenava a perder a competição com os industriosos japoneses. Agora comemos fast-food demais, e todos morreremos fracos e imóveis, cercados de embalagens de papelão vazias, estirados em sofás dos quais há muito perdemos a capacidade de nos levantar. O artigo certificava essa ansiedade como um fato cientificamente comprovado.

Tenho uma boa notícia. Não vamos todos estar acima do peso em 2048.[4] Por quê? Porque nem toda curva é uma reta.

Mas toda curva, como acabamos de aprender com Newton, é bem próxima de uma reta. Essa é a ideia que orienta a *regressão linear*, técnica estatística que está para as ciências sociais como a chave de fenda para os consertos domésticos. É aquela ferramenta que você vai usar quase com certeza, qualquer que seja o serviço. Toda vez que você lê no jornal que pessoas com mais primos são mais felizes, ou que países com mais Burger Kings têm preceitos morais mais amplos, ou que cortar pela metade seu consumo de vitamina B3 duplica seu risco de ter pé de atleta, ou que cada US$ 10 mil a mais de renda tornam você 3% mais propenso a votar no Partido Republicano,* você está encontrando o resultado de uma regressão linear.

Eis como ela funciona. Você tem duas coisas que quer relacionar – digamos, o custo das anuidades da universidade e a média de resultados dos exames finais do ensino médio dos alunos admitidos. Você poderia pensar que escolas com resultados de exames mais elevados teriam propensão a ser mais caras. No entanto, uma olhada nos dados nos diz que essa não é uma lei universal. A Elon University, nos arredores de Burlington, Carolina do Norte, tem uma pontuação média combinada de matemática e temas dissertativos de 1.217, e cobra uma anuidade de US$ 20.441. O Guilford College, que fica nas proximidades, em Greensboro, é um pouco mais caro, cobrando US$ 23.420, mas a média de ingresso de calouros nos exames de conclusão é de apenas 1.131.

Ainda assim, se você olhar uma lista inteira de escolas – digamos, as 31 universidades privadas que informaram suas anuidades e pontuações para a Rede de Recursos de Carreira da Carolina do Norte[5] em 2007, perceberá uma tendência clara.

---

* Mais detalhes sobre esses estudos podem ser encontrados na *Revista de coisas totalmente inventadas por mim para ilustrar o meu ponto de vista.*

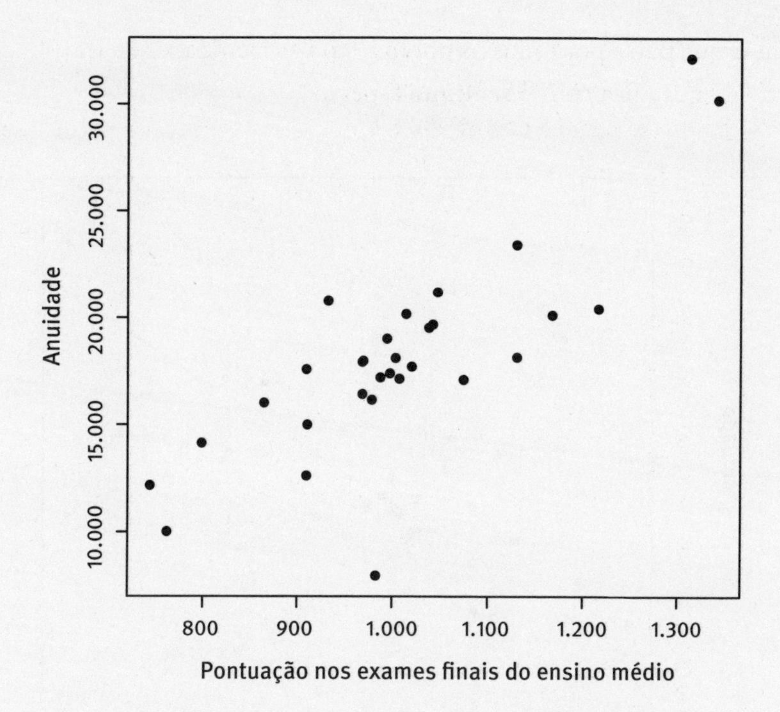

Cada ponto do gráfico representa uma das faculdades. Os dois pontos bem altos no canto superior direito, com escores de exames nas alturas e preços idem? São Wake Forest e Davidson. O ponto solitário perto da base, a única escola privada na lista com anuidade inferior a US$ 10 mil, Cabarrus College of Health Sciences.

A figura mostra claramente que escolas com escores mais elevados têm preços mais altos. Mais *quanto* mais altos? É aí que a regressão linear entra em cena. Os pontos na figura não estão obviamente numa linha reta. Provavelmente você desenharia uma linha reta a mão livre cortando muito aproximadamente o meio dessa nuvem de pontos. A regressão linear expulsa o trabalho de adivinhação, achando a reta que mais se aproxima*

* "Mais se aproxima", nesse contexto, é medido da seguinte maneira: se você substituir a anuidade real em cada escola pela estimativa sugerida pela reta, e então computar a diferença entre a anuidade real e a estimada para cada escola, e aí elevar ao quadrado cada um desses números e somar todos esses quadrados, você obterá uma espécie de medida total de quanto a reta está desviada em relação aos pontos, e você escolhe a reta que torna essa

daquela que passa por todos os pontos. Para as faculdades da Carolina do Norte, a figura fica com o seguinte aspecto:

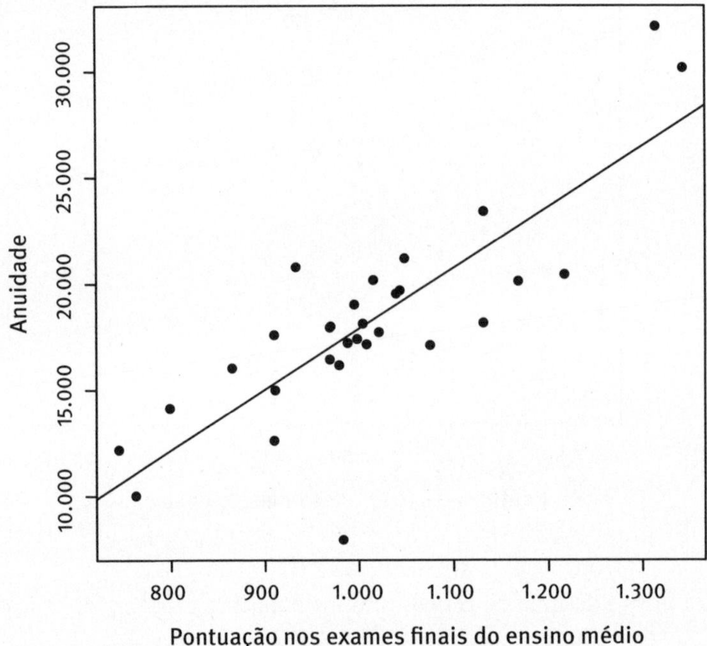

A reta na figura tem uma inclinação de cerca de 28. Isso significa: se a anuidade fosse de fato totalmente determinada pela pontuação dos exames finais segundo a reta que desenhei no gráfico, cada ponto extra nos exames corresponderia a US$ 28 adicionais na anuidade. Se você puder aumentar a média nos exames dos seus calouros admitidos em cinquenta pontos, poderá cobrar US$ 1.400 a mais de anuidade. (Ou, do ponto de vista dos pais, uma melhora de cem pontos do filho vai lhes custar US$ 2.800 adicionais por ano. O curso preparatório para os exames saiu mais caro do que se imaginou!)

---

medida a menor possível. Esse negócio de soma de quadrados cheira a Pitágoras, e, de fato, a geometria subjacente à regressão linear nada mais é que o teorema de Pitágoras transposto e alçado a um contexto dimensional muito mais elevado, mas essa história requer mais álgebra do que desejo apresentar aqui. No entanto, veja a discussão de correlação e trigonometria no Capítulo 15 para saber um pouquinho mais nessa área.

A regressão linear é uma ferramenta maravilhosa, escalável e tão fácil de executar quanto clicar um botão na sua planilha. Você pode usá-la para conjuntos de dados envolvendo duas variáveis, como o que acabei de desenhar aqui, mas funciona igualmente bem para três variáveis, ou mil. Sempre que você deseja entender que variáveis conduzem a outras variáveis, e em que direção, ela é a primeira coisa à qual você recorre. E funciona absolutamente com qualquer conjunto de dados.

Isso é tanto uma fraqueza quanto uma força. Você pode fazer regressão linear sem pensar se o fenômeno que está modelando é realmente próximo de linear. *Mas não deve.* Eu disse que a regressão linear é como uma chave de fenda, e isso é verdade; contudo, em outro sentido, parece mais uma serra de bancada. Se você usá-la sem prestar cuidadosa atenção ao que está fazendo, os resultados podem ser horripilantes.

Pegue, por exemplo, o míssil que disparamos no capítulo anterior. Talvez não tenha sido você quem disparou o míssil. Talvez você seja, ao contrário, o alvo pretendido. Como tal, você tem um profundo interesse em analisar a trajetória do míssil o mais exatamente possível.

Talvez você tenha registrado num gráfico a posição vertical do míssil em cinco momentos distintos, obtendo o seguinte:

Agora você faz uma rápida regressão linear e obtém ótimos resultados. Há uma reta que passa quase exatamente pelos pontos que você registrou.

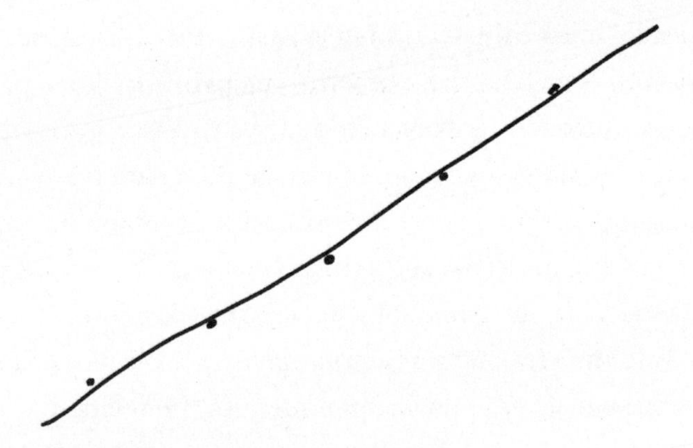

(É nesse instante que as suas mãos começam a se arrastar, impensadamente, em direção à afiada lâmina da serra.)

Sua reta fornece um modelo muito preciso para o movimento do míssil: para cada minuto que passa, o míssil aumenta sua altitude num valor fixo, digamos, 400 metros. Após uma hora, ele está 24 quilômetros acima da superfície da Terra. E quando é que ele desce? Não desce nunca! Uma reta inclinada ascendente simplesmente continua a subir. É isso que fazem as retas.

(Sangue, gritos.)

Nem toda curva é uma reta. E a curva do voo de um míssil não é, *enfaticamente*, uma reta, é uma parábola. Exatamente como o círculo de Arquimedes, ela parece uma reta quando vista de perto, e é por isso que a regressão linear faz um bom serviço dizendo-lhe onde o míssil estará cinco segundos depois que você o rastreou da última vez. Mas e uma hora depois? Esqueça. Seu modelo diz que o míssil está na baixa estratosfera, quando na verdade está chegando perto da sua casa.

A advertência mais vívida que eu conheço contra a extrapolação linear impensada não foi proferida por um estatístico, mas por Mark Twain, *Vida no Mississippi*:

> O Mississippi entre Cairo e Nova Orleans tinha 1.960 quilômetros de comprimento 176 anos atrás. Passou a ter 1.900 após o corte de 1722. Tinha 1.670 após o corte American Bend. Desde então perdeu 123 quilômetros. Conse-

quentemente, seu comprimento é de apenas 1.547 quilômetros no presente. ... No espaço de 176 anos, o baixo Mississippi encolheu 399 quilômetros. É uma média insignificante de mais de 2 quilômetros por ano. Portanto, qualquer pessoa calma, que não seja cega ou idiota, pode ver que, no período oolítico siluriano, pouco mais de 1 milhão de anos atrás, em novembro próximo, o baixo rio Mississippi tinha mais de 2 milhões de quilômetros de comprimento, estendendo-se sobre o golfo do México como uma vara de pescar. Do mesmo modo, qualquer pessoa pode ver que daqui a 742 anos o baixo Mississippi terá apenas 2 quilômetros de comprimento, e Cairo e Nova Orleans terão juntado suas ruas e estarão labutando confortavelmente juntas sob um único prefeito e um conselho mútuo de anciãos. Há algo de fascinante na ciência. Obtemos tais retornos de conjectura por atacado a partir de uma ninharia de investimento de fato.

Aparte: como tirar uma nota parcial no meu exame de cálculo

Os métodos do cálculo muito se assemelham à regressão linear, são puramente mecânicos, sua calculadora pode executá-los, e é muito perigoso usá-los sem a devida atenção. Num exame de cálculo você poderia ser solicitado a estimar o peso da água restante num jarro depois de fazer um furo nele e deixar um fluxo de água escorrer durante algum tempo, blá-blá-blá. É fácil cometer erros de aritmética quando se resolve um problema desses sob pressão. E às vezes isso faz com que o aluno chegue a um resultado ridículo, como, por exemplo, um jarro de água cujo peso é de –4 gramas.

Se um aluno chega a –4 gramas e escreve, às pressas, com letra desesperada, "Fiz uma besteira em algum lugar, mas não consigo achar meu erro", eu lhe dou metade da nota.

Se ele simplesmente escreve "–4 gramas" no pé da página e faz um círculo em volta, o aluno leva zero – mesmo que toda a derivação esteja correta, com exceção de um único dígito errado em algum lugar na metade da página.

Trabalhar uma integral ou executar uma regressão linear é algo que o computador pode fazer com bastante eficiência. Compreender se o resultado faz sentido – ou, em primeiro lugar, decidir se é o método correto a se usar – requer a mão humana para guiá-lo. Quando ensinamos matemática, presume-se que estejamos explicando como ser esse guia. Um curso de matemática que fracassa nisso essencialmente treina o aluno para ser uma versão muito lenta e infectada do Microsoft Excel.

Sejamos francos, na verdade, é isso que muitos dos nossos cursos de matemática estão fazendo. Para resumir uma história longa e controvertida (e ainda assim mantendo-a controvertida), o ensino de matemática para crianças já há décadas tem sido arena das chamadas guerras da matemática. De um lado, há os professores que favorecem a ênfase em memorização, fluência, algoritmos tradicionais e respostas exatas; de outro, professores que acreditam que o ensino da matemática deveria tratar de apreensão do significado, desenvolvimento de maneiras de pensar, descoberta guiada e aproximação. Às vezes a primeira abordagem é chamada *tradicional*, e a segunda, *reforma*, embora a abordagem da descoberta supostamente não tradicional já esteja por aí há décadas. Saber se "reforma" realmente conta como reforma é o tema em debate. Um debate *feroz*. Num jantar de matemáticos, é aceitável tratar de temas como política ou religião, mas comece uma discussão sobre pedagogia da matemática, e ela provavelmente acabará com alguém explodindo num acesso de fúria tradicionalista ou reformista.

Eu não me incluo em nenhum dos dois campos. Não consigo aturar os reformistas, que querem jogar fora a memorização da tabuada de multiplicação. Quando se está pensando seriamente em matemática, algumas vezes é necessário multiplicar 6 por 8, e se você tiver de recorrer à sua calculadora toda vez que fizer isso, jamais conseguirá o tipo de fluxo mental que o raciocínio efetivo exige. Você não pode escrever um soneto se tiver de procurar como se escreve cada palavra.

Alguns reformistas vão a ponto de dizer que os algoritmos clássicos (como "some dois números de vários dígitos pondo um em cima do outro, e 'subindo 1', quando necessário") deveriam ser banidos da sala de aula, uma vez que interferem no processo do aluno de descobrir sozinho as propriedades dos objetos matemáticos.*

Essa me parece uma ideia terrível. Esses algoritmos são ferramentas úteis que as pessoas trabalharam muito para criar, e não há razão para recomeçar tudo do zero.

Por outro lado, há algoritmos que eu julgo poderem ser descartados com segurança no mundo moderno. Não precisamos ensinar aos alunos como extrair raízes quadradas à mão, ou de cabeça (embora esta última habilidade, posso dizer por experiência própria, constitui um belo truque a ser mostrado numa festa em círculos de nerds). Calculadoras também são ferramentas que as pessoas trabalharam arduamente para construir – devemos usá-las, também, quando a situação exigir! Eu pouco me importo se meus alunos sabem dividir 430 por 12 usando a conta de divisão, mas me importo, *sim*, se o sentido numérico deles é suficientemente desenvolvido para estimar de cabeça que a resposta é um pouco mais de 35.

O perigo de superenfatizar algoritmos e cálculos precisos é que os algoritmos e os cálculos precisos são fáceis de avaliar. Se nos instalarmos numa visão da matemática que consista em "obter a resposta certa" e nada mais, e elaboramos testes para isso, corremos o risco de criar alunos que se saiam muito bem nos testes, mas que não saibam absolutamente nada de matemática. Isso pode ser satisfatório para aqueles cujos incentivos são guiados única e exclusivamente pelos resultados dos testes, mas não é satisfatório para mim.

Claro que não é melhor (na verdade, é substancialmente pior) passar no meio de uma população de alunos que desenvolveu algum tênue sentido de significado matemático, mas não consegue resolver exemplos de

* Lembra um pouquinho o conto de Orson Scott Card, "Unaccompanied sonata", que trata de um prodígio musical cuidadosamente mantido isolado e ignorante de qualquer outra música do mundo para que sua originalidade não seja comprometida. Mas aí um sujeito se infiltra e toca um pouco de Bach para ele, e é claro que a polícia da música fica sabendo do que aconteceu, e o prodígio acaba banido da música. Acho que mais tarde suas mãos são cortadas e ele é cegado, ou algo assim, porque Orson Scott Card tem entranhada em si essa coisa esquisita de punição e mortificação da carne, mas, de todo modo, a questão é: não tente impedir músicos jovens de ouvir Bach, porque Bach é grande.

forma rápida e correta. Uma das piores coisas que um professor de matemática pode ouvir de um aluno é "Captei o conceito, mas não consegui resolver os problemas". Embora o aluno não saiba, isso é equivalente a "Não captei o conceito". As ideias da matemática soam abstratas, mas fazem sentido apenas em referência a cálculos concreto. William Carlos Williams afirma categoricamente: *nada de ideias, a não ser nas coisas.*

Em nenhum lugar a batalha é definida mais cruamente que na geometria plana. Este é o último reduto do ensino de provas, o alicerce da prática matemática. Ela é considerada uma espécie de último baluarte da "matemática real" por muitos matemáticos profissionais. Mas não está claro em que medida estamos de fato ensinando a beleza, o poder e a surpresa da prova quando ensinamos geometria. É fácil o curso se tornar um exercício de repetição tão árido quanto uma lista de trinta integrais definidas. A situação é tão horripilante que David Mumford, ganhador da Medalha Fields,* sugeriu que poderíamos dispensar totalmente a geometria plana e substituí-la por um curso inicial de programação. Um programa de computador, afinal, tem muito em comum com uma prova geométrica: ambos exigem que o aluno junte diversos componentes muito simples de uma pequena sacola de opções, um depois do outro, de modo que a sequência como um todo realize alguma tarefa significativa.

Eu não sou tão radical assim. Na verdade, não sou nada radical. Por mais insatisfatório que seja para os adeptos da guerrilha, acho que devemos ensinar uma matemática que valorize respostas precisas, mas também aproximações inteligentes; que exija a habilidade de empregar algoritmos existentes com fluência, mas também o senso instintivo de descobrir sozinho; que misture rigidez e um sentido lúdico. Se não, não estaremos absolutamente ensinando matemática.

Essa é uma condição exigente – contudo, de qualquer maneira, é o que os melhores professores de matemática estão fazendo, enquanto as guerras da matemática são travadas pelos administradores no escalão superior.

---

* A Medalha Fields, junto com o Prêmio Abel, é considerada o prêmio internacional máximo no campo da matemática, uma vez que não existe o Nobel de Matemática. (N.T.)

De volta ao apocalipse da obesidade

Então, que porcentagem de americanos estará acima do peso em 2048? A esta altura você já pode adivinhar como Youfa Wang e seus coautores na *Obesity* geraram sua projeção. O Estudo Nacional de Exame sobre Saúde e Nutrição (Nhanes, de National Health and Nutrition Examination Study) acompanha os dados de saúde de uma grande e representativa amostra de americanos, cobrindo tudo, desde perda de audição até infecções sexualmente transmissíveis. Em particular, fornece dados muito bons para a proporção de americanos que estão acima do peso, o que, para os presentes propósitos, é definido como um índice de massa corporal (IMC) de 25 ou mais.* Não há dúvida de que o predomínio do sobrepeso aumentou nas últimas décadas. No começo dos anos 1970, pouco menos da metade dos americanos tinham IMC tão alto. No começo dos anos 1990, esse número tinha aumentado para quase 60%, e em 2008 quase ¾ da população dos Estados Unidos estavam acima do peso.

É possível registrar num gráfico a obesidade em relação ao tempo como fizemos com o progresso vertical do míssil.

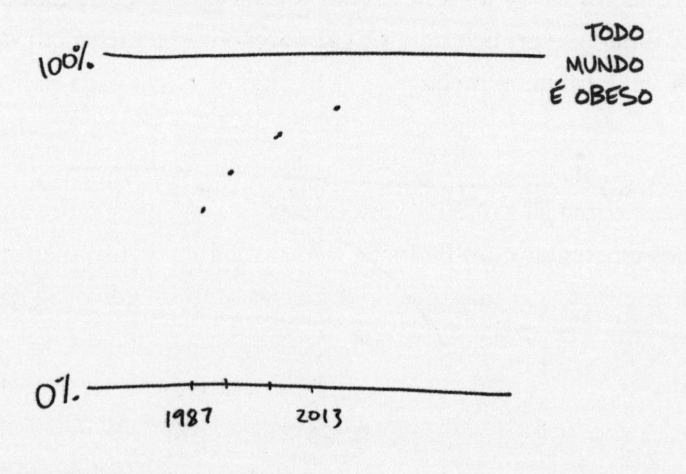

* Na bibliografia de pesquisa, "acima do peso" significa "IMC de pelo menos 25, porém menos que 30," e "obeso" significa "IMC de 30 ou mais"; porém, vou me referir a ambos os grupos em conjunto como "acima do peso" para evitar a obrigação de digitar "acima do peso ou obeso" dezenas de vezes.

É possível gerar uma regressão linear, que terá mais ou menos o seguinte aspecto:

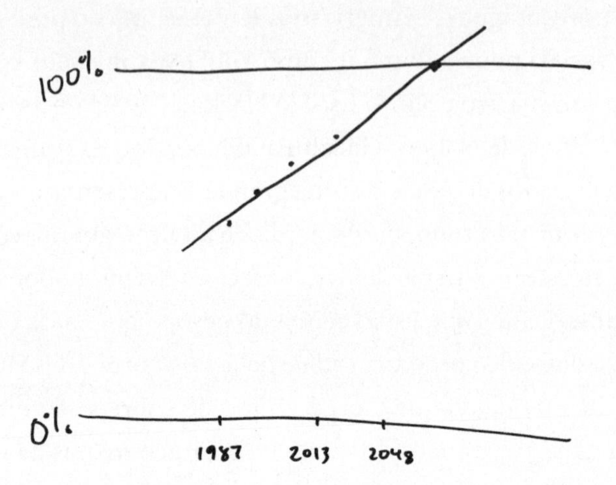

Em 2048, a reta cruza 100%. E é por isso que Wang escreve que todos os americanos estarão acima do peso em 2048, se a tendência atual continuar.

Mas a tendência atual não vai continuar. Não pode! Se continuasse, em 2060 atordoantes 109% dos americanos estariam acima do peso.

Na realidade, o gráfico de uma proporção crescente se curva perto dos 100% da seguinte maneira:

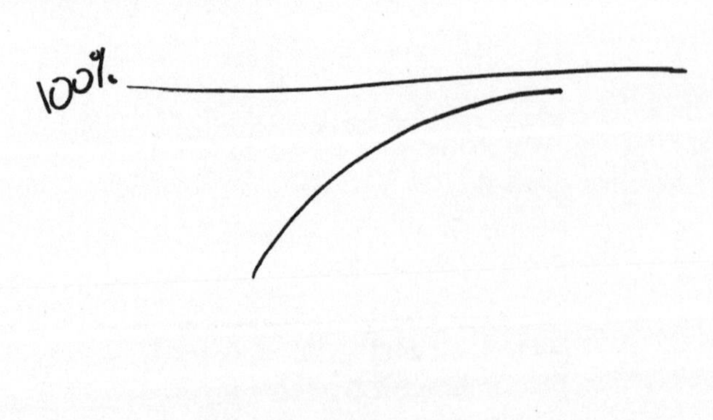

Essa não é uma lei férrea, como a gravidade que curva a trajetória do míssil numa parábola, mas é o mais próximo que se pode obter em medicina. Quanto maior a proporção de gente acima do peso, menos magricelas esqueléticos restam para converter, e mais lentamente a proporção aumenta em direção aos 100%. Na verdade, a curva provavelmente se torna horizontal em algum ponto abaixo de 100%. Sempre haverá magros entre nós! De fato, apenas quatro anos depois, o levantamento do Nhanes mostrou que a escalada do predomínio do sobrepeso já havia começado a desacelerar.[6]

Mas o artigo sobre a *Obesity* oculta o pior crime contra a matemática e o senso comum. A regressão linear é fácil de se fazer – uma vez que se fez uma, as outras são tranquilas. Então Wang e companhia dividiram seus dados segundo grupos étnicos e sexo. Homens negros, por exemplo, tinham menos propensão a estar acima do peso que o americano médio, e, mais importante, sua taxa de sobrepeso crescia apenas com metade da velocidade. Se sobrepusermos a proporção de homens negros acima do peso sobre a proporção global de americanos acima do peso, junto com a regressão linear que Wang e companhia elaboraram, temos uma figura com o seguinte aspecto:

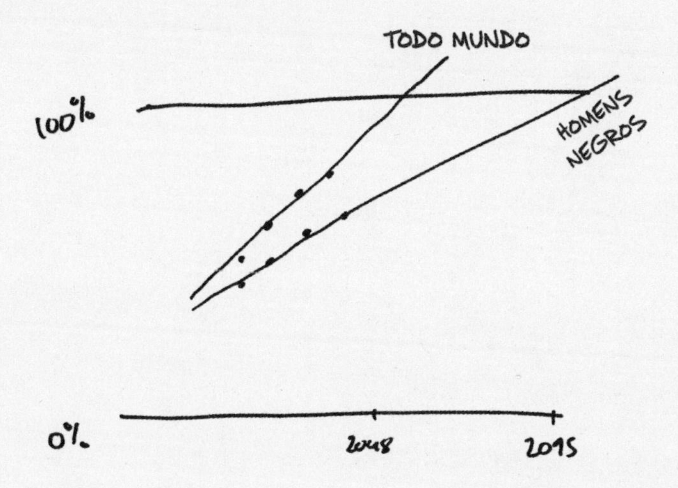

Belo trabalho, homens negros! Vocês todos só estarão acima do peso em 2095. Em 2048, só 80% de vocês estarão obesos.

Está vendo o problema? Se *todos* os americanos supostamente estarão acima do peso em 2048, onde deverão estar aqueles 1 em 5 futuros homens negros sem problema de peso? No exterior?

A contradição básica passa sem ser mencionada no artigo. É o equivalente epidemiológico a dizer que restam –4 gramas de água no balde. Nota zero.

4. Quanto é isso em termos de americanos mortos?

Qual a gravidade do conflito no Oriente Médio? O especialista em contraterrorismo Daniel Byman, da Universidade de Georgetown, apresenta os números árduos, frios, na revista *Foreign Affairs*: "Os relatórios militares israelenses reportam que, do começo da segunda intifada (2000) até o fim de outubro de 2005, os palestinos mataram 1.074 e feriram 7.520 israelenses – números impressionantes para um país tão pequeno, o equivalente proporcional a mais de 50 mil mortos e 300 mil feridos para os Estados Unidos."[1] Esse tipo de cálculo tem se tornado lugar-comum em debates sobre a região. Em dezembro de 2001, a Câmara dos Representantes dos Estados Unidos declarou que as 26 pessoas assassinadas por uma série de ataques em Israel eram "equivalentes, em base proporcional, a 1.200 mortes americanas".[2] E Newt Gingrich,[3] em 2006: "Lembrem-se de que quando Israel perde oito pessoas, por causa da diferença em população, isso equivale a perder quase quinhentos americanos."[4] Para não ficar atrás, Ahmed Moor escreveu no *Los Angeles Times*: "Quando Israel matou 1.400 palestinos em Gaza – proporcionalmente equivalentes a 300 mil americanos –, na Operação Chumbo Fundido, o recém-eleito presidente Obama permaneceu calado."[5]

A retórica da proporção não é privilégio da Terra Santa. Em 1988, Gerald Caplan escreveu no *Toronto Star:* "Cerca de 45 mil nicaraguenses, em ambos os lados do conflito, foram mortos, feridos ou sequestrados nos últimos oito anos; em perspectiva, isso é equivalente a 300 mil canadenses ou 3 milhões de americanos."[6] Robert McNamara, o secretário de Defesa na época da Guerra do Vietnã, disse em 1997 que os cerca de 4 milhões de mortes vietnamitas durante a guerra eram "equivalentes a 27 milhões de americanos".[7] Em qualquer momento em que muita gente de um país pequeno tenha um fim trágico, os editorialistas pegam suas réguas de cálculo e começam a computar quanto é isso em termos de americanos mortos?

Eis como esses números são gerados. Os 1.074 israelenses mortos por terroristas correspondem a cerca de 0,015% da população israelense (que entre 2000 e 2005 era de cerca de 6 a 7 milhões). Então os estudiosos estimam que a morte de 0,015% da população muito maior dos Estados Unidos, que chega a cerca de 50 mil, teria aproximadamente o mesmo impacto aqui.

Isso é lineocentrismo em sua forma mais pura. Segundo o argumento da proporção, você pode achar o equivalente a 1.074 israelenses em qualquer lugar do globo com o gráfico a seguir:

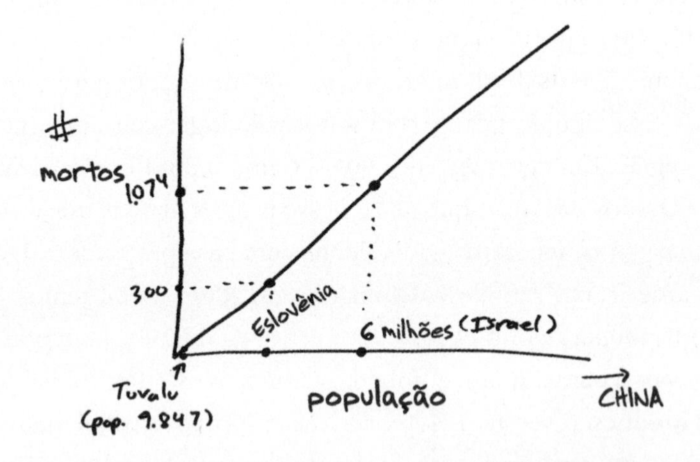

As 1.074 vítimas israelenses equivalem a 7.700 espanhóis ou 223 mil chineses, mas somente a trezentos eslovenos, um ou dois tuvaluanos.

Finalmente (ou talvez imediatamente?) o raciocínio começa a ruir. Quando há dois homens num fim de noite num bar, e um deles derruba o outro com um soco, isso não equivale, em termos contextualizados, a 150 milhões de americanos levarem simultaneamente um soco na cara.

Quando 11% da população de Ruanda foi aniquilada, em 1994, todos concordam que esse estava entre os piores crimes do século. Mas não descrevemos a carnificina lá dizendo: "No contexto da Europa de 1940, foi nove vezes pior que o Holocausto." Fazer isso provocaria, justificadamente, forte clamor de indignação.

Uma regra importante de higiene matemática: quando você está testando em campo um método matemático, tente computar a mesma coisa de várias maneiras diferentes. Se você obtiver respostas diferentes, há algo de errado em seu método.

Por exemplo, os atentados a bomba de 2004, na estação ferroviária de Atocha, em Madri, mataram quase duzentas pessoas. Qual seria o atentado equivalente na Grand Central Station, em Nova York?

Os Estados Unidos têm quase sete vezes a população da Espanha. Então, se você pensar em duzentas pessoas como 0,0004% da população espanhola, descobrirá que um ataque equivalente teria matado 1.300 pessoas nos Estados Unidos. Por outro lado, duzentas pessoas é 0,006% da população de Madri; fazendo a escala correspondente para Nova York, que é duas vezes e meia maior, você obtém 463 vítimas. Ou deveríamos comparar a província de Madri com o estado de Nova York? Isso lhe dá algo mais perto de seiscentos. Essa multiplicidade de conclusões deve servir de alerta. Há algo de suspeito no método das proporções.

Não se pode, claro, rejeitar totalmente as proporções. Elas têm sua importância! Se você quer saber que partes dos Estados Unidos têm o maior problema de câncer no cérebro, não faz muito sentido olhar os estados com a maioria de mortes de câncer cerebral, que são Califórnia, Texas, Nova York e Flórida, com a maioria dos casos de câncer no cérebro porque são os mais populosos.[8] Steven Pinker apresenta questão semelhante em seu mais recente best-seller, *Os anjos bons da nossa natureza*, argumentando que o mundo tem ficado regularmente menos violento ao longo da história da humanidade. O século XX tem má reputação pelos vastos números de pessoas presas nas engrenagens da política de poder. Mas nazistas, soviéticos, o Partido Comunista da China e os senhores coloniais não foram realmente carniceiros efetivos em base proporcional, argumenta Pinker. É que simplesmente há tanta gente para matar hoje! Atualmente não derramamos muitas lágrimas por matanças antigas como a Guerra dos Trinta Anos. Mas esse conflito teve lugar num mundo menor, e, pela estimativa de Pinker, matou uma em cada cem pessoas sobre a Terra. Fazer isso agora significaria aniquilar 70 milhões de pessoas, mais que a quantidade de pessoas mortas nas duas guerras mundiais juntas.

Então, é melhor estudar os índices de mortes em proporção à população total. Por exemplo, em vez de contar "números brutos" de mortes por câncer cerebral segundo o estado, podemos computar a proporção da população de cada estado que morre anualmente de câncer no cérebro. Isso compõe um quadro muito diferente. Dakota do Sul ganha o indesejável primeiro prêmio, com 5,7 mortes de câncer cerebral por ano por 100 mil habitantes, bem acima do índice nacional de 3,4. Dakota do Sul é seguido na lista por Nebraska, Alasca e Maine. Parece que estes são os lugares a serem evitados se você não quer ter um câncer no cérebro. Então, para onde você deve se mudar? Percorrendo a lista até embaixo, encontramos Wyoming, Vermont, Dakota do Norte, Havaí e o distrito de Columbia.

Agora, isso é estranho. Por que em Dakota do Sul o câncer no cérebro é tão fundamental e Dakota do Norte está quase livre da doença? Por que você haveria de estar seguro em Vermont, mas correndo risco no Maine?

Resposta: Dakota do Sul não está necessariamente causando câncer no cérebro, e Dakota do Norte não está necessariamente prevenindo a doença. Os cinco estados no topo da lista têm algo em comum, e os cinco estados na base da lista também têm. E é a *mesma* coisa: há muito pouca gente morando lá. Dos nove estados (e um distrito) que se situam no alto e no topo da lista, o maior é Nebraska, que atualmente está empatado com Virgínia Ocidental numa luta renhida para ser o 37º estado mais populoso. Morar num estado pequeno, aparentemente, resulta em probabilidade muito maior e muito menor de ter câncer no cérebro.[9]

Como isso não faz sentido, é melhor buscarmos outra explicação.

Para ver o que está acontecendo, vamos jogar um jogo imaginário. O jogo chama-se *quem é o melhor em cara ou coroa*. É bem simples. A gente lança um punhado de moedas e quem tirar mais caras ganha. Para deixar um pouco mais interessante, porém, nem todo mundo tem a mesma quantidade de moedas. Alguns – Time Pequeno – têm apenas dez moedas, enquanto os membros do Time Grande recebem cem moedas.

Se formos fazer a contagem pelo número absoluto de moedas, uma coisa é praticamente certa: o vencedor do jogo virá do Time Grande. O jogador Grande típico vai tirar cerca de cinquenta caras, número que ninguém dos Pequenos tem possibilidade de alcançar. Mesmo que o Time Pequeno tivesse cem membros, a contagem mais alta entre eles provavelmente será em torno de oito ou nove.*

Isso não parece justo! De saída, o Time Grande tem uma vantagem maciça! Então, aí vai uma ideia melhor. Em vez de fazer a contagem pelo "número bruto", vamos contar por proporções. Isso deverá pôr os dois times em situação mais justa.

Mas não põe. Como eu disse, se houver uma centena de Pequenos, pelo menos um deles tem probabilidade de tirar oito caras. Então a contagem dessa pessoa será no mínimo 80%. E os Grandes? Nenhum dos Grandes conseguirá obter 80% de caras. Isso é fisicamente possível, claro. Mas não vai acontecer. Na verdade, você precisaria de mais ou menos 2 *bilhões* de jogadores no time Grande para ter uma chance razoável de ver um resultado tão distorcido. Isso deve se encaixar em sua intuição acerca de probabilidade. Quanto mais moedas você lança, maior sua probabilidade de estar perto de 50-50.

Você pode tentar sozinho! Eu tentei, e eis o que aconteceu. Lançando repetidamente dez moedas de cada vez para simular os jogadores Pequenos, tirei uma sequência de caras com o seguinte aspecto:

4, 4, 5, 6, 5, 4, 3, 3, 4, 5, 5, 9, 3, 5, 7, 4, 5, 7, 7, 9 ...

Com cem moedas, como os Grandes, tirei:

46, 54, 48, 45, 45, 52, 49, 47, 58, 40, 57, 46, 46, 51, 52, 51, 50, 60, 43, 45 ...

E com mil:

486, 501, 489, 472, 537, 474, 508, 510, 478, 508, 493, 511, 489, 510, 530, 490, 503, 462, 500, 594 ...

---

* Não vou fazer esses cálculos, mas se você quiser conferir meu trabalho, o termo-chave é "teorema binomial".

Tudo bem, para ser honesto, não lancei mil moedas. Pedi a meu computador que simulasse cara ou coroa. Quem tem tempo de lançar mil moedas?

Um sujeito que fez isso foi J.E. Kerrich, matemático da África do Sul que arriscou uma desaconselhável visita à Europa em 1939. Seu semestre no exterior logo se transformou numa detenção não programada em um campo de internamento na Dinamarca. Numa situação em que um prisioneiro com menos mentalidade estatística teria passado o tempo riscando os dias na parede de uma cela, Kerrich lançou a moeda 10 mil vezes ao todo,[10] mantendo o registro do número de caras, enquanto prosseguia. Seus resultados tinham o seguinte aspecto:

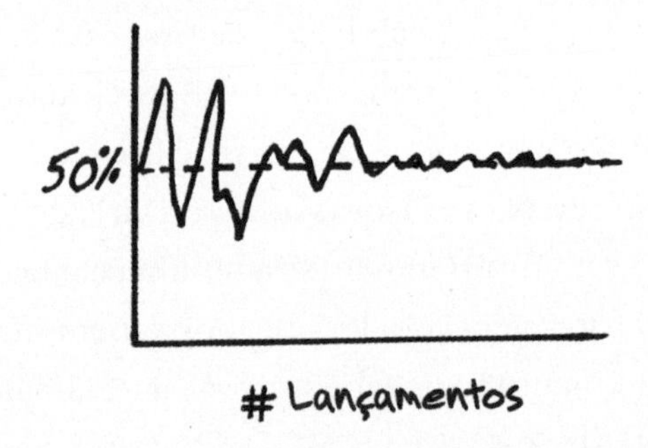

Como você pode ver, a fração de caras converge inexoravelmente para 50% à medida que se lançam mais e mais moedas, como que espremida por uma máscara invisível. Você pode ver o mesmo efeito nas simulações. As proporções de caras no primeiro grupo de lançamentos, os Pequenos, variam de 30% a 90%. Com cem lançamentos de cada vez, o intervalo se estreita: apenas de 40% a 60%. E com mil lançamentos, o intervalo das proporções é de apenas 46,2% a 53,7%. Algo está empurrando esses números para chegar cada vez mais perto de 50%. Esse algo é a fria e forte mão da lei dos grandes números. Não vou enunciar esse teorema com precisão (embora ele seja impressionantemente simpático!), mas você pode pensar nele assim: quanto mais moedas você lançar, cada vez se torna mais extravagantemente improvável que você tire 80% de caras. Na verdade, se você lançar moedas suficientes, até a chance de obter 51% se torna mínima!

Observar um resultado altamente desequilibrado em dez lançamentos não tem nada de extraordinário; obter o mesmo desequilíbrio proporcional em cem lançamentos seria tão surpreendente a ponto de você se perguntar se alguém não teria aprontado alguma trapaça com as moedas.

A compreensão de que os resultados de um experimento tendem a se assentar numa média fixa quando o experimento é repetido mais e mais vezes não é nova. Na verdade, é quase tão velha quanto o estudo matemático da própria probabilidade; uma elaboração informal desse princípio foi enunciada no século XVI por Girolamo Cardano; no entanto, foi apenas na década de 1800 que Siméon-Denis Poisson surgiu com o vigoroso nome *la loi des grands nombres* para descrevê-la.

O chapéu do gendarme

No começo do século XVIII, Jakob Bernoulli havia elaborado um enunciado preciso e uma prova matemática da lei dos grandes números. Agora não se tratava mais de uma observação, mas de um teorema.

O teorema nos diz que o jogo Grande-Pequeno não é justo. A lei dos grandes números sempre forçará a contagem dos jogadores Grandes para 50%, enquanto a contagem dos Pequenos tem uma variação muito mais ampla. No entanto, seria loucura concluir que o Time Pequeno é "melhor" em tirar caras, mesmo que ele ganhe qualquer jogo. Se você fizer a média de caras tiradas por *todos* os jogadores Pequenos, e não só daquele com contagem maior, provavelmente ela estará em torno dos mesmos 50% que os Grandes. E se buscarmos o jogador com menos caras, e não aquele com mais, o Time Pequeno de repente parece ruim. É muito provável que um dos seus jogadores tenha apenas 20% de caras. Nenhum dos Grandes jamais terá resultado tão ruim. Fazer a contagem pelo "número bruto" de caras dá ao Time Grande uma insuperável vantagem. Mas usar a porcentagem deturpa o jogo de forma igualmente ruim em favor dos Pequenos. Quanto menor o número de moedas – o que chamaríamos em estatística de *tamanho da amostra* –, maior a variação na proporção de caras.

Esse é exatamente o mesmo efeito que torna as pesquisas políticas de opinião menos confiáveis quando se incluem menos eleitores. O mesmo vale também para o câncer no cérebro. Estados pequenos têm tamanhos de amostras pequenos – são meros bambus açoitados de um lado para outro pelos ventos da probabilidade, enquanto os estados grandes são enormes carvalhos antigos que mal se dobram. A medição do número absoluto de mortes por câncer cerebral é distorcida para os estados grandes; mas medir os *índices* mais altos – ou os mais baixos! – põe os estados pequenos na liderança. É assim que Dakota do Sul pode ter um dos índices mais altos de morte por câncer cerebral, enquanto Dakota do Norte tem um dos menores. O motivo não é porque o monte Rushmore ou a loja Wall Drug sejam tóxicos para o cérebro, mas porque populações menores têm, de forma inerente, variação maior.

Esse é um fato matemático que você já sabe, embora não saiba que sabe. Quem é o melhor arremessador da NBA? Em um mês da temporada 2011-12, cinco jogadores estavam empatados com maior porcentagem de arremessos da liga: Armon Johnson, DeAndre Liggins, Ryan Reid, Hasheem Thabeet e Ronny Turiaf.

Quem?

Aí está a questão. Esses não foram os cinco melhores arremessadores da NBA. Foram pessoas que mal chegaram a jogar. Armon Johnson, por exemplo, apareceu em um jogo dos Portland Trail Blazers. Fez um arremesso. A bola entrou. Os cinco caras daquela lista fizeram ao todo treze arremessos e acertaram todos. Amostras pequenas têm maior variação, então, o arremessador líder da NBA será sempre alguém que fez apenas um punhado de arremessos e teve sorte toda vez. Você jamais diria que Armon Johnson foi melhor arremessador que o jogador com melhor ranking da lista e que jogou quase o tempo todo, Tyson Chandler, dos Knicks, que converteu 141 de 202 arremessos no mesmo período.*

* A porcentagem de arremessos é função tanto dos arremessos que você escolhe fazer quanto de sua habilidade intrínseca de acertar a cesta (Kirk Goldsberry, "Extra points: a new way to understand the NBA's best scorers", *Grantland*, 9 out 2013; disponível em: www.grantland.com/story/_/id/9795591/kirk-goldsberry-introduces-new-way-understand-nba-

(Qualquer dúvida quanto a este ponto pode ser resolvida olhando a temporada 2010-11 de Johnson, quando ele converteu inabaláveis 45,5% dos arremessos de quadra.) É por isso que o quadro-padrão de liderança não mostra sujeitos como Armon Johnson. Em vez disso, a NBA restringe os rankings a jogadores que atingiram certo tempo mínimo de jogo; de outro modo, qualquer joão-ninguém que atue em tempo parcial e com pequenos tamanhos de amostra dominaria a lista.

Mas nem todo sistema de ranqueamento tem a habilidade quantitativa de fazer concessões à lei dos grandes números. O estado da Carolina do Norte, como muitos outros nessa era de prestação de contas educacional, instituiu programas de incentivo para escolas que se saem bem em testes padronizados. Cada escola é avaliada com base na melhora média de pontuação nos testes dos alunos de uma primavera para outra; as 25 melhores escolas do estado segundo esse critério recebem uma flâmula para pendurar no ginásio de esportes e o direito de se vangloriar para as cidades vizinhas.

Quem vence esse tipo de competição?[11] A vencedora de 1999, com 91,5 de "escore composto de desempenho", foi a C.C. Wright Elementary, em North Wilkesboro. Essa escola estava do lado pequeno, com 418 alunos num estado onde as escolas de ensino fundamental têm em média quase quinhentas crianças. Não muito atrás ficaram Kingswood Elementary, com um escore de 90,9, e Riverside Elementary, com 90,4. Kingswood tinha apenas 315 alunos, e a minúscula Riverside, na cidadezinha de Newland, nos Apalaches, tinha somente 161.

Na verdade, as escolas pequenas em geral faturaram a medida da Carolina do Norte. Um estudo de Thomas Kane e Douglas Staiger[12] descobriu que 28% das escolas menores no estado participaram das 25 melhores em algum momento no intervalo de sete anos estudados; entre todas as escolas, apenas 7% chegaram a ganhar a flâmula no ginásio de esportes.

---

best-scorers; acesso em 13 jan 2014. Ele sugere uma maneira de ir além das porcentagens de arremessos para desenvolver medidas mais informativas do desempenho ofensivo); o grandalhão cujos arremessos são principalmente bandejas e enterradas tem uma grande vantagem inicial. Mas isso é tangencial à questão que aqui demonstramos.

Parece que as escolas pequenas, onde os professores realmente conhecem os alunos e suas famílias e têm tempo de dar uma instrução individualizada, são melhores para aumentar os escores dos testes.

Mas talvez eu deva mencionar que o título do artigo de Kane e Staiger é, aqui traduzido, "A promessa e as armadilhas de usar medidas imprecisas de prestação de contas escolar". E que escolas menores não mostraram qualquer tendência, em média, de ter escores significativamente mais altos nos testes. E que as escolas contempladas com "equipes de assistência" (leia-se: que ganharam uma reprimenda dos encarregados estaduais pelos baixos resultados nos testes) *também* eram predominantemente escolas menores.

Em outras palavras, até onde sabemos, a Riverside Elementary não é uma das escolas de ponta na Carolina do Norte, não mais do que Armon Johnson é o melhor arremessador na liga. A razão de escolas pequenas dominarem as 25 de cima não é porque escolas pequenas sejam melhores, mas porque elas têm uma variação maior nos escores de testes. Alguns meninos-prodígios ou alguns vagabundos da 3ª série podem mudar radicalmente a média de uma escola pequena; numa escola grande, o efeito de alguns escores extremos simplesmente será dissolvido na média maior, mal afetando o valor geral.

Sendo assim, como podemos saber que escola é melhor, ou que estado está mais propenso ao câncer, se pegar as médias simples não dá certo? Se você é um executivo administrando uma porção de equipes, como pode avaliar com exatidão os desempenhos quando os times menores têm maior probabilidade de predominar tanto no alto quanto na base de seu ranking?

Infelizmente, não há uma resposta fácil. Se um estado minúsculo como Dakota do Sul vivencia um surto de câncer cerebral, pode-se presumir que o pico deve-se em grande medida ao acaso, e pode-se estimar que o índice de câncer cerebral no futuro tem probabilidade de estar mais perto da média nacional. É possível ver isso pegando algum tipo de média ponderada do índice de Dakota do Sul em relação ao índice nacional. Mas como atribuir peso aos dois números? É um pouquinho de sorte, envolvendo boa dose de labuta técnica, da qual pouparei você aqui.[13]

Um fato relevante foi observado inicialmente por Abraham de Moivre, um dos primeiros a contribuir para a moderna teoria da probabilidade. O livro de De Moivre, *The Doctrine of Chances*, de 1756, foi um dos textos-chave sobre o assunto. (Mesmo então, a popularização dos progressos matemáticos era uma atividade vigorosa. Edmond Hoyle, cuja autoridade em questões de jogos de cartas era tão grande que as pessoas ainda usam a frase "segundo Hoyle", escreveu um livro para auxiliar os jogadores a dominar a nova teoria – o livro chamava-se *An Essay Towards Making the Doctrine of Chances Easy to Those who Understand Vulgar Arithmetic Only, to Which Is Added Some Useful Tables on Annuities*.)

De Moivre não estava satisfeito com a lei dos grandes números, segundo a qual, a longo prazo, a proporção de caras numa sequência de lançamentos chega cada vez mais perto de 50%. Ele queria saber *quanto* mais perto. Para entender o que ele descobriu, voltemos a dar uma olhada naquela contagem de lançamentos. Mas agora, em vez de listar o número total de caras, vamos registrar a *diferença* entre o número de caras realmente lançadas e o número de caras que seria de esperar, 50% dos lançamentos. Em outras palavras, estaremos medindo quão afastados estamos da paridade perfeita entre cara e coroa.

Para os lançamentos de dez moedas, temos:

1, 1, 0, 1, 0, 1, 2, 2, 1, 0, 0, 4, 2, 0, 2, 1, 0, 2, 2, 4 ...

Para os lançamentos de cem moedas:

4, 4, 2, 5, 2, 1, 3, 8, 10, 7, 4, 4, 1, 2, 1, 0, 10, 7, 5 ...

Para os lançamentos de mil moedas:

14, 1, 11, 28, 37, 26, 8, 10, 22, 8, 7, 11, 11, 10, 30, 10, 3, 38, 0, 6 ...

Você pode ver que as discrepâncias em relação a 50-50 ficam maiores em termos absolutos à medida que a quantidade de lançamentos cresce, ainda que (como exige a lei dos grandes números) estejam ficando cada vez menores em relação à quantidade de lançamentos. O insight de De Moivre é que o tamanho da discrepância típica* é governado pela *raiz quadrada* da quantidade de lançamentos que você faz. Lance uma moeda cem vezes como antes, e a discrepância típica cresce num fator de 10 – pelo menos em termos absolutos. Como proporção do número total de lançamentos, a discrepância *encolhe* à medida que o número de moedas aumenta, porque a raiz quadrada do número de moedas cresce muito mais lentamente que o número de moedas em si. Os lançamentos de mil moedas às vezes erram uma distribuição equitativa por até 38 caras; mas, como proporção do total de lançamentos, isso está apenas 3,8% distante do 50-50.

A observação de De Moivre é a mesma que fica subjacente à computação do erro-padrão numa pesquisa de opinião política. Se você quer reduzir o erro pela metade, precisa pesquisar quatro vezes mais pessoas. E se quiser saber quanto você deve se impressionar com uma boa sequência de caras, pode perguntar quantas raízes quadradas ela está afastada dos 50%. A raiz quadrada de 100 é 10. Então, quando tirei sessenta caras em cem lançamentos, isso estava exatamente uma raiz quadrada distante dos 50-50. A raiz quadrada de 1.000 é mais ou menos 31; então, quando tirei 538 caras em mil lançamentos, consegui algo ainda mais surpreendente, mesmo que tenha tirado apenas 53,8% de caras no último caso e 60% de caras no caso anterior.

Mas De Moivre não tinha acabado. Ele descobriu que as discrepâncias em relação ao 50-50, a longo prazo, sempre tendem a formar uma perfeita curva de sino, ou, como a chamamos no nosso ofício, uma distribuição normal. (O pioneiro da estatística Francis Ysidro Edgeworth propôs que a curva fosse chamada de *chapéu do gendarme*,[14] e eu preciso dizer que lamento que o nome não tenha pegado.)

A curva do sino/chapéu do gendarme é alta no meio e muito achatada perto das bordas, o que quer dizer que, quanto mais longe a discrepância está de zero, menos provável ela é. E isso pode ser quantificado de modo preciso. Se você lança *n* moedas, a chance de acabar se desviando de 50%

---

* Os especialistas perceberão que estou evitando cuidadosamente a expressão "desvio padrão". Os não especialistas que queiram se aprofundar devem consultar o termo.

de caras no máximo pela raiz quadrada de *n* é de 95,45%. A raiz quadrada de 1.000 é mais ou menos 31; de fato, dezoito em vinte dos nossos lançamentos grandes de mil moedas, ou 90%, ficaram dentro de 31 caras distantes de 500. Se eu continuasse jogando esse jogo, a fração de vezes que acabaria com algo entre 469 e 531 caras ficaria cada vez mais perto da cifra de 95,45%.*

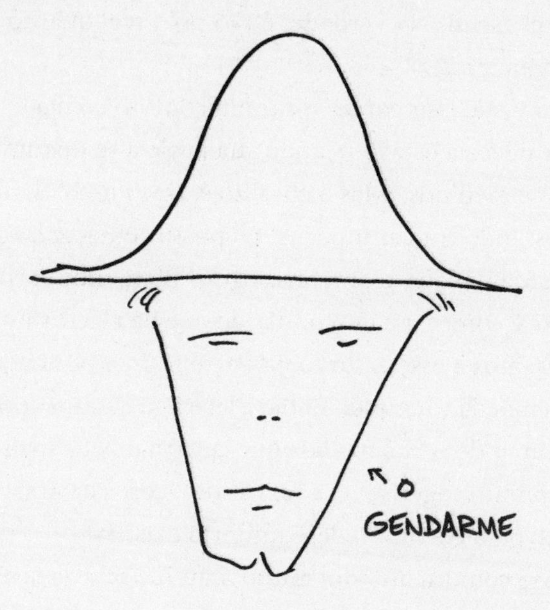

Tem-se a sensação de que algo *faz* isso acontecer. De fato, o próprio De Moivre pode ter sentido isso. Segundo muitos relatos, ele encarava as regularidades no comportamento de lançamentos repetidos de uma moeda (ou qualquer outro experimento sujeito ao acaso) como obra da própria mão de Deus, que transformava as irregularidades de curto prazo de moedas, dados e da vida humana em comportamento de longo prazo previsível, governado por leis imutáveis e fórmulas decifráveis.[15]

É perigoso sentir isso. Porque, se você acha que a mão transcendental de alguém – Deus, a Fortuna, Lakshmi, não importa – está forçando

* Para ser preciso, é um pouco menos, mais para 95,37%, uma vez que 31 não é *bem* a raiz quadrada de 1.000, mas um pouco menor.

as moedas a dar cara na metade das vezes, você começa a acreditar na chamada lei das médias: cinco caras seguidas e a próxima quase com certeza deve dar coroa. Você tem três filhos homens, decerto uma filha vem depois. Afinal, De Moivre não nos disse que resultados extremos, como quatro filhos homens seguidos, são altamente improváveis? Ele disse, e são. Mas *se você já teve três filhos homens*, um quarto filho não é tão improvável assim. Na verdade, é tão provável quanto ter um filho homem da primeira vez.

À primeira vista, isso parece estar em conflito com a lei dos grandes números, que deveria estar forçando sua prole a se dividir meio a meio entre meninas e meninos.* Mas o conflito é uma ilusão. É mais fácil ver o que está se passando com as moedas. Eu posso começar lançando e obter dez caras seguidas. O que acontece a seguir? Bem, uma coisa que poderia acontecer é você começar a desconfiar de que há algo de estranho com a moeda. Voltaremos a esse assunto na Parte II, mas por enquanto vamos assumir que a moeda é honesta. Então a lei exige que a proporção de caras deve se aproximar de 50% à medida que lanço a moeda mais e mais vezes.

O senso comum sugere que, a essa altura, coroa deve ser ligeiramente mais provável, para corrigir o desequilíbrio existente.

Mas o senso comum diz com muito mais insistência que a moeda não pode se lembrar do que aconteceu nas primeiras dez vezes em que a lancei!

Não vou manter o suspense – o segundo senso comum está certo. A lei das médias não tem um nome muito bom porque leis deveriam ser verdadeiras, e esta é falsa. Moedas não têm memória. Assim, a próxima moeda que você lançar tem 50-50 de chance de dar cara, a mesma que em qualquer outro lançamento. A proporção geral vai se assentando em 50% não porque o destino favorece as coroas para compensar as caras que já saíram; não porque esses primeiros dez lançamentos se tornam cada vez menos importantes à medida que você lançar outras moedas. Se eu lanço uma moeda mais mil vezes, e obtenho cara cerca de metade das vezes, a proporção de caras nos primeiros 1.010 lançamentos também

* Na realidade, mais perto de 51,5% meninos e 48,5% meninas, mas quem está contando?

será perto de 50%. É *assim* que funciona a lei dos grandes números, não compensando o que já aconteceu, mas diluindo o que já aconteceu com dados novos, até que o passado seja tão desprezível proporcionalmente que pode ser esquecido.

Sobreviventes

O que se aplica a moedas e contagens de testes vale também para massacres e genocídios. Se você avalia o massacre pela proporção relativa à população nacional eliminada, os piores crimes tenderão a se concentrar nos países menores. Matthew White, autor do reconhecidamente mórbido *Great Big Book of Horrible Things*, classificou as matanças do século XX, e descobriu que as três maiores foram o massacre dos hererós, na Namíbia, pelos colonizadores alemães, a chacina de cambojanos por Pol Pot e a guerra do rei Leopoldo no Congo.[16] Hitler, Stálin, Mao e as grandes populações que dizimaram não entram na lista.

Esse desvio para as nações menos populosas apresenta um problema – onde está nossa regra matematicamente certificada para calcular com precisão quanta dor experimentar quando lemos sobre as mortes de pessoas em Israel, Palestina, Nicarágua ou Espanha?

Eis uma regra prática que para mim faz sentido: se a magnitude de um desastre é tão grande que parece correto falar de "sobreviventes", então tem sentido mensurar o sacrifício da morte como proporção da população total. Quando você fala de um sobrevivente do genocídio em Ruanda, poderia estar falando de qualquer tutsi que vive em Ruanda; então faz sentido dizer que o genocídio aniquilou 75% da população tutsi. E estaria justificado em dizer que uma catástrofe que matou 75% da população da Suíça é o "equivalente suíço" do que sucedeu com os tutsis.

Mas seria absurdo chamar alguém de Seattle de "sobrevivente" do ataque ao World Trade Center. Então, provavelmente não é útil pensar nas mortes do World Trade Center como uma proporção de todos os americanos. Apenas um em 100 mil americanos, ou 0,001%, morreu no

World Trade Center naquele dia. Esse número está muito próximo de zero para sua intuição conseguir captá-lo. Você não tem a sensação do que significa essa proporção. Então é arriscado dizer que o equivalente suíço dos ataques ao World Trade Center seria um assassinato em massa de 0,001% de suíços, ou oitenta pessoas.

Então, como devemos classificar essas atrocidades, se não for pelos números absolutos e pela proporção? Algumas comparações são claras. O genocídio em Ruanda foi pior que o 11 de Setembro, e o 11 de Setembro foi pior que o massacre de Columbine, e Columbine foi pior que uma pessoa morta num acidente provocado por um motorista bêbado. Outras mortes, separadas por vastas diferenças no tempo e no espaço, são mais difíceis de comparar. Teria sido a Guerra dos Trinta Anos realmente mais letal que a Primeira Guerra Mundial? Como se compara o genocídio terrivelmente rápido de Ruanda com a longa e brutal guerra entre o Irã e o Iraque?

A maioria dos matemáticos diria que, no final, os desastres e atrocidades da história formam o que chamamos de conjunto parcialmente ordenado. Essa é uma maneira disfarçada de dizer que alguns pares de desastres podem ser significativamente comparados, outros não. Não porque não tenhamos uma contagem de mortos exata o bastante, ou opiniões firmes quanto aos méritos relativos de ser aniquilado por uma bomba versus morrer de fome induzida pela guerra. Mas porque a questão de uma guerra ser pior que outra é fundamentalmente diferente do problema de um número ser maior que outro. Este último sempre tem uma resposta. A primeira, não. E se você quer avaliar o significado de 26 pessoas mortas por atentados terroristas, não imagine 26 pessoas mortas por atentados terroristas do outro lado do mundo, mas na sua própria cidade. Esse cálculo é matemática e moralmente irretocável, e não se faz necessário nenhuma calculadora.

5. A pizza maior que o prato

Proporções podem ser enganosas mesmo em casos mais simples, aparentemente menos ambíguos.

Um recente texto de trabalho dos economistas Michael Spence e Sandile Hlatshwayo[1] pintou um retrato surpreendente do crescimento de emprego nos Estados Unidos. É tradicional e agradável pensar no país como um colosso industrial, cujas fábricas operam furiosamente noite e dia, produzindo os bens que o mundo exige. A realidade contemporânea é bem diferente. Entre 1990 e 2008, a economia americana apresentou um aumento de 27,3 milhões de empregos. Destes, 26,7 milhões, ou 98%, vinham do "setor não comercializável", a parte da economia que inclui coisas como governo, saúde, varejo e serviços de alimentação, que não podem ser terceirizados para o exterior e não produzem bens a serem despachados para outros países.

Esse número nos dá um poderoso relato sobre a recente história industrial americana e foi amplamente repetido, na *The Economist*[2] e até no último livro de Bill Clinton.[3] Mas é preciso ter cautela sobre seu significado. Noventa e oito por cento é realmente muito perto de 100%. Isso significa que o estudo diz que o crescimento está tão concentrado no setor não comercializável da economia quanto possível? É assim que soa, mas não está totalmente certo. Os empregos no setor comercializável cresceram meros 620 mil entre 1990 e 2008, é verdade. Mas poderia ter sido pior, eles poderiam ter diminuído! Foi o que ocorreu entre 2000 e 2008: o setor comercializável perdeu cerca de 3 milhões de empregos, enquanto o setor não comercializável ganhou 7 milhões. Então, o setor não comercializável contribuiu com 7 milhões de empregos num ganho total de 4 milhões, ou 175%!

O slogan a ser seguido aqui é:

Não fale em porcentagens de números quando os números podem ser negativos.

Isso pode parecer excesso de cautela. Números negativos são números, e como tais podem ser multiplicados ou divididos como qualquer outro. No entanto, mesmo isso não é tão trivial quanto parece à primeira vista. Para nossos predecessores matemáticos, nem sequer estava claro que números negativos fossem realmente números – afinal, eles não representam quantidades exatamente da mesma maneira que os números positivos. Posso ter sete maçãs na mão, mas não sete não maçãs. Os grandes algebristas do século XVI, como Cardano e François Viète, argumentavam furiosamente para saber se um número negativo multiplicado por um número negativo dava um número positivo, ou melhor, entendiam que a consistência parecia exigir que assim fosse, mas havia uma divisão real sobre se isso se era factual ou apenas expediente de notação. Cardano, quando uma equação que estivesse estudando revelava um número negativo entre as soluções, tinha o hábito de chamar a solução insultuosa de *ficta*, ou falsa.[4]

Os argumentos dos matemáticos do Renascimento italiano podem às vezes parecer tão recônditos e irrelevantes para nós quanto sua teologia. Mas eles não estavam errados quanto a haver algo na combinação de quantidades negativas e operações aritméticas como a porcentagem capaz de provocar um curto-circuito na intuição. Quando você desobedece ao slogan que lhe dei, começa a vir à tona toda sorte de incongruências esquisitas.

Por exemplo, digamos que eu dirija um bar. As pessoas, é triste dizer, não estão comprando meu produto. No mês passado perdi US$ 500 nessa parte do negócio. Por sorte, tive a inteligência de instalar uma seção de doces e salgados e um equipamento de CD para clientes, e essas duas operações geraram um lucro de US$ 750 cada.

Ao todo, ganhei US$ 1 mil, e 75% dessa quantia provêm da seção de doces e salgados. Isso dá a impressão de que, neste momento, são eles que realmente fazem o negócio funcionar; quase todo meu lucro vem dos croissants. Exceto que é igualmente correto dizer que 75% do meu lucro vêm do equipamento de CD. E imagine se eu tivesse perdido mais US$ 1 mil no café – então meu lucro total seria zero, infinitos por cento dos quais viriam dos doces e salgados!* "Setenta e cinco por cento" soa como se eu dissesse "quase tudo", mas quando você está lidando com números que podem ser tanto positivos como negativos, como os lucros, isso significa algo bem diferente.

Esse problema nunca surge quando você estuda números que devem ser *positivos*, como despesas, receitas ou populações. Se 75% dos americanos acham que Paul McCartney foi o Beatle mais bacana, então não é possível que outros 75% digam que foi Ringo Starr; ele, George** e John precisam dividir entre si os 25% restantes.

Você pode observar esse fenômeno também nos dados de empregos. Spence e Hlatshwayo poderiam ter ressaltado que cerca de 600 mil empregos foram criados em finanças e seguros; isso é quase 100% do total de empregos criados pela totalidade do setor comercializável. Não ressaltaram isso porque não estavam tentando iludir você de modo a acreditar que não havia nenhuma outra parte da economia crescendo durante esse intervalo de tempo. Como você deve se lembrar, houve pelo menos mais uma parte da economia dos Estados Unidos que contribuiu bastante com empregos entre 1990 e hoje: o setor classificado como "design de sistemas de computadores e serviços correlacionados", que triplicou seu número de empregos, responsável, sozinho, por mais de 1 milhão deles. A quantidade total de empregos adicionados por finanças e computadores esteve bem acima dos 620 mil adicionados pelo setor comercializável como um todo; esses ganhos foram contrabalançados pelas grandes perdas em manufatura. A combinação de positivo e negativo, se você não tiver cuidado, permite contar uma história falsa, na qual todo o trabalho de criação de empregos no setor comercializável foi realizado pelo setor financeiro.

---

* Alerta de segurança: nunca divida por zero, a não ser que haja algum matemático formado no recinto.

** Na verdade, o Beatle mais bacana.

Não é possível fazer muitas objeções àquilo que Spence e Hlatshwayo escreveram. É verdade, o crescimento total de empregos num agregado de centenas de indústrias *pode* ser negativo, mas, num contexto econômico normal, durante um intervalo de tempo razoavelmente longo, é bem provável que seja positivo. Afinal, a população segue crescendo, e, na ausência de desastre total, isso tende a arrastar consigo o número absoluto de empregos.

Mas outros relatórios de porcentagem não são tão cuidadosos. Em junho de 2011, o Partido Republicano de Wisconsin publicou um informativo elogiando o número de criação de empregos pelo então governador Scott Walker. Aquele havia sido mais um mês fraco para a economia americana como um todo, que criou apenas 18 mil empregos em todo o país. Mas os números de empregos no estado pareciam muito melhores: um aumento líquido de 9.500 empregos. "Hoje", dizia o informativo, "ficamos sabendo que mais de 50% do crescimento de empregos nos Estados Unidos em junho está no nosso estado."[5] O tópico foi incorporado e distribuído por políticos GOP,* como o deputado Jim Sensenbrenner, que disse a sua audiência num subúrbio de Milwaukee: "O relatório sobre trabalho que saiu na semana passada tinha anêmicos 18 mil no país, mas metade deles veio aqui de Wisconsin. Alguma coisa que fazemos aqui deve estar funcionando."[6]

Esse é um exemplo perfeito da enrascada em que você se mete quando começa a relatar porcentagens de números, como criação líquida de novos empregos, que podem ser positivos ou negativos. Wisconsin adicionou 9.500 empregos, o que é bom; mas o estado vizinho de Minnesota, com o governador democrata Mark Dayton, adicionou mais de 13 mil no mesmo mês.[7] Texas, Califórnia, Michigan e Massachusetts também superaram o aumento de empregos em Wisconsin. Este último estado teve um mês bom, é verdade, mas não contribuiu com tantos empregos quanto todo o resto do país somado, como sugeria a mensagem republicana. Na verdade, o que acontecia era que as perdas de empregos em outros estados contra-

* GOP: Government, Politics & Diplomacy, também Gold Old Party, Bom e Velho Partido, apelido do Partido Republicano desde 1880. (N.T.)

balançavam quase exatamente os empregos criados em locais como Wisconsin, Massachusetts e Texas. Foi assim que o governador de Wisconsin pôde alegar que seu estado havia contribuído com metade do crescimento de empregos. O governador de Minnesota, se tivesse se incomodado em fazê-lo, poderia ter dito que seu próprio estado era responsável por 70% desse crescimento. De modo tecnicamente correto, mas fundamentalmente enganoso, ambos estavam certos.

Você também pode pegar um recente editorial opinativo do *New York Times* escrito por Steven Rattner,[8] que usou o trabalho dos economistas Thomas Piketty e Emmanuel Saez para argumentar que a atual recuperação econômica está desigualmente distribuída entre os americanos:

> Novas estatísticas mostram uma divergência cada vez mais surpreendente* entre as fortunas dos ricos e o resto da população – e a desesperada necessidade de abordar esse doloroso problema. Mesmo num país que às vezes parece habituado à desigualdade de renda, essas informações são realmente estarrecedoras.
>
> Em 2010, enquanto o país continuava a se recobrar da recessão, estonteantes 93% da renda adicional criada no país naquele ano, em comparação com 2009 – US$ 288 bilhões –, foi para o 1% no topo da lista de contribuintes, aqueles com uma renda de pelo menos US$ 352 mil anuais. ... Os outros 99% receberam um aumento microscópico de US$ 80 no pagamento por pessoa em 2010, depois de corrigida a inflação. O 1% do topo, cuja renda média é de US$ 1.019.089 por ano, teve um aumento de 11,6% em sua renda.

O artigo vem embalado com um charmoso infográfico que decompõe ainda mais os ganhos de renda: 37% para os membros ultrarricos do 0,01% do topo, com 56% para o resto do 1% do topo, deixando magros 7% para os 99% restantes da população. Você pode fazer um pequeno diagrama do tipo pizza:

---

* Pedantismo matemático. Para alegar que algum fenômeno é "cada vez mais surpreendente", você precisa fazer mais que mostrar que ele é surpreendente; você precisa mostrar que sua "surpreendência" está *aumentando*. Esse tópico não é abordado no corpo do editorial opinativo.

Agora vamos fatiar a pizza mais uma vez e perguntar sobre as pessoas que estão nos 10% superiores, mas não no 1% de cima. Aqui você encontra os médicos de família, advogados que não são da elite, engenheiros e os administradores da classe média alta. Qual o tamanho da fatia deles? Você pode obter isso dos dados de Piketty e Saez, que prestativamente os disponibilizaram na internet.[9] E descobre uma coisa curiosa: esse grupo de americanos teve uma renda média de aproximadamente US$ 159 mil em 2009, que aumentou para um pouquinho acima de US$ 161 mil em 2010. Esse é um ganho modesto comparado com o que o percentil mais rico abocanhou, mas ainda assim contribui com 17% da renda total ganha entre 2010 e 2011.

Tente encaixar uma fatia de 17% da pizza dentro dos 93% nas mãos do 1% mais rico, e você terá uma pizza maior que o prato.

Os porcentuais 93% e 17% somam mais que 100%. Como isso faz sentido? Faz porque os 90% de baixo tiveram uma renda média *mais baixa* em 2011 que em 2010, havendo ou não recuperação. Números negativos na composição geram um comportamento vacilante nas porcentagens.

Olhando os dados de Piketty-Saez para diferentes anos, vê-se o mesmo padrão repetidamente. Em 1992, 131% dos ganhos de renda nacionais foram acumulados pelo 1% do topo! Essa é com certeza uma cifra impressionante, mas que indica que a porcentagem não significa exatamente aquilo a que você está acostumado. Não se pode enfiar 131% num gráfico do tipo pizza. Entre 1982 e 1983, com outra recessão retrocedendo à memória, 91% dos ganhos de renda nacionais foram para o grupo superior de 10%, mas não de 1%. Será que isso significa que a recuperação foi captada pelos profissionais razoavelmente ricos, deixando atrás a classe média e os muito ricos? Que nada. O 1% do topo viu um saudável aumento também nesse ano, contribuindo sozinho com 63% do ganho de renda nacional. Agora, o que estava efetivamente ocorrendo era que os 90% de baixo continuavam a perder terreno, enquanto a situação melhorava para o resto.

Nada disso tem intenção de negar que o amanhecer nos Estados Unidos chega um pouco mais cedo no dia dos americanos mais ricos do que para a classe média. Mas de fato fornece um ângulo ligeiramente diferente da história. Não é que 1% esteja se beneficiando enquanto o resto do país definha. As pessoas nos 10% superiores, mas não no 1% do topo – grupo que inclui, para não entrar em excesso de detalhes, muitos leitores da página de opinião do *New York Times* –, também estão se dando bem, captando mais que o dobro da fatia de 7% que a pizza parece lhes conceder. São os *outros* 90% do país que ainda não enxergam uma luz no fim do túnel.

Mesmo quando os números envolvidos *são* positivos, há lugar para aqueles que querem torcer a história e dar uma versão enganosa acerca das porcentagens. Em abril de 2012, a campanha presidencial de Mitt Romney, enfrentando números fracos entre as mulheres, emitiu um comunicado afirmando:[10] "A administração Obama trouxe tempos difíceis para as mulheres americanas. Sob o governo do presidente Obama, mais mulheres têm lutado para conseguir trabalho que em qualquer outro momento registrado da nossa história. As mulheres constituem 92,3% de todos os empregos perdidos na administração Obama."

Quanto ao modo de falar, essa afirmação é correta. Segundo o Escritório de Estatísticas do Trabalho, o emprego total em janeiro de 2009 era de 133.561.000 postos e em março de 2012, de apenas 132.821.000: uma perda líquida de 740 mil empregos. Entre as mulheres, os números eram de 66.122.000 e 65.439.000; então havia 683 mil mulheres a menos empregadas em março de 2012 que em janeiro de 2009, quando Obama assumiu o cargo. Divida o segundo número pelo primeiro, e você obtém a cifra de

92%. É quase como se o presidente Obama andasse por aí mandando as empresas demitirem todas as mulheres.

Mas não. Esses números não são perdas de empregos *líquidas*. Não temos ideia de quantos empregos foram criados e de quantos foram perdidos nesse período de três anos, sabemos apenas que a diferença entre esses dois números é de 740 mil. A perda de emprego líquida às vezes é positiva, outras vezes negativa, e por isso que citar porcentagens é uma coisa perigosa. Basta imaginar o que teria acontecido se a campanha de Romney começasse a contagem um mês depois, em fevereiro de 2009.* Nesse ponto, outro mês brutal de recessão, a totalidade de empregos tinha caído para 132.837.000. Entre esse mês e março de 2012, a economia sofreu uma perda bruta de apenas 16 mil empregos. Só entre as mulheres, os empregos perdidos foram 484 mil (contrabalançados, claro, por um ganho correspondente entre os homens). Que oportunidade perdida para a campanha de Romney – se tivessem começado sua avaliação em fevereiro, o primeiro mês inteiro da presidência Obama, poderiam ter mostrado que as mulheres contribuíram com mais *3.000%* de todos os empregos perdidos na era Obama!

Mas isso teria sinalizado para qualquer um, exceto para os eleitores menos bem-informados, que a porcentagem de algum modo não era a medida correta.

O que realmente aconteceu com homens e mulheres na força de trabalho entre a posse de Obama e março de 2012? Duas coisas. Entre janeiro de 2009 e fevereiro de 2010, o emprego despencou tanto para homens quanto para mulheres, com a recessão e suas consequências cobrando o preço.

Janeiro 2009-fevereiro 2010:
Perda de empregos líquida para homens: 2.971.000
Perda de empregos líquida para mulheres: 1.546.000

E então, pós-recessão, o quadro de emprego começou a melhorar lentamente:

---

* A análise aqui está em dívida com Glenn Kessler, que escreveu sobre o anúncio de Romney no *Washinton Post*, 10 abr 2012.

Fevereiro 2010-março 2012

Ganho de empregos líquido para homens: 2.714.000

Ganho de empregos líquido para mulheres: 863.000

Durante o declínio agudo, os homens levaram o soco no queixo, sofrendo quase o dobro de perdas de emprego que as mulheres. Na recuperação, os homens contam com 75% dos empregos ganhos. Quando se somam os dois períodos, as cifras masculinas por acaso quase se cancelam, deixando os homens com quase tantos empregos quanto no começo. Mas a ideia de que o período econômico tem sido ruim quase que exclusivamente para as mulheres é muitíssimo errônea.

O *Washington Post* qualificou o cálculo da campanha de Romney de "verdadeira, mas falsa".[11] Essa classificação provocou zombaria nos adeptos de Romney, mas eu a considero correta, e ela tem algo profundo a dizer sobre o uso de números na política. Não há dúvida sobre a exatidão do número. Divide-se a perda líquida de empregos das mulheres pela perda líquida total e obtém-se 92,3%.

Mas isso torna a alegação "verdadeira" apenas num sentido muito fraco. É como se a campanha de Obama tivesse emitido um comunicado dizendo: "Mitt Romney nunca negou alegações de que durante anos ele operou uma rede bicontinental de tráfico de cocaína na Colômbia e em Salt Lake City."

Essa afirmativa também é 100% verdadeira! Mas destina-se a criar uma falsa impressão. Então "verdadeiro, mas falso" é uma avaliação bastante justa. É a resposta certa para a pergunta errada, o que a torna pior, de certa maneira, que um simples erro de cálculo. É fácil pensar na análise quantitativa de uma política como algo que se faz com a calculadora. Mas a calculadora só entra em cena depois que você determinou que cálculos deseja fazer.

Eu ponho a culpa nos problemas só de palavras. Eles dão uma impressão terrivelmente errada da relação entre matemática e realidade. "Bobby tem trezentas bolinhas de gude e dá 30% delas a Jenny. E dá a Jimmy metade do que deu a Jenny. Com quantas bolinhas ele ficou?" Isso *parece* o mundo real, mas é simplesmente um problema de aritmética sob disfarce não muito convincente. O problema só de palavras nada tem a ver com bolinhas de gude. Eu poderia simplesmente dizer: digite "$300 - (0{,}30 \times 300) - {}^{(0{,}30 \times 300)}/_{2} =$" na sua calculadora e copie a resposta!

Mas as questões do mundo real não são como os problemas só de palavras. Um problema do mundo real é algo como "Será que a recessão e suas consequências foram especialmente ruins para as mulheres na força de trabalho; se foram, em que medida isso é resultado das políticas da administração Obama?". Sua calculadora não tem uma tecla para isso. Porque, para dar uma resposta sensata, você precisa saber mais que somente números. Qual o formato das curvas de perda de emprego para homens e mulheres numa recessão típica? Terá sido esta recessão especialmente diferente sob esse aspecto? Que tipos de emprego são desproporcionalmente ocupados por mulheres, e quais foram as decisões tomadas por Obama que afetaram esse setor da economia? Só depois de começar a formular essas perguntas é que você pega sua calculadora. Mas nesse ponto o verdadeiro trabalho mental já terminou. Dividir um número por outro é mera computação. Descobrir *o que* você deve dividir *pelo que* é matemática.

PARTE II

Inferência

Inclui: mensagens ocultas na Torá; os perigos do espaço de manobra; teste de significância da hipótese nula; B.F. Skinner vs. William Shakespeare; "Deleite Turbo Sexofônico"; a falta de jeito dos números primos; torturar os dados até que eles confessem; a maneira certa de ensinar criacionismo em escolas públicas.

6. O corretor de ações de Baltimore e o código da Bíblia

As pessoas usam matemática para manipular problemas que variam desde o cotidiano ("Quanto tempo devo esperar pelo próximo ônibus?") até o cósmico ("Qual a aparência do Universo três trilionésimos de segundo após o big bang?").

Mas há um campo de questões bem além do cósmico, problemas sobre "o significado" e "a origem de tudo", a respeito das quais você poderia achar que a matemática não tem nada a ponderar.

Nunca subestime a ambição territorial da matemática! Você quer saber sobre Deus? Há matemáticos envolvidos no caso.

A ideia de que seres humanos terrenos possam aprender sobre o mundo divino por meio de observações racionais é muito antiga, tão antiga, segundo Maimônides, erudito judeu do século XII, quanto o próprio monoteísmo. A obra central de Maimônides, a *Mishneh Torah*, dá o seguinte relato sobre a revelação de Abraão:

> Depois que Abraão foi desmamado,[1] mas ainda criança de colo, sua mente começou a refletir. De dia e de noite ele pensava e se perguntava: "Como é possível que essa esfera [celeste] guie continuamente o mundo e não haja ninguém para guiá-la e fazê-la girar; não é possível que ela gire por si mesma?" … Sua mente trabalhava e refletia arduamente, até que ele alcançou o caminho da verdade, apreendeu a linha correta de pensamento e soube que havia um Deus, que Ele guia a esfera celeste e que criou tudo, e, em meio a tudo que existe, não há deus outro além Dele. … Ele começou então a proclamar ao mundo todo com grande energia e instruir as pessoas que o Universo inteiro tinha apenas um Criador e que a Ele era correto adorar. … Quando as pes-

soas acorreram a ele em grande quantidade, instruía a cada um segundo sua capacidade, até que encontrasse o caminho da verdade, e assim, milhares e dezenas de milhares juntaram-se a ele.

Essa visão de crença religiosa é extremamente própria da mente matemática. Você acredita em Deus não porque foi tocado por um anjo, nem porque um dia seu coração se abriu e deixou o sol entrar, e decerto não por alguma coisa que seus pais lhe disseram, mas porque Deus é uma coisa que *deve existir*, com a mesma segurança de que oito vezes seis deve ser igual a seis vezes oito.

Atualmente, o argumento abraâmico – basta *olhar* para tudo, como tudo poderia ser tão incrível se não houvesse um projetista por trás? – é considerado insuficiente, ao menos pela maioria dos círculos científicos. Mas agora temos microscópios, telescópios e computadores. Não estamos restritos a observar a Lua dos nossos berços. Temos dados, dados aos montes, e possuímos as ferramentas para brincar com eles.

O conjunto favorito de dados do erudito rabínico é a Torá, que, afinal, é uma cadeia de personagens arranjados em sequência, extraídos de um alfabeto finito, que tentamos transmitir fielmente, sem erro, de sinagoga em sinagoga. Apesar de ter sido escrita em pergaminho, ela é o sinal digital primitivo.

Quando um grupo de pesquisadores na Universidade Hebraica de Jerusalém começou a analisar esse sinal, em meados da década de 1990, descobriu algo muito estranho; ou, dependendo de sua perspectiva teológica, algo nada estranho. Os pesquisadores vinham de diferentes disciplinas: Eliyahu Rips era professor sênior de matemática, conhecido teórico da teoria dos grupos; Yoav Rosenberg era estudante de pós-graduação em ciência da computação; e Doron Witztum, ex-estudante com mestrado em física. Mas todos compartilhavam um gosto pelo ramo do estudo da Torá que busca textos esotéricos ocultos sob as histórias, genealogias e advertências que compõem a superfície das Escrituras. Sua ferramenta escolhida foi a "Sequência de Letras Equidistantes", doravante SLE, um pedaço de texto obtido quando se juntam caracteres da Torá segundo intervalos regulares. Por exemplo, na frase

LEMOS UMA NOTÍCIA ÓTIMA

você pode ler cada quinta letra, contando a partir da primeira, e obtém:

LEMOS **U**MA NO**T**ÍCIA **Ó**TIMA

A SLE seria LUTO. Se isso significa o lamento por alguém que morreu ou a disposição para uma batalha, será determinado pelo contexto.

A maioria das SLEs não gera palavras; se eu fizer a SLE a cada terceira letra na mesma frase, obtenho algo sem sentido como LOMOCOM, o que é mais comum. Ainda assim, a Torá é um documento longo. Se você procurar padrões, vai encontrar.

Como modo de indagação religiosa, isso parece estranho. Será o Deus do Velho Testamento realmente o tipo de divindade que sinaliza sua presença numa pesquisa de palavras? Na Torá, quando Deus quer que você saiba que Ele está lá, você *sabe* – mulheres de noventa anos que engravidam, arbustos que pegam fogo e falam, jantar que cai do céu.

Ainda assim, Rips, Witztum e Rosenberg não foram os primeiros a procurar mensagens ocultas nas SLEs da Torá. Há alguns precedentes esporádicos entre os rabinos clássicos, mas o real pioneiro do método no século XX foi Michael Dov Weissmandl, rabino da Eslováquia que passou a Segunda Guerra Mundial tentando, na maior parte do tempo em vão, levantar dinheiro do Ocidente a fim de comprar alívio para os judeus da Eslováquia[2] de oficiais alemães subornáveis. Weissmandl encontrou diversas SLEs interessantes na Torá. A mais famosa: ele observou que, a começar por um certo "mem" (a letra hebraica que soa como "m") na Torá, e contando para a frente intervalos de cinquenta letras, achava-se a sequência "*mem shin nun hei*", as letras da palavra hebraica *Mishneh*, a primeira palavra do título do comentário da Torá escrito por Maimônides. Agora você salta 613 letras (por que na 613? Porque é o número exato de mandamentos na Torá, por favor, tente acompanhar) e começa a selecionar novamente cada quinquagésima letra. Você descobre que as letras formam *Torah* – em outras palavras, o título do livro de Maimônides está registrado em SLEs na Torá, documento redigido mais de mil anos antes de seu nascimento.

Como eu disse, a Torá é um documento longo – segundo uma contagem, possui ao todo 304.805 letras. Então, não fica evidente o que se deve concluir, se é que se deve concluir algo, acerca de padrões como esse encontrado por Weissmandl. Há montes de maneiras de fatiar e arranjar a Torá, e inevitavelmente algumas delas formarão palavras.

Witztum, Rips e Rosenberg, treinados em matemática bem como em religião, propuseram-se uma tarefa mais sistemática. Escolheram 32 rabinos notáveis de toda a gama da história judaica moderna, de Avraham HaMalach a O Yaabez. Em hebraico, números podem ser grafados em caracteres alfabéticos, de modo que as datas de nascimento e morte dos rabinos forneciam mais sequências de letras com que brincar. A pergunta é: os nomes dos rabinos aparecem em sequências de letras equidistantes inusitadamente próximas de suas datas de nascimento e morte?

Ou, em tom mais provocativo: a Torá conhecia o futuro?

Witztum e seus colegas[3] testaram essa hipótese de um modo sagaz. Primeiro, pesquisaram o livro do Gênesis em busca de SLEs que formassem os nomes e datas dos rabinos, e calcularam quão próximas no texto as sequências gerando os nomes estavam das sequências gerando as datas correspondentes. Aí embaralharam as 32 datas, de modo que cada uma delas fosse agora combinada a um rabino ao acaso, e fizeram o teste novamente. Então aplicaram o mesmo método 1 milhão de vezes.* Se não houvesse relação no texto da Torá entre os nomes dos rabinos e as datas correspondentes, seria de esperar que a combinação real entre rabinos e datas tivesse resultados semelhantes a um emaranhado de associações aleatórias. Não foi isso que descobriram. A associação correta acabou muito próxima do topo da lista, conquistando a 453ª posição entre 1 milhão de competidores.

---

* Que é apenas uma fração minúscula das *permutações* possíveis das 32 datas, que são ao todo 263.130.836.933.693.530.167.218.012.160.000.000.

Eles tentaram a mesma coisa com outros textos: *Guerra e paz*, o Livro de Isaías (parte da Escritura, mas não a parte que se entende ter sido escrita por Deus), e uma versão do Gênesis com as letras embaralhadas ao acaso. Em todos os casos, os verdadeiros aniversários dos rabinos estavam no meio do bando.

A conclusão dos autores, redigida com característica sobriedade matemática: "Concluímos que a proximidade de SLEs com significados correlatos no livro do Gênesis não se deve ao acaso."

Apesar da linguagem discreta, este foi entendido como um achado surpreendente, realçado pelas credenciais matemáticas dos autores, especialmente de Rips. O artigo foi referendado e publicado em 1994 na revista *Statistical Science*, acompanhado de um prefácio incomum, do editor Robert E. Kass, que escreveu:

> Nossos árbitros ficaram atônitos: suas crenças anteriores os faziam pensar que o livro do Gênesis não tinha possibilidade de conter referências significativas a indivíduos dos tempos modernos; contudo, quando os autores realizaram análises e verificações adicionais, o efeito persistiu. O artigo é, portanto, oferecido aos leitores de *Statistical Science* como uma intrigante charada.[4]

Apesar dos achados impressionantes, o artigo de Witztum não chamou muita atenção do público de imediato. Tudo mudou quando o jornalista americano Michael Drosnin ouviu falar nele. Drosnin saiu ele próprio à caça de SLEs, abandonando qualquer limitação científica e contando todo aglomerado de sequências que pudesse achar como predição divina de acontecimentos futuros. Em 1997, publicou um livro, *O código da Bíblia*, cuja capa mostra um rolo de Torá desbotado, de aparência antiga, com sequências de letras circuladas formando as palavras hebraicas para "Yitzhak Rabin" e "assassino que matará". Drosnin alegou ter alertado Rabin sobre seu assassinato em 1994, um ano antes de ele acontecer (1995), e isso foi uma poderosa propaganda para o livro, que também apresenta predições certificadas pela Torá da Guerra do Golfo e da colisão do cometa Shoemaker-Levy 9 com Júpiter em 1994.

Witztum, Rips e Rosenberg denunciaram o método ad hoc de Drosnin, mas morte e profecia fazem prodígios: *O código da Bíblia* foi um best-seller. Drosnin apareceu no *Oprah Winfrey Show* e na CNN, e teve audiências pessoais com Yasser Arafat, Shimon Peres e o chefe de gabinete de Bill Clinton, John Podesta, durante as quais partilhou suas teorias sobre o próximo fim dos dias.* Milhões viram o que parecia uma prova matemática de que a Bíblia era a palavra de Deus, pessoas modernas com visão de mundo científica foram presenteadas com uma via inesperada rumo à aceitação da fé religiosa, e muitos enveredaram por ela. Tenho informações seguras de que um pai de filho recém-nascido, proveniente de uma família judia secular, esperou até o artigo na *Statiscal Science* ser oficialmente aceito antes de decidir circuncidar o filho. (Pela criança, espero que o processo de arbitragem tenha sido rápido.)

Mas justamente quando os códigos estavam conquistando ampla aceitação do público, seus alicerces se viram sob o ataque do mundo matemático. A controvérsia foi especialmente amarga entre a grande comunidade de matemáticos judeus ortodoxos. O Departamento de Matemática de Harvard, onde eu era aluno de doutorado na época, tinha no corpo docente tanto David Kazhdan, que havia manifestado uma modesta abertura aos códigos, como Shlomo Sternberg, ruidoso oponente, que pensava que a promoção dos códigos fazia os ortodoxos parecerem um bando de tolos e patetas. Sternberg desfechou um pesado ataque no *Notices of the American Mathematical Society* no qual chamava o artigo de Witztum, Rips e Rosenberg de "embuste", e dizia que Kazhdan e outros com opiniões semelhantes "não só trazem vergonha a si mesmos, como também desgraçam a matemática".[5]

O chá da tarde do Departamento de Matemática foi meio constrangedor no dia em que saiu o artigo de Sternberg, posso lhe garantir.

Eruditos religiosos também foram resistentes à sedução dos códigos. Alguns, como os líderes da ieshiva** Aish HaTorah, abraçaram os códigos

* Que deveria acontecer em 2006. Então, o que houve?
** Seminário rabínico. (N.T.)

como meio de atrair judeus não praticantes de volta para uma versão mais rigorosa da fé. Outros desconfiaram de um mecanismo que representava acentuada ruptura com o estudo convencional da Torá. Ouvi falar num distinto rabino que, no final de um longo jantar de Purim,* tradicionalmente regado a bebidas, perguntou a um dos convidados, adepto do código: "Então, diga-me, o que você faria se descobrisse um código na Torá dizendo que o sabá deveria ser no domingo?"

Não haveria tal código, disse o colega, porque Deus ordenou que o sabá fosse no sábado.

O velho rabino não desistiu: "Tudo bem", ele disse, "mas e se houvesse?"

O jovem colega ficou calado por algum tempo, e finalmente falou: "Então, acho que teria de pensar no assunto."

Nesse ponto, o rabino determinou que os códigos deveriam ser rejeitados, pois enquanto existe de fato uma tradição judaica, em particular entre os rabinos de inclinações místicas, de realizar análises numéricas das letras da Torá, o processo pretende apenas ajudar a compreender e apreciar o livro sagrado. Se o método pudesse ser usado, mesmo que só em princípio, para criar dúvidas acerca das leis básicas da fé, tratava-se de um método tão autenticamente judaico quanto um cheesebúrguer com bacon.

Por que os matemáticos rejeitaram o que parecia uma evidência clara da inspiração divina da Torá? Para explicar, precisamos introduzir um novo personagem: o corretor de ações de Baltimore.

O corretor de ações de Baltimore

Eis a parábola. Um dia, você recebe o informativo não solicitado de um corretor de ações em Baltimore contendo uma dica de que certa ação deve subir muito. Uma semana se passa e, exatamente como o corretor

* Festividade judaica que celebra a salvação dos judeus na Pérsia, no século IV AEC, narrada no livro de Ester. (N.T.)

de Baltimore previra, a ação sobe. Na semana seguinte, você recebe uma nova edição do informativo, e dessa vez a dica é sobre uma ação cujo preço o corretor acha que vai cair. De fato a ação despenca. Passam-se dez semanas, cada qual trazendo nova edição do misterioso informativo com nova predição, e toda vez a predição se torna verdade.

Na 11ª semana, você recebe um formulário para investir dinheiro com o corretor de Baltimore, claro que com uma polpuda comissão para cobrir a aguçada visão de mercado oferecida, tão amplamente demonstrada pela sequência de dez semanas de dicas preciosas exibidas nos informativos.

Esse parece um negócio bastante bom, certo? Sem dúvida o corretor de Baltimore tem acesso a algo – parece incrivelmente improvável que um completo trapaceiro, sem nenhum conhecimento especial do mercado, consiga acertar dez predições seguidas sobre a alta e a queda de ações. Na verdade, você calcula as chances sem a menor dificuldade: se o trapaceiro tem 50% de chance de acertar cada predição, então a chance de acertar as *duas* primeiras é metade da metade, ou ¼; a chance de acertar as três primeiras é metade desse quarto, ou ⅛, e assim por diante. Continuando esse cálculo, sua chance de acertar o comportamento do mercado dez vezes seguidas* é:

$$\left(\frac{1}{2}\right)\times\left(\frac{1}{2}\right)\times\left(\frac{1}{2}\right)\times\left(\frac{1}{2}\right)\times\left(\frac{1}{2}\right)\times\left(\frac{1}{2}\right)\times\left(\frac{1}{2}\right)\times\left(\frac{1}{2}\right)\times\left(\frac{1}{2}\right)\times\left(\frac{1}{2}\right)=\left(\frac{1}{1024}\right).$$

Em outras palavras, a chance de um trapaceiro se sair tão bem é próxima de zero.

Mas as coisas parecem diferentes quando você reconta a história do ponto de vista do corretor de Baltimore. Eis o que você não viu da primeira vez. Na primeira semana, você não foi a única pessoa que re-

* Existe um princípio útil, a *regra do produto*, oculta nesse cálculo. Se a chance de acontecer truns é p, e a chance de acontecer xans é q, então se truns e xans são independentes – isto é, o fato de truns acontecer não aumenta nem diminui a probabilidade de acontecer xans –, então a chance de ambos, truns e xans, acontecerem é $p \times q$.

cebeu o informativo do corretor – ele o enviou a 10.240 pessoas.* Mas eles não eram todos iguais. Metade era como o seu, predizendo a alta de uma ação. A outra metade previa exatamente o oposto. As 5.120 pessoas que receberam uma predição furada do corretor nunca mais ouviram falar dele. Mas você e os outros 5.119 que receberam a sua versão do informativo tiveram uma nova dica na semana seguinte. Desses 5.120 informativos, metade dizia a mesma coisa que o seu e metade dizia o contrário. Depois dessa semana, ainda há 2.560 pessoas que receberam duas predições corretas seguidas.

E assim por diante.

Depois da décima semana, haverá dez pessoas sortudas (?) que receberam dez dicas vencedoras seguidas do corretor de Baltimore – *não importa o que* aconteça com o mercado de ações. O corretor pode ter um observador do mercado com olho de lince, ou pode escolher as ações jogando tripas de galinha contra a parede e interpretando as manchas – de qualquer maneira, há dez destinatários de informativos na praça para quem ele parece um gênio. Dez pessoas de quem ele pode esperar arrecadar quantias substanciais. Dez pessoas para as quais o desempenho passado não será garantia nenhuma de resultados futuros.

Muitas vezes tenho ouvido a parábola do corretor de Baltimore contada como fato real, mas não consegui localizar nenhuma evidência de que efetivamente tenha ocorrido. A coisa mais próxima que encontrei foi um reality show de TV, de 2008 – sendo que esse tipo de programa é aquilo a que recorremos hoje em busca de parábolas –, no qual o mágico britânico Derren Brown fez uma jogada similar, enviando várias dicas de corridas de cavalos para milhares de britânicos, e que teve como resultado acabar convencendo uma única pessoa de que bolara um sistema infalível de predição. (Brown, que gosta de dissipar alegações místicas mais do que promovê-las, expôs o mecanismo do truque no final do programa,

* Essa história certamente remonta aos tempos em que esse processo envolveria reproduzir e enviar 10 mil documentos físicos, mas é ainda mais realista agora que esse tipo de correspondência de massa é executável eletronicamente com custo praticamente zero.

provavelmente fazendo mais pela educação matemática no Reino Unido que uma dúzia de especiais da BBC.)

Mas se você distorce o jogo, tornando-o menos claramente fraudulento, embora mantendo inalterado o potencial enganoso, descobre que o corretor de Baltimore está vivo e muito bem na indústria financeira. Quando uma companhia abre um fundo mútuo, muitas vezes o mantém na casa por algum tempo antes de abri-lo ao público, numa prática chamada *incubação.*[6] A vida de um fundo incubado não é tão morna e segura quanto sugere o nome. Caracteristicamente, as companhias incubam uma porção de fundos de uma só vez, experimentando numerosas estratégias de investimento e alocação. Os fundos se atropelam e competem no útero. Alguns mostram retornos atraentes, e logo são postos à disposição do público, com extensiva documentação dos lucros até o momento. Mas os nanicos da ninhada recebem tiros de misericórdia, muitas vezes sem qualquer conhecimento público de que algum dia tenham existido.

Agora, pode acontecer que os fundos mútuos que conseguem sair da incubadora de fato representem investimentos inteligentes. As companhias que vendem fundos mútuos podem até acreditar nisso. Afinal, quem não acredita, quando uma jogada dá certo, que sua própria esperteza e know-how de algum modo merecem o crédito? Mas os dados sugerem o oposto: os fundos da incubadora, uma vez chegando às mãos do público, não mantêm sua excelente performance pré-natal, oferecendo em vez disso os mesmos retornos que um fundo mediano.[7]

O que isso significa para você, se for afortunado o bastante e tiver algum dinheiro para investir? Significa que vai se dar melhor resistindo à sedução do novo fundo "quente" que rendeu 10% nos últimos doze meses. Melhor seguir o conselho desprovido de *sex-appeal* que provavelmente está enjoado de ouvir, o feijão com arroz do planejamento financeiro: em vez de sair à caça de um sistema mágico ou de um consultor com toque de Midas, ponha seu dinheiro num grande e enfadonho fundo livre de taxas e esqueça. Quando você enterra suas economias num fundo incubado, com seus retornos ofuscantes, você é como o destinatário do informativo que investiu as economias de toda a vida com o corretor de Baltimore. Você se deixou manipular pelos resultados impressionantes, mas não sabe *quantas chances* o corretor teve de chegar a esses resultados.

Isso parece jogar palavras cruzadas de tabuleiro com meu filho de oito anos. Se ele fica insatisfeito com as letras que tira do saquinho, joga-as lá de volta e tira outras, repetindo o processo até ter as letras que quer. A seu ver, isso é perfeitamente justo; afinal, ele está de olhos fechados, então não sabe que letras vai tirar! Mas se você der a si mesmo chances suficientes, acabará tirando o Z que está querendo. E não é porque tenha sorte, mas porque está trapaceando.

A jogada do corretor de Baltimore funciona porque, como todo bom truque de mágica, não tenta enganar você de imediato, ou seja, não tenta lhe dizer alguma coisa falsa. Ao contrário, diz algo verdadeiro acerca do qual você tem a propensão de tirar conclusões erradas. De fato, *é* improvável acertar o comportamento de ações dez vezes seguidas, ou que o mágico que apostou em seis corridas de cavalo acerte o vencedor toda vez, ou que um fundo mútuo supere o mercado em 10%. O erro está em ficar surpreso com esse encontro com o improvável. O Universo é grande, e se você está suficientemente sintonizado com ocorrências surpreendentemente improváveis, você as encontrará. *Coisas improváveis acontecem até demais.*

É altamente improvável ser atingido por um raio ou ganhar na loteria, mas essas coisas acontecem o tempo todo com as pessoas, porque há muita gente no mundo, e muitos compram bilhetes de loteria ou vão jogar golfe debaixo de tempestade, ou ambas as coisas. A maioria das coincidências perde sua surpresa quando vista da distância apropriada. Em 9 de julho de 2007, a loteria Cash 5, da Carolina do Norte, sorteou os números 4, 21, 23, 34, 39. Dois dias depois, os mesmos cinco números saíram outra vez. Isso parece altamente improvável, e parece porque realmente o é. A chance de os dois sorteios da loteria saírem iguais por puro acaso era mínima, menos de duas em 1 milhão. Mas essa não é a questão relevante, se você está decidindo quanto deve ficar impressionado. Afinal, os sorteios da loteria Cash 5, por mais de um ano, já vinham oferecendo muitas oportunidades de coincidência. Acontece que a chance de *algum* período de três dias apresentar dois resultados idênticos era bem menos miraculoso: uma em mil.[8] E a Cash 5 não é o único jogo da cidade. Há centenas de apostas de loteria de cinco números correndo por todo o país, e assim tem sido há anos. Quando você junta todos eles, não é surpresa alguma obter uma coincidência como dois resultados idênticos em três dias. Isso não torna qualquer coincidência individual menos improvável. Mas aí vem de novo o refrão: *coisas improváveis acontecem demais.*

Aristóteles, como de hábito, esteve aqui primeiro: mesmo carecendo de qualquer noção formal de probabilidade, foi capaz de compreender que "é provável que coisas improváveis aconteçam. Isso posto, pode-se argumentar que *o que é improvável é provável*".[9]

Uma vez que você tenha realmente absorvido essa verdade fundamental, o corretor de Baltimore não tem poder sobre você. É muito improvável que o corretor tenha lhe entregado dez escolhas corretas de ações; não é nada de espantar que tenha entregado a *alguém* uma sequência tão boa, dadas as 10 mil chances. Na famosa formulação do estatístico britânico R.A. Fisher: "'Uma chance em 1 milhão' sem dúvida ocorrerá com uma frequência nem maior nem menor, por mais que fiquemos surpresos de ter acontecido *conosco*."[10]

O espaço de manobra e os nomes dos rabinos

Os decodificadores da Bíblia não escreveram 10 mil versões do seu artigo e as mandaram para 10 mil revistas de estatística. Então, é difícil ver, de início, como sua história se assemelha à jogada do corretor de Baltimore.

Mas quando os matemáticos assumiram o "desafio" que Kass menciona no prefácio da revista, buscando alguma explicação diferente de "Foi Deus quem fez" para os resultados do código da Bíblia, eles descobriram que o assunto não era tão simples quanto Witztum e companhia fizeram parecer. O andamento foi determinado por Brendan McKay, cientista da computação australiano, e Dror Bar-Natan, matemático israelense lecionando então na Universidade Hebraica. Eles abordaram o ponto crítico de que os rabinos medievais não tinham passaportes nem certidões de nascimento concedendo-lhes nomes oficiais. Eram mencionados por alcunhas, e diferentes autores podiam se referir ao mesmo rabino de maneiras diferentes. Se Dwayne "The Rock" Johnson fosse um rabino famoso, por exemplo, você procuraria uma predição do seu nascimento na Torá como Dwayne Johnson The Rock, Dwayne "The Rock" Johnson, D.T.R. ou todos esses?

Essa ambiguidade cria algum espaço de manobra para os caçadores de códigos. Considere o rabi Avraham ben Dov Ber Friedman, místico chassídico do século XVIII que viveu e trabalhou no *shtetl* de Fastov, na Ucrânia. Witztum, Rips e Rosenberg usam "Rabi Avraham" e "HaMalach" ("O Anjo") como alcunha. Mas por que, perguntam McKay e Bar-Natan, usam "HaMalach" isoladamente, e não "Rabi Avraham HaMalach", nome pelo qual o rabino também era frequentemente conhecido?

McKay e Bar-Natan descobriram[11] que esse espaço de manobra nas escolhas dos nomes levou a drásticas mudanças na qualidade dos resultados. Eles fizeram um conjunto diferente de escolhas sobre as alcunhas dos rabis; suas opções, segundo os estudiosos da Bíblia, fazem tanto sentido quanto as de Witztum (um rabino chamou as duas listas de nomes de "igualmente espantosas").[12] Descobriram que com a nova lista de nomes algo muito impressionante transpirava. A Torá parecia não mais detectar as datas de nascimento e morte dos notáveis rabínicos. Mas a edição hebraica de *Guerra e paz* cravava em cima, identificando os rabinos com suas datas corretas tão bem quanto o livro do Gênesis no artigo de Witztum.

O que isso pode significar? Não, e eu me apresso em dizer, que Liev Tolstói tenha escrito seu romance com os nomes dos rabinos ocultos no interior, destinados a se revelar apenas depois que o hebraico moderno tivesse se desenvolvido e as obras clássicas da literatura mundial traduzidas para o idioma. Não, e McKay e Bar-Natan estão apresentando um potente argumento acerca do poder do espaço de manobra. Espaço de manobra é o que o corretor de Baltimore tem quando dá a si mesmo uma profusão de chances de ganhar; espaço de manobra é o que a companhia de fundos mútuos tem quando resolve quais dos seus fundos secretamente incubados são ganhadores e quais são lixo. Espaço de manobra é o que McKay e Bar-Natan usaram para elaborar uma lista de nomes rabínicos que se encaixou bem em *Guerra e paz*. Quando você está tentando extrair inferências confiáveis de eventos improváveis, o espaço de manobra é o inimigo.

Num artigo posterior,[13] McKay e Bar-Natan pediram a Simcha Emanuel, professor de Talmude na Universidade de Tel Aviv, para elaborar outra lista de alcunhas, esta não destinada à compatibilidade com a Torá nem com *Guerra e paz*. Nela, a Torá saiu-se apenas um pouquinho melhor que o acaso. (O desempenho de Tolstói não foi reportado.)

É muito improvável que qualquer conjunto de alcunhas rabínicas esteja bem encaixado com datas de nascimento e morte no livro do Gênesis. Mas, com tantas maneiras de escolher os nomes, não é absolutamente improvável que entre todas as escolhas houvesse *uma* que fizesse a Torá parecer misteriosamente presciente. Dadas as chances suficientes, achar códigos é facílimo. É especialmente fácil se você usar a abordagem menos científica de Michael Drosnin para achar códigos. Disse ele dos céticos: "Quando meus críticos acharem uma mensagem sobre o assassinato de um primeiro-ministro encriptada em *Moby Dick*, eu acreditarei neles." McKay encontrou depressa sequências de letras equidistantes em *Moby Dick* referindo-se ao assassinato de John Kennedy, Indira Gandhi, Leon Trótski e, para não ficar atrás, do próprio Drosnin. Enquanto escrevo isto, Drosnin continua vivo e passa bem, apesar da profecia. Ele está em seu terceiro livro de códigos da Bíblia, sendo que divulgou o último com um anúncio de página inteira[14] numa edição de dezembro de 2010 do *New York Times*, alertando o presidente Obama de que, segundo sequências de letras ocultas nas Escrituras, Osama bin Laden já poderia ter uma arma nuclear.

Witztum, Rips e Rosenberg insistem[15] em que não eram como os mestres dos fundos de incubadora, revelando ao público apenas os experimentos que deram os melhores resultados possíveis; sua lista exata de nomes foi escolhida antecipadamente, dizem eles, antes de fazerem qualquer teste. Isso pode muito bem ser verdade. No entanto, mesmo que seja, lança uma luz muito diferente sobre o miraculoso sucesso dos códigos bíblicos. Que se possa garimpar a Torá, bem como *Guerra e paz*, e ter sucesso para *alguma* versão dos nomes dos rabinos, isso não é surpresa.

O milagre, se é que há um milagre, é que Witztum e seus colegas foram levados a escolher precisamente aquelas versões dos nomes nos quais a Torá apresentava os melhores resultados.

Há, porém, uma ponta solta que deveria preocupar você. McKay e Bar-Natan criaram um caso convincente de que o espaço de manobra no projeto do experimento de Witztum era suficiente para explicar os códigos da Bíblia. Contudo, o experimento de Witztum foi realizado usando testes estatísticos padronizados, os mesmos que os cientistas empregam para julgar alegações a respeito de tudo, desde medicamentos até políticas econômicas. O artigo não teria sido aceito na *Statistical Science* de outra maneira. Se o artigo passou no teste, não deveríamos ter aceitado suas conclusões, por mais absurdas que pudessem parecer? Em outras palavras: se agora nos sentimos à vontade para rejeitar as conclusões do estudo de Witztum, o que isso diz sobre a confiabilidade dos nossos testes estatísticos padronizados?

Diz que você deveria ficar um pouco preocupado com eles. E acontece que, mesmo sem as informações da Torá, cientistas e estatísticos já começaram a se preocupar com os testes há algum tempo.

7. Peixe morto não lê mentes

Pois aqui está a coisa: o arranca-rabo sobre os códigos da Bíblia não é o único em que se usou o kit-padrão de ferramentas estatísticas para deduzir um resultado que parece mágica. Um dos temas mais quentes da ciência médica é a neuroimagem funcional, que promete fazer os cientistas verem seus pensamentos e sentimentos faiscarem nas sinapses em tempo real por meio de sensores cada vez mais acurados. Na conferência de 2009 da Organização para Mapeamento do Cérebro Humano, em São Francisco, o neurocientista Craig Bennett, da Universidade da Califórnia, Santa Barbara, apresentou um painel chamado "Correlatos neurais da perspectiva interespécies no exame pós-morte do salmão do Atlântico: um argumento em favor da correção de comparações múltiplas".[1] Leva alguns segundos para decifrar o jargão do título, mas, quando se consegue, o painel anuncia claramente a natureza inusitada de seus resultados. Mostrou-se a um peixe morto, escaneado por um equipamento de Imagem por Ressonância Magnética Funcional (IRMf), uma série de fotografias de seres humanos, e descobriu-se que ele tinha capacidade surpreendentemente forte de avaliar de modo correto as emoções das pessoas exibidas nas fotos. Já teria sido impressionante com uma pessoa morta ou um peixe vivo. Com um peixe morto, então, isso é material para um Prêmio Nobel!

Mas o artigo, claro, é uma piada em tom sério. E muito bem executada: gosto especialmente da seção "Métodos", que começa:

> Um salmão maduro do Atlântico (*Salmo salar*) participou do estudo de IRMf. O salmão tinha aproximadamente 45 centímetros, pesava 1,7 quilo e não estava vivo por ocasião do escaneamento. ... Uma proteção de espuma

foi colocada dentro do capacete sensor para a cabeça como método de limitar o movimento do salmão durante o escaneamento, mas mostrou-se totalmente desnecessária, pois o movimento do sujeito foi excepcionalmente baixo.[2]

A piada, como todas as piadas,[3] é um ataque velado. Nesse caso, um ataque à metodologia negligente dos pesquisadores de neuroimagem que cometem o erro de ignorar a verdade fundamental de que coisas improváveis acontecem a toda hora. Os neurocientistas dividem seus escaneamentos de IRMf em dezenas de milhares de pequenos pedaços, chamados voxels, cada qual correspondendo a uma pequena região do cérebro. Quando se escaneia um cérebro, mesmo um cérebro de peixe morto, há certa quantidade de ruído aleatório em cada voxel. É muito improvável que esse ruído venha a ocorrer exatamente no instante em que você mostra ao peixe o instantâneo de uma pessoa em situação emocional extrema. Mas o sistema nervoso é um lugar imenso, com dezenas de milhares de voxels para escolher. As chances de que um desses voxels forneça dados que combinem bem com as fotos são bastante altas.

Foi exatamente o que Bennett e seus colaboradores descobriram. Na verdade, eles localizaram dois grupos de voxels que fizeram um excelente trabalho de empatia com a emoção humana, um na cavidade encefálica medial do salmão e outro na coluna vertebral superior. O objetivo do artigo de Bennett é alertar para o fato de que os métodos probatórios de avaliar resultados, a maneira como estabelecemos os limiares entre um fenômeno real e a estática aleatória, ficam perigosamente pressionados nesta época de massivos conjuntos de dados obtidos sem muito esforço. Precisamos pensar com muito cuidado se nossos padrões para evidências são suficientemente estritos, se o empático salmão passa pelo corte.

Quanto mais oportunidades você dá a si mesmo de ficar surpreso, mais alto deve ser seu limiar para a surpresa. Se, na internet, uma pessoa estranha qualquer que tenha eliminado todos os grãos produzidos nos Estados Unidos de seu consumo alimentar relata que perdeu 7 quilos e que seu eczema sumiu, você não deve tomar isso como uma evidência forte em favor do plano de eliminação do milho. Alguém está vendendo um livro sobre esse plano, milhares de pessoas compraram o livro e tentaram a dieta. Há boas chances de que, simplesmente por acaso, uma delas tenha perda de peso e melhora da pele na semana seguinte. Esse é o sujeito que vai se conectar como "diga adeus ao milho nº 452" e postar seu empolgado testemunho, enquanto as pessoas para as quais a dieta falhou permanecem caladas.

O resultado surpreendente do artigo de Bennett não é que um ou dois voxels num peixe morto passem num teste estatístico, é que uma proporção substancial dos artigos sobre neuroimagem que ele examinou *não* tenham utilizado salvaguardas estatísticas (conhecidas como "correção de comparações múltiplas") que levam em conta a onipresença do improvável. Sem essas correções, os cientistas correm o sério risco de fazer a jogada do corretor de Baltimore, e não só com os seus colegas, mas consigo mesmo. Ficar empolgado com voxels de peixe que se encaixam em fotos e ignorar o resto é potencialmente tão perigoso quanto ficar empolgado com uma série bem-sucedida de informativos sobre ações ignorando as inúmeras outras edições com previsões furadas e que foram parar no lixo.

Engenharia reversa, ou por que álgebra é difícil

Há dois momentos no decurso da educação formal em que um monte de alunos cai do trem da matemática. O primeiro vem nas séries do ensino fundamental, quando são introduzidas as frações. Até aquele momento, um número é um *número natural*, uma das cifras 0, 1, 2, 3 … . É a resposta para uma pergunta do tipo "quantos".* Ir dessa noção, tão primitiva que se diz que muitos animais a compreendem,[4] para a ideia

* Há uma controvérsia duradoura e profundamente sem importância sobre se o termo "número natural" deveria ser definido de modo a incluir ou não o zero. Sinta-se livre para fingir que eu não disse "0", se você for um antizeroísta obstinado.

radicalmente mais ampla de que um número pode significar "qual parte de" é uma drástica mudança filosófica. ("Deus fez os números naturais", disse Leopold Kronecker, algebrista do século XIX, "todo o resto é obra do homem.")

A segunda mudança perigosa nos trilhos é a álgebra. Por que ela é tão difícil? Porque, até a álgebra aparecer, você faz cálculos numéricos de forma diretamente algorítmica. Enfia alguns números na caixa da adição, ou na caixa da multiplicação, ou mesmo, nas escolas de mentalidade mais tradicional, na caixa da divisão longa, gira a manivela e informa o que saiu do outro lado.

Álgebra é diferente. É cálculo de trás para a frente. Quando lhe pedem que resolva

$$x + 8 = 15,$$

você sabe o que *saiu* da caixa de adição (ou seja, 15), e estão lhe pedindo que reverta o mecanismo e descubra o que, junto com o 8, foi colocado dentro da caixa.

Nesse caso, como seu professor de matemática da 7ª série sem dúvida lhe disse, você pode trocar as coisas de lado para deixar de novo tudo certinho do lado direito:

$$x = 15 - 8,$$

e nesse ponto basta você enfiar 15 e 8 na caixa de subtração (certificando-se de qual deles colocar primeiro...) e descobrir que x deve ser 7.

Mas nem sempre é tão fácil. Pode ser que você tenha que resolver uma *equação de segundo grau*, como

$$x^2 - x = 1$$

É mesmo? (Posso ouvir você reclamar.) Você *resolveria*? Além de ter sido pedido pelo professor, por que você haveria de resolver?

Pense outra vez naquele míssil do Capítulo 2, ainda viajando furiosamente em sua direção:

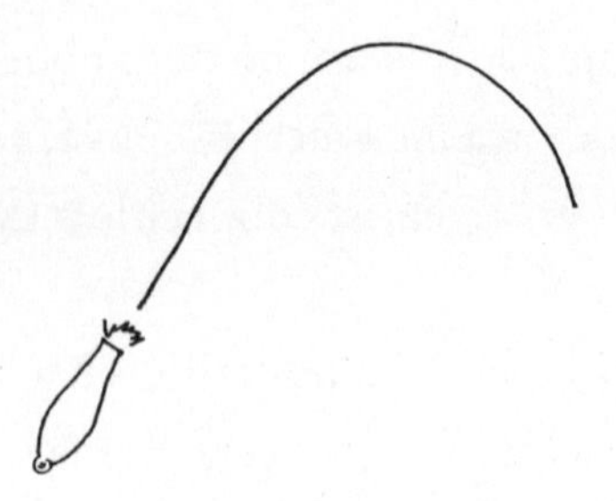

Talvez você saiba que o míssil foi disparado de uma altura 100 metros acima do nível do solo, com uma velocidade ascendente de 200 metros por segundo. Se não houvesse algo como a gravidade, o míssil simplesmente continuaria a subir em linha reta, de acordo com as leis de Newton, ficando 200 metros mais alto a cada segundo, e sua altura após x segundos seria descrita pela função linear

$$\text{altura} = 100 + 200x.$$

Mas *existe* uma coisa chamada gravidade que dobra o arco e força o míssil a fazer uma curva de volta para a Terra. Acontece que o efeito da gravidade é descrito adicionando-se um termo quadrático, ou de segundo grau:

$$\text{altura} = 100 + 200x - 5x^2,$$

onde o termo quadrático é *negativo* só porque a gravidade empurra o míssil para baixo, e não para cima.

Há um monte de perguntas que você poderia fazer sobre um míssil voando em sua direção, mas uma em particular é de grande importância: quando ele vai chegar ao solo? Para resolvê-la, basta responder à pergunta: quando a altura do míssil será zero? Ou seja, para que valor de x acontece de

$$100 + 200x - 5x^2 = 0?$$

De maneira nenhuma está claro como você deve "ajeitar" essa equação para achar o valor de x. Mas talvez você não precise. Tentativa e erro são uma arma poderosa. Se você fizer $x = 10$ na fórmula acima, para ver a que altura o míssil vai estar depois de 10 segundos, obterá 1.600 metros. Faça $x = 20$, e você obtém 2.100 metros, então parece que o míssil ainda deve estar subindo. Quando $x = 30$, você obtém 1.600 metros outra vez: promissor; devemos ter passado pelo pico. Em $x = 40$, o míssil está de novo apenas 100 metros acima do chão. Poderíamos botar mais 10 segundos, mas, quando já estamos tão perto do impacto, isso certamente será exagerado. Se você fizer $x = 41$, obterá -105 metros, o que não quer dizer que você esteja prevendo que o míssil já começou a escavar a superfície da Terra, e sim que o impacto já ocorreu, de modo que seu belo e claro modelo do movimento do míssil não é mais, como dizemos em balística, operacional.

Então, se 41 segundos é demais, que tal 40,5? Isso dá –1,25 metro, só um pouquinho abaixo de zero. Volte o relógio um pouco para 40,4, e você obtém 19,2 metros, então o impacto ainda não ocorreu. 40,49? Muito perto, só, 0,8 metro acima do solo.

Você pode ver que, brincando de tentativa e erro, girando o botão do tempo cuidadosamente para a frente e para trás, você consegue uma aproximação do tempo de impacto tão próxima quanto quiser.

Mas será que "resolvemos" a equação? Você provavelmente está hesitando em dizer que sim. Embora fique afinando cada vez mais a sintonia de seus palpites até a hora do impacto, para

40,4939015319...

segundos após o lançamento, você não sabe *a* resposta, mas apenas uma *aproximação* da resposta. Na prática, porém, isso não ajuda muito você a definir o instante de impacto com a precisão de milionésimo de segundo, não é? Provavelmente dizer "mais ou menos 40 segundos" já é o suficiente. Tente gerar uma resposta mais precisa que essa, e estará perdendo tempo. Além disso, é provável que esteja errado, porque nosso modelo muito simples do progresso do míssil deixa de levar em conta diversos outros fatores, como a resistência do ar, a *variação* da resistência do ar decorrente do clima, a rotação do próprio míssil, e assim por diante. Esses efeitos podem ser pequenos, mas com certeza são grandes o bastante para impedir que você saiba com precisão de microssegundos quando o projétil aparecerá para seu compromisso com o solo.

Se você quer uma solução satisfatoriamente exata, não tenha medo, a fórmula da equação do segundo grau está aqui para ajudar. Você pode muito bem ter decorado a fórmula alguma vez na vida, porém, a menos que possua uma memória extraordinariamente privilegiada ou tenha doze anos, você não a lembra de cor neste momento. Então aqui está ela: se x é uma solução para

$$c + bx + ax^2 = 0,$$

onde a, b e c são números quaisquer, então,

$$x = -\frac{1}{2a}\left(b \pm \sqrt{b^2 - 4ac}\right)$$

No caso do míssil, $c = 100$, $b = 200$ e $a = -5$. Então, o que a fórmula da equação do segundo grau tem a dizer sobre x é que

$$x = \frac{1}{10}\left(200 \pm \sqrt{200^2 + 4 \cdot 5 \cdot 100}\right)$$

A maioria dos símbolos aí são coisas que você pode digitar na sua calculadora, mas existe uma exceção engraçada, o $\pm$. Parece um sinal de mais e um sinal de menos que se amam demais, e não está muito longe disso. O sinal indica que, embora tenhamos começado nossa sentença matemática totalmente confiantes, com

$$x =,$$

acabamos num estado de ambivalência. O $\pm$, que corresponde de certo modo à peça em branco, o coringa, do jogo de palavras cruzadas de tabuleiro, pode ser lido como + ou como –, à nossa escolha. Cada escolha que fazemos produz um valor de x que satisfaz a equação $100 + 200x - 5x^2 = 0$. Não há uma solução única para essa equação. Existem duas.

A existência de dois valores de x que satisfazem a equação pode ser visualizada, mesmo que você tenha esquecido há muito a fórmula da equação de segundo grau. Você pode desenhar um gráfico representativo da equação $y = 100 + 200x - 5x^2$ e obter uma parábola virada para baixo, assim:

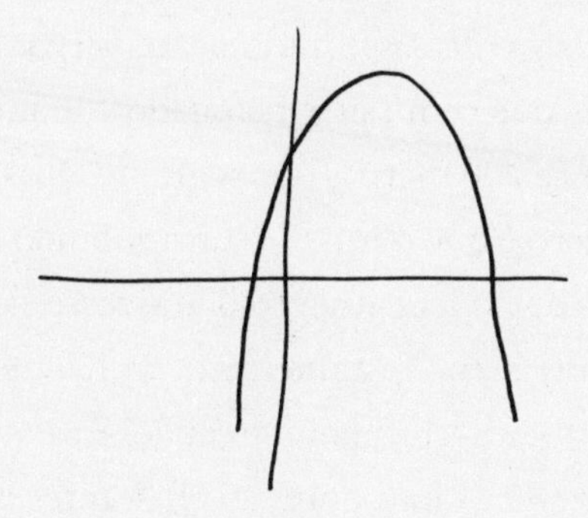

A linha horizontal é o eixo x, os pontos do plano cuja coordenada y vale zero. Quando a curva $y = 100 + 200x - 5x^2$ cruza o eixo x, é o caso em que y vale simultaneamente $100 + 200x - 5x^2$ e $y = 0$; então, $100 + 200x - 5x^2 = 0$, precisamente a equação que estamos tentando resolver, agora numa forma geométrica, como uma pergunta acerca da intersecção entre uma curva e a linha horizontal.

A intuição geométrica exige que, se essa parábola tem a ponta acima do eixo x, ela deve cruzar esse eixo exatamente em dois lugares, nem mais nem menos. Em outras palavras, há dois valores de x tais que $100 + 200x - 5x^2 = 0$.

Então, quais são esses dois valores?

Se escolhemos ler ± como +, obtemos

$$x = 20 + 2\sqrt{105},$$

que é 40,4939015319…, a mesma resposta a que chegamos pela tentativa e erro. Mas se escolhermos –, obtemos

$$x = 20 - 2\sqrt{105},$$

que é −0,4939015319…

Como resposta à nossa pergunta inicial, isso fica meio sem sentido. A resposta para "Quando o míssil vai me atingir?" não pode ser "Meio segundo atrás".

Contudo, esse valor negativo de x é uma solução perfeitamente boa para a equação, e, quando a matemática nos diz algo, devemos no mínimo tentar escutar. O que significa esse número negativo? Eis uma maneira de entendê-lo. Dissemos que o míssil foi lançado 100 metros acima do solo, com uma velocidade de 200 metros por segundo. Mas o que efetivamente usamos no instante zero é que o míssil estava subindo com essa velocidade naquela posição. Mas e se o lançamento não tivesse sido realmente assim? Talvez não tivesse ocorrido no instante zero, de 100 metros acima, mas em algum instante anterior, diretamente do chão. Em que instante anterior?

O cálculo nos diz: há exatamente dois instantes em que o míssil está no chão. Um deles é 0,4939… segundos atrás. Foi aí que o míssil foi lançado. O outro instante é 40,4939… segundos a partir de agora. É aí que o míssil atinge o chão.

Talvez não pareça tão problemático – especialmente se você está acostumado à fórmula da equação de segundo grau – obter duas respostas para a mesma pergunta. Você passou seis longos anos da sua vida descobrindo qual *é* a resposta, e agora, de repente, não existe algo assim.

Essas são apenas equações quadráticas! E se você tiver que resolver

$$x^3 + 2x^2 - 11x = 12?$$

Essa é uma equação de terceiro grau, ou uma equação *cúbica*, o que vale dizer que envolve x elevado à terceira potência. Felizmente, *existe* uma fórmula para a equação cúbica que permite descobrir, por cálculo direto, que valores de x poderiam ter entrado na caixa para fazer sair 12 quando você girar a manivela. Mas você não aprendeu a fórmula cúbica na escola, e a razão disso é que ela é muito confusa, e só foi deduzida no fim do Renascimento, quando algebristas itinerantes perambulavam pela Itália, engalfinhando-se em ferozes batalhas públicas para resolver equações, com dinheiro e status em jogo. As poucas pessoas que conheciam a fórmula da equação cúbica a mantinham em segredo ou as anotavam em crípticos versos rimados.[5]

Longa história. A questão é: engenharia reversa é difícil.

O problema da inferência, aquilo com que os decifradores de códigos da Bíblia se debatiam, é difícil por ser exatamente esse tipo de problema. Quando somos cientistas, ou eruditos da Torá, ou crianças pequenas vagando nas nuvens, somos presenteados com *observações* e solicitados a construir *teorias* – o que foi colocado na caixa para produzir o mundo que vemos? Inferência é uma coisa difícil, talvez a coisa mais difícil. Pelas formas das nuvens e o modo como se movem, nós lutamos para retroceder, resolver *x*, o sistema que as formou.

Derrotando o zero

Ficamos dando voltas em torno da questão fundamental: quanto devo me surpreender com aquilo que vejo no mundo? Este é um livro sobre matemática, e você deve desconfiar que existe um meio numérico de chegar a isso. Existe, sim. Mas é cheio de perigos. Precisamos falar de *valores-p*.

Mas primeiro precisamos falar de improbabilidade, algo sobre o qual até agora fomos inaceitavelmente vagos. Mas existe um motivo para isso. Há partes da matemática, como a geometria e a aritmética, que ensinamos às nossas crianças, e que as crianças, em certa medida, ensinam a si mesmas. São as partes mais próximas da nossa intuição inata. Nascemos praticamente sabendo contar e categorizar objetos pelo seu formato e localização, e a elaboração formal, matemática, desses conceitos não é muito diferente daquela com a qual começamos.

Probabilidade é diferente. Com certeza temos uma intuição embutida em nós para pensar sobre certas coisas. Muito mais difícil é articulá-las. Há uma razão para a teoria matemática da probabilidade ter surgido tão tarde na história da disciplina, e de aparecer também tardiamente no currículo de matemática, se é que aparece. Quando você tenta pensar com cuidado sobre o que a probabilidade *significa*, fica um pouquinho confuso. Quando dizemos: "A probabilidade de uma moeda lançada dar cara é de ½", estamos invocando a lei dos grandes números do Capítulo 4, que diz que, se você lançar a moeda muitas, muitas vezes, a proporção de caras quase inevitavelmente se aproximará de ½, como que restringida por um túnel que vai se estreitando. É isso que se chama *visão frequentista da probabilidade*.

Mas o que estamos querendo dizer quando falamos "A probabilidade de chover amanhã é de 20%"? Amanhã só acontece uma vez, não é um experimento que possamos repetir, como lançar uma moeda vezes e mais vezes. Com algum esforço, podemos inserir o clima no modelo frequentista. Talvez queiramos dizer que, entre alguma grande população de dias com condição similar a este, o dia seguinte foi chuvoso em 20% das vezes. Mas aí você encalha quando lhe perguntam: "Qual a probabilidade de a raça humana ser extinta nos próximos mil anos?" Este é, quase por definição, um experimento que você não pode repetir. Usamos a probabilidade até para falar de acontecimentos que não podem ser pensados como sujeitos ao acaso.

Qual a probabilidade de que o consumo de azeite de oliva previna o câncer? Qual a probabilidade de que Shakespeare seja o autor das peças de Shakespeare? Qual a probabilidade de que Deus tenha escrito a Bíblia e criado a Terra? É difícil falar sobre essas coisas na mesma linguagem que usamos para estimar os resultados de lançamento de moedas e do jogo de dados. Ainda assim, nós nos descobrimos capazes de dizer, sobre perguntas como essas: "Parece improvável" ou "Parece provável". Uma vez feito isso, como podemos resistir à tentação de perguntar: "*Quanto* provável?"

Uma coisa é perguntar, outra é responder. Não consigo pensar em nenhum experimento que avalie diretamente a probabilidade de que o "homem lá em cima" esteja realmente "lá em cima" (ou que seja um "homem", já que tocamos no assunto). Então temos de fazer a segunda melhor coisa, ou pelo menos o que a estatística tradicional afirma ser a segunda melhor coisa. (Como veremos, há controvérsia quanto a isso.)

Dissemos que era improvável que os nomes de rabinos medievais estivessem ocultos nas letras da Torá. Será? Muitos judeus religiosos partem do ponto de vista de que tudo que há para se saber, de uma maneira ou outra, está contido nas palavras da Torá. Se isso é verdade, a presença dos nomes e aniversários dos rabinos não é absolutamente improvável – na realidade, é quase uma exigência.

Pode-se contar história semelhante sobre a loteria da Carolina do Norte. Soa improvável que um conjunto idêntico de números ganhadores saísse duas vezes em uma semana. E é verdade, se você concordar com a hipótese de que os números são tirados de uma gaiola completamente ao acaso. Mas talvez você não concorde. Talvez você pense que o sistema aleatório não funciona direito, e que os números 4, 21, 23, 34, 39 têm mais probabilidade de sair que os outros. Ou talvez você ache que um funcionário corrupto da loteria está escolhendo os números para combinar com determinado bilhete. Em qualquer dessas hipóteses, a impressionante coincidência não é absolutamente improvável. Improbabilidade, tal como descrita aqui, é uma noção *relativa*, não absoluta. Quando dizemos que um resultado é improvável, estamos sempre dizendo, explicitamente ou não, que ele é improvável segundo determinado conjunto de hipóteses que fizemos sobre o mecanismo subjacente do mundo.

Muitas questões científicas podem ser reduzidas a um simples sim ou não. Alguma coisa está acontecendo, ou não? Uma nova droga consegue atacar a doença que se propõe curar, ou não faz nada? Uma intervenção psicológica faz você mais feliz, vivaz, sexy, ou não faz absolutamente nada? O cenário do "não faz nada" é chamado *hipótese nula*. Ou seja, a hipótese nula é a de que a intervenção que você está estudando não tem efeito nenhum. Se você é um pesquisador que desenvolveu uma droga nova, a hipótese nula é a coisa que faz você passar a noite acordado. A não ser que consiga excluí-la, não saberá se está no caminho de um grande avanço médico ou simplesmente desmatando a trilha metabólica errada.

Então, como você faz para excluir? O mecanismo-padrão, chamado *teste de significância da hipótese nula*, foi desenvolvido em sua forma mais comumente usada por R.A. Fisher, o fundador da moderna prática da estatística,* no começo do século XX.

A coisa funciona assim. Primeiro, você precisa realizar um experimento. Pode começar com uma centena de sujeitos, e então escolhe ao acaso metade deles para tomar sua droga milagrosa, enquanto a outra

* Você poderia objetar aqui que os métodos de Fisher são *estatística*, não *matemática*. Eu sou filho de dois estatísticos e sei que a fronteira disciplinar entre os dois campos é verdadeira. Contudo, para os nossos propósitos, tratarei o pensamento estatístico como uma espécie de pensamento matemático.

metade toma um placebo. Sua esperança, obviamente, é de que os pacientes que tomam a droga tenham menos probabilidade de morrer que aqueles que tomam a pílula de açúcar.

A partir daí, o protocolo pode parecer simples: se você observa menos mortes entre os pacientes que tomam a droga do que entre os que tomam o placebo, declare vitória e preencha uma requisição na Administração de Alimentos e Drogas (FDA, na sigla em inglês) para comercializar o produto. Mas isso está errado. Não basta que os dados sejam consistentes com sua teoria. Eles precisam ser *inconsistentes* com a negação de sua teoria, a temida hipótese nula. Eu posso declarar ter capacidades telecinéticas tão poderosas que sou capaz de arrastar o sol e fazê-lo subir de sob o horizonte – se você quer uma prova, basta sair às 5h da manhã e ver os resultados do meu trabalho! Mas esse tipo de evidência não é evidência nenhuma, porque, segundo a hipótese nula de que eu careço de poderes psíquicos, o sol nascerá de qualquer forma.

Interpretar o resultado de um experimento clínico requer cuidado semelhante. Vamos dar um exemplo numérico. Suponha que estejamos no terreno da hipótese nula, em que a chance de ocorrer uma morte é exatamente a mesma (digamos, 10%) para os cinquenta pacientes que tomaram a droga e os cinquenta pacientes que tomaram o placebo. Mas isso não significa que cinco pacientes que tomam a droga morrem e cinco pacientes que tomam o placebo morrem. Na verdade, a chance de exatamente cinco pacientes da droga morrerem é de cerca de 18,5%. Não muito provável, assim como não é muito provável que uma série de lançamentos de moeda dê exatamente a mesma quantidade de caras e coroas. Do mesmo modo, não é muito provável que exatamente a mesma quantidade de pacientes da droga e de pacientes do placebo expirem no decorrer do experimento. Eu calculei:

13,3% de morrerem quantidades iguais de pacientes da droga e do placebo;
43,3% de morrerem menos pacientes do placebo que da droga;
43,3% de morrerem menos pacientes da droga que do placebo.

Constatar resultados melhores entre pacientes da droga que entre pacientes do placebo diz muito pouco, uma vez que isso não é absolutamente improvável, mesmo pela hipótese nula de que a sua droga não funcione.

Mas as coisas serão diferentes se os pacientes da droga se saírem *bem* melhor. Suponha que cinco dos pacientes do placebo morram durante o experimento, mas não morra nenhum dos pacientes da droga. Se a hipótese nula estiver correta, ambas as classes de pacientes deveriam ter uma chance de 90% de sobrevivência. Mas, nesse caso, é altamente improvável que todos os cinquenta pacientes da droga sobrevivam. O primeiro dos pacientes da droga tem uma chance de 90%; agora, a chance de que não só primeiro, mas também o segundo paciente sobreviva, é de 90% desses 90%, ou 81% – e se você quer que o terceiro paciente também sobreviva, a chance de isso acontecer é de apenas 90% desses 81%, ou 72,9%. Cada novo paciente cuja sobrevivência você estipula corta um pouquinho das chances, e, no final do processo, quando você estiver indagando sobre a probabilidade de todos os cinquenta pacientes sobreviverem, a fatia que sobra é bem fina:

$$(0{,}9) \times (0{,}9) \times (0{,}9) \times \ldots \text{ cinquenta vezes! } \ldots \times (0{,}9) \times (0{,}9) = 0{,}00515 \ldots$$

Pela hipótese nula, há apenas uma chance em duzentas de obter resultados tão bons assim. Isso é muito mais convincente. Se eu alego que posso fazer o sol nascer com o poder de minha mente, você não deve se impressionar com meus poderes. Mas se eu alego que posso fazer o sol *não* nascer, e o sol não nasce, então demonstrei um resultado muito improvável pela hipótese nula, e é bom você ficar atento.

ENTÃO, eis o procedimento para excluir a hipótese nula, em forma de comando de itens:

1. Realize um experimento.
2. Suponha que a hipótese nula seja verdadeira, e seja p a probabilidade (por essa hipótese) de obter resultados tão extremos quanto os observados.

3. O número p é chamado valor-p. Se ele é muito pequeno, alegre-se; você pode dizer que seus resultados são *estatisticamente significativos*. Se é grande, reconheça que a hipótese nula não foi excluída.

Quando dizemos "muito pequeno", quanto é isso? Não há um princípio que estabeleça uma linha divisória rígida entre o que é significativo e o que não é, mas há uma tradição, que começa com o próprio Fisher, que agora é amplamente adotada, de tomar $p = 0{,}05$, ou $1/20$, como esse limiar.

O teste de significância da hipótese nula é popular porque capta a nossa forma intuitiva de raciocinar acerca da incerteza. Por que achamos os códigos da Bíblia convincentes, pelo menos à primeira vista? Porque códigos como os revelados por Witztum são muito improváveis pela hipótese nula de que a Torá não conhece o futuro. O valor de p – a probabilidade de encontrar tantas sequências de letras equidistantes, tão acuradas em sua descrição demográfica de rabinos notáveis – é muito próximo de zero.

Versões desse argumento em favor da criação divina precedem em muito o desenvolvimento formal de Fisher. O mundo é tão ricamente estruturado e tão perfeitamente ordenado – quão improvável seria haver um mundo como este, pela hipótese nula de que não houve um planejador primordial para construir tudo!

A primeira pessoa que teve a iniciativa de tornar esse argumento matemático foi John Arbuthnot, médico real, satírico, correspondente do poeta Alexander Pope e matemático em tempo parcial.[6] Arbuthnot estudou os registros de crianças nascidas em Londres entre 1629 e 1710, e descobriu que havia uma notável regularidade: em cada um desses 82 anos, nasceram mais meninos que meninas. Quais são as chances, indagou Arbuthnot, de surgir uma coincidência dessas pela hipótese nula de não haver Deus e que tudo era casualidade aleatória? Então, a probabilidade de que, num dado ano, Londres recebesse mais meninos que meninas seria de $1/2$; e o valor-p, a probabilidade de haver mais meninos em 82 anos seguidos é

$$\left(\frac{1}{2}\right) \times \left(\frac{1}{2}\right) \times \left(\frac{1}{2}\right) \times \ldots \text{ 82 vezes } \ldots \times \left(\frac{1}{2}\right)$$

ou um pouco pior que uma em 4 setilhões. Em outras palavras, mais ou menos zero. Arbuthnot publicou seus achados num artigo chamado "An argument for Divine Providence, taken from the constant regularly observed in the birth of both sexes".

O argumento de Arbuthnot foi muito elogiado e repetido pelas autoridades clericais, mas outros matemáticos logo apontaram falhas no raciocínio. A principal delas era a não razoável especificidade de sua hipótese nula. Os dados de Arbuthnot certamente se esteiam na hipótese de que o sexo das crianças é determinado ao acaso, e cada qual tem chance igual de nascer homem ou mulher. Mas por que a chance haveria de ser igual? Nicolas Bernoulli propôs hipótese nula diferente: que o sexo de uma criança é determinado pelo acaso, com a chance de $^{18}/_{35}$ de nascer menino e $^{17}/_{35}$ de nascer menina. A hipótese nula de Bernoulli é tão ateísta quanto a de Arbuthnot e se ajusta perfeitamente aos dados. Se você lança uma moeda 82 vezes e obtém 82 caras, deve ficar pensando: "Tem alguma coisa viciada nessa moeda", e não "Deus adora caras".*

Embora o argumento de Arbuthnot não tenha sido amplamente aceito, seu princípio teve continuidade. Arbuthnot é o pai intelectual não só dos decifradores de códigos da Bíblia, como também dos "cientistas da criação", que argumentam, até hoje, que a matemática exige que haja um deus, com base na ideia de que um mundo sem deus muito improvavelmente teria a aparência do nosso mundo.**[7]

Mas o teste da significância não se restringe a apologias teológicas. Em certo sentido, Darwin, o desgrenhado demônio ateu dos cientistas da criação, forneceu argumentos essencialmente do mesmo teor em prol do seu trabalho:

> Dificilmente se pode supor que uma teoria falsa explicaria, de maneira tão satisfatória quanto a teoria da seleção natural, as diversas grandes classes

* Arbuthnot via na propensão a um ligeiro excesso de meninos como um argumento em si a favor da Providência: alguém ou Alguém devia ter ajustado o relógio exatamente de modo a criar bebês meninos adicionais para compensar os homens adultos mortos em guerras e acidentes.

** Abordaremos este argumento mais detalhadamente no Capítulo 9.

> de fatos acima especificados. Recentemente observou-se que este não é um método seguro de argumentar, mas é o método usado no julgamento de fatos comuns da vida, e tem sido frequentemente empregado pelos maiores filósofos naturais.[8]

Em outras palavras, se a seleção natural fosse falsa, pense como seria improvável encontrar um mundo biológico tão meticulosamente consistente com suas predições!

A contribuição de R.A. Fisher foi tornar o teste de significância uma empreitada formal, um sistema pelo qual a significância ou não de um resultado experimental fosse uma questão objetiva. Na forma fisheriana, o teste de significância da hipótese nula tem sido o método-padrão para avaliar resultados de pesquisa científica durante quase um século. Um livro-texto chama o método de "espinha dorsal da pesquisa psicológica".[9] Ele é o padrão pelo qual separamos experimentos entre bem-sucedidos e fracassados. Toda vez que você encontra os resultados de uma pesquisa médica, psicológica ou econômica, é provável que esteja lendo alguma coisa que foi verificada por um teste de significância.

Mas o desconforto que Darwin registrou sobre esse "método não seguro de argumentar" de fato nunca diminuiu. Por quase tanto tempo quanto o do método como padrão, há gente estigmatizando seu erro colossal. Em 1966, o psicólogo David Bakan escreveu sobre a "crise da psicologia", que a seu ver era a "crise da teoria estatística":

> O teste de significância não dá a informação referente aos fenômenos psicológicos caracteristicamente atribuídos a ele. ... Grande dose de estragos tem sido associada a seu uso. ... Dizer isso "em voz alta" é, por assim dizer, assumir o papel da criança que aponta que o rei está na verdade vestido apenas com a roupa de baixo.[10]

E aqui estamos nós, quase cinquenta anos depois, com o rei ainda no poder e ainda exibindo o mesmo traje de aniversário, apesar de o grupo de crianças cada vez maior e mais clamoroso bradar que ele está quase nu.

A insignificância da significância

O que há de errado com a significância? Para começar, a palavra em si. A matemática tem uma relação engraçada com a língua inglesa. Os artigos de pesquisa em matemática, às vezes para surpresa dos não familiarizados, não são predominantemente compostos de números e símbolos. A matemática é feita de palavras. Mas os objetos aos quais nos referimos muitas vezes são entidades não contempladas pelos editores do dicionário de língua inglesa Merriam-Webster. Coisas novas exigem vocabulário novo. Há dois caminhos a seguir. Podem-se pinçar palavras novas de um tecido novo, como fazemos quando falamos de co-homologia, syzygy, monodromia, e assim por diante. Isso tem o efeito de fazer nosso trabalho parecer inatingível e proibitivo.

É mais comum adaptarmos para os nossos propósitos palavras já existentes, com base em uma semelhança percebida entre o objeto matemático a ser descrito e algo do chamado mundo real. Por exemplo, um "grupo", para um matemático, também é um conjunto de coisas, mas de um *tipo* de grupo muito especial, como o grupo dos números inteiros ou o grupo de simetrias de uma figura geométrica. Nós não nos referimos a um grupo como uma arbitrária coleção de coisas, como Opep ou Abba, e sim como uma coleção de coisas com a propriedade de que qualquer par delas possa ser combinado numa terceira, como um par de números pode ser somado, ou um par de simetrias que podem ser executadas uma depois da outra.* O mesmo vale para esquemas, feixes, anéis e pilhas, objetos matemáticos que apresentam apenas a mais tênue relação com as coisas comuns às quais essas palavras se referem. Às vezes a linguagem escolhida tem um sabor pastoral: a moderna geometria algébrica, por exemplo, é amplamente preocupada com campos, feixes, empilhamentos. Outras vezes é mais agressiva – não é incomum falar de um operador matando algo, ou, para impressionar mais, aniquilando algo. Uma vez tive uma experiência

* A definição matemática verdadeira de "grupo" tem ainda muito mais que isso – no entanto, infelizmente, essa é outra bela história que vai ter de ficar pela metade.

desagradável com um colega no aeroporto, quando ele fez o comentário, pouco excepcional no contexto matemático, de que talvez fosse necessário estourar o plano em certo ponto.

Então, passemos à significância. Em linguagem comum, ela quer dizer algo como "importância" ou "significado". Mas o teste de significância que os cientistas usam não mede a importância. Quando se está testando o efeito de uma nova droga, a hipótese nula é que não haja efeito nenhum. Então, rejeitar a hipótese nula é apenas julgar que o efeito da droga é diferente de zero. Mas o efeito poderia ainda ser muito pequeno – tão pequeno que a droga não é efetiva, num sentido que uma pessoa comum, não matemática, a chamasse de significativo.

Essa duplicidade léxica de "significância" tem consequências que vão muito além de tornar difíceis de ler os artigos científicos. Em 18 de outubro de 1995, o Comitê de Segurança em Medicamentos (CSM, de Committee on Safety of Medicines) do Reino Unido publicou uma carta do tipo "Caro médico" para cerca de 200 mil médicos e profissionais de saúde pública por toda a Grã-Bretanha, com um aviso alarmante sobre certas marcas de contraceptivos orais de "terceira geração". "Nova evidência tornou-se disponível", dizia a carta, "indicando que a chance de que ocorra uma trombose numa veia aumenta em torno do dobro das vezes para alguns tipos de pílula em comparação com outras."[11] Uma trombose na veia não é brincadeira, significa um coágulo impedindo o fluxo de sangue. Se o coágulo se desprende, a corrente sanguínea pode transportá-lo ao longo de todo o caminho até o pulmão, onde, sob sua nova identidade de embolia pulmonar, pode matar.

A carta para o "Caro médico" assegurava os leitores de que a contracepção era segura para a maioria das mulheres, e ninguém deveria parar de tomar a pílula sem recomendação médica. Contudo, detalhes como esse são fáceis de se perder quando a mensagem importante é "Pílulas matam". A história que a Associated Press (AP) transmitiu em 19 de outubro dizia basicamente:

> O governo emitiu um alerta, na quinta-feira, de que um novo tipo de pílula de controle de natalidade usado por 1,5 milhão de mulheres britânicas pode

> causar coágulos sanguíneos. ... Ele cogitou a retirada das pílulas, mas decidiu não fazê-lo, em parte porque algumas mulheres não conseguem tolerar outros tipos de pílula.[12]

O público, compreensivelmente, pirou. Uma médica de clínica geral descobriu que 12% das usuárias da pílula, entre suas pacientes, pararam de tomar os anticoncepcionais[13] assim que ouviram falar no relatório do governo. Presumivelmente, muitas mulheres trocaram para outras versões da pílula não causadoras de trombose, mas qualquer interrupção diminui a eficácia da pílula. Controle de natalidade menos efetivo significa gravidez em maiores quantidades. (O quê, você achou que eu ia dizer que houve uma onda de abstinência?) Após sucessivos anos de declínio, a taxa de concepção no Reino Unido saltou diversos pontos percentuais no ano seguinte. Houve 26 mil bebês a mais concebidos em 1996 na Inglaterra e no País de Gales que no ano anterior. Uma vez que tantas das gravidezes extras não haviam sido planejadas, isso também levou ao aumento de interrupções da gravidez: 13.600 abortos[14] a mais que em 1995.*

Esse pode parecer um preço pequeno a ser pago para evitar um coágulo viajando pelo seu sistema circulatório, alimentando danos potencialmente letais. Pense em todas as mulheres poupadas da morte por embolia em consequência do alerta do CSM!

Mas a quantas mulheres, exatamente, estamos nos referindo? Não podemos saber ao certo. No entanto, um cientista que apoiou a decisão do CSM de emitir o alerta disse que possivelmente o número total de mortes por embolia prevenidas era "uma".[15] O risco adicional apresentado pelas pílulas anticoncepcionais de terceira geração, ainda que significantes no sentido estatístico de Fisher, eram pouco significativos no sentido da saúde pública.

A maneira como a história foi apresentada só serviu para aumentar a confusão. O CSM reportou uma *taxa de risco*: pílulas de terceira geração

* Cabe lembrar que no Reino Unido o aborto é permitido por lei, sendo portanto realizado pelas vias oficiais e contabilizado nas estatísticas oficiais. (N.T.)

dobravam o risco de trombose para a mulher. Isso é bastante ruim, até você se lembrar de que na verdade a trombose é rara. Entre mulheres em idade de procriar usando contraceptivos orais de primeira e segunda geração, uma em 7 mil podia sofrer uma trombose. As usuárias da nova pílula tinham de fato o dobro do risco, duas em 7 mil. Mas este continua a ser um risco muito pequeno, em razão desse fato matemático certificado: *o dobro de um número minúsculo é um número minúsculo.* Quanto é bom ou ruim duplicar alguma coisa, isso depende do tamanho inicial dessa coisa! Formar a palavra JAZIGO ocupando uma casa de "tríplice valor da palavra" num jogo de palavras cruzadas de tabuleiro é uma glória; ocupar a mesma casa com SOMA é um desperdício.

Taxas de risco são muito mais fáceis para o cérebro captar que diminutos fragmentos de probabilidade, como uma chance em 7 mil. Mas taxas de risco aplicadas a probabilidades pequenas podem enganar você facilmente. Um estudo da Universidade da Cidade de Nova York (Cuny)[16] descobriu que crianças cuidadas em lares privados ou por babás tinham uma taxa de fatalidade sete vezes maior que crianças matriculadas em creches formais.* No entanto, antes de mandar sua babá embora, considere por um minuto que hoje as crianças pequenas americanas dificilmente morrem, e quando isso acontece quase nunca é porque alguma cuidadora a sacudiu até a morte. A taxa anual de acidentes fatais em lares privados era de 1,6 por 100 mil bebês, bem mais alta, de fato, que a taxa de 0,23 por 100 mil nas creches.** Mas ambos os números são mais ou menos zero.

No estudo da Cuny, apenas uma dúzia de bebês por ano morria por acidentes em lares privados, uma fração mínima das 1.110 crianças americanas que morreram ao todo em 2010 (principalmente estranguladas por

* O autor refere-se aqui a *in-home day-care* e *day-care centers*. O primeiro termo refere-se a casas de família com autorização para estabelecer "lares para cuidar das crianças", sem maiores pretensões educacionais. O segundo termo refere-se às creches formais, públicas ou privadas, que, além dos cuidados, oferecem também propostas educacionais. (N.T.)
** O artigo não aborda a interessante questão de quais são as taxas correspondentes para crianças sob os cuidados dos próprios pais.

roupas de cama), ou as 2.063 que morreram de Síndrome de Morte Súbita Infantil.[17] Mantendo-se todas as outras variáveis iguais, os resultados do estudo da Cuny fornecem um motivo para preferir as creches formais aos lares privados. Mas todas as outras coisas geralmente *não* são iguais, e algumas desigualdades têm mais importância que outras. E se a encardida creche certificada pela municipalidade fica duas vezes a distância de sua casa ao questionável lar privado? Acidentes de carro mataram 79 crianças de colo nos Estados Unidos em 2010. Se o seu bebê acaba passando 20% mais tempo na estrada por ano por causa da locomoção mais demorada, você pode ter apagado qualquer possível vantagem que obteve escolhendo a creche formal mais especializada.

Um teste de significância é um instrumento científico, e, como qualquer outro, tem certo grau de precisão. Se você aumentar a sensibilidade do teste – aumentando o tamanho da população estudada, por exemplo –, se habilita a ver efeitos cada vez menores. Esse é o poder do método, mas também seu perigo. A verdade é que a hipótese nula, se a tomarmos ao pé da letra, é quase sempre falsa. Quando se injeta uma droga poderosa na corrente sanguínea de um paciente, é difícil acreditar que a intervenção tenha efeito *exatamente* zero sobre o risco de que o paciente desenvolva câncer no esôfago, ou trombose, ou problemas respiratórios. Cada parte do corpo conversa com a outra, em um complexo circuito de feedback de influência e controle.

Tudo que você faz lhe dá câncer ou o previne. Em princípio, se você realiza um estudo suficientemente abrangente, pode descobrir qual o efeito. Mas esses efeitos em geral são tão minúsculos que podem ser ignorados com segurança. O simples fato de detectá-los nem sempre quer dizer que eles tenham importância.

Como seria bom se pudéssemos voltar no tempo para os primórdios da nomenclatura estatística e declarar que um resultado que passasse pelo teste de Fisher com valor-*p* inferior a 0,05 era "estatisticamente perceptível" ou "estatisticamente detectável", em vez de "estatisticamente significativo"! Isso seria mais verdadeiro com referência ao sentido do método, que apenas nos aconselha acerca da existência de um efeito, porém silencia quanto a seu tamanho e importância. Mas é tarde demais para isso. Nós temos a linguagem que temos.*

O mito do mito da "mão quente"

Nós conhecemos B.F. Skinner como psicólogo, sob muitos aspectos *o* psicólogo moderno, o homem que enfrentou os freudianos e liderou uma corrente de psicologia, o behaviorismo (ou comportamentalismo), preocupada apenas com o que era visível e o que podia ser mensurado, sem a necessidade de hipóteses sobre o inconsciente ou as motivações conscientes. Para Skinner, uma teoria da mente era *apenas* uma teoria do comportamento, e portanto os projetos interessantes para os psicólogos não diziam respeito a pensamentos ou sentimentos, e sim à manipulação do comportamento por meio de reforço.

Menos conhecida é a história de Skinner como romancista frustrado.[18] Ele estudou inglês no Hamilton College e passava grande parte de seu tempo com Percy Saunders, esteta e professor de química cuja casa era uma espécie de salão literário. Skinner lia Ezra Pound, escutava Schubert e escrevia acalorados poemas adolescentes ("À noite, ele para, ofegante/ Murmurando para sua consorte terrena/ 'o amor me exaure!'"[19]) para a revista literária da faculdade. Depois de formado, frequentou a conferência de escritores Bread Loaf, escreveu "uma peça em um ato sobre um curandeiro que mudava a personalidade das pessoas"[20] e conseguiu empurrar vários de seus contos para Robert Frost. Este escreveu a Skinner uma carta muito satisfatória elogiando suas histórias e aconselhando: "Tudo que o escritor tem é a habilidade de escrever forte e diretamente a partir de uma

* Nem todo mundo tem a linguagem que temos, claro. Os estatísticos chineses usam 显著 (*xianzhu*) para significância, no sentido estatístico, que é mais próximo de "perceptível" – mas meus amigos que falam chinês me dizem que a palavra carrega uma conotação de importância, como *significance* em inglês [e "significância" em português]. Em russo, o termo estatístico para significância é значимый, mas o modo mais típico de exprimir o sentido em inglês de *significant* [significativo] seria значительный.

ideia pessoal preconcebida inexplicável e quase invencível. ... Presumo que todo mundo tem a ideia preconcebida e passa algum tempo com ela até falar e escrever a partir dela. Mas a maioria das pessoas acaba como começa, externalizando ideias preconcebidas de outras pessoas."[21]

Assim incentivado, Skinner mudou para o sótão da casa de seus pais em Scranton, no verão de 1926, e começou a escrever. Mas descobriu que não era tão fácil para ele encontrar sua ideia preconcebida, ou, tendo-a encontrado, colocá-la em forma literária. Sua fase em Scranton não deu em nada. Conseguiu escrever um par de histórias e um soneto sobre o líder trabalhista John Mitchell, mas passava o tempo sobretudo construindo miniaturas de navios e sintonizando sinais distantes de Pittsburgh e Nova York no rádio – na época, um mecanismo de procrastinação novinho em folha.

"Uma reação violenta contra tudo que era literário estava se instalando",[22] escreveu ele sobre esse período. "Fracassei como escritor porque não tinha nada importante a dizer, mas não podia aceitar essa explicação. Era a literatura que devia estar em falta." Ou, de forma mais franca: "A literatura deve ser demolida."[23]

Skinner era leitor regular da revista literária *The Dial*; em suas páginas entrou em contato com os escritos literários de Bertrand Russell e, via Russell, foi conduzido a John Watson, o primeiro grande defensor da concepção behaviorista que em breve viria a se tornar praticamente sinônimo de Skinner. Watson sustentava que a atividade dos cientistas era observar os resultados de experimentos, e só. Não havia lugar para hipóteses sobre consciência e almas. "Ninguém jamais tocou uma alma ou viu alguma alma num tubo de ensaio",[24] dizem que teria escrito, numa forma de menosprezar essa noção. Essas palavras intransigentes devem ter feito Skinner vibrar, pois ele se mudou para Harvard como aluno de pós-graduação em psicologia, preparando-se para banir o eu vago e indisciplinado do estudo científico do comportamento.

Skinner tinha ficado muito impressionado com uma experiência de produção verbal espontânea que vivenciara em seu laboratório. Uma máquina ao fundo emitia um som rítmico, repetitivo, e Skinner viu-se falando junto com ela, acompanhando a batida, repetindo silenciosamente a frase: "Você nunca vai sair, você nunca vai sair, você nunca vai sair."[25] O que parecia uma fala, ou mesmo, de maneira limitada, poesia, na verdade era resultado de uma espécie de processo verbal autônomo, que não requeria nada parecido com um autor consciente.* Isso forneceu exatamente a ideia de que Skinner precisava para ficar livre da obrigação com a literatura. E se a linguagem, mesmo a linguagem dos grandes poetas, fosse apenas outro comportamento treinado por exposição a estímulos e manipulável em laboratório?

Na faculdade, Skinner havia escrito imitações dos sonetos de Shakespeare. Ele descreveu retrospectivamente a experiência, na meticulosa maneira behaviorista, como "o estranho excitamento de emitir linhas inteiras já prontas, com métrica e rimas apropriadas".[26] Agora, como jovem professor de psicologia em Minnesota, ele próprio remodelou Shakespeare, mais emissor que escritor. Essa abordagem não era tão louca quanto parece agora. A forma dominante de crítica literária na época, "a leitura meticulosa", trazia a marca da filosofia de Watson, exatamente como Skinner, exibindo uma preferência bastante behaviorista pelas palavras na página, em detrimento das intenções não observáveis do autor.[27]

Shakespeare é famoso como mestre do verso aliterativo, no qual várias palavras em estreita sucessão começam com o mesmo som ("Full fathom five thy father lies..."). Para Skinner, esse argumento, por exemplo, não era ciência. Shakespeare aliterava? Em caso afirmativo, a matemática podia provar isso. "A comprovação de que existe um processo responsável pelo padrão aliterativo", escreveu ele, "pode ser obtida apenas mediante uma análise estatística de todos os arranjos de consoantes iniciais numa amostra razoavelmente grande."[28] E que forma de análise estatística? Nenhuma outra além de uma forma do teste de valor-*p* de Fisher.

Aqui, a hipótese nula é de que Shakespeare não prestava a menor atenção aos sons iniciais das palavras, de modo que a primeira letra de uma palavra da poesia não tem efeito nenhum sobre as outras palavras do

* Conta-se que David Byrne escreveu a letra de "Burning down the house" de modo muito similar, vociferando sílabas sem sentido, no ritmo da música instrumental, e depois voltando para anotar as palavras que as sílabas absurdas o faziam lembrar.

mesmo verso. O protocolo era muito parecido com o de um teste clínico, mas com uma grande diferença: o pesquisador biomédico que testa uma droga espera de todo o coração ver a hipótese nula refutada e a eficácia do remédio demonstrada. Para Skinner, visando a derrubar a crítica literária de seu pedestal, a hipótese nula era a alternativa atraente.

Pela hipótese nula, a frequência com que os sons iniciais apareciam múltiplas vezes no mesmo verso ficaria inalterada se as palavras fossem postas num saco, sacudidas e espalhadas de novo em ordem aleatória. E foi exatamente isso que Skinner encontrou em sua amostra de uma centena de sonetos. Shakespeare fracassou no teste de significância. Skinner escreveu:

> Apesar da aparente riqueza de aliteração nos sonetos, não há evidência significativa de um processo de aliteração no comportamento do poeta ao qual se deva dar séria atenção. No que se refere a esse aspecto da poesia, Shakespeare poderia muito bem ter tirado as palavras de uma cartola.[29]

"Aparente riqueza", que atrevimento! Isso capta à perfeição o espírito da psicologia que Skinner queria criar. Onde Freud havia alegado ver o que estava antes oculto, reprimido ou obscurecido, Skinner queria fazer o contrário, negar a existência do que parecia estar bem diante da nossa vista.

Mas Skinner estava errado. Ele não tinha provado que Shakespeare não aliterava. Um teste de significância é um instrumento, como o telescópio, e alguns instrumentos são mais poderosos que outros. Se você olha Marte com um telescópio com ampliação para pesquisa, você vê luas. Se você olha com um binóculo, não as vê. Mas as luas continuam lá! E a aliteração de Shakespeare continua lá. Conforme documentado por historiadores da literatura,[30] esse era um artifício-padrão na época, conhecido e conscientemente implantado por quase todo mundo que escrevia em inglês.

O que Skinner havia provado é que a aliteração de Shakespeare não produzia um excesso de sons repetidos tão grande a ponto de aparecer em seu teste. Mas por que haveria de ser? O uso da aliteração em poesia é tanto positiva quanto negativa; em certos lugares, alitera-se para criar um efeito; em outros, a aliteração é evitada, para não criar um efeito que você não quer. Pode acontecer que a tendência geral seja aumentar o número de versos aliterativos, mas, mesmo assim, o aumento deve ser pequeno. Encha seus sonetos de uma ou duas aliterações a mais em cada um, e você vira um dos poetas trapalhões ridicularizados pelo colega elisabetano de Shakespeare, George Gascoigne: "Muitos escritores recorrem à repetição de palavras começando com a mesma letra, a qual (sendo modestamente usada) empresta graça a um verso; mas eles o fazem de modo a caçar uma letra até a morte, o que a torna *crambe*, e *Crambe bis positum mors est*."[31]

A frase em latim significa: "Repolho servido duas vezes é morte." A redação de Shakespeare é rica em efeito, mas sempre contida. Ele jamais empacotaria tanto repolho a ponto de o grosseiro teste de Skinner conseguir farejá-lo.

Um estudo estatístico que não seja refinado o suficiente para detectar um fenômeno do tamanho esperado é chamado *estudo de baixa potência* – o equivalente a olhar os planetas com binóculo. Haja luas ou não, o resultado é o mesmo, então, nem precisava ter se incomodado. Você não manda um binóculo fazer o serviço de um telescópio. O problema da baixa potência é o reverso da medalha do problema gerado com o susto do controle de natalidade britânico. Um estudo de alta potência, como o experimento com os contraceptivos, pode nos levar a estourar uma veia por causa de um efeito pequeno que na verdade não é importante. Um estudo de baixa potência pode nos levar a desconsiderar erroneamente um efeito pequeno que o método simplesmente foi fraco demais para ver.

Consideremos Spike Albrecht, o ala calouro do time masculino de basquete dos Wolverines, da Universidade de Michigan, com apenas 1,80 metro de altura, e que ficou no banco a maior parte da temporada. Ninguém esperava que ele desempenhasse algum papel importante quando os Wolverines enfrentaram os Cardinals de Louisville na final da NCAA*

---

* NCAA: National College Athletic Association, a entidade que administra o esporte universitário nos Estados Unidos. (N.T.)

de 2013. Mas Albrecht converteu cinco arremessos seguidos, quatro deles de três pontos, num intervalo de dez minutos, no primeiro tempo, levando o Michigan a uma vantagem de dez pontos sobre os superfavoritos Cardinals. Ele teve o que os aficionados do basquete chamam de "mão quente" – a aparente incapacidade de errar um arremesso, não importa de que distância ou da marcação feroz da defesa.

Exceto que supostamente não existe tal coisa. Em 1985, num dos artigos acadêmicos contemporâneos mais famosos em psicologia cognitiva,[32] Thomas Gilovich, Robert Vallone e Amos Tversky (doravante GVT) fizeram para os fãs de basquete o que B.F. Skinner fizera para os amantes do Bardo. Conseguiram os registros de cada arremesso da temporada 1980-81 dos Philadelphia 76ers em todos os seus 48 jogos em casa e os analisaram estatisticamente. Se os jogadores tendessem a uma sequência "quente" ou a uma sequência "fria", seria de esperar que eles tivessem maior propensão a acertar um arremesso após ter convertido uma cesta do que acertá-lo depois de um erro. E quando GVT fizeram um levantamento entre os fãs da NBA, descobriram que essa teoria tinha amplo apoio: nove entre dez fãs concordavam que um jogador tem mais probabilidade de encestar quando acabou de converter duas ou três cestas seguidas.

Mas nada do tipo estava ocorrendo na Filadélfia. Julius Erving, o grande Dr. J, acertava 52% no total. Após três cestas seguidas, situação que poderia indicar que Erving estava com a mão quente, sua porcentagem caía para 48%. E, após três erros consecutivos, sua porcentagem de arremessos de quadra não caía, mas continuava em 52%. Para outros jogadores, como Darryl "Chocolate Thunder" Dawkins, o efeito era ainda mais acentuado. Após uma encestada, sua porcentagem total de 62% caía para 57%; após um arremesso errado, subia para 73%, exatamente o contrário da predição dos fãs. (Uma explicação possível: um arremesso errado sugere que Dawkins estava enfrentando defensores eficientes no perímetro, que o induziam a subir para a cesta e fazer uma daquelas suas enterradas de destruir a tabela, aliás, sua marca registrada, às quais ele dava nomes como "Na sua cara, a desgraça" ou "Turbo sexofônico deleite".)

Será que isso significa que não existe algo como a "mão quente"? Calma aí. A mão quente em geral não é considerada uma tendência universal de encestadas após encestadas e erros após erros. Ela é uma coisa evanescente, uma breve possessão por um ser superior do basquete que habita o corpo de um jogador por breve e glorioso intervalo na quadra, sem dar aviso de chegada ou partida. Spike Albrecht é Ray Allen por dez minutos, convertendo implacavelmente cestas de três pontos, e aí volta a ser Spike Albrecht. Será que um teste estatístico consegue ver isso? A princípio, por que não? GVT divisaram um meio inteligente de verificar esses breves intervalos de impossibilidade de ser contido. Decompuseram a temporada de cada jogador em sequências de quatro arremessos cada. Assim, se a sequência de cestas (C) e erros (E) de Dr. J era

CECCCECEECCCCEEC,

as sequências seriam

CECC, CECE, ECCC, CEEC ...

GVT então contaram quantas sequências eram "boas" (três ou quatro cestas), "moderadas" (duas cestas) ou "ruins" (zero ou uma cesta) para cada um dos nove jogadores do estudo. E então, bons fisherianos que eram, consideraram os resultados da hipótese nula – de que não existe uma coisa do tipo mão quente.

Há dezesseis sequências possíveis de quatro arremessos: o primeiro pode ser C ou E, e para cada uma dessas opções há duas possibilidades para o segundo arremesso, dando-nos ao todo quatro opções para os dois primeiros arremessos (aí vão elas: CC, CE, EC, EE) e para cada uma *dessas* quatro há duas possibilidades para o terceiro, dando oito sequências possíveis de três arremessos, e duplicando mais uma vez, para considerar o quarto arremesso da sequência, e obtemos dezesseis. Aí estão todas, divididas em sequências boas, moderadas e ruins:

Boas: CCCC, ECCC, CECC, CCEC, CCCE

Moderadas: CCEE, CECE, CEEC, ECCE, ECEC, EECC

Ruins: CEEE, ECEE, EECE, EEEC, EEEE

Para um arremessador de 50%, como Dr. J, todas as dezesseis sequências possíveis deveriam ser igualmente prováveis, porque cada arremesso tem igual probabilidade de ser C ou E. Então, seria de esperar que 5⁄16 ou 31,25% das sequências de quatro arremessos de Dr. J fossem boas, com 37,5% moderadas e 31,25% ruins.

Mas se Dr. J às vezes experimentasse a mão quente, seria de esperar uma proporção mais alta de sequências boas, com a contribuição daqueles jogos em que ele simplesmente parece não errar. Quanto mais propenso a sequências quentes ou frias você está, mais você verá CCCC e EEEE, e menos CECE.

O teste de significância nos pede para formular a seguinte pergunta: se a hipótese nula estivesse correta e não houvesse mão quente, seria improvável que víssemos os resultados efetivamente observados? Acontece que a resposta é não. A proporção de sequências boas, ruins e moderadas nos dados reais é justamente em torno do que o acaso prediria, com qualquer desvio que deixa de ser estatisticamente significativo.

"Se os presentes resultados são surpreendentes", escrevem GVT, "é por causa da robustez com que a crença errônea na 'mão quente' é defendida por observadores experientes e bem-informados." De fato, enquanto o resultado era considerado sabedoria convencional por psicólogos e economistas, ele demorou para deslanchar no mundo do basquete. Isso não perturbou Tversky, que gostava de uma boa briga, qualquer que fosse o resultado. "Já participei de mil discussões sobre esse tema", ele dizia. "Ganhei todas e não convenci ninguém."

Mas GVT, como Skinner, antes, haviam respondido só metade da pergunta. Ou seja, e se a hipótese nula é verdadeira e não existe algo como mão quente? Então, como eles demonstram, os resultados teriam um aspecto muito semelhante aos observados nos dados reais.

No entanto, e se a hipótese nula estiver errada? A mão quente, se existir, é breve, e o efeito, em termos estritamente numéricos, é pequeno. O pior arremessador na liga acerta 40% de seus lances, e o melhor acerta 60%. Essa é uma diferença grande em termos de basquete, mas não tão grande estatisticamente. Como seriam as sequências de arremessos se a mão quente fosse real?

Os cientistas da computação Kevin Korb e Michael Stillwell[33] calcularam exatamente isso num artigo escrito em 2003. Eles geraram simulações com a mão quente embutida: a porcentagem de arremessos certos do jogador simulado saltou para até 90%, considerando dois intervalos "quentes" de dez arremessos no decorrer do experimento. Em mais de ¾ dessas simulações, o teste de significância usado por GVT informou que não havia motivo para rejeitar a hipótese nula – *mesmo que a hipótese nula fosse completamente falsa*. O projeto de GVT era de baixa potência, destinado a informar a inexistência da mão quente mesmo que ela fosse real.

Se você não gosta de simulações, considere a realidade. Nem todos os times são iguais quando se trata de impedir arremessos. Na temporada 2012-13, o mediano time dos Indiana Pacers permitiu aos adversários converter apenas 42% dos arremessos, enquanto 47,6% foram encestados contra os Cleveland Cavaliers. Então os jogadores realmente têm "feitiços quentes" de um tipo bastante previsível: apresentam maior propensão a acertar um arremesso quando jogam contra os Cavs. Mas esse calor morno – talvez devêssemos chamar de "mão morna" – é algo que os testes usados por Gilovich, Vallone e Tversky não são sensíveis o bastante para perceber.

A PERGUNTA CORRETA a fazer não é "Será que jogadores de basquete às vezes melhoram ou pioram temporariamente na conversão de arremessos?" – o tipo de pergunta sim/não abordado por um teste de significância. A pergunta certa é "*Quanto* sua habilidade varia com o tempo, e em que medida os observadores podem detectar em tempo real se um jogador está quente?". Aqui, a resposta seguramente é "Não tanto quanto as pessoas pensam, realmente muito pouco." Um estudo recente descobriu que jogadores que convertem o primeiro de dois lances livres se tornam ligeiramente mais propensos[34] a converter o lance livre seguinte, mas não existe evidência convincente sustentando a mão quente num jogo em tempo real, a não ser que você leve em conta as impressões subjetivas de jogadores e treinadores. A vida curta da mão quente, que a torna tão difícil de refutar, também a torna difícil de detectar de maneira confiável. Gilovich, Vallone e Tversky estão absolutamente corretos em sua alegação central de que os seres humanos são rápidos em perceber padrões onde eles não existem e em superestimar sua força onde existem. Qualquer espectador que fique observando o aro perceberá rotineiramente um ou outro jogador enfiar cinco bolas seguidas. A maior parte do tempo, isso se deve a alguma combinação de defesa indiferente, escolha inteligente de arremessos ou, o mais provável, pura sorte, e não a um surto de transcendência basquetebolística. Isso significa que não há razão para esperar que um sujeito que acabou de fazer cinco cestas seguidas tenha alguma probabilidade especial de fazer a próxima.

Analisar a performance de consultores de investimentos apresenta o mesmo problema. Se existe algo como talento para investir, ou se as diferenças de performance entre diversos fundos devem-se totalmente ao acaso, essa tem sido uma questão controversa, sombria e não resolvida durante anos.[35] Mas se há investidores com mão quente temporária ou permanente, eles são raros, tão raros que fazem pouca ou nenhuma diferença no tipo de estatística contemplada por GVT. Se pegarmos um fundo que venceu o mercado cinco anos seguidos, é bem mais provável que tenha tido sorte do que seja bom. A performance passada não é garantia de retornos futuros. Se os fãs de Michigan estavam contando com Spike Albrecht para carregar o time a fim de ganhar o campeonato, ficaram terrivelmente desapontados. Albrecht errou todos os arremessos que fez no segundo tempo, e os Wolverines acabaram perdendo por seis pontos.

Um estudo de John Huizinga e Sandy Weil,[36] realizado em 2009, sugere que poderia ser boa ideia os jogadores não acreditarem na mão quente, mesmo que ela exista! Num conjunto de dados muito maior que o de GVT, eles descobriram um efeito similar. Depois de fazer uma cesta, os jogadores tinham menos probabilidade de acertar o arremesso seguinte. Mas Huizinga e Weil tinham registros não só de arremessos certeiros, mas do local de onde eles foram feitos. *Esses* dados mostraram uma espantosa explicação em potencial: jogadores que tinham acabado de fazer uma cesta apresentavam maior probabilidade de tentar um arremesso mais difícil na jogada seguinte.

Yigal Attali, em 2013, encontrou resultados ainda mais intrigantes nessa mesma linha.[37] Um jogador que tinha acabado de fazer uma bandeja não apresentava maior propensão a fazer um arremesso de longe do que um jogador que acabou de perder uma bandeja. Bandejas são fáceis e não deveriam dar ao jogador uma sensação firme de estar com a mão quente. No entanto, o jogador tem propensão muito maior a tentar um arremesso de longe depois de uma cesta de três pontos do que depois de errar um lance de três. Em outras palavras, a mão quente poderia "se cancelar" – os jogadores, acreditando-se quentes, ganham confiança exagerada e tentam fazer arremessos que não deveriam tentar.

A natureza do fenômeno análogo no investimento em ações fica como exercício para o leitor.

8. *Reductio ad* improvável

O PONTO FILOSÓFICO mais pegajoso no teste de significância vem logo no começo, antes de executarmos qualquer dos sofisticados algoritmos desenvolvidos por Fisher e aprimorados por seus sucessores. Está bem ali no começo do segundo passo:

"Suponha que a hipótese nula seja verdadeira."

Mas o que tentamos provar, na maioria dos casos, é que a hipótese nula *não é* verdadeira. A droga funciona, Shakespeare alitera, a Torá prediz o futuro. Parece muito suspeito do ponto de vista lógico assumir exatamente o que tentamos refutar, como se estivéssemos correndo o perigo de recair num argumento circular.

A essa altura, pode ficar descansado. Assumir a verdade de algo que, secretamente, acreditamos ser falso é um método de argumentação consagrado ao longo dos séculos, que remonta aos tempos de Aristóteles. É a prova por contradição, ou *reductio ad absurdum*. A *reductio* é um tipo de judô matemático no qual primeiro afirmamos o que desejamos eventualmente negar, como um plano de levantá-lo sobre os ombros e derrotá-lo por sua própria força. Se uma hipótese implica falsidade,* então a hipótese deve ser falsa. O plano é o seguinte:

- Suponha que a hipótese H seja verdadeira.
- Segue-se de H que um certo fato F não pode ocorrer.

* Algumas pessoas irão insistir na distinção de que o argumento só é uma *reductio* se a consequência da hipótese for autocontraditória, ao passo que, se a consequência é meramente falsa, o argumento é um *modus tollens*.

- Mas F ocorre.
- Portanto, H é falsa.

Digamos que alguém declare que duzentas crianças foram mortas a tiros no distrito de Columbia em 2012. Essa é uma hipótese. Mas ela pode ser um tanto difícil de checar (lembro que digitei "número de crianças mortas por armas em DC em 2012" no Google e não encontrei a resposta de imediato). Por outro lado, se assumimos que a hipótese esteja correta, então não pode haver menos de duzentos homicídios em DC em 2012. Mas *houve* menos. Na verdade, houve 88.[1] Então, a hipótese da pessoa que fez a declaração deve estar errada. Aqui não há circularidade, nós "assumimos" a hipótese falsa numa espécie de caminho tentativo, exploratório, estabelecendo o mundo mental contrafatual no qual H é assim, e aí a observamos desabar sob a pressão da realidade.

Formulada dessa maneira, a *reductio* parece quase trivial, e num certo sentido é mesmo. Talvez seja mais correto dizer que ela é uma ferramenta mental à qual de tal modo nos acostumamos a manipular que esquecemos quão poderosa ela é. Na verdade, é uma simples *reductio* que leva à prova pitagórica da irracionalidade da raiz quadrada de 2; aquela que é tão desafiadora dos paradigmas que tiveram de matar seu autor; uma prova tão simples, refinada e compacta que se possa escrevê-la toda numa página.

Suponha:

H: a raiz quadrada de 2 é um número racional,

ou seja, $\sqrt{2}$ é uma fração m/n onde m e n são números inteiros. Podemos muito bem escrever essa fração em seus *termos mais reduzidos*, o que significa que, se houver um fator comum entre o numerador e o denominador, dividimos ambos por esse fator, deixando a fração inalterada. Não há motivo para escrever $10/14$ em vez da forma simplificada $5/7$. Então, vamos reformular a hipótese:

H: a raiz quadrada de 2 é igual a m/n, onde m e n são números inteiros sem fator comum.

Na verdade, isso significa que podemos ter certeza de que m e n não são ambos pares, pois dizer que ambos são pares é exatamente o mesmo que dizer que ambos têm 2 como fator. Nesse caso, como no de $^{10}/_{14}$, poderíamos dividir numerador e denominador por 2 sem alterar a fração, o que equivale a dizer que ela afinal não estava nos termos mais reduzidos. Então

F: m e n são ambos pares

é falso.

Agora, como $\sqrt{2} = {}^{m}/_{n}$, então quando elevamos ambos os membros ao quadrado vemos que $2 = {}^{m^2}/_{n^2}$, ou, de modo equivalente, $2n^2 = m^2$. Logo m^2 é um número par, o que significa que o próprio m é par. Um número é par quando pode ser escrito como o dobro de um número inteiro. Assim, podemos escrever, e escrevemos, m como $2k$, para algum número inteiro k. O que significa que $2n^2 = (2k)^2 = 4k^2$. Dividindo ambos os membros por 2, descobrimos que $n^2 = 2k^2$.

Qual o sentido de toda essa álgebra? Simplesmente mostrar que n^2 é o dobro de k^2, e portanto que é um número par. Mas se n^2 é par, então n também deve ser, exatamente como m. Mas isso significa que F é verdadeiro! Assumindo H, chegamos a uma falsidade, até a um absurdo: F é falso e verdadeiro ao mesmo tempo. Então H deve ter estado errada. A raiz quadrada de 2 *não* é um número racional. Assumindo que fosse, provamos que não era. Esse é um truque realmente esquisito, mas funciona.

Você pode pensar o teste de significância da hipótese nula como uma espécie de versão diluída da *reductio*:

- Suponha que a hipótese nula H seja verdadeira.
- Segue-se de H que um certo resultado R é muito improvável (digamos, menos que o limiar de Fisher, de 0,05).
- Mas R foi realmente observado.
- Portanto, H é muito improvável.

Essa não é uma *reductio ad absurdum*, em outras palavras, mas uma *reductio ad* improvável.

Um exemplo clássico vem de John Michell, sacerdote e astrônomo do século XVIII, um dos primeiros a levar a abordagem estatística para o estudo dos corpos celestes.[2] O aglomerado de estrelas tênues numa das extremidades da constelação de Touro tem sido observado por praticamente todas as civilizações. Os Navajo as chamam Dilyehe, "A figura cintilante"; os Maori as chamam Matariki, "Os olhos de deus". Para os romanos antigos, tratava-se de um punhado de uvas, em japonês são Subaru (aí você já sabe o porquê do logo de seis estrelas da fabricante de carros). Nós as chamamos Plêiades.

Todos esses séculos de observação e formação de mitos não conseguiram responder à pergunta científica fundamental em relação às Plêiades: esse aglomerado é realmente um aglomerado? Ou estarão as seis estrelas separadas por distâncias inimagináveis, mas arranjadas por acaso, quase exatamente na mesma direção relativa à Terra? Pontos de luz, dispostos ao acaso no nosso campo de visão, têm mais ou menos o seguinte aspecto:

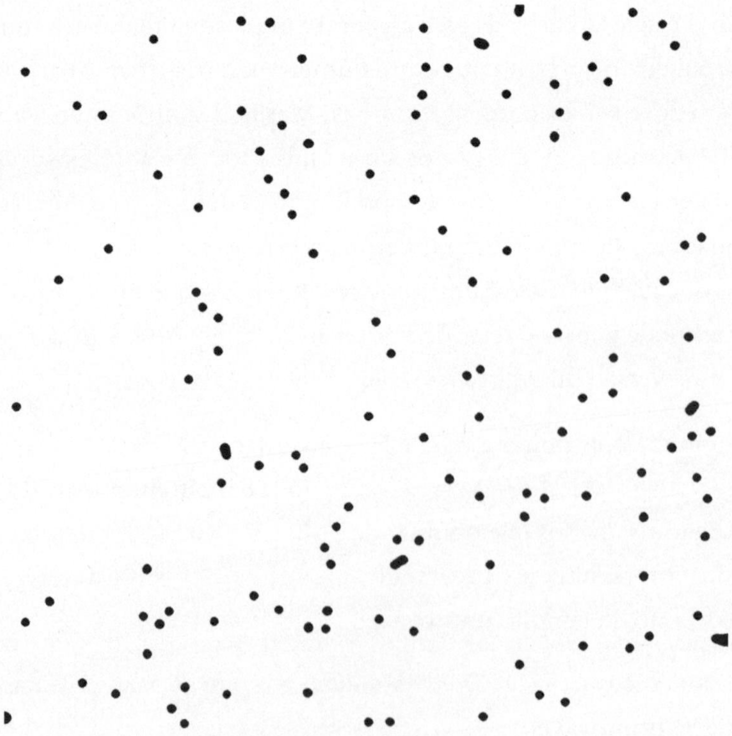

Você vê amontoados, certo? Isso é de esperar. Haverá inevitavelmente alguns grupos de estrelas que se juntam quase uma em cima da outra, por simples casualidade. Como podemos ter certeza de que não é isso que está ocorrendo com as Plêiades? É o mesmo fenômeno que Gilovich, Vallone e Tversky ressaltaram: um armador perfeitamente consistente, que não costuma ter sequências quentes nem sofrer baixas súbitas, poderá, mesmo assim, às vezes acertar cinco arremessos seguidos.

Na verdade, se não houvesse grandes aglomerados visíveis de estrelas, como nesta figura,

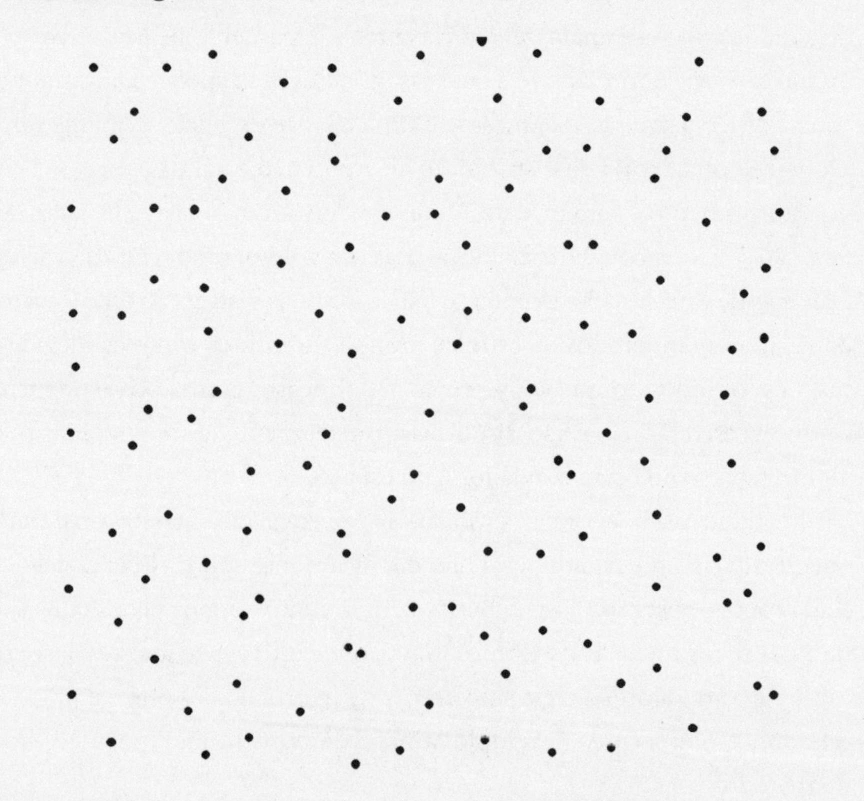

isso por si só seria evidência do funcionamento de algum processo não aleatório. A segunda figura pode parecer "mais aleatória" a olho nu, mas não é. Ela atesta que aqui os pontos não têm uma tendência intrínseca a se aglomerar.[3]

Assim, a mera presença de um aparente aglomerado não deveria nos convencer de que as estrelas em questão estejam realmente amontoadas no espaço. Por outro lado, poderia haver um grupo de estrelas no céu tão espremido que nos levasse a duvidar se isso teria acontecido por acaso. Michell mostrou que, se as estrelas visíveis estivessem dispostas aleatoriamente pelo espaço, a chance de seis delas se arranjarem de modo tão ordeiro a ponto de apresentar aos nossos olhos o aglomerado de Plêiades era de fato pequena – cerca de uma em 500 mil, pelos seus cálculos. Mas lá estão elas acima de nós, como um cacho apertado de uvas. Só um tolo, concluiu Michell, poderia acreditar que isso aconteceu por acaso.

Fisher escreveu sobre o trabalho de Michell em tom de aprovação, deixando explícita a analogia que via entre o argumento de Michell e a *reductio* clássica: "A força sobre a qual essa conclusão se apoia é logicamente aquela de uma simples disjunção: ou uma chance excepcionalmente rara aconteceu ou a teoria da distribuição aleatória não é válida."[4]

O argumento é convincente, e suas conclusões corretas: as Plêiades de fato não são uma coincidência ótica, mas um aglomerado real – de várias centenas de estrelas adolescentes, e não só das seis visíveis ao olho. O fato de vermos aglomerados de estrelas muito espremidos como as Plêiades, mais espremidos do que seria provável por acaso, é uma boa evidência de que as estrelas não estão dispostas aleatoriamente, e sim juntadas por algum fenômeno físico real lá fora, no espaço.

Mas aí vem a má notícia: a *reductio ad* improvável, ao contrário de sua ancestral aristotélica, em geral não é logicamente sólida. Ela nos leva a seus próprios absurdos. Joseph Berkson,[5] por muito tempo chefe da divisão de estatísticas médicas da Clínica Mayo, que cultivava (e alardeava sonoramente) um vigoroso ceticismo acerca de metodologias que ele julgava duvidosas, ofereceu um exemplo famoso demonstrando as armadilhas do método.

Suponha que você tenha um grupo de cinquenta sujeitos experimentais, com a hipótese (H) de que sejam seres humanos. Você observa (O) que um deles é albino. O albinismo é extremamente raro, afetando não mais que uma em 20 mil pessoas. Logo, dado que H esteja correta, a chance de encontrar um albino entre os seus cinquenta sujeitos é bastante pequena, menos de 1 em 400,* ou 0,0025. Assim, o valor-*p*, a probabilidade de observar O, dada H, é muito inferior a 0,05.

Somos inexoravelmente levados a concluir, com alto grau de confiança estatística, que H é incorreta: os sujeitos na amostra não são seres humanos.

É tentador pensar em "muito improvável" como significando "essencialmente impossível", e, a partir daí, proferir a palavra "essencialmente" cada vez mais baixo com a nossa voz mental, até pararmos de prestar atenção nela.** Mas impossível e improvável não são a mesma coisa – nem são coisas próximas. Coisas impossíveis jamais acontecem. Coisas improváveis acontecem um bocado. Isso significa que estamos numa posição lógica muito insegura quando tentamos fazer inferências a partir de uma observação improvável, como a *reductio ad* improvável nos pede. Aquela vez em que o conjunto 4, 21, 23, 34, 39 da loteria da Carolina do Norte saiu duas vezes na mesma semana suscitou um monte de perguntas. Havia algo de errado no jogo? Mas cada combinação de números tem exatamente a mesma probabilidade de sair que qualquer outra.

Os números 4, 21, 23, 34, 39, saindo como resultado na terça-feira, e os números 16, 17, 18, 22, 39, saindo como resultado na quinta, representam algo tão improvável de acontecer quanto o que realmente ocorreu – há apenas uma chance em 300 bilhões, ou algo assim, de saírem esses números nos sorteios dos dois dias. Na verdade, *qualquer* resultado particular de sorteios de loteria tem uma chance em 300 bilhões. Se você tende a adotar o ponto de vista de que um resultado altamente improvável leva-o a questionar a honestidade do jogo, você deve ser aquela pessoa que manda um e-mail zangado para o encarregado da loteria toda quinta-feira, não importa quais bolas numeradas saiam da gaiola.

Não seja essa pessoa.

---

* Como boa regra prática, você pode calcular que cada sujeito contribui com $1/20.000$ de chance de encontrar um albino na amostra, produzindo $50 \times 1/20.000$, ou $1/400$. Esse cálculo não é exatamente correto, mas em geral é próximo o bastante em casos como esse, em que o resultado é muito próximo de zero.

** De fato, é um princípio geral de retórica que, quando alguém diz "X é essencialmente Y", na maior parte das vezes ele quer dizer "X não é Y, mas, para mim, seria mais simples se X fosse Y, então seria ótimo se você pudesse simplesmente ir em frente e fingir que X é Y, tudo bem?".

Aglomerados de primos e a estrutura da desestrutura

O insight crítico de Michell, de que aglomerados de estrelas poderiam aparecer aos nossos olhos mesmo que elas estivessem distribuídas aleatoriamente pelo nosso campo de visão, não se aplica somente à esfera celeste. Esse fenômeno foi o ponto de partida do episódio-piloto do drama matemático-policial *Numb3rs*.* Uma série de ataques sinistros, marcados por pinos no mapa de parede do quartel-general, não mostrava aglomerados. Logo, estava em ação um único assassino em série muito astuto, que deixava intencionalmente um espaço entre as vítimas, e não um surto de assassinos psicóticos sem conexão entre si. Isso era um tanto forçado como história policial, porém, matematicamente, estava correto.

O surgimento de aglomerados em dados aleatórios proporciona compreensão mesmo em situações em que não há nenhuma aleatoriedade real, como o comportamento dos números primos. Em 2013, Yitang "Tom" Zhang,[6] popular professor de matemática na Universidade de New Hampshire (UNH), estarreceu o mundo da matemática pura ao anunciar que havia provado a conjectura dos "intervalos limitados" acerca da distribuição dos números primos. Zhang havia sido aluno brilhante da Universidade de Beijing, mas nunca progrediu depois de se mudar para obter o doutorado nos Estados Unidos, na década de 1980. Não havia publicado um só artigo acadêmico desde 2001. A certa altura, abandonou inteiramente a matemática acadêmica para vender sanduíches na Subway, até que um ex-colega de Beijing o localizou e o ajudou a obter um emprego de professor convidado na UNH. Pela aparência exterior, ele estava acabado. Assim, foi uma grande surpresa quando publicou um artigo provando um teorema que alguns dos maiores nomes da teoria dos números haviam tentado conquistar em vão.

Mas o fato de a conjectura ser *verdadeira* não era nenhuma surpresa. Matemáticos têm reputação de se recusarem terminantemente a aceitar

* Revelação: eu costumava ler os roteiros de *Numb3rs* antecipadamente para checar a correção matemática e fazer comentários. Só uma linha que sugeri chegou a ir ao ar: "Tentar encontrar uma projeção de um triespaço afim sobre a esfera sujeita a algumas restrições abertas."

baboseiras e papo-furado; de não acreditar em nada enquanto não estiver provado e sacramentado. Isso não é bem verdade. Todos nós acreditávamos na conjectura dos intervalos limitados antes da grande revelação de Zhang, e todos acreditamos na conjectura, parente próxima da conjectura dos primos gêmeos, mesmo que ela não fosse provada. Por quê?

Comecemos com aquilo que as duas conjecturas dizem. Os números primos são aqueles maiores que 1 e que não são múltiplos de nenhum número menor que eles próprios e maior que 1; então, 7 é primo, mas 9 não é, porque é divisível por 3. Os primeiros primos da lista são 2, 3, 5, 7, 11 e 13.

Todo número positivo pode ser expresso de uma única maneira como produto de números primos. Por exemplo, 60 é composto de dois 2, um 3 e um 5, porque $60 = 2 \times 2 \times 3 \times 5$. (É por isso que não consideramos 1 um número primo, embora alguns matemáticos o tenham feito no passado; ele quebra a exclusividade da composição, porque, se 1 for contado como primo, 60 poderia ser escrito $2 \times 2 \times 3 \times 5$ e $1 \times 2 \times 2 \times 3 \times 5$ e $1 \times 1 \times 2 \times 2 \times 3 \times 5$ ...) E os números primos em si? Tudo bem com eles. Um número primo, como o 13, é o produto de um *único* número primo, o próprio 13. E o 1? Nós o excluímos da nossa lista de primos, então, como ele pode ser um produto de primos, cada qual maior que 1? Simples: 1 é o produto de *nenhum* primo.

Nesse ponto, às vezes me perguntam: "Por que o produto de nenhum primo é 1, e não zero?" Aqui está uma explicação ligeiramente arrevesada: se você pegar o produto de algum conjunto de primos, como 2 e 3, mas dividi-lo pelos mesmos primos pelos quais multiplicou, você deveria acabar com o produto de nada; e 6 dividido por 6 é 1, e não zero. (A *soma* de nenhum número, por outro lado, é de fato zero.)

Os primos são os átomos da teoria dos números, as entidades básicas e indivisíveis das quais todos os números são feitos. Como tal, têm sido objeto de intenso estudo desde que teve início a teoria dos números. Um dos primeiros teoremas provados em teoria dos números é o de Euclides, que nos diz que os primos são infinitos em número, jamais se esgotarão, não importa a que distância na reta numérica permitimos nossa mente avançar.

Mas os matemáticos são tipos gananciosos, não inclinados a se satisfazer com uma mera afirmação da infinitude. Afinal, há infinitos e *infinitos*. Há infinitas potências de 2, mas elas são muito raras. Entre os primeiros mil números, há apenas dez:

1, 2, 4, 8, 16, 32, 64, 128, 256 e 512.

Também há infinitos números pares, mas são muito mais comuns: exatamente quinhentos nos primeiros mil números. Na verdade, é bastante visível que nos primeiros N números, exatamente (½)N sejam pares.

Primos, por sua vez, são um meio-termo – mais comuns que as potências de 2, porém mais raros que os números pares. Entre os primeiros N números, cerca de $N/\ln N$ são primos; este é o teorema dos números primos, provado no fim do século XIX pelos teóricos dos números Jacques Hadamard e Charles-Jean de la Vallée Poussin.

Uma nota sobre o logaritmo e o flogaritmo

O fato de que dificilmente alguém saiba o que é o logaritmo tem me chamado a atenção. Gostaria de contribuir para corrigir isso. O logaritmo de um número positivo N, chamado *ln N*, é o número de dígitos que ele tem.

Espere aí? Só isso?

Não. Não é realmente isso. Podemos chamar o número de dígitos de "falso logaritmo" ou *flogaritmo*. Ele é suficientemente próximo da coisa de verdade para dar a ideia geral do que o logaritmo significa num contexto como este. O flogaritmo (portanto, também o logaritmo) é uma função que cresce muito devagar. O flogaritmo de 1.000 é 4, o flogaritmo de 1 milhão, mil vezes maior, é 7, e o flogaritmo de 1 bilhão é somente 10.*

* Aqui embaixo, no pé da página, posso revelar em segurança a definição real de ln N; ele é o número x tal que $e^x = N$. Aqui *e* é o número de Euler, cujo valor é aproximadamente 2,71828… Eu digo "*e*", e não "10", porque o logaritmo a que nos referimos é o *logaritmo natural*, não o logaritmo *comum decimal* ou de *base 10*. O logaritmo natural é aquele que sempre será usado se você for matemático ou se tiver *e* dedos.

Agora voltemos aos aglomerados de primos

O teorema dos números primos diz que, entre os primeiros N inteiros, uma proporção de cerca de $1/\ln N$ deles é prima. Em particular, os números primos vão ficando cada vez menos comuns à medida que os números crescem, embora a diminuição seja muito lenta. Um número ao acaso com vinte dígitos tem a metade da probabilidade de ser primo que um número ao acaso de dez dígitos.

Naturalmente, imagina-se que quanto mais comum for um certo tipo de número, menor os intervalos entre os casos desse tipo de número. Se você está olhando um número par, nunca precisa viajar mais que dois números para diante a fim de encontrar o par seguinte. Na verdade, os intervalos entre os números pares são sempre exatamente de tamanho 2. Para as potências de 2, a história é diferente. Os intervalos entre duas potências sucessivas de 2 crescem exponencialmente, ficando cada vez maiores, sem recuos, à medida que você percorre a sequência. Uma vez tendo passado pelo 16, por exemplo, nunca mais você verá duas potências de 2 separadas por um intervalo de 15 ou menos.

Esses dois casos são fáceis, mas a questão dos intervalos entre primos consecutivos é mais difícil. É tão difícil que, mesmo depois da sacada de Zhang, ele continua um mistério sob muitos aspectos.

Contudo, nós achamos que sabemos o que esperar, graças a um ponto de vista extraordinariamente fecundo: pensamos nos primos como *números aleatórios.* O motivo de essa fecundidade ser tão extraordinária é que o ponto de vista é muito, muito falso. Primos não são aleatórios! Nada em relação a eles é arbitrário ou sujeito ao acaso, exatamente o contrário. Nós os tomamos como características imutáveis do Universo e os entalhamos nos discos de ouro que enviamos para o espaço interestelar a fim de provar aos ETs que não somos bobos.

Os primos não são aleatórios, mas, sob muitos aspectos, *agem como se fossem.* Por exemplo, quando você divide um número inteiro aleatório por 3, o resto é 0, 1 ou 2, e cada caso aparece com igual frequência. Quando você divide um número primo grande por 3, o quociente não pode ser exato, senão o chamado número primo seria divisível por 3, o que significaria que ele não era absolutamente primo. Mas um velho teorema de Dirichlet diz que o resto 1 aparece com a mesma frequência, aproximadamente, que o resto 2, tal como acontece no caso dos números aleatórios. No que se refere ao "resto quando se divide por 3", os números primos, à parte de não serem múltiplos de 3, parecem aleatórios.

E quanto aos intervalos entre primos consecutivos? Você poderia pensar que, pelo fato de os números primos ficarem cada vez mais raros à medida que os números crescem, eles também vão se afastando mais e mais. Em média, é isso que acontece. Mas Zhang provou que há infinitos pares de primos que diferem no máximo em 70 milhões. Em outras palavras, o intervalo entre um primo e o seguinte está limitado a 70 milhões em infinitos casos – daí a conjectura dos "intervalos limitados".

Por que 70 milhões? Só porque foi isso que Zhang conseguiu provar. Na verdade, a publicação de seu artigo deflagrou uma explosão de atividade, com matemáticos do mundo todo trabalhando juntos num "Polymath" – uma "Polimatemática" –, uma espécie de comunidade matemática on-line, para reduzir ainda mais o intervalo usando variações do método de Zhang. Até julho de 2013, o coletivo havia demonstrado que há infinitos intervalos de tamanho máximo de 5.414. Em novembro, James Maynard, então recém-doutor em Montreal, fez o limite despencar para 600, e a Polymath agitou-se toda para combinar suas conclusões com as demais. Quando você estiver lendo isso, o limite sem dúvida terá se reduzido ainda mais.

À primeira vista, os intervalos limitados poderiam parecer um fenômeno miraculoso. Se os primos tendem a se afastar cada vez mais, o que está fazendo com que haja tantos pares tão próximos? Será algum tipo de gravidade dos primos?

Não é nada desse tipo. Se você pega números aleatoriamente, é muito provável que alguns pares, por puro acaso, estejam muito próximos, assim como pontos gotejados de forma aleatória num plano formam aglomerados visíveis.

Não é difícil calcular que, se os números primos se comportassem como números aleatórios, você veria precisamente o comportamento que

Zhang demonstrou. E ainda mais: esperaria ver infinitos pares de primos separados por apenas 2, como 3-5 e 11-13. São os chamados primos gêmeos, cuja infinitude permanece conjectural.

(Segue-se uma breve computação matemática. Se você não está a fim disso, desvie os olhos e retome o texto onde ele diz "E uma porção de primos gêmeos...")

Lembre-se: entre os primeiros N números, o teorema dos números primos nos diz que cerca de $N/\ln N$ são primos. Se estes fossem distribuídos ao acaso, cada número n teria uma chance de $1/\ln N$ de ser primo. A chance de que n e $n + 2$ sejam ambos primos é portanto cerca de $(1/\ln N) \times (1/\ln N) = (1/\ln N)^2$. Então, quantos pares de primos separados por 2 deveríamos esperar encontrar? Há aproximadamente N pares $(n, n + 2)$ na faixa de interesse, e cada um tem uma chance de $(1/\ln N)^2$ de ser um primo gêmeo, então, deve-se esperar encontrar cerca de $N/(\ln N)^2$ primos gêmeos no intervalo.

Há alguns desvios em relação à aleatoriedade pura cujos pequenos efeitos os teóricos dos números sabem como tratar. O ponto principal é que o fato de n ser primo e $n + 2$ ser primo não são eventos independentes. O n primo, de algum modo, torna *mais provável* que $n + 2$ seja primo, o que significa que nosso uso do produto $(1/\ln N) \times (1/\ln N)$ não está muito correto. (Uma coisa: se n é primo e maior que 2, então ele é ímpar, o que significa que $n + 2$ também é ímpar, o que aumenta a probabilidade de $n + 2$ ser primo.) G.H. Hardy, o das "perplexidades desnecessárias", com seu colaborador permanente, J.E. Littlewood, calcularam uma predição mais refinada levando em conta essas dependências, e prevendo que a quantidade de primos gêmeos deveria ser aproximadamente 32% maior que $N/(\ln N)^2$. Essa melhor aproximação fornece uma previsão de que a quantidade de primos menores que 1 quatrilhão deve ser de cerca de 1,1 trilhão, valor bastante bom quando comparado com a cifra real de 1.177.209.242.304. Isso é uma porção de primos gêmeos.

Uma porção de primos gêmeos é exatamente o que os teóricos dos números esperam encontrar, não importa quanto os números cresçam – não porque pensamos que haja alguma estrutura profunda, milagrosa, oculta nos primos, mas *precisamente porque não pensamos assim*. Esperamos que os primos estejam distribuídos por aí ao acaso como poeira. Se a conjectura dos primos gêmeos fosse falsa, *isso* seria um milagre, exigindo que alguma força até então desconhecida separasse os primos.

Não quero me alongar demais, mas um monte de conjecturas famosas na teoria dos números funciona dessa maneira. A conjectura de Goldbach, de que todo número par maior que 2 é a soma de dois primos, é outra que teria de ser verdadeira se os primos se comportassem como números aleatórios. O mesmo ocorre com a conjectura de que os primos contêm progressões aritméticas de qualquer extensão que se queira, cuja resolução, obtida por Ben Green e Terry Tao em 2004, ajudou Tao a ganhar a Medalha Fields.

A mais famosa de todas é a conjectura feita por Pierre de Fermat em 1637, que afirmava que a equação

$$A^n + B^n = C^n$$

não tem soluções com A, B, C e n números inteiros positivos, com n maior que 2. (Quando n é *igual* a 2, há uma porção de soluções, como $3^2 + 4^2 = 5^2$.)

Todo mundo acreditava firmemente que a conjectura de Fermat era verdadeira, assim como acreditamos agora na conjectura dos primos gêmeos, mas ninguém sabia como prová-la* até a descoberta de Andrew Wiles, matemático de Princeton nos anos 1990. Nós acreditávamos nela porque enésimas potências perfeitas são muito raras, e a chance de encontrar dois números cuja soma resultasse num terceiro conjunto *aleatório* de tão extrema escassez é quase nula. E ainda mais: a maioria das pessoas acreditava que não há soluções para a *equação de Fermat generalizada*

$$A^p + B^q = C^r$$

quando os expoentes p, q e r são grandes o suficiente. Um banqueiro em Dallas chamado Andrew Beal lhe dará US$ 1 milhão se você conseguir provar que essa equação não tem soluções para as quais p, q e r sejam maiores

* Fermat escreveu uma nota num livro alegando que tinha uma prova, mas que ela era longa demais para caber na margem. Atualmente ninguém acredita nisso.

que 3, e A, B e C não tenham fator primo comum.* Acredito plenamente que o enunciado seja verdadeiro, porque seria verdadeiro se potências perfeitas fossem aleatórias. Mas acho que teremos de compreender algo realmente novo sobre os números antes de abrir caminho para uma prova. Passei alguns anos, com um punhado de colaboradores, provando que a equação generalizada de Fermat não tem solução com $p = 4$, $q = 2$ e r maior que 4. Só para este caso, tivemos de desenvolver algumas técnicas novas, e é claro que elas não serão suficientes para cobrir totalmente o problema do US$ 1 milhão.

Apesar da aparente simplicidade da conjectura dos intervalos limitados, a prova de Zhang exige alguns dos mais profundos teoremas da matemática moderna.** Elaborando a partir do trabalho de muitos predecessores, Zhang é capaz de provar que os números primos parecem aleatórios sob o primeiro aspecto que mencionamos, que diz respeito aos restos obtidos após divisão por muitos inteiros diferentes. A partir daí*** ele consegue mostrar que os números primos parecem aleatórios num sentido totalmente diferente, que tem a ver com os tamanhos dos intervalos entre eles. Aleatório é aleatório!

O sucesso de Zhang, e o trabalho correlato de outros medalhões contemporâneos, como Ben Green e Terry Tao, aponta para uma perspectiva ainda mais empolgante que qualquer resultado individual relativo aos primos: de que poderíamos, enfim, estar a ponto de desenvolver uma teoria mais rica da aleatoriedade. Digamos, um meio de especificar precisamente o que queremos dizer quando falamos que os números agem como se fossem aleatoriamente distribuídos sem nenhuma estrutura governante, apesar de surgirem a partir de processos completamente deterministas. Que paradoxo maravilhoso: o que nos ajuda a romper os mistérios finais sobre os números primos podem ser ideias matemáticas novas que estruturem o conceito da própria falta de estrutura.

---

* Essa condição pode parecer meio que tirada do ar, mas acontece que existe um jeito fácil de gerar montes de soluções "desinteressantes" se você permitir fatores comuns entre A, B e C.

** Sobretudo os resultados de Pierre Deligne, relacionando médias de funções da teoria dos números com geometria de espaços de dimensões elevadas.

*** Seguindo o caminho aberto por Goldston, Pintz e Yıldırım, os últimos a fazer algum progresso quanto aos intervalos de primos.

9. A *Revista Internacional de Haruspício*

Eis uma parábola que aprendi com o estatístico Cosma Shalizi.[1]

Imagine-se um harúspice, ou seja, sua profissão é fazer predições acerca de eventos futuros sacrificando carneiros e examinando as características de suas entranhas, em especial o fígado. Claro, você não considera suas predições confiáveis apenas porque segue as práticas estabelecidas pelas divindades etruscas. Isso seria ridículo. Você requer evidências. Assim, você e seus colegas submetem todo seu trabalho à revisão dos pares para publicação na *Revista Internacional de Haruspício*, que exige, sem exceção, que todos os resultados publicados estejam de acordo com os parâmetros da significância estatística.

O haruspício, especialmente o haruspício rigoroso, com base na evidência, não é empreitada fácil, no mínimo porque você passa grande parte de seu tempo salpicado de sangue e bile. Outro motivo é que muitos dos seus experimentos não dão certo. Você tenta usar tripas de carneiro para predizer o preço das ações da Apple e fracassa. Tenta estimar o suprimento global de petróleo e fracassa novamente. Os deuses são muito exigentes, e não é sempre que fica claro qual o arranjo preciso de órgãos internos e que encantações exatas serão confiáveis para desvelar o futuro. Às vezes diferentes harúspices realizam o mesmo experimento, e ele dá certo para uns mas não para outros – quem sabe por quê? É frustrante. Em alguns dias você tem vontade de largar tudo e ir estudar advocacia.

Mas tudo vale a pena naqueles momentos de descoberta, quando as coisas dão certo e você percebe que a textura e as protuberâncias do fígado predizem a gravidade da estação de gripe do próximo ano, e, com um silencioso agradecimento aos deuses, você publica o resultado.

Você veria isso acontecer uma vez em vinte.

Em todo caso, esse fato é o esperável. Porque eu, ao contrário de você, não acredito em haruspício. Acho que as tripas do carneiro não sabem nada sobre os dados da gripe, e que, quando se encaixam, é pura sorte. Em outras palavras, em qualquer assunto referente à predição do futuro por meio de entranhas, sou defensor da hipótese nula. Então, no meu mundo, é bastante improvável que qualquer experimento de haruspício dê certo.

Mas quanto ele é improvável? O limiar-padrão para significância estatística, e portanto para publicação na *RevIntha*, é fixado por convenção para ter um valor-*p* de 0,05, ou um em vinte. Lembre-se da definição de valor-*p*. Este diz precisamente que, *se* a hipótese nula é verdadeira para algum experimento específico, então a chance de que esse experimento dê como retorno um resultado estatisticamente significativo é de apenas uma em vinte. Se a hipótese nula for sempre verdadeira – ou seja, se o haruspício for um abracadabra não diluído –, então apenas um em vinte experimentos será publicável.

Ainda assim, há centenas de haruspícios, milhares de carneiros com entranhas dilaceradas, e mesmo uma profecia em vinte oferece material de sobra para preencher cada número da revista com novidades em termos de resultados, demonstrando a eficácia dos métodos e a sabedoria dos deuses. Um protocolo que funcionou em determinado caso e é publicado em geral falha quando outro harúspice tenta refazê-lo. Contudo, experimentos sem significância estatística não são publicados, então, ninguém jamais descobre nada sobre o fracasso da repetição. Mesmo que a notícia começasse a se espalhar, há sempre pequenas diferenças que os especialistas indicam para explicar por que o estudo de acompanhamento não deu certo. Afinal, nós *sabemos* que o protocolo funciona porque o testamos e ele produziu um efeito estatisticamente significativo!

A medicina e a ciência social modernas não são haruspício. Contudo, um círculo cada vez mais ruidoso de cientistas dissidentes vem insistindo, nos últimos anos, numa mensagem desconfortável: provavelmente há muito mais leitura de entranhas nas ciências do que gostaríamos de admitir.

O contestador mais sonoro é John Ioannidis,[2] um astro grego da matemática do ensino médio que se tornou pesquisador biomédico e cujo artigo de 2005, "Why most published research findings are false", detonou um forte surto de autocrítica (e uma segunda onda de autodefesa) nas ciências clínicas. Alguns artigos chamam atenção com um título mais dramático que as alegações apresentadas no corpo do texto, mas não esse aí. Ioannidis leva a sério a ideia de que especialidades inteiras de pesquisa médica são "campos nulos", como o haruspício, nos quais simplesmente não há efeitos reais a serem encontrados. "Pode-se provar", escreve ele, "que a maioria dos supostos achados de pesquisas são falsos."

"Provar" é um pouco mais do que este matemático está disposto a engolir, mas Ioannidis certamente constrói um caso sólido em que sua alegação radical não se torna assim tão implausível. A história é mais ou menos assim. Em medicina, a maioria das intervenções que tentamos fazer não funciona, e a maioria das associações que testamos estará ausente. Pense em testes de associação genética com doenças. Há montes de genes no genoma, e a maior parte deles não causa câncer nem depressão, não deixa você gordo, não tem qualquer efeito direto reconhecível.

Ioannidis nos pede que consideremos o caso da influência genética sobre a esquizofrenia. Essa influência é quase certa, considerando o que sabemos sobre a hereditariedade do distúrbio. Mas onde está ela no genoma? Pesquisadores podem lançar sua rede numa ampla área – afinal, é atrás dos Grandes Conjuntos de Dados que eles estão – em busca de 100 mil genes (mais precisamente, polimorfismos genéticos) para ver quais estão associados à esquizofrenia. Ioannidis sugere que por volta de dez deles na realidade têm algum efeito clinicamente relevante.

E os outros 99.990? Não têm nada a ver com esquizofrenia. Mas um em vinte deles, ou cerca de 5 mil, vai passar no teste de valor-*p* de significância estatística. Em outras palavras, entre os resultados tipo "Oh, céus, eu achei o gene da esquizofrenia" que poderiam ser publicados, há *quinhentas vezes mais* falsos que verdadeiros.

E isso admitindo que todos os genes que realmente tenham algum efeito sobre a esquizofrenia passem no teste! Como vimos com Shakespeare e com o basquete, é muito possível que um efeito real seja rejeitado como estatisticamente não significativo se o estudo não tiver potência suficiente para detectá-lo. Se as pesquisas tiverem potência baixa demais, os genes que realmente fazem diferença poderiam passar no teste apenas metade das vezes. No entanto, isso significa que, entre os genes certificados pelo valor-*p* como causadores de esquizofrenia, apenas *cinco* realmente o são, contra os 5 mil pretensos candidatos que passaram no teste por mera sorte.

Uma boa maneira de acompanhar as quantidades relevantes é desenhar círculos num quadro:

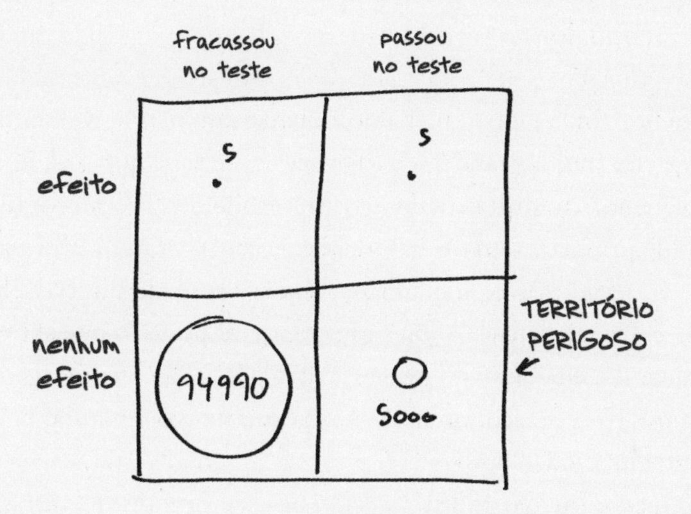

O tamanho de cada círculo representa o número de genes em cada categoria. Na metade esquerda do quadro temos os negativos, os genes que não passaram no teste de significância, e na metade direita temos os positivos. Os dois quadrantes superiores representam a minúscula população de genes que efetivamente afetam a esquizofrenia. Assim, os genes do quadrante superior direito são os verdadeiros positivos (genes que importam, e que o teste diz que importam), enquanto o superior esquerdo representa os falsos negativos (genes que importam, mas que o teste diz que não). Na fila de baixo, temos os genes que não importam; os verdadeiros negativos são o círculo grande na parte inferior esquerda, os falsos positivos, o círculo no quadrante inferior direito.

Você pode ver pela figura que o teste de significância não é o problema. Ele fez exatamente o que foi criado para fazer. Os genes que não afetam a esquizofrenia raramente passam no teste, enquanto os genes nos quais estamos realmente interessados passam na metade das vezes. Mas os genes não ativos são tão maciçamente preponderantes que o círculo de falsos positivos, ainda que pequeno em relação aos verdadeiros negativos, é muito maior que o círculo dos verdadeiros positivos.

Doutor, tenho dor no *p*

E a coisa fica ainda pior. Um estudo de baixa potência só vai ser capaz de ver um efeito muito grande. Mas às vezes você sabe que o efeito, se existir, é pequeno. Em outras palavras, um estudo que meça acuradamente o efeito de um gene tem probabilidade de ser rejeitado como estatisticamente não significativo, enquanto qualquer resultado que passe no teste $p < 0,05$ é um falso positivo ou um verdadeiro positivo que superestima exageradamente o efeito do gene. A baixa potência é um perigo especial[3] em campos onde são comuns estudos pequenos e o tamanho dos efeitos é tipicamente modesto.

Um recente artigo na *Psychological Science*,[4] importantíssima publicação em psicologia, descobriu que mulheres casadas eram significativamente mais propensas a apoiar Mitt Romney, o candidato presidencial republicano, quando estavam no período fértil de seu ciclo ovulatório: das mulheres pesquisadas durante o pico do período fértil, 40,4% manifestaram apoio a Romney, enquanto apenas 23,4% das mulheres casadas pesquisadas em período não fértil levantavam a bandeira de Mitt.* A amos-

* Fiquei decepcionado ao descobrir que esse estudo ainda não gerou nenhum vídeo de conspiração alegando que o apoio de Obama ao controle da natalidade destinava-se a suprimir o instinto biológico feminino de votar no republicano durante a ovulação. Liguem-se, produtores de vídeos de conspiração!

tra é pequena, apenas 228 mulheres, mas a diferença é grande o suficiente para que o resultado passe no teste de valor-*p* com uma pontuação de 0,03.

Esse é exatamente o problema, a diferença é grande *demais*. Será realmente plausível que, entre mulheres casadas que preferem Mitt Romney, quase *a metade* passe grande parte de cada mês apoiando Barack Obama? Será que ninguém notaria isso?

Se há mesmo uma virada política para a direita durante a ovulação, parece provável que ela seja muito menor. Mas o tamanho relativamente pequeno do estudo significa que uma avaliação mais realista da intensidade do efeito teria sido rejeitada, de modo paradoxal, pelo filtro do valor-*p*. Em outras palavras, podemos ter razoável confiança de que o grande efeito relatado no estudo é principalmente, ou inteiramente, apenas ruído de sinal.

Mas o ruído tem a mesma probabilidade de empurrar você tanto na direção *oposta*[5] do efeito real quanto na direção da verdade. Então acabamos no escuro, por causa de um resultado que fornece muita significância estatística, mas muito pouca confiança.

Os cientistas chamam esse problema de "maldição do vencedor", e ele é um dos motivos pelos quais resultados impressionantes e ruidosamente alardeados muitas vezes se desfazem em decepcionante lodo quando os experimentos são repetidos. Num caso representativo, uma equipe de cientistas liderada pelo psicólogo Christopher Chabris* estudou treze polimorfismos de nucleotídeo único (SNP, de Single-Nucleotide Polymorphism) no genoma que haviam sido observados em estudos anteriores como se tivessem correlações estatisticamente significativas com a pontuação nos testes de QI. Sabemos que a habilidade de se sair bem nesses testes é um tanto hereditária, então, não deixa de ser razoável procurar marcadores genéticos. Mas quando a equipe de Chabris testou esses SNPs[6] com medidas de QI em grandes conjuntos de dados, como o Estudo Longitudinal de Wisconsin, realizado com 10 mil pessoas, cada uma dessas associações

* Chabris talvez seja mais famoso por seu vídeo imensamente popular no YouTube demonstrando o princípio cognitivo da atenção seletiva: os espectadores são solicitados a observar um grupo de estudantes passando uma bola de basquete de um lado a outro, e geralmente deixam de notar um ator fantasiado de gorila entrando e saindo de cena.

esvaneceu-se em insignificância. Se forem de fato reais, as associações são pequenas demais para se detectar até por um experimento de grande porte.

Hoje os geneticistas acreditam que a hereditariedade dos pontos do teste de QI provavelmente não está concentrada em alguns poucos genes metidos a sabidos, e sim em acúmulos provenientes de numerosos traços genéticos, cada um com efeito minúsculo. Isso quer dizer que se você sair à caça de efeitos grandes de polimorfismos individuais terá êxito na mesma proporção de uma em vinte que os leitores de entranhas.

Nem Ioannidis acha realmente que apenas um artigo em mil publicados esteja correto. A maioria dos estudos científicos não consiste em ficar apalpando o genoma às cegas. Eles testam hipóteses em que os pesquisadores têm alguma razão preexistente para acreditar, de modo que a metade inferior do quadro não predomina tanto assim sobre o topo. Mas a crise de replicabilidade é real. Num estudo de 2012, cientistas da empresa de biotecnologia Amgen, sediada na Califórnia, propuseram-se a replicar alguns dos resultados experimentais mais famosos na biologia do câncer, 53 estudos ao todo.[7] Nas suas tentativas independentes, conseguiram reproduzir apenas seis.

Como isso pode ter acontecido? Não porque os geneticistas e pesquisadores de câncer sejam bobões. Em parte, a crise de replicabilidade é simplesmente reflexo do fato de que a ciência é difícil e de que a maioria das ideias que temos está errada – mesmo a maioria das ideias que sobrevive ao primeiro round de cutucadas.

Mas há práticas no mundo da ciência que tornam a crise pior, e estas podem ser mudadas. Por algum motivo estamos publicando erros. Considere a profunda tirinha xkcd,* na página seguinte. Suponha que você tenha testado vinte marcadores genéticos para ver se estão associados a alguma desordem de interesse, e descobriu apenas um resultado que atingiu significância $p < 0,05$. Sendo sofisticado em matemática, você reconheceria que um sucesso em vinte é exatamente o que seria de esperar se nenhum dos marcadores tivesse qualquer efeito, e zombaria da manchete mal-orientada, exatamente como o cartunista pretende fazer.

---

* xkcd é uma tirinha publicada on-line, criada por Randall Munroe. (N.T.)

BALAS DE GOMA CAUSAM ACNE!
CIENTISTAS! INVESTIGUEM!
MAS ESTAMOS JOGANDO MINECRAFT!
...TUDO BEM.
NÃO ENCONTRAMOS LIGAÇÃO ENTRE BALAS DE GOMA E ACNE (P > 0,05).
ISSO RESOLVE A QUESTÃO.
OUVI DIZER QUE É SÓ UMA CERTA COR QUE CAUSA ACNE!
CIENTISTAS!
MAS O MINECRAFT!
NÃO ENCONTRAMOS LIGAÇÃO ENTRE BALAS DE GOMA PÚRPURA E ACNE (P > 0,05).
NÃO ENCONTRAMOS LIGAÇÃO ENTRE BALAS DE GOMA MARRONS E ACNE (P > 0,05).
NÃO ENCONTRAMOS LIGAÇÃO ENTRE BALAS DE GOMA ROSA E ACNE (P > 0,05).
NÃO ENCONTRAMOS LIGAÇÃO ENTRE BALAS DE GOMA AZUIS E ACNE (P > 0,05).
NÃO ENCONTRAMOS LIGAÇÃO ENTRE BALAS DE GOMA CELESTES E ACNE (P > 0,05).
NÃO ENCONTRAMOS LIGAÇÃO ENTRE BALAS DE GOMA SALMÃO E ACNE (P > 0,05).
NÃO ENCONTRAMOS LIGAÇÃO ENTRE BALAS DE GOMA VERMELHAS E ACNE (P > 0,05).
NÃO ENCONTRAMOS LIGAÇÃO ENTRE BALAS DE GOMA TURQUESA E ACNE (P > 0,05).
NÃO ENCONTRAMOS LIGAÇÃO ENTRE BALAS DE GOMA MAGENTA E ACNE (P > 0,05).
NÃO ENCONTRAMOS LIGAÇÃO ENTRE BALAS DE GOMA AMARELAS E ACNE (P > 0,05).
NÃO ENCONTRAMOS LIGAÇÃO ENTRE BALAS DE GOMA CINZA E ACNE (P > 0,05).
NÃO ENCONTRAMOS LIGAÇÃO ENTRE BALAS DE GOMA CASTANHAS E ACNE (P > 0,05).
NÃO ENCONTRAMOS LIGAÇÃO ENTRE BALAS DE GOMA CIANAS E ACNE (P > 0,05).
ENCONTRAMOS LIGAÇÃO ENTRE BALAS DE GOMA VERDES E ACNE (P < 0,05).
WHOA!
NÃO ENCONTRAMOS LIGAÇÃO ENTRE BALAS DE GOMA MALVA E ACNE (P > 0,05).
NÃO ENCONTRAMOS LIGAÇÃO ENTRE BALAS DE GOMA BEGE E ACNE (P > 0,05).
NÃO ENCONTRAMOS LIGAÇÃO ENTRE BALAS DE GOMA LILÁS E ACNE (P > 0,05).
NÃO ENCONTRAMOS LIGAÇÃO ENTRE BALAS DE GOMA PRETAS E ACNE (P > 0,05).
NÃO ENCONTRAMOS LIGAÇÃO ENTRE BALAS DE GOMA PÊSSEGO E ACNE (P > 0,05).
NÃO ENCONTRAMOS LIGAÇÃO ENTRE BALAS DE GOMA LARANJA E ACNE (P > 0,05).

NOTÍCIAS
BALAS DE GOMA VERDES LIGADAS À ACNE!
95% DE CONFIANÇA
APENAS 5% DE CHANCE DE COINCIDÊNCIA!
CIENTISTAS...

E mais ainda se você testasse o mesmo gene ou a mesma bala de goma vinte vezes e obtivesse um efeito estatisticamente significativo apenas uma vez.

Mas e se as balas de goma verdes fossem testadas vinte vezes por vinte diferentes grupos de pesquisa em vinte laboratórios diferentes? Dezenove dos laboratórios não encontram nenhum efeito estatisticamente significativo. Eles não reportam seus resultados – quem vai publicar o artigo bomba dizendo que "balas de goma verdes são irrelevantes para sua aparência"? Os cientistas no vigésimo laboratório, os sortudos, encontram um efeito estatisticamente significativo porque têm sorte – mas *não sabem* que tiveram sorte. Tudo que podem saber é que sua teoria de que "balas de goma verdes causam acne" foi testada apenas uma vez e passou.

Se você resolve a cor das balas de goma que vai comer com base apenas nos artigos que são publicados, está cometendo o mesmo erro que o Exército quando contava os buracos de bala nos aviões que voltavam da Alemanha. Como demonstrou Abraham Wald, se você quer uma opinião honesta do que está se passando, também precisa considerar os aviões que *não* voltaram.

Esse é o chamado problema da gaveta de arquivo – um campo científico tem uma visão drasticamente distorcida da evidência para uma hipótese quando a divulgação pública é cortada por um limiar de significância estatística. Mas nós já demos outro nome a esse problema. É o corretor de ações de Baltimore. O cientista de sorte que prepara empolgado um press release sobre as correlações dermatológicas do corante verde nº 16 é igualzinho ao investidor ingênuo despachando suas economias para um corretor picareta. O investidor, como o cientista, consegue ver o único resultado do experimento que deu certo por acaso, mas é cego para o grupo maior de experimentos que falharam.

No entanto, há uma grande diferença. Em ciência, não há um vigarista escuso nem uma vítima inocente. Quando a comunidade científica arquiva na gaveta os experimentos que falharam, ela desempenha ambos os papéis ao mesmo tempo. *Eles próprios estão bancando os vigaristas consigo mesmos.*

E tudo isso presumindo que os cientistas em questão estejam jogando honestamente. Mas nem sempre isso acontece. Lembra-se do problema do espaço de manobra que enredava os interessados nos códigos da Bíblia? Os cientistas, sujeitos à mesma pressão intensa de publicar para não perecer, não são imunes às mesmas tentações de manobra. Se você faz sua análise e obtém um valor-p de 0,06, teoricamente deve concluir que seus resultados são estatisticamente insignificantes. Mas é preciso muita força mental para jogar anos de trabalho na gaveta do arquivo. Afinal, será que os números para aquele sujeito experimental específico não parecem um pouco distorcidos? Provavelmente, num caso extremo, quem sabe não é melhor tentar deletar essa linha da planilha? Fizemos o controle por idade? Controlamos levando em consideração o tempo lá fora? Controlamos por idade *e* considerando o tempo lá fora? Dê a si mesmo licença para torcer e ocultar um pouco os resultados dos testes estatísticos realizados, e com frequência você consegue reduzir 0,06 para 0,04.

Uri Simonsohn, professor na Universidade da Pensilvânia, líder no estudo da replicabilidade, chama essas práticas de "hackear p".[8] Hackear o p geralmente não é algo tão grosseiro como fiz parecer, e poucas vezes é algo mal-intencionado. Os p-hackers acreditam sinceramente em suas hipóteses, da mesma forma que os adeptos dos códigos da Bíblia, e, quando se é um crédulo, é fácil inventar motivos para que a análise que produz um valor publicável seja aquela que você deveria ter feito em primeiro lugar.

Mas todo mundo sabe que realmente não está certo. Quando pensam que não há ninguém escutando, os cientistas chamam a prática de "torturar os dados até que confessem". E a confiabilidade dos resultados é aquela que você esperaria de confissões extraídas à força.

Avaliar a escala do problema de hackear p não é fácil – não se podem examinar os artigos escondidos na gaveta ou que simplesmente nunca foram escritos, da mesma forma que não se podem examinar os aviões abatidos na Alemanha para ver onde foram atingidos. Mas é possível, como no caso de Abraham Wald, fazer algumas inferências sobre dados que não se podem medir diretamente.

Pense novamente na *Revista Internacional de Haruspício*. O que você veria se olhasse cada artigo já publicado ali e registrasse os valores-p que descobriu? Lembre-se, nesse caso a hipótese nula é sempre verdadeira, porque haruspício não funciona; assim, 5% dos experimentos registrarão um valor-*p* de 0,05 ou inferior; 4% registrarão 0,04 ou menos; 3% registrarão 0,03 ou menos; e assim por diante. Outra maneira de dizer isso é que o número de experimentos que produzem valor-*p* entre 0,04 e 0,05 deveria ser mais ou menos *o mesmo* que o número de experimentos produzindo entre 0,03 e 0,04, entre 0,02 e 0,03 etc. Se você pusesse num gráfico os valores-*p* registrados em todos os artigos veria uma linha reta como essa:

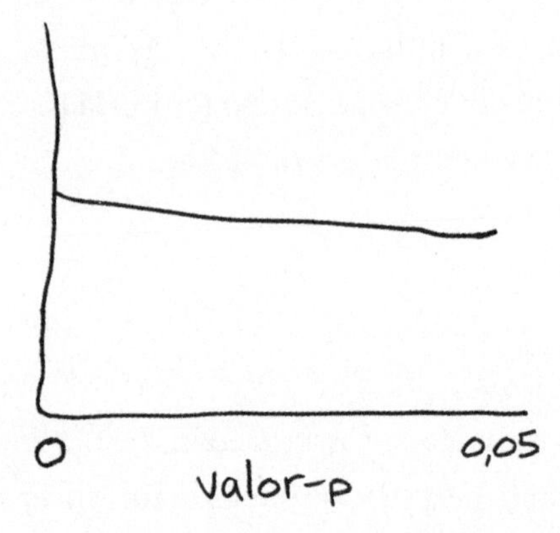

Agora, e se você olhasse uma revista de verdade? Espera-se que uma porção de fenômenos que você esteja caçando seja efetivamente real, o que torna mais provável que os seus experimentos obtenham uma boa (significando baixa) contagem de valor-*p*. Então, o gráfico dos valores-*p* deveria ter uma inclinação descendente.

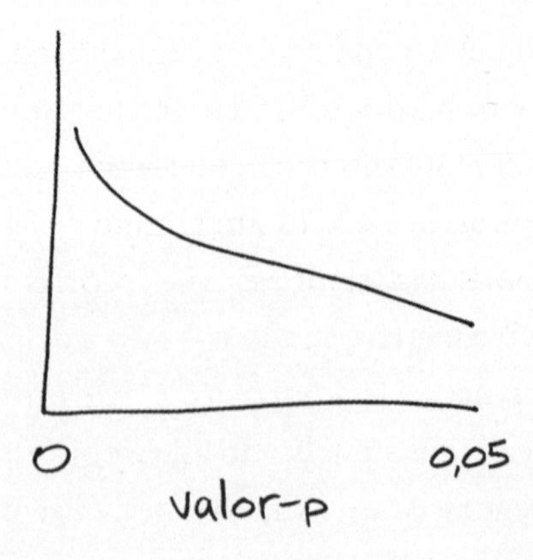

Só que não é exatamente isso que acontece na vida real. Em campos que variam desde ciência política e economia até psicologia e sociologia,[9] os detetives estatísticos descobriram uma perceptível inclinação *ascendente* à medida que o valor-*p* se aproxima do limiar de 0,05:

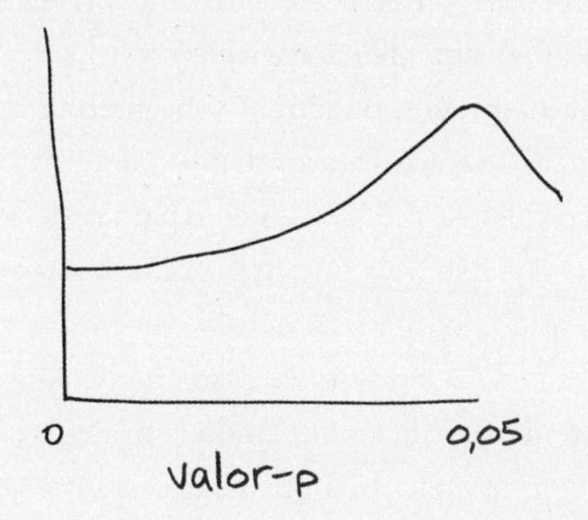

Essa inclinação é o formato do hackeamento de *p*. Ela nos conta que muitos resultados de experimentos que pertencem ao lado não publicado da fronteira de $p = 0,05$ foram alterados, remexidos, torcidos ou simplesmente torturados até que, por fim, acabaram ficando do lado feliz da fronteira. Isso é bom para cientistas que necessitam de publicações, mas é ruim para a ciência.

E se um autor se recusa a torturar os dados, ou a tortura falha em apresentar o resultado desejado, e o valor-*p* se mantém grudado um pouco acima do importantíssimo 0,05? Há soluções alternativas. Os cientistas se contorcem para elaborar piruetas verbais a fim de justificar a divulgação de um resultado que não atinge a significância estatística: dizem que o resultado é "quase estatisticamente significativo", ou "tende para a significância", ou "é praticamente significativo", ou "está no limite da significância".* É fácil zombar dos angustiados pesquisadores que recorrem a essas frases, mas deveríamos odiar o jogo, não os jogadores – não é culpa *deles* que a publica-

* Todos esses exemplos são tirados da imensa coleção do blog do psicólogo de saúde Matthew Hankins, conhecedor de resultados não significativos.

ção esteja condicionada a um limiar de tudo ou nada. Viver ou morrer por 0,05 é cometer um erro básico de categoria, tratando uma variável contínua (quanta evidência temos de que a droga funciona, o gene prediz o QI, mulheres férteis gostam de republicanos?) como se fosse uma variável binária. (Verdadeiro ou falso? Sim ou não?) Os cientistas *deveriam* ter permissão para informar dados estatisticamente não significativos.

Em alguns contextos, eles podem ser obrigados a isso. Num parecer de 2010, a Suprema Corte dos Estados Unidos determinou por unanimidade[10] que a Matrixx, fabricante do remédio para resfriados Zicam, devia revelar que alguns dos usuários de seu produto haviam sofrido de anosmia, a perda do sentido do olfato. A opinião da corte, redigida por Sonia Sotomayor, sustentava que embora os casos reportados de anosmia não passassem no teste de significância, ainda assim eles contribuíam para a "mescla total" de informações a que os investidores de uma empresa esperam ter acesso. Um resultado com valor-*p* fraco pode fornecer apenas um pouco de evidência, mas pouco é melhor que nada; um resultado com valor-*p* forte pode fornecer mais evidência, porém, como vimos, está longe de certificar que o efeito alegado é real.

Não há nada de especial, enfim, em relação ao valor 0,05. Ele é puramente arbitrário, uma convenção escolhida por Fisher. Existe um certo valor na convenção. Um limiar único, que todos aceitam, garante que sabemos do que estamos falando quando usamos a palavra "significativo". Certa vez li um artigo de Robert Rector e Kirk Johnson,[11] da conservadora Heritage Foundation, reclamando que uma equipe rival de cientistas havia alegado falsamente que declarações de abstinência não faziam diferença, entre adolescentes, nas taxas de doenças sexualmente transmissíveis. Na verdade, os adolescentes do estudo que haviam jurado esperar a noite de núpcias *de fato* tinham uma taxa ligeiramente mais baixa de DST que o restante da amostra, mas a diferença não era estatisticamente significativa. O pessoal da Heritage tinha razão. A evidência de que as declarações eram verdadeiras mostrava-se fraca, mas não estava inteiramente ausente.

Por outro lado, Rector e Johnson escreveram em outro artigo, referente à relação estatisticamente não significativa entre raça e pobreza que eles desejam desconsiderar: "Se uma variável não é estatisticamente significativa, isso quer dizer que a variável não tem diferença estatisticamente discernível entre o valor do coeficiente e zero, e então não há efeito."[12] O que é bom para o pateta abstinente também é bom para o gênero racialmente agredido! O valor da convenção é que ela impõe alguma disciplina aos pesquisadores, livrando-os da tentação de deixar que suas próprias preferências determinem quais resultados contam e quais não.

No entanto, uma fronteira convencional, obedecida por bastante tempo, pode facilmente ser tomada por uma coisa do mundo real. Imagine se falássemos sobre o estado da economia dessa maneira! Os economistas têm uma definição formal de "recessão" que depende de um limiar arbitrário exatamente como a "significância estatística". Ninguém diz: "Não me importo com a taxa de desemprego, com problemas de habitação, com a carga agregada dos empréstimos estudantis ou com o déficit federal. Isso não é recessão, não vamos falar no assunto." A pessoa seria maluca de dizer isso. Os críticos – e há cada vez maior número deles, cada vez mais estridentes, ano após ano – dizem que uma grande dose de prática científica abriga esse tipo de maluquice.

O detetive, não o juiz

Claro que está errado usar "$p < 0,05$" como sinônimo de "verdadeiro" e "$p > 0,05$" como sinônimo de "falso". *Reductio ad* improvável, por mais atraente que seja intuitivamente, não funciona para inferir a verdade científica sob os dados.

Mas qual a alternativa? Se você já realizou algum experimento, sabe que a verdade científica não surge sem mais nem menos, das nuvens, tocando uma trombeta flamejante para você. Dados são confusos e inferência é difícil.

Uma estratégia simples e popular é reportar *intervalos de confiança* em adição aos valores-*p*. Isso envolve uma ligeira ampliação do escopo conceitual, pedindo-nos para considerar não só a hipótese nula, porém toda uma gama de alternativas. Talvez você opere uma loja on-line que vende tesouras artesanais para ornamentar jardins. Sendo uma pessoa moderna (exceto pelo fato de fazer tesouras artesanais para decorar jardins), você monta um teste A/B, onde metade dos usuários vê a versão corrente do seu site (A) e outra metade vê uma versão remodelada (B), com uma tesoura animada que canta e faz uma dancinha sobre o botão "Compre agora". E você descobre que as vendas sobem 10% com a opção B. Ótimo! Agora, se você é do tipo sofisticado, poderia se preocupar se esse aumento é só uma questão de flutuação aleatória – então você calcula um valor-*p*, descobrindo que a chance de obter um resultado tão bom, se não fosse realmente por causa do novo desenho do site (isto é, se a hipótese nula estivesse correta), é de apenas 0,03.*

Mas por que parar aqui? Se vou pagar a um garoto de faculdade para sobrepor uma tesourinha dançante em todas as minhas páginas, quero saber não só se funciona, mas quão bem funciona. Será que o efeito que vi é consistente com a hipótese de que a remodelagem do site, a longo prazo, está realmente melhorando as minhas vendas em 5%? Por essa hipótese, você poderia descobrir que a probabilidade de observar um crescimento de 10% é muito mais provável – digamos, 0,2. Em outras palavras, a hipótese de que a remodelagem do site é 5% melhor *não* é excluída pela *reductio ad* improvável. Por outro lado, você pode se perguntar de forma otimista se teve algum *azar*, e a remodelagem estava realmente tornando suas tesouras 25% mais atraentes. Você calcula outro valor-*p* e obtém 0,01, suficientemente improvável para induzir você a jogar fora a hipótese.

O intervalo de confiança é a faixa de hipóteses que a *reductio ad* improvável não exige que se jogue no lixo, aquelas razoavelmente consistentes com o resultado que você observou. Nesse caso, o intervalo de confiança poderia variar de +3% a +17%. O fato de zero, a hipótese nula, *não* estar incluído no intervalo de confiança equivale a dizer que os resultados são estatisticamente significativos no sentido antes descrito neste capítulo.

* Todos os números desse exemplo são inventados, em parte porque o cálculo real de intervalos de confiança é mais complicado do que estou revelando neste pequeno espaço.

Mas o intervalo de confiança lhe diz muito mais. Um intervalo de [+3%, +17%] permite-lhe ter confiança de que o efeito é positivo, mas não particularmente grande. Um intervalo de [+9%, +11%], por outro lado, sugere muito mais intensamente que o efeito não só é positivo, como também que ele é bem grande.

O intervalo de confiança é igualmente informativo em casos nos quais você não obtém um resultado estatisticamente significativo – ou seja, onde o intervalo de confiança inclui o zero. Se o intervalo de confiança é [−0,5%, 0,5%], então a razão de você não ter obtido significância estatística é uma boa evidência de que a intervenção não tem efeito algum. Se o intervalo de confiança é [−20%, 20%], você não obtém significância estatística porque não se sabe se a intervenção tem algum efeito, ou em que direção esse efeito se dá. Esses dois resultados parecem iguais do ponto de vista da significância estatística, mas têm implicações bem diferentes para o que você deve fazer em seguida.

O desenvolvimento do intervalo de confiança geralmente é atribuído a Jerzy Neyman, outro gigante dos primórdios da estatística. O polonês Neyman, como Abraham Wald, começou exercendo a matemática pura na Europa Oriental antes de assumir a nova prática então recém-criada da estatística matemática e mudar-se para o Ocidente. No fim da década de 1920, ele começou a colaborar com Egon Pearson, que havia herdado de seu pai, Karl, tanto o posto de professor quanto uma amarga contenda acadêmica com R.A. Fisher. Este era um tipo difícil, sempre pronto para brigar. Uma vez sua filha disse a seu respeito: "Ele cresceu sem desenvolver uma sensibilidade à humanidade comum de seus semelhantes."[13] Em Neyman e Pearson ele encontrou oponentes afiados o bastante para combatê-lo durante décadas.

As divergências científicas entre eles talvez sejam mais cruamente exibidas na abordagem que Neyman e Pearson desenvolveram acerca do problema da inferência.* Como determinar a verdade a partir da evidên-

---

* Alerta de supersimplificação: Fisher, Neyman e Pearson viveram e escreveram por um longo período, e suas ideias se modificaram no decorrer das décadas; o esboço gros-

cia? A espantosa resposta é: desfazer as perguntas. Para Neyman e Pearson, o propósito da estatística não é nos dizer em que acreditar, mas nos dizer o que *fazer*. A estatística trata de tomada de decisões, não de responder a perguntas. Um teste de significância não passa de uma regra que diz às pessoas encarregadas se devem aprovar uma droga, realizar uma reforma econômica proposta ou incrementar um website.

À primeira vista parece loucura negar que a meta da ciência é descobrir o que é verdadeiro, mas a filosofia de Neyman-Pearson não está longe do raciocínio que usamos em outras esferas. Qual o propósito de um julgamento criminal? Ingenuamente, poderíamos dizer que é descobrir se o réu cometeu o crime pelo qual está sendo julgado. Mas isso está errado. Há regras para a evidência que proíbem o júri de ouvir testemunhos obtidos de forma inadequada, mesmo que isso pudesse ajudá-lo a determinar com exatidão a inocência ou a culpa do réu. O propósito de um tribunal não é a verdade, mas a justiça. Temos regras, e as regras precisam ser obedecidas. Quando declaramos que o réu é "culpado", se tivermos cuidado com as nossas palavras, não estamos dizendo que ele cometeu o crime pelo qual é acusado, mas que foi condenado justa e corretamente de acordo com essas regras. Quaisquer que sejam as regras escolhidas, deixaremos alguns criminosos livres e mandaremos para a prisão alguns dos inocentes. Quando menos se fizer o primeiro, mais provavelmente se fará o segundo. Assim, procuramos determinar as regras da maneira que a sociedade julga ser a melhor maneira de lidar com essa opção fundamental.

Para Neyman e Pearson, a ciência é como o tribunal. Quando uma droga fracassa num teste de significância, não dizemos "Estamos bastante certos de que a droga não funcionou", mas "A droga não demonstrou eficácia", e a desconsideramos, como faríamos com um réu cuja presença na cena do crime não pôde ser estabelecida dentro de uma dúvida razoável, mesmo que cada homem e mulher na corte ache que ele é culpado.

---

seiro que tracei da diferença filosófica entre eles ignora muitas faixas importantes no pensamento de cada um. Em particular, a perspectiva de que a preocupação básica da estatística é tomar decisões está mais associada a Neyman que a Pearson.

Fisher não queria nada disso. Para ele, Neyman e Pearson cheiravam a matemática pura, insistindo num racionalismo austero à custa de qualquer coisa que se assemelhasse a uma prática científica. A maioria dos juízes não teria estômago para deixar um réu obviamente inocente rumar em direção ao carrasco, mesmo que o livro de regras o exija. A maioria dos cientistas praticantes não tem interesse em cumprir uma sequência rígida de instruções, negando a si mesmo a satisfação autopoluente de formar uma opinião a respeito de que hipóteses são realmente verdadeiras. Numa carta de 1951 para W.E. Hick, Fisher escreveu:

> Lamento um pouco que esteja chegando a se preocupar com essa abordagem portentosamente desnecessária dos testes de significância representada pelas regiões críticas de Neyman e Pearson etc. Na verdade, eu e meus discípulos pelo mundo jamais pensaríamos em usá-las. Se me pedem para dar uma razão explícita para isso eu diria que eles abordam o problema a partir da perspectiva inteiramente errada, isto é, não do ponto de vista de um trabalhador em pesquisa, com uma base de conhecimento bem-fundamentado sobre a qual uma população bastante flutuante de conjecturas e observações incoerentes está continuamente sob exame. O que ele precisa é de uma resposta confiável para a pergunta: "Devo prestar atenção a isso?" Esta pergunta pode, claro – e, em nome do requinte de pensamento, deve –, ser formulada como "Essa hipótese particular é derrubada; se for, com que nível de significância, por este particular corpo de observações?" Ela pode ser formulada dessa maneira, inequivocamente, apenas porque o experimentador genuíno já tem as respostas para todas as perguntas que os seguidores de Neyman e Pearson tentam – acho que em vão – responder com considerações puramente matemáticas.[14]

Mas Fisher decerto entendia que ultrapassar a altura da significância não era a mesma coisa que descobrir a verdade. Ele divisa uma abordagem mais rica, mais iterada, escrevendo em 1926: "Um fato científico deve ser encarado como estabelecido experimentalmente apenas se um experimento projetado da forma adequada poucas vezes falha em produzir esse nível de significância."[15]

Não "tem êxito uma vez em produzir", mas "poucas vezes falha em produzir". Um achado estatisticamente significativo fornece uma pista, sugerindo um lugar promissor para se concentrar a energia da pesquisa. *O teste de significância é o detetive, não o juiz.* Sabe quando você lê um artigo sobre um achado importante, mostrando como essa coisa causa aquela outra coisa, ou aquela coisa impede a outra coisa, e no final sempre há uma citação banal de algum cientista mais velho, não envolvido no estudo, entoando alguma variante menor de "O achado é bastante interessante e sugere que se faz necessária outras pesquisas na mesma direção"? E como você nem lê realmente essa parte porque acha que não passa de uma advertência obrigatória, sem conteúdo?

Aí está: o motivo de os cientistas sempre dizerem isso é porque é importante e é verdade! O achado provocativo e "oh, tão estatisticamente significativo" não são a conclusão do processo científico, mas o início. Se o resultado é novo e importante, outros cientistas em outros laboratórios devem testar e retestar o fenômeno e suas variantes, tentando descobrir se o resultado foi uma casualidade de uma só vez ou se verdadeiramente atende ao padrão de Fisher de "poucas vezes falha". É isso que os cientistas chamam de *replicação*. Se um efeito não pode ser replicado, apesar das repetidas tentativas, a ciência se desculpa e retrocede. O processo de replicação é como o sistema imune da ciência, atacando maciçamente os objetos recém-introduzidos e matando aqueles que não deviam estar ali.

De qualquer modo, esse é o ideal. Na prática, a ciência sofre um pouquinho de imunossupressão. Alguns experimentos, claro, são difíceis de repetir. Se o seu estudo mede a capacidade de uma criança de quatro anos de protelar a gratificação e relaciona essas medições a resultados da vida daí a trinta anos, não é possível simplesmente tirar do ar uma replicação.

No entanto, mesmo estudos que *poderiam* ser replicados muitas vezes não o são. Toda revista científica quer publicar um achado sensacional, mas quem quer publicar o artigo que faz o mesmo experimento um ano depois e obtém o mesmo resultado? Pior ainda, o que acontece com os artigos que relatam o mesmo experimento e *não* acham um resultado significativo? Para que o sistema funcione, esses experimentos devem ser tornados públicos. Contudo, com muita frequência, eles acabam engavetados.

Mas a cultura está mudando. Reformadores com vozes sonoras, como Ioannidis e Simonsohn, que falam tanto para a comunidade científica quanto para o público mais amplo, têm gerado um novo sentido de urgência acerca do perigo de cair em haruspício em larga escala. Em 2013, a Associação para a Ciência Psicológica anunciou que começaria a publicar um novo gênero de artigo, classificado como "Relatórios de replicações registradas". Visando a reproduzir os efeitos reportados em estudos largamente citados, eles são tratados de modo diferente dos artigos usuais num aspecto crucial: o experimento proposto é aceito para publicação *antes* de o estudo ser realizado. Se os resultados respaldam o achado inicial, ótima notícia. Senão, eles são publicados mesmo assim, para que toda a comunidade saiba a plena situação da evidência.

Outro consórcio, o projeto Many Labs, revisita achados importantes em psicologia e tenta replicá-los em grandes amostras multinacionais. Em novembro de 2013, psicólogos foram ovacionados quando o primeiro grupo de resultados do Many Labs retornou, descobrindo que dez entre treze estudos abordados foram replicados com sucesso.

No final, claro, é preciso fazer julgamentos, e linhas devem ser traçadas. O que, afinal, Fisher realmente quer dizer quando usa o termo "poucas vezes" em "poucas vezes falha"? Se atribuímos um limiar numérico arbitrário ("um efeito é real se atinge significância estatística em mais de 90% dos experimentos"), podemos nos ver novamente em apuros.

Fisher, de todo modo, não acreditava numa regra rápida e rígida que nos diga o que fazer. Ele era um desconfiado em relação ao formalismo da matemática pura. Em 1956, perto do fim da vida, escreveu que "na verdade nenhum pesquisador científico tem um nível de significância fixo a partir do qual, de ano a ano, e em todas as circunstâncias, rejeite hipóteses; ele prefere considerar cada caso particular à luz de sua evidência e de suas ideias".[16]

No próximo capítulo, veremos um modo pelo qual "a luz da evidência" pode se tornar mais específica.

10. Ei, Deus, você está aí? Sou eu, a inferência bayesiana

A ERA DOS GRANDES CONJUNTOS de dados é assustadora para muita gente, em parte pela promessa implícita de que os algoritmos, suficientemente supridos de dados, são melhores em inferência do que nós. Poderes sobre-humanos são assustadores, seres que podem mudar de forma são assustadores, seres que se erguem dos mortos são assustadores, seres capazes de fazer inferências que não podemos fazer são assustadores. Foi assustador quando um modelo estatístico implantado pela equipe da Guest Marketing Analytics,[1] na rede de lojas Target, inferiu corretamente, com base nos dados de compra que uma de suas clientes – desculpe, *hóspedes* –, uma adolescente de Minnesota, estava grávida, com base numa fórmula misteriosa envolvendo altos índices de compras de loção sem cheiro, suplementos minerais e algodão em flocos. A Target começou a lhe enviar cupons de artigos de bebê, para consternação do pai da menina, que, com seu insignificante poder de inferência humano, ainda estava no escuro. Assustador é contemplar e viver num mundo onde Google, Facebook, seu telefone e, iiiih, até a Target sabem mais sobre você que seus pais.

Talvez devêssemos passar menos tempo nos preocupando com algoritmos assustadoramente superpoderosos e mais nos preocupando com algoritmos que são uma porcaria.

Isso por uma razão: as porcarias não podem ficar melhores. Sim, os algoritmos que dirigem os negócios no Vale do Silício ficam cada vez mais sofisticados todo ano e os dados que os alimentam, mais e mais volumosos e nutritivos. Há uma visão do futuro na qual o Google *conhece* você, na qual, agregando milhões de micro-observações ("Quanto tempo ele hesitou antes de clicar *nisso...*","Quanto tempo seu Google Glass se deteve *naquilo...*"), o armazém central pode predizer suas preferências, seus desejos, suas ações, em especial no que se refere a que produtos você deseja ou seria persuadido a desejar.

Poderia ser assim! Mas também poderia não ser. Há montes de problemas matemáticos em que fornecer mais dados melhora a acurácia dos resultados de forma bastante previsível. Se você quer predizer o curso de um asteroide, precisa medir sua velocidade e sua posição, bem como os efeitos gravitacionais dos objetos em sua vizinhança astronômica. Quanto mais medições você fizer do asteroide e quanto mais precisas forem essas medições, melhor você se sairá na determinação da rota.

No entanto, alguns problemas se parecem mais com a previsão do tempo. Essa é outra situação na qual ter uma profusão de dados extremamente refinados e o poder computacional de processá-los depressa de fato ajuda. Em 1950, um dos primeiros computadores, o Eniac, levou 24 horas para simular 24 horas do tempo, e essa foi uma façanha espantosa da computação na era espacial. Em 2008, essa computação foi reproduzida num telefone celular Nokia 6300 em menos de um segundo.[2] As previsões agora não são apenas mais rápidas, elas têm uma abrangência mais longa e são mais exatas também. Em 2010, uma típica previsão de cinco dias era tão acurada quanto uma previsão de três dias em 1986.[3]

É tentador imaginar que as predições simplesmente ficarão cada vez melhores à medida que aumentar nossa capacidade de reunir dados. Será que teremos toda a atmosfera simulada com alta precisão num servidor, em algum lugar, na sede do *The Weather Channel*? Então, se você quisesse saber o tempo nos próximos meses, bastaria deixar a simulação processar um pouco mais para diante.

Não vai ser assim. A energia na atmosfera borbulha muito depressa, desde as escalas mais minúsculas até a mais global, e o efeito disso é que mesmo uma alteração mínima em determinado local e instante pode levar a um resultado imensamente diferente daí a alguns dias. O clima, no sentido técnico da palavra, é *caótico*. Na verdade, foi no estudo numérico do clima que Edward Lorenz descobriu inicialmente a noção matemática de caos. Ele escreveu: "Um meteorologista comentou que, se a teoria estivesse correta, o bater de asas de uma borboleta seria suficiente para alterar para sempre o curso do clima. A controvérsia ainda não foi resolvida, porém, a evidência mais recente parece ser a favor das borboletas."[4]

Há um limite rígido para a antecedência com que conseguimos prever o tempo, sem importar a quantidade de dados coletados. Lorenz achava que eram cerca de duas semanas,[5] e até agora os esforços concentrados dos meteorologistas do mundo não deram motivo para duvidar desse limite.

O comportamento humano parece mais o asteroide ou o tempo? Sem dúvida isso depende de que lado do comportamento humano estamos falando. Pelo menos sob um aspecto o comportamento humano deve ser ainda mais difícil de prever que o tempo. Temos um modelo matemático muito bom para o tempo, que nos permite ao menos melhorar as previsões de curto prazo quando temos acesso a novos dados, mesmo que o inerente caos do sistema acabe ganhando no final. Para a ação humana, não temos esse modelo, e talvez nunca tenhamos. Isso torna o problema da predição extremamente mais difícil.

Em 2006, a companhia de entretenimento on-line Netflix lançou uma competição de US$ 1 milhão[6] para ver se alguém no mundo era capaz de escrever um algoritmo que fizesse um serviço melhor que o da própria Netflix na recomendação de filmes para os clientes. A linha de chegada não parecia muito longe da linha de partida. O vencedor seria o primeiro programa que fosse 10% melhor que a Netflix em recomendar os filmes.

Os competidores receberam um gigantesco arquivo de avaliações anônimas – cerca de 1 milhão de avaliações ao todo, cobrindo 17.700 filmes e quase meio milhão de usuários da Netflix. O desafio era predizer como os usuários avaliariam os filmes que *não tinham* visto. Existiam dados, montes de dados, todos diretamente relevantes para o comportamento que se tentava predizer. No entanto, esse problema é muito, muito difícil. Acabou levando três anos antes que alguém cruzasse a barreira da melhora de 10%, e isso só foi conseguido quando diversas equipes se juntaram e hibridizaram seus algoritmos "quase bons o suficiente" em algo forte o bastante para desabar por cima da linha de chegada. A Netflix jamais chegou a usar o algoritmo vencedor em seus negócios. Quando a competição terminou, a empresa já estava negociando para enviar DVDs por correio e transmitir filmes on-line, o que tornava as recomendações furadas menos graves.[7] Se você já usou a Netflix (ou a Amazon, ou o Facebook, ou qualquer outro site que lhe recomende produtos com base nos dados reunidos a seu respeito) sabe que as recomendações continuam comicamente ruins. A empresa deveria melhorar muito à medida que novos fluxos de dados fossem integrados ao perfil dos usuários. Mas decerto não vai melhorar.

Do ponto de vista das empresas que fazem a junção dos dados, isso não é ruim. Seria ótimo para a Target se eles soubessem com absoluta certeza se você está ou não grávida somente seguindo a pista de seu cartão de fidelidade. Mas não sabem. Também seria ótimo se pudessem ser 10% mais exatos em seus palpites sobre a gravidez que agora. O mesmo vale para o Google. Eles não precisam saber exatamente que produto você quer, basta fazer uma ideia melhor que os canais de publicidade concorrentes. Os negócios em geral operam com margens estreitas. Predizer o seu comportamento com 10% a mais de acurácia na realidade não é tão assustador para você, mas pode significar um bocado de dinheiro para eles.

Perguntei a Jim Bennett, vice-presidente de recomendações da Netflix na época da competição, por que ofereceram um prêmio tão grande. Ele me disse que eu devia perguntar por que o prêmio era tão pequeno. Uma melhora de 10% em suas recomendações, por menor que pareça, recuperaria o milhão em menos tempo do que aquele que se leva para fazer outro filme *Velozes e furiosos*.

O Facebook sabe que você é um terrorista?

Então, se as corporações com acesso a grandes conjuntos de dados ainda são bastante limitadas no que "sabem" sobre você, o que há para se preocupar?

Tente se preocupar com o seguinte. Suponha que uma equipe do Facebook resolva desenvolver um método para adivinhar quais de seus usuários têm probabilidade de se envolver em terrorismo contra os Estados Unidos. Matematicamente, isso não é tão diferente assim do problema de descobrir se o usuário da Netflix tem probabilidade de gostar de *Treze homens e um segredo*. O Facebook em geral sabe os nomes verdadeiros e a localização de seus usuários, de modo que pode usar registros públicos para gerar uma lista de perfis do Facebook pertencentes a pessoas que já tenham sido condenadas por crimes de terrorismo ou apoio a grupos terroristas. Aí começa a matemática.

Será que os terroristas tendem a fazer mais atualizações diárias que a população em geral? Ou fazem menos? Ou, sob esse critério, eles parecem basicamente iguais? Há palavras que surgem com mais frequência nas suas atualizações? Bandas, times ou produtos de que eles gostam mais ou menos? Juntando todo esse material, é possível atribuir a cada usuário uma pontuação* que representa a melhor estimativa para a *probabilidade* de que o usuário tenha ou *venha a ter* laços com grupos terroristas. Essa é mais ou menos a mesma coisa que a Target faz quando cruza as referências de suas compras de loção e vitaminas a fim de estimar qual a probabilidade de você estar grávida.

Há outra diferença importante: gravidez é algo comum, enquanto terrorismo é muito raro. Em quase todos os casos, a probabilidade estimada de que um dado usuário seja terrorista seria muito pequena. Assim, o resultado do projeto não seria um centro pré-crime tipo *Minority Report*, onde o pan-óptico algoritmo do Facebook sabe que você vai cometer um crime antes que ele aconteça. Pense em algo muito mais modesto, digamos, uma lista de 100 mil usuários sobre quem o Facebook pode afirmar, com algum grau de confiança: "Pessoas tiradas deste grupo têm mais ou menos o dobro de probabilidade de ser terroristas ou simpatizantes do terrorismo que o usuário típico do Facebook."

O que você faria se descobrisse que um sujeito no seu quarteirão está na lista? Chamaria a polícia?

Antes de dar esse passo, desenhe outro quadro:

---

* O método básico chama-se *regressão logística*, caso você queira procurar leituras complementares.

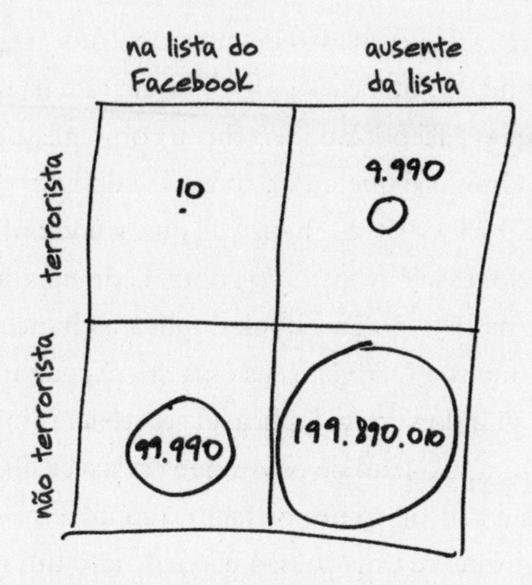

O conteúdo do quadro é de cerca de 200 milhões de usuários do Facebook nos Estados Unidos. A linha horizontal entre as metades superior e inferior separa futuros terroristas, em cima, de inocentes, embaixo. Qualquer célula terrorista nos Estados Unidos decerto é bem pequena – digamos, para ser o mais paranoico possível, que haja 10 mil pessoas nas quais a polícia deveria realmente ficar de olho. Isso representa uma em 20 mil, em relação ao banco total de usuários.

A linha divisória entre esquerda e direita é aquela feita pelo Facebook. Do lado esquerdo estão as 100 mil pessoas que o Facebook considera que têm elevada chance de envolvimento terrorista. Vamos aceitar a palavra do Facebook, de que seu algoritmo é tão bom que as pessoas por ele marcadas têm o dobro de chance de serem terroristas que o usuário médio. Então, nesse grupo, uma em 10 mil, ou dez pessoas, acabarão se revelando terroristas, enquanto 99.990, não.

Se dez dos 10 mil futuros terroristas estão no quadrante superior esquerdo, sobram 9.990 para o quadrante superior direito. Seguindo o mesmo raciocínio, há 199.990.000 não delinquentes no banco de dados do Facebook, dos quais 99.990 foram identificados pelo algoritmo e se encontram na parte inferior esquerda. Restam 199.890.010 pessoas no quadrante inferior direito. Se você somar os quatro quadrantes, obterá 200 milhões, ou seja, todo mundo.

Em algum lugar nesse quadro de quatro partes está seu vizinho de quarteirão. Mas onde? O que você sabe é que ele está na metade esquerda do quadro, porque o Facebook o identificou como pessoa de interesse.

O que se deve notar é que quase ninguém do lado esquerdo é terrorista. Na verdade, há 99,99% de chance de que seu vizinho seja inocente.

De certo modo, esse é o susto do controle de natalidade e da pílula revisitado. Estar na lista do Facebook duplica a chance de uma pessoa ser terrorista, o que soa terrível. Mas essa chance, de início, já é muito pequena; então, quando você a duplica, ela *continua* mínima.

Existe, porém, outro jeito de olhar, que esclarece ainda mais quanto pode ser confuso e traiçoeiro um raciocínio sobre a incerteza. Pergunte a si mesmo o seguinte: se uma pessoa não é de fato um futuro terrorista, qual a chance de ela aparecer, injustamente, na lista do Facebook?

No quadro, isso significa: se você está na metade inferior, qual a chance de aparecer do lado direito?

Isso é muito fácil de calcular. Há 199.990.000 pessoas na metade inferior do quadro; dessas, meras 99.990 estão do lado esquerdo. Então, a chance de uma pessoa inocente ser marcada como potencial terrorista pelo algoritmo do Facebook é

$$\frac{99.990}{199.990.000}$$

ou cerca de 0,05%.

Isso mesmo, uma pessoa inocente tem apenas uma chance em 2 mil de ser identificada erradamente pelo Facebook como terrorista!

Agora, como você se sente em relação a seu vizinho?

O raciocínio que governa os valores-*p* nos dá uma orientação clara. A hipótese nula é que o seu vizinho não seja um terrorista. Por essa hipótese – isto é, presumindo-se sua inocência –, a chance de ele aparecer na lista do Facebook é de mero 0,05%, bem abaixo do limiar de uma chance em vinte de significância estatística. Em outras palavras, pelas regras que governam a maior parte da ciência contemporânea, você estaria justificado ao rejeitar a hipótese nula e declarar seu vizinho terrorista.

Exceto que há uma chance de 99,99% de ele não ser terrorista.

Por outro lado, dificilmente há alguma chance de uma pessoa inocente ser identificada como terrorista pelo algoritmo. Ao mesmo tempo, as pessoas que o algoritmo indica são quase todas inocentes. Parece um paradoxo, mas não é. Simplesmente, é assim que as coisas são. Se você respirar fundo e mantiver o olho no box, não há como errar.

Eis o xis do problema. Há realmente duas perguntas a serem feitas. Elas parecem meio iguais, mas não são.

Pergunta 1. Qual a chance de uma pessoa ser colocada na lista do Facebook, considerando que ela não seja terrorista?
Pergunta 2. Qual a chance de uma pessoa não ser terrorista, considerando que esteja na lista do Facebook?

Um modo de saber que as duas perguntas são diferentes é que elas têm respostas diferentes, muito diferentes. Já vimos que a resposta da primeira pergunta é cerca de uma em 2 mil, enquanto a resposta da segunda é 99,99%. É a resposta da segunda pergunta que você quer de fato.

As grandezas que essas perguntas contemplam são chamadas *probabilidades condicionais* – "a probabilidade de ocorrer X, dado que ocorre Y". Estamos nos debatendo aqui com a questão: a probabilidade de X, dado Y, não é a mesma que a probabilidade Y, dado X.

Se isso soa familiar, deve soar mesmo, porque é exatamente o mesmo problema da *reductio ad* improvável. O valor-*p* é a resposta da questão:

"A chance de que um resultado experimental observado ocorra, dado que a hipótese nula esteja correta."

Mas o que *queremos* saber é a outra probabilidade condicional:

"A chance de que a hipótese nula esteja correta, dado que observamos determinado resultado experimental."

O perigo surge precisamente quando confundimos a segunda grandeza com a primeira. Essa confusão está em toda parte, não só nos estudos científicos. Quando o promotor distrital inclina-se para o júri e anuncia "Há apenas uma chance em 5 milhões, eu repito, uma chance em 5 milhões, de que um homem inocente tivesse um DNA que combinasse com a amostra encontrada na cena do crime", ele está respondendo à pergunta: qual seria a probabilidade de uma pessoa inocente parecer culpada? Mas a função do júri é responder à segunda pergunta: qual a probabilidade de um réu que pareça culpado ser inocente? Essa é uma questão que o promotor distrital não pode ajudar o júri a responder.*

O EXEMPLO DO FACEBOOK e dos terroristas deixa claro por que você deve se preocupar com os maus algoritmos tanto quanto com os algoritmos bons. Talvez até mais. É chato e ruim quando você está grávida e a Target sabe disso. Mais chato e pior ainda é se você não é terrorista e o Facebook acha que você é.

Você poderia muito bem pensar que o Facebook jamais elaboraria uma lista de potenciais terroristas (ou sonegadores de impostos, ou pedófilos), nem que tornaria a lista pública se chegasse a elaborá-la. Por que haveria de fazer isso? Onde entra o dinheiro nisso? Talvez você esteja certo. Mas a National Security Agency (NSA) também coleta dados sobre as pessoas nos Estados Unidos, estejam elas no Facebook ou não. A menos que você ache que estão gravando os metadados de todas as suas ligações telefônicas só para dar às empresas de telefonia celular bons conselhos sobre onde construir novas torres de sinal, tem sido elaborado algo como uma lista de alerta. Grandes dados não são mágica e não dizem aos federais quem é terrorista e quem não é. Mas não precisa ser mágico para gerar longas listas de pessoas que, de algum modo, estão marcadas com um sinal de alerta, de alto risco, como "pessoa de interesse". A maioria das pessoas

* Nesse contexto, a confusão entre a Pergunta 1 e a Pergunta 2 em geral é chamada *falácia do promotor*. O livro *A matemática nos tribunais*, de Coralie Colmez e Leila Schneps (Zahar, 2014), aborda diversos casos reais com esse tipo de detalhe.

nessas listas não tem nada a ver com terrorismo. Que certeza você tem de não figurar numa delas?

Telepatas de rádio e a regra de Bayes

De onde vem o aparente paradoxo da lista de alerta terrorista? Por que o mecanismo do valor-*p*, que parece tão razoável, funciona tão mal nesse contexto? Aqui está a chave: o valor-*p* leva em conta a proporção de pessoas que o Facebook identifica (cerca de uma em 2 mil), porém ignora totalmente a proporção de pessoas que são terroristas. Quando você tenta decidir se o seu vizinho é um terrorista secreto, você tem informação crítica anterior, dizendo que a maioria das pessoas não é terrorista! Você ignora esse fato correndo seu risco. Exatamente como R.A. Fisher disse, você precisa avaliar cada hipótese "à luz da evidência" do que você já sabe a respeito.

Mas o que fazer?

Isso nos leva à história dos telepatas de rádio.

Em 1937, a telepatia estava na moda. O livro do psicólogo J.B. Rhine, *Parapsicologia: fronteira científica da mente*, que apresentava extraordinários argumentos sobre experimentos com percepção extrassensorial (PES) da Universidade de Duke, em tom delicadamente sóbrio e quantitativo, era um best-seller e uma recomendação do Clube do Livro do Mês. Poderes psíquicos eram um tema quente nas conversas dc coquetel por todo o país.[8] Upton Sinclair, aclamado autor de *A selva*, lançou em 1930 um livro inteiro, *Mental Radio*, sobre seus experimentos em comunicação psíquica com sua esposa, Mary. O tema era tão candente que Albert Einstein contribuiu com um prefácio para a edição alemã, deixando por muito pouco de endossar a telepatia, mas registrando que o livro de Sinclair "merece as mais sérias considerações" por parte dos psicólogos.

Naturalmente os órgãos de comunicação de massa queriam participar da loucura. Em 5 de setembro de 1937, a Zenith Radio Corporation, em colaboração com Rhine, lançou o ambicioso experimento de um tipo possibilitado apenas pela nova tecnologia da comunicação que eles comandavam. Cinco vezes o apresentador girava uma roleta, enquanto um grupo de autodenominados telepatas olhava para ela. A cada girada, a bola caía no preto ou no vermelho, e os sensitivos se concentravam com toda a intensidade na cor apropriada, transmitindo o sinal pelo país através de seu próprio canal de difusão. Implorava-se aos ouvintes da emissora que usassem seus poderes psíquicos para captar a transmissão mental e escrever para a emissora de rádio a sequência de cinco cores que tinham recebido. Mais de 40 mil ouvintes responderam ao primeiro pedido. Mesmo em programas posteriores, depois que já não era mais novidade, a Zenith recebia milhares de respostas por semana. Aquilo era um teste de poderes psíquicos numa escala que Rhine poderia ter realizado de sujeito em sujeito, no seu consultório na Duke, uma espécie de protoevento de grandes conjuntos de dados.

No fim, os resultados do experimento não foram favoráveis à telepatia. Mas os dados acumulados das respostas acabaram se revelando úteis para os psicólogos de uma forma inteiramente diferente. Os ouvintes estavam tentando reproduzir sequências de pretos e vermelhos (doravante P e V) produzidas por cinco giradas de uma roleta. Há 32 sequências possíveis:

PPPPP PPVPP PVPPP PVVPP
PPPPV PPVPV PVPPV PVVPV
PPPVP PPVVP PVPVP PVVVP
PPPVV PPVVV PVPVV PVVVV
VPPPP VPVPP VVPPP VVVPP
VPPPV VPVPV VVPPV VVVPV
VPPVP VPVVP VVPVP VVVVP
VPPVV VPVVV VVPVV VVVVV

todas elas igualmente prováveis de sair, uma vez que cada girada da roleta tem a mesma probabilidade de dar vermelho ou preto. Como os ouvintes não estavam realmente recebendo nenhuma emanação psíquica, seria de esperar que suas respostas também fossem equitativamente tiradas das 32 opções.

Mas não. Na verdade, os cartões enviados pelos ouvintes foram altamente não uniformes.[9] Sequências como PPVPV e PVVPV apresentavam frequência muito maior que o previsto pelo acaso, enquanto sequências como VPVPV eram menos frequentes do que deveriam, e VVVVV quase não aparecia.

Isso provavelmente não é surpresa. VVVVV, de algum modo, não *dá a impressão* de ser uma sequência aleatória da mesma forma que PPVPV, embora as duas sejam igualmente prováveis quando se gira a roleta. O que acontece? A que nos referimos quando dizemos que uma sequência de letras é "menos aleatória" que outra?

Eis outro exemplo. Rápido, pense em um número de 1 a 20.

Você escolheu 17?

Tudo bem, o truque nem sempre funciona, contudo, se você pedir às pessoas que escolham um número entre 1 e 20, 17 é a escolha mais comum.[10] Se você pedir um número entre 0 e 9, o mais mencionado é 7.[11] Números que terminam em 0 e 5, em contraste, são escolhidos muito mais raramente que o previsto pelo acaso – eles simplesmente *parecem* menos aleatórios para as pessoas. Isso leva a uma ironia. Da mesma forma que os participantes da telepatia via rádio tentaram acertar sequências de V e P, produzindo resultados notavelmente não aleatórios, as pessoas que escolhem números ao acaso tendem a fazer opções que se desviam visivelmente da aleatoriedade.

Em 2009, o Irã teve uma eleição presidencial, que o já detentor do cargo Mahmoud Ahmadinejad ganhou por larga margem. Houve generalizadas acusações de que a eleição fora fraudada. Mas como esperar a legitimidade do voto num país cujo governo não permitiu quase nenhuma supervisão independente?

Dois estudantes de pós-graduação em Columbia,[12] Bernd Beber e Alexandra Scacco, tiveram a inteligente ideia de usar os próprios números como evidência de fraude, obrigando a recontagem oficial de votos a testemunhar contra si mesma. Eles examinaram o total oficial de votos recebidos pelos quatro principais candidatos em cada uma das 29 províncias do Irã, um total de 116 números. Se estes fossem votos verdadeiros, não deveria haver motivo para que os últimos dígitos desses números não fossem aleatórios. Eles deveriam estar distribuídos com a mesma regularidade entre os dígitos 0, 1, 2, 3, 4, 5, 6, 7, 8 e 9, cada qual aparecendo 10% das vezes.

Não foi assim que a contagem de votos no Irã se apresentou. Havia muitos números terminados com 7, quase o dobro do que deveria haver. Eles não pareciam dígitos derivados de um processo aleatório, mas anotados por seres humanos que tentavam fazê-los *parecer* aleatórios. Isso por si só não é uma prova de que a eleição foi fraudada, mas é uma evidência nesse sentido.*

Seres humanos estão sempre inferindo, sempre usando observações para aprimorar nossa avaliação das várias teorias concorrentes que se imiscuem em nossa representação mental do mundo. Nós temos muita confiança, uma confiança quase inabalável, em algumas das nossas teorias ("O sol vai nascer amanhã", "Quando você derruba uma coisa, ela cai"), e menos segurança em relação a outras ("Se eu fizer exercício hoje, vou dormir bem à noite", "Não existe algo como telepatia"). Temos teorias sobre coisas grandes e coisas pequenas, coisas que encontramos todo dia e com que deparamos apenas uma vez. À medida que encontramos evidências a favor e contra essas teorias, nossa confiança nelas oscila para cima e para baixo.

Nossa teoria-padrão sobre as roletas é que elas são bastante equilibradas, e que a bola tem igual probabilidade de cair no vermelho ou no preto. Mas há teses concorrentes – digamos, a roleta está viciada a favor de uma cor ou de outra.** Vamos simplificar as coisas e supor que haja apenas três teorias disponíveis:

---

* Fatores de complicação: Beber e Scacco descobriram que os números terminados em zero eram ligeiramente mais raros do que seria de esperar pelo acaso, mas não tão raros quanto dígitos produzidos artificialmente. E mais: em outro conjunto de dados de uma eleição aparentemente fraudulenta na Nigéria, havia montes de números a mais terminados em zero. Como a maior parte do trabalho dos detetives, isso está longe de ser uma ciência exata.

** Reconhecidamente, essa não é uma teoria muito convincente sobre uma roleta convencional, em que as casas alternam de cor. No entanto, para uma roleta que não se vê, você poderia teorizar que ela tenha mais casas vermelhas que pretas.

VERMELHA. A roleta está viciada de modo a fazer a bola cair no vermelho 60% das vezes.

HONESTA. A roleta é honesta, então a bola cai metade das vezes no vermelho e metade das vezes no preto.

PRETA. A roleta está viciada de modo a fazer a bola cair no preto 60% das vezes.

Que crédito você atribui a cada uma dessas três teorias? Provavelmente você tende a pensar que as roletas são honestas, a não ser que haja motivo para crer no contrário. Talvez você ache que há uma chance de 90% de que Honesta seja a teoria certa, e há apenas 5% de chance para cada uma das outras, Preta e Vermelha. Podemos desenhar um quadro para isso, exatamente como fizemos com a lista do Facebook:

PRETA	HONESTA	VERMELHA
0,05	0,9	0,05

O quadro registra o que chamamos, no jargão das probabilidades, de probabilidades a priori de que as diferentes teorias estejam corretas; em suma, a probabilidade prévia. Pessoas diferentes podem ter apriorismos diferentes. Um cínico empedernido pode atribuir probabilidade de ⅓ para cada teoria, enquanto alguém com uma crença realmente firme na retidão dos fabricantes de roletas pode atribuir apenas 1% de probabilidade para Vermelha e Preta.

Mas esses apriorismos não estão fixos no lugar. Se somos apresentados a evidências favorecendo uma teoria em relação a outra – digamos, a bola cai cinco vezes seguidas no vermelho –, nossos níveis de crença nas diferentes teorias podem mudar. Como isso aconteceria nesse caso? O melhor jeito de descobrir é calcular mais probabilidades condicionais e desenhar um quadro maior.

Qual a probabilidade de que, girando a roleta cinco vezes, obtenhamos vvvvv? A resposta depende de qual teoria é verdadeira. Pela teoria Honesta, cada girada tem ½ de chance de dar vermelho, então, a probabilidade de ver vvvvv é

$$\left(\frac{1}{2}\right)\times\left(\frac{1}{2}\right)\times\left(\frac{1}{2}\right)\times\left(\frac{1}{2}\right)\times\left(\frac{1}{2}\right) = \frac{1}{32} = 3{,}125\%$$

Em outras palavras, vvvvv tem exatamente a mesma probabilidade que qualquer uma das outras 31 alternativas.

Mas se Preta é verdadeira, há apenas 40% ou 0,4 de chance de sair vermelho a cada girada, então a chance de vvvvv é

$$(0{,}4) \times (0{,}4) \times (0{,}4) \times (0{,}4) \times (0{,}4) = 1{,}024\%$$

E se Vermelha é verdadeira, então cada girada tem 60% de chance de dar vermelho, e a chance total é

$$(0{,}6) \times (0{,}6) \times (0{,}6) \times (0{,}6) \times (0{,}6) = 7{,}76\%$$

Agora vamos expandir o quadro de três para seis partes.

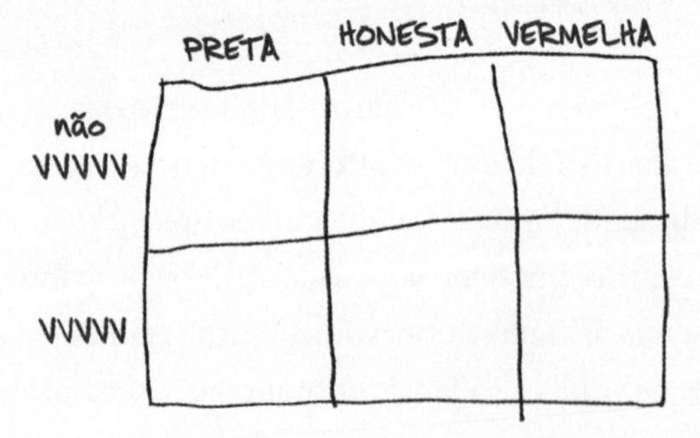

As colunas continuam correspondendo às três teorias, Preta, Honesta, e Vermelha. Mas agora dividimos cada coluna ao meio, uma parte correspondendo ao resultado vvvvv e outra ao resultado de *não* vvvvv. Já fizemos toda a matemática necessária para descobrir que números vão para cada parte. Por exemplo, a probabilidade a priori de que Honesta seja a teoria correta é de 0,9. E o número 3,125% desta probabilidade,

0,9 × 0,03125, ou cerca de 0,0281, vai para o quadro onde Honesta é correta e as bolas dão vvvvv. Os outros 0,8719 vão para a divisão "Honesta correta, não vvvvv", de modo que a coluna Honesta continua somando 0,9 no total.

A probabilidade a priori de cair na coluna Vermelha é de 0,05. Então, a chance de Vermelha ser verdadeira e de a bola cair vvvvv é de 7,76% de 5%, ou 0,0039. Isso deixa 0,0461 para a divisão "Vermelha verdadeira, não vvvvv".

A teoria Preta também tem uma probabilidade a priori de 0,05. Mas ela não chega perto de considerar vvvvv. A chance de Preta ser verdadeira e sair vvvvv é de apenas 1,024% de 5%, ou 0,0005.

Eis o quadro preenchido:

	PRETA	HONESTA	VERMELHA
não VVVVV	0,0495	0,872	0,0461
VVVVV	0,0005	0,028	0,0039

(Observe que os números em todas as seis divisões somam 1; é assim que deve ser, porque as seis divisões representam todas as situações possíveis.)

O que acontece com nossas teorias se girarmos a roleta e obtivermos, *sim*, vvvvv? Deveria ser boa notícia para Vermelha e péssima notícia para Preta. E é isso mesmo que vemos. Obter cinco vermelhos seguidos significa que estamos na metade inferior do quadro de seis divisões, onde há 0,0005 na Preta, 0,028 na Honesta e 0,0039 na Vermelha. Em outras palavras, considerando que vimos vvvvv, nosso novo julgamento é que Honesta é cerca de sete vezes mais provável que Vermelha, e Vermelha cerca de oito vezes mais provável que Preta.

Se você quer traduzir essas proporções em probabilidades, só precisa lembrar que a probabilidade de *todas* as alternativas tem de ser 1. A soma dos números na metade inferior é aproximadamente 0,0325, então, para que a soma total seja 1, sem mudar as proporções, basta dividir cada número por 0,0325. Aí ficamos com:

1,5% de chance de Preta estar correta.
86,5% de chance de Honesta estar correta.
12% de chance de Vermelha estar correta.

A medida da sua crença em Vermelha mais que dobrou, enquanto sua crença em Preta foi quase eliminada. Como deve ser! Se você vê cinco vermelhos seguidos, por que não desconfiar um pouco mais seriamente do que desconfiava antes de o jogo começar?

Aquele passo de "dividir tudo por 0,0325" pode parecer um truque arranjado. Mas é a coisa correta a se fazer. Caso sua intuição não consiga engolir isso de imediato, eis outra imagem que as pessoas apreciam mais. Imagine que haja 10 mil roletas. E que haja 10 mil salas, cada qual com uma roleta, cada roleta com uma pessoa jogando. Uma dessas pessoas, acompanhando uma dessas roletas, é você. Mas você não sabe que roleta lhe deram! Sua situação de desconhecimento sobre a verdadeira natureza da roleta pode ser modelada supondo que, das 10 mil roletas originais, quinhentas são viciadas para dar preto, quinhentas são viciadas para dar vermelho e 9 mil são honestas.

O cálculo que acabamos de fazer lhe diz para esperar que cerca de 281 das roletas Honestas, cerca de 39 das roletas Vermelhas e apenas cinco das roletas Pretas deem vvvvv. Assim, se você tirar um vvvvv, ainda não sabe em qual das 10 mil salas está, mas reduziu um bocado as possibilidades; você está em uma das 325 salas em que a bola caiu cinco vezes seguidas no vermelho. Dessas salas, 281 (cerca de 86,5%) têm roletas Honestas, 39 (cerca de 12%) têm roletas Vermelhas e apenas cinco (1,5%) têm roletas Pretas.

Quanto mais as bolas caem no vermelho, mais favoravelmente você irá olhar para a teoria Vermelha (e menos crédito dará à Preta). Se viu dez vermelhos seguidos, em vez de cinco, o mesmo cálculo aumentará sua estimativa de probabilidade de Vermelha para 25%.

O que fizemos foi calcular como os nossos graus de crédito nas várias teorias deveriam variar depois de termos visto cinco vermelhos seguidos – que são conhecidas como probabilidades a posteriori. Exatamente como as probabilidades a priori descrevem suas crenças antes de você ver a evidência, as probabilidades a posteriori descrevem suas crenças depois da evidência. O que estamos fazendo é chamado de *inferência bayesiana*, porque a passagem de a priori para a posteriori se apoia numa velha fórmula algébrica em probabilidade chamada *teorema de Bayes*. Esse teorema é uma expressão algébrica curta, e eu poderia mostrá-la a você aqui e agora. Mas vou tentar não fazer isso, porque às vezes uma fórmula, se você se treina a aplicá-la mecanicamente, sem pensar na situação, pode obscurecer o que está realmente acontecendo. Tudo que você precisa saber sobre o que eu vou fazer aqui já pode ser visto no quadro anterior.*

O A POSTERIORI é afetado pela evidência que você encontra, mas também pelo seu a priori. O cínico, que começou com um a priori atribuindo probabilidade de ⅓ para cada teoria, responderia a cinco vermelhos seguidos com um julgamento a posteriori de que Vermelha tinha 65% de chance de estar correta. A alma crédula que começa atribuindo apenas 1% de probabilidade à Vermelha ainda dará uma chance de 2,5% de Vermelha estar certa, mesmo depois de ver cinco vermelhos seguidos.

No contexto bayesiano, quanto você acredita em alguma coisa *depois* de ver a evidência depende não só do que a evidência mostra, mas de quanto você acreditava na coisa lá no começo.

Isso pode parecer problemático. A ciência não é objetiva? Você gostaria de dizer que suas crenças se baseiam apenas nas evidências, não em alguns

* Claro que, se estivéssemos fazendo para valer, teríamos de considerar mais que três teorias. Desejaríamos incluir também a teoria de que a roleta está viciada para dar 55% de vermelho, ou 65%, ou 100%, ou 93,756%, e assim por diante. Há infinitas teorias, não apenas três, e quando os cientistas realizam cálculos bayesianos, precisam lutar com infinitos e infinitesimais, calcular integrais, em vez de simples somas, e assim por diante. Mas essas complicações são meramente técnicas; em essência, o processo não é mais profundo do que este que estamos executando.

prejulgamentos que você já fazia. Mas vamos encarar a realidade, ninguém realmente forma suas crenças dessa maneira. Se um experimento forneceu evidência estatisticamente significativa de que a nova variante de uma droga existente desacelerou o crescimento de certos tipos de câncer, é provável que você confie na nova droga. Mas se você obteve exatamente os mesmos resultados pondo pacientes dentro de uma réplica de plástico dos monumentos de Stonehenge, estaria disposto a aceitar, ressentido, que as antigas formações estariam concentrando energia vibracional da terra sobre o corpo e atacando os tumores? Você não aceitaria, porque é maluquice. Pensaria que Stonehenge deu sorte. Você tem diferentes a priori acerca dessas duas teorias, e por conseguinte interpreta as evidências de maneira diferente, apesar de elas serem numericamente iguais.

A mesma coisa ocorre com o algoritmo do Facebook para encontrar terroristas e o vizinho ao lado. A presença do vizinho na lista realmente fornece alguma evidência de ele ser terrorista em potencial. Mas seu a priori para essa hipótese deveria ser muito pequeno, porque a maioria das pessoas não é terrorista. Assim, apesar da evidência, sua probabilidade a posteriori também é pequena, e você não se preocupa com isso – ou não deveria se preocupar.

Apoiar-se puramente no teste de significância da hipótese nula é algo profundamente não bayesiano – estritamente falando, o teste nos pede que tratemos a droga contra o câncer e o Stonehenge de plástico exatamente com o mesmo respeito. Será este um golpe na visão de Fisher sobre a estatística? Ao contrário. Quando Fisher fala que "nenhum pesquisador científico tem um nível de significância fixo a partir do qual, de ano a ano, e em todas as circunstâncias, ele rejeite hipóteses; ele prefere considerar cada caso particular à luz de sua evidência e suas ideias", está dizendo exatamente que a inferência científica não pode, ou pelo menos não deveria, ser realizada de forma puramente mecânica; devemos permitir que nossas ideias e crenças preexistentes desempenhem sempre algum papel.

Não que Fisher fosse um estatístico bayesiano. Essa frase, nos dias atuais, refere-se, em estatística, a um conjunto de práticas e ideologias que um dia foram inimagináveis, mas que agora são a corrente principal, e ela inclui uma simpatia geral em relação a argumentos baseados no teorema de Bayes – embora não seja uma simples questão levar em conta tanto as crenças prévias quanto as novas evidências. O bayesianismo tende a ser mais popular em gêneros de inferência (como ensinar máquinas a aprender a partir de uma ampla escala de informações humanas) que se ajustam muito pouco às questões do tipo sim ou não, mais bem-adaptadas à abordagem de Fisher.

Na verdade, estatísticos bayesianos muitas vezes nem chegam a pensar na hipótese nula. Em vez de indagar "Essa nova droga tem algum efeito?", estão mais interessados num palpite melhor para um modelo de predição que governe os efeitos da droga em várias doses, em populações diferenciadas. Quando chegam a mencionar a hipótese nula, sentem-se relativamente à vontade para falar sobre a probabilidade de uma hipótese – por exemplo, que essa nova droga funcione melhor que a já existente – ser verdadeira. Fisher, não. Em sua visão, a linguagem da probabilidade era utilizada apropriadamente apenas num contexto em que tivesse lugar um processo real de acaso.

Nesse ponto, chegamos às margens de um oceano de dificuldades filosóficas, no qual mergulharemos um ou dois dedos do pé, no máximo.

Em primeiro lugar, quando chamamos o teorema de Bayes de teorema, isso sugere que estamos discutindo verdades incontroversas, certificadas por prova matemática. Isso é e não é verdade, e tem a ver com a difícil questão de saber o que queremos dizer quando falamos em "probabilidade". Quando falamos que há 5% de chance de que Vermelha seja verdadeira, *poderíamos* querer dizer que existe realmente uma vasta população global de roletas, das quais exatamente uma entre vinte está viciada para dar vermelho ⅗ das vezes, e que qualquer roleta dada que encontremos seja pega ao acaso dessa multidão de roletas. Se é isso que queremos dizer, então o teorema de Bayes é fato consumado, semelhante à lei dos grandes números, que vimos no capítulo anterior. Ele diz que, a longo prazo, nas condições que estabelecemos no exemplo, 12% das roletas que deem vvvvv serão do tipo que favorece o vermelho.

Mas não é realmente disso que estamos falando. Quando dizemos que há 5% de chance de Vermelha ser verdadeira, não estamos fazendo uma afirmação sobre a distribuição global de roletas viciadas (como poderíamos saber?), e sim sobre nosso próprio estado mental. Cinco por cento é o *grau em que acreditamos* que uma roleta que encontramos esteja viciada para o vermelho.

Por sinal, esse foi o ponto em que Fisher desembarcou de vez do ônibus. Ele escreveu uma implacável crítica do *Treatise on Probability*, de John Maynard Keynes, no qual a probabilidade "mede o 'grau de crença racional' a que uma proposição tem direito à luz de determinada evidência". A opinião de Fisher sobre esse ponto de vista está bem sintetizada nas linhas finais: "Se as opiniões da última seção do livro do sr. Keynes fossem aceitas como competentes pelos estudantes de matemática deste país, eles virariam as costas, alguns com aversão, a maioria com desprezo, para um dos mais promissores ramos da matemática aplicada."[13]

Para aqueles que estão dispostos a adotar a visão da probabilidade como grau de crença, o teorema de Bayes pode ser visto não como uma mera equação matemática, mas como uma forma de conselho com sabor numérico. Ele nos dá uma regra, que podemos optar por seguir ou não, para como devemos atualizar nossas crenças sobre as coisas à luz de novas observações. Nessa forma nova, mais geral, as crenças são naturalmente tema de debates muito mais ferozes. Há bayesianos linha-dura que acham que *todas* as nossas crenças deveriam ser formadas por estritos cálculos bayesianos, ou pelo menos por cálculos tão estritos quanto possível, a partir de nossa cognição limitada; outros encaram a regra de Bayes mais como uma linha diretriz qualitativa menos rígida.

A visão bayesiana já é suficiente para explicar por que VPVVP parece aleatório, enquanto VVVVV não, ainda que ambos sejam igualmente improváveis. Quando vemos VVVVV, isso fortalece uma teoria – a teoria de que a roleta é viciada para dar vermelho – à qual já havíamos atribuído alguma probabilidade a priori. Mas e VPVVP? Seria possível imaginar alguém andando por aí com uma postura mental inusitadamente aberta em relação a roletas, que atribui alguma probabilidade modesta à teoria de que a roleta foi ajustada a uma máquina de Rube Goldberg,* projetada para produzir o resultado vermelho, preto, vermelho, vermelho, preto. Por que não? E essa pessoa, observando VPVVP, iria julgar a teoria muito bem respaldada.

Mas não é assim que as pessoas reais reagem aos giros da roleta quando sai vermelho, preto, vermelho, vermelho, preto. Nós não nos permitimos considerar toda teoria ridícula que possamos logicamente divisar. Nossos a priori não são *planos*, mas *cheios de pontas*. Atribuímos um bocado de peso mental a poucas teorias, enquanto outras, como a teoria VPVVP, recebem uma probabilidade quase indistinguível de zero. Como escolhemos nossas teorias favoritas? Tendemos a gostar mais de teorias simples que das teorias complicadas, mais de teorias que se apoiem em coisas que já sabemos que das que apresentam fenômenos totalmente novos. Pode parecer um preconceito injusto, mas, sem alguns preconceitos, correríamos o risco de sair por aí em constante estado de perplexidade. Richard Feynman captou brilhantemente esse estado de espírito:

> Sabem, esta noite aconteceu comigo uma das coisas mais impressionantes. Eu estava vindo para cá, a caminho da aula, e entrei pelo estacionamento. Vocês não acreditam no que aconteceu. Vi um carro com a placa ARW 357. Podem imaginar? De todos os milhões de placas no estado, qual era a chance de eu ver essa placa particular, esta noite? Impressionante![14]

Se você já usou a substância psicotrópica semi-ilegal mais popular dos Estados Unidos, sabe qual a sensação de ter a priori planos demais. Cada estímulo que saúda você, não importa quão corriqueiro, parece *intensamente significativo*. Cada experiência capta sua atenção e exige que você se detenha nela. Esse é um estado mental muito interessante, porém não serve para fazer boas inferências.

O ponto de vista bayesiano explica por que Feynman na verdade não ficou impressionado, já que ele atribui probabilidade a priori muito baixa

* Rube Goldberg: cartunista e inventor americano, deleitava-se em desenhar máquinas capazes de executar tarefas simples das formas mais sofisticadas e complicadas possíveis. (N.T.)

à hipótese de que uma força cósmica pretendia que ele visse a placa ARW 357 naquela noite. Isso explica por que cinco vermelhos seguidos nos dão uma sensação "menos aleatória" que VPVVP: o primeiro caso ativa a teoria Vermelha, à qual atribuímos alguma probabilidade a priori não desprezível, e o segundo não a ativa. Um número terminado em 0 dá uma sensação menos aleatória que um número terminado em 7 porque o primeiro sustenta a teoria de que o número que estamos vendo não é um valor preciso, mas uma estimativa.

Esse contexto também ajuda a deslindar alguns dos enigmas com que deparamos. Por que ficamos surpresos e um pouco desconfiados quando a loteria dá 4, 21, 23, 34, 39 duas vezes seguidas, mas não quando dá 4, 21, 23, 34, 39 um dia e 16, 17, 18, 22, 39 na vez seguinte, mesmo que ambos os eventos sejam igualmente improváveis? Implicitamente, você tem algum tipo de teoria no fundo da cabeça, a teoria de que os jogos de loteria, por alguma razão, não têm probabilidade de cuspir duas vezes seguidas os mesmos números. Talvez porque você pense que jogos de loteria são arranjados pelos seus administradores, talvez porque ache que uma força cósmica apreciadora da sincronicidade tenha um dedo no resultado, não importa. Você pode não acreditar muito intensamente nessa teoria. Talvez no íntimo julgue que existe uma chance em 100 mil de que realmente haja uma tendência a favor dos números repetidos. Mas isso é muito mais que a probabilidade a priori que você atribui ao conjunto 4, 21, 23, 34, 39 e 16, 17, 18, 22, 39. *Essa* teoria é maluca e você não está doidão, então, não ligue para ela.

Se você se perceber acreditando parcialmente numa teoria maluca, não se preocupe. Provavelmente a evidência que você vai encontrar será inconsistente com ela, puxando para baixo seu grau de crença na maluquice até que suas crenças entrem em sintonia com as de todo mundo. A não ser que a teoria maluca seja projetada para sobreviver a esse processo de ajuste. É assim que funcionam as teorias da conspiração.

Suponha que você fique sabendo por um amigo de confiança que o atentado na Maratona de Boston tenha sido um serviço interno, executado pelo governo federal para, sei lá, arregimentar apoio para os grampos telefônicos da NSA. Vamos chamar isso de teoria T. De início, como você confia no seu amigo, talvez atribua à teoria uma probabilidade razoavelmente alta, por exemplo, 0,1. Mas aí você encontra outras informações: a polícia localizou os suspeitos, o suspeito sobrevivente confessou etc. Cada uma das peças de informação é bastante improvável, considerando T, e cada uma delas derruba um pouco seu grau de crença em T, até que finalmente você mal acredita na teoria.

É por isso que seu amigo não vai lhe apresentar a teoria T. Ele vai adicionar a ela a teoria U: o governo e a mídia estão juntos nessa conspiração, os jornais e as emissoras a cabo fornecem informação falsa para apoiar a história de que o ataque foi executado por radicais islâmicos. A teoria combinada, T + U, deve começar com uma probabilidade a priori ligeiramente menor; ela é, por definição, mais difícil de acreditar que T, porque lhe pede que engula tanto T quanto outra teoria ao mesmo tempo. No entanto, à medida que vai aparecendo a evidência, que tenderia a matar T sozinha,* a teoria combinada T + U permanece intocada. Dzhokar Tsarnaev condenado? Bem, claro, é *exatamente* o que se esperaria de uma corte federal – o Departamento de Justiça está totalmente envolvido no caso! A teoria U atua como uma espécie de cobertura bayesiana para T, fazendo com que a nova evidência a confirme e depois se dissolva. Essa é uma propriedade que as teorias mais excêntricas têm em comum: estão encapsuladas em material protetor suficiente para se tornar consistentes com muitas observações possíveis, ficando difícil desarmá-las. São como o *E. coli* do sistema de informação, resistentes a múltiplas drogas. De modo obtuso, é preciso admirá-las.

O Gato de Cartola, o homem mais limpo da escola e a criação do Universo[15]

Quando eu estava na faculdade, tinha um amigo com hábitos empreendedores que teve a ideia de ganhar um dinheirinho extra no começo do ano letivo fazendo camisetas para estudantes do primeiro ano. Naquela época,

* Mais precisamente, tende a matar T + não U.

era possível comprar um monte de camisetas direto da loja por cerca de US$ 4 cada, enquanto o preço no campus era de US$ 10. Isso foi no começo dos anos 1990, e estava na moda ir a festas com uma cartola do tipo usado pelo protagonista do filme *O Gato*.* Então meu amigo juntou US$ 800 e imprimiu umas duzentas camisetas com a figura do Gato de Cartola tomando uma caneca de cerveja. Essas camisetas venderam rapidinho.

Meu amigo era empreendedor, mas *nem tanto assim*. Na verdade, era meio preguiçoso. E depois de ter vendido oitenta camisetas, recuperando seu investimento inicial, começou a perder a vontade de ficar parado no pátio o dia todo vendendo. Então a caixa de camisetas foi para baixo de sua cama.

Uma semana depois, chegou o dia de lavar roupa. Meu amigo, como mencionei, era preguiçoso. Realmente não tinha a menor paciência para lavar roupa. Aí lembrou-se de que tinha debaixo da cama uma caixa de camisetas novinhas do Gato de Cartola tomando cerveja. Isso resolveu o problema do dia de lavar roupa. Como se viu, também resolveu o problema do dia seguinte ao dia de lavar roupa. E assim por diante.

Aí estava a ironia. Todo mundo achava que meu amigo era o cara mais sujo da escola porque vestia a mesma camiseta todo dia. Na verdade, era o cara *mais limpo*, pois todo dia botava uma camiseta novinha em folha!

Lições sobre inferência: você precisa tomar cuidado em relação ao universo de teorias que considera. Do mesmo modo que há mais de uma solução para a equação quadrática, pode haver múltiplas teorias na origem da mesma observação. Se não considerarmos todas, nossas inferências podem nos deixar totalmente extraviados.

Isso nos traz de volta ao Criador do Universo.

O argumento mais famoso a favor de um mundo criado por Deus é o chamado argumento do projeto, ou do design, que, em sua forma mais simples, diz que – caramba, basta *olhar à sua volta* – o mundo é muito complexo e impressionante, então, como você ainda acha que tudo isso se juntou sem mais nem menos, por obra do puro acaso e das leis da física?

---

* Não, é sério, estava mesmo na moda.

Ou, falando em termos formais, como o teólogo liberal William Paley, no livro *Natural Theology; or, Evidences of the Existence and Attributes of the Deity, Collected from the Appearances of Nature*, de 1802:

> Ao atravessar um charco, suponho ter batido meu pé contra uma *pedra*, e me indaguei como a pedra fora parar ali. Era possível responder o contrário, que, pelo que eu soubesse, ela estivera lá desde sempre. Talvez tampouco fosse muito fácil expor o absurdo dessa resposta. Mas suponha que eu tivesse encontrado no chão um *relógio*, e então seria preciso perguntar como o relógio fora parar naquele local. Dificilmente eu pensaria na resposta que dei antes – que, pelo que eu soubesse, o relógio estivera lá desde sempre. ... Então pensamos: é inevitável a inferência de que o relógio devia ter um fabricante, que em algum momento, em algum lugar, deve ter havido um artífice, ou artífices, que o criou para o propósito que, segundo julgamos, ele deve atender, e que orientou sua construção e seu projeto de uso.

Se isso vale para um relógio, quanto mais para um pardal, ou um olho humano, ou o cérebro humano?

O livro de Paley foi um tremendo sucesso, passando por quinze edições em quinze anos.[16] Darwin o leu na faculdade, dizendo depois: "Não acho que algum dia tenha admirado mais um livro que *Natural Theology* de Paley. Antigamente eu poderia quase citá-lo de cor."[17] Formas atualizadas do argumento de Paley são a espinha dorsal do moderno movimento a favor do projeto inteligente. Que, obviamente, é uma clássica *reductio ad* improvável.

- Se Deus não existe, seria improvável que coisas tão complexas quanto os seres humanos tivessem se desenvolvido.
- Os seres humanos se desenvolveram.
- Logo, é improvável que Deus não exista.

Isso se aproxima muito do argumento que os decifradores de códigos da Bíblia usaram: se Deus não escreveu a Torá, seria improvável que o texto do rolo fosse um registro tão fiel dos aniversários dos rabinos!

A essa altura você deve estar enjoado de me ouvir dizer isso, mas a *reductio ad* improvável nem sempre funciona. Se *realmente* temos intenção de computar em termos numéricos o grau de confiança que devemos ter em relação a Deus ter criado o Universo, é melhor desenhar outro quadro de Bayes.

	DEUS	NÃO DEUS
nós não existimos		
nós existimos		

A primeira dificuldade é entender os a priori. Essa é de dar tratos à bola. Para as roletas, nós perguntamos: que probabilidade imaginamos que a roleta tenha de estar fraudada antes de vermos qualquer um dos resultados? Agora indagamos: qual a probabilidade de que Deus exista sem saber que o Universo, a Terra ou nós existimos?

Nesse ponto, o movimento habitual é erguer as mãos e invocar o charmosamente denominado *princípio da indiferença*. Já que, em termos de princípio, não pode haver nenhum modo de fingir que não sabemos que existimos, simplesmente dividimos a probabilidade a priori de modo equitativo, 50% para Deus e 50% para Não Deus.

Se Não Deus é uma sentença verdadeira, então seres complexos como os homens devem ter surgido por puro acaso, talvez induzidos, ao longo dos tempos, pela seleção natural. Em outras épocas e agora, os adeptos da existência de um projeto ou design concordam que esse é um fenômeno improvável. Vamos inventar números e dizer que seria uma chance em 1 bilhão de bilhões. Então, o que vai no compartimento inferior direito é 1 bilionésimo de bilionésimo de 50%, ou uma chance em 2 bilhões de bilhões.

E se Deus é uma sentença verdadeira? Bem, há uma porção de maneiras de Deus existir. Não sabemos de antemão se um Deus que fez o Universo se incomodaria em criar seres humanos ou entidades pensantes, mas decerto qualquer Deus digno desse nome teria a *capacidade* de despertar vida inteligente. Talvez, se houver Deus, haja uma chance em 1 milhão de Ele produzir criaturas como nós.

Agora examinemos a evidência, que é: nós existimos. Então, a verdade jaz em algum ponto na fileira de baixo. Nela você pode ver claramente que há muito mais probabilidade – 1 trilhão de vezes mais! – no compartimento Deus do que no compartimento Não Deus.

Esse é, em essência, o caso de Paley, o "argumento do projeto", como diria um tipo bayesiano atual. Há muitas objeções sólidas ao argumento do projeto, e há também 2 bilhões de bilhões de livros combativos sobre o tema de "Você deveria ser um ateu frio como eu", em que você pode ler esses argumentos. Assim, vou me ater aqui àquele que está mais próximo da matemática, a objeção do "cara mais limpo da escola".

Você provavelmente sabe o que Sherlock Holmes tinha a dizer sobre inferência, a coisa mais famosa que ele já disse sem ser "Elementar!".

"É uma velha máxima minha que, depois de você excluir o impossível, o que sobra, por mais improvável que seja, deve ser a verdade."

Isso não soa frio, razoável, indiscutível?

Mas não conta a história toda. O que Sherlock Holmes *deveria* ter dito é: "É uma velha máxima minha que, depois de você excluir o impossível, o que sobra, por mais improvável que seja, deve ser a verdade, a menos que a verdade seja uma hipótese que não lhe ocorre considerar."

Menos categórico, mais correto. As pessoas que inferiram que meu amigo era o cara mais sujo da escola estavam considerando duas hipóteses.

> Limpo: meu amigo estava revezando as camisetas, lavando-as e recomeçando o revezamento, como uma pessoa normal.
> Sujo: meu amigo era um selvagem imundo que usava roupas sujas.

Pode-se começar com algum a priori, baseado na minha memória da faculdade, atribuindo uma probabilidade de 10% para Sujo estar correto. Na verdade, não importa muito qual seja seu a priori, Limpo está excluído pela observação de que meu amigo veste a mesma camiseta todo dia. "Depois que você excluiu o impossível..."

Mas calma aí, Holmes. A verdadeira explicação, Empreendedor preguiçoso, era uma hipótese que não estava na lista.

O argumento do projeto padece do mesmo problema. Se as duas únicas hipóteses que você admite são Deus e não Deus, a rica estrutura do mundo pode muito bem ser tomada como evidência a favor da última contra a primeira.

Mas há outras possibilidades. Que tal Deuses, o mundo montado às pressas por um comitê que batia boca? Muitas civilizações distintas acreditavam nisso. Não se pode negar que há aspectos do mundo natural – estou aqui pensando nos pandas – que parecem mais prováveis como resultado de um ressentido acordo burocrático que da mente de uma divindade onisciente, com total controle criativo. Se começarmos a atribuir a mesma probabilidade a priori para Deus e Deuses – por que não, se estamos seguindo o princípio da indiferença? –, a inferência bayesiana deveria nos levar a acreditar muito mais em Deuses que em Deus.*

---

* O próprio Paley estava cônscio dessa questão. Note como ele é cuidadoso ao dizer "artífice ou artífices".

Por que parar por aí? A elaboração de histórias sobre a origem não tem fim. Outra teoria com alguns adeptos é a dos *Sims*:* não somos realmente pessoas, mas simulações processadas num ultracomputador construído por outras pessoas!** Isso soa bizarro, mas uma profusão de gente leva a ideia a sério (o mais famoso, o filósofo Nick Bostrom, de Oxford[18]), e, com fundamentos bayesianos, é difícil ver por que não levar. As pessoas gostam de construir simulações de eventos do mundo real. Sem dúvida, se a raça humana não extinguir a si mesma, nosso poder de simular irá apenas aumentar, e não parece loucura imaginar que essas simulações algum dia incluam entidades conscientes que se acreditam pessoas.

Se o *Sims* é verdade, e o Universo é uma simulação construída por pessoas num mundo mais real, então é bem provável haver pessoas no Universo, porque elas são a coisa que as outras preferem simular! Eu diria que é quase uma certeza (levando em conta o exemplo, digamos que é uma certeza absoluta!) que um mundo simulado, criado por seres humanos tecnologicamente avançados, teria a presença de seres humanos (simulados).

Se atribuirmos a cada uma das quatro hipóteses que temos até agora uma probabilidade a priori de ¼, o quadro vai ter mais ou menos a seguinte aparência:

	DEUS	NÃO DEUS	DEUSES	SIMS
nós não existimos				
nós existimos	1 / 4 milhões	1 / 4 bilhões de bilhões	1 / 400.000	1 / 4

* *Sims*: popular série de jogos eletrônicos de simulação da vida, lançada em 2000. (N.T.)
** Pessoas que, claro, podem ser elas mesmas simulações criadas por pessoas de ordem ainda superior!

Considerando que nós efetivamente existimos, e então a verdade está na fileira de baixo, quase toda probabilidade se encontra em *Sims*. A existência de vida humana é evidência da existência de Deus, porém é uma evidência muito *melhor* de que nosso mundo foi programado por gente muito mais inteligente que nós.

Advogados do "criacionismo científico" sustentam que deveríamos argumentar em sala de aula a favor da existência de um projetista ou designer do mundo, não porque a Bíblia o diz – isso seria inconstitucionalmente impróprio! –, mas por motivos friamente razoáveis, fundamentados na estarrecedora improbabilidade da existência humana pela hipótese Não Deus.

Mas se levássemos essa abordagem a sério, diríamos aos nossos alunos da 2ª série do ensino médio algo assim:

> Alguns têm argumentado que é altamente improvável uma coisa tão complexa quanto a biosfera terrestre ter surgido puramente por seleção natural, sem qualquer intervenção externa. De longe a mais provável explicação é que não sejamos realmente seres físicos, mas habitantes de uma simulação de computador executada por seres humanos com uma tecnologia inimaginavelmente avançada, cujo propósito não podemos conhecer com exatidão. É possível também que tenhamos sido criados por uma comunidade de deuses, algo parecido com aqueles adorados pelos antigos gregos. Há até alguns povos que acreditam que um Deus único criou o Universo, mas essa hipótese deveria ser considerada de sustentação mais fraca que as alternativas.

Você acha que o Ministério da Educação toparia uma coisa dessas?

É melhor eu ressaltar logo que não acho *realmente* que este seja um bom argumento de que somos todos simulações,[19] assim como também não acho que o argumento de Paley para a existência de Deus seja bom para a existência de uma divindade. Ao contrário, tenho a incômoda sensação de que esses argumentos geram uma indicação de que chegamos aos limites do raciocínio quantitativo. É costume expressar nossa incerteza sobre algo com um número. Às vezes isso até faz sentido.

Quando o meteorologista do noticiário da noite diz "Há 20% de chance de chover amanhã", o que ele quer dizer é, em meio a uma grande população de dias passados com condições similares às atuais, 20% deles foram seguidos por dias chuvosos. Mas a que podemos estar nos referindo quando falamos "Há 20% de chance de que Deus tenha criado o Universo"? Decerto isso não quer dizer que um em cada cinco Universos tenha sido feito por Deus, e o resto surgiu sozinho do nada. A verdade é que nunca vi um método que eu considere satisfatório para atribuir números à nossa incerteza sobre questões definitivas desse tipo. Por mais que eu adore números, acho que as pessoas deveriam se ater a "Eu não acredito em Deus" ou "Eu acredito em Deus", ou simplesmente "Eu não tenho certeza". Por mais que adore a inferência bayesiana, julgo que as pessoas provavelmente se dão melhor chegando à sua fé, ou descartando-a, de maneira não quantitativa. Sobre esse assunto, a matemática se cala.

Se você não aceita isso de mim, aceite de Blaise Pascal, o matemático e filósofo do século XVII que escreveu em *Pensées*: "'Deus é ou Ele não é.' Mas para que lado havemos de nos inclinar? Aqui, a razão nada pode decidir."

Isso não é tudo que Pascal tinha a dizer sobre o assunto. Retornaremos a seus pensamentos no próximo capítulo. Mas primeiro a loteria.

PARTE III

Expectativa

Inclui: garotos do MIT faturam a Loteria Estadual de Massachusetts; como Voltaire ficou rico; a geometria da pintura florentina; transmissões que corrigem a si mesmas; a diferença entre Greg Mankiw e Fran Lebowitz; "Sinto muito, era bofoc ou bofog?"; jogos de salão da França do século XVIII; onde as paralelas se encontram; a outra razão de Daniel Ellsberg ser famoso; por que você deveria perder mais o avião?

11. O que esperar quando você espera ganhar na loteria

Você deve jogar na loteria?

Em geral, é prudente dizer não. O velho ditado nos diz que loterias são "um imposto sobre a estupidez", proporcionando receita ao governo à custa de pessoas mal-orientadas o bastante para comprar os bilhetes. Se você vê a loteria como um imposto, é isso mesmo, porque as loterias são tão populares quanto os tesouros estatais. Para quantos outros impostos as pessoas fazem fila nas lotéricas, a fim de pagar?

A atração das loterias não é novidade. A prática data da Gênova do século XVII,[1] onde parece ter evoluído por acaso, a partir do sistema eleitoral. A cada seis meses, dois dos *governatori* da cidade eram escolhidos entre os membros do Pequeno Conselho. Em vez de realizar uma eleição, Gênova fazia um sorteio, tirando dois gravetos de uma pilha contendo os nomes dos 120 conselheiros. Não demorou muito para os jogadores da cidade passarem a fazer extravagantes apostas paralelas sobre o resultado da eleição. As apostas tornaram-se tão populares que os jogadores começaram a se irritar por ter de esperar até o dia da eleição para seu prazeroso jogo de azar, e logo perceberam que, se quisessem apostar em pedacinhos de papel tirados de uma pilha, não haveria necessidade de eleição. Números substituíram os nomes dos políticos e, por volta de 1700, havia uma loteria em Gênova que pareceria muito familiar aos modernos apostadores. Eles apostavam em cinco números tirados ao acaso, com melhor retorno para a maior quantidade de números acertados.

As loterias se espalharam rapidamente pela Europa e dali para os Estados Unidos. Durante a Guerra da Independência, tanto o Congresso Continental quanto os governos estaduais estabeleceram loterias para financiar a luta contra os britânicos. Harvard, antes de desfrutar uma dotação de nove dígitos, realizou loterias em 1794 e 1810 para financiar dois novos prédios de faculdades.[2] (Eles ainda são usados como alojamentos para alunos do 1º ano.)

Nem todo mundo aplaudiu a forma como isso se desenvolveu. Os moralistas achavam, e não estavam errados, que loterias equivaliam a jogatina. Adam Smith também era crítico da loteria. Em *A riqueza das nações*, escreveu:

> Que a chance de ganho é naturalmente supervalorizada, podemos aprender com o sucesso universal das loterias. O mundo nunca viu e nunca verá uma loteria perfeitamente justa, ou na qual todo o ganho compense toda a perda, porque o organizador nada ganharia com isso. ... Numa loteria em que nenhum prêmio excedesse as £ 20, embora, sob outros aspectos, chegasse muito mais perto de algo mais perfeitamente justo que as loterias estatais comuns, não haveria a mesma demanda de bilhetes. Para ter uma chance melhor de alguns dos prêmios mais altos, algumas pessoas adquirem vários bilhetes; e outras, pequenas participações em número ainda maior. Não há, porém, uma proposição mais correta na matemática que aquela que diz que, em quanto mais bilhetes você se aventurar, mais probabilidade tem de perder. Aventure-se em todos os bilhetes da loteria, e decerto perderá; quanto maior seu número de bilhetes, mais você se aproxima dessa certeza.[3]

O vigor do texto de Smith e sua admirável insistência em considerações quantitativas não devem cegá-lo para o fato de que a conclusão não está, estritamente falando, correta. A maioria dos que jogam na loteria diria que comprar dois bilhetes em vez de um não aumenta sua probabilidade de ser perdedor, mas dobra a probabilidade de ganhar. E está certo! Numa loteria com uma estrutura de prêmio simples, é fácil verificar isso sozinho. Suponha que a loteria tenha 10 milhões de combinações de números e apenas um ganhador. Os bilhetes custam US$ 1 e o prêmio é de US$ 6 milhões.

A pessoa que compra todos os bilhetes gasta US$ 10 milhões e ganha US$ 6 milhões de prêmio. Em outras palavras, como diz Smith, essa estratégia é perda na certa, algo na casa dos US$ 4 milhões. O pé de chinelo que compra um bilhete só se dá melhor – pelo menos tem uma chance em 10 milhões de ganhar a bolada!

E se você compra dois bilhetes? Então sua chance de perder encolhe, embora seja só de 9.999.999 em 10 milhões para 9.999.998 em 10 milhões. Continue comprando bilhetes, e a sua chance de perder continua baixando, até o ponto de comprar 6 milhões de bilhetes. Nesse caso, sua chance de ganhar a bolada e, portanto, de ficar em casa, são sólidos 60%, e há apenas 40% de chance de sair perdedor. Contrariamente à alegação de Smith, você tornou-se menos propenso a perder dinheiro comprando mais bilhetes.

Adquira mais um bilhete, porém, e você *seguramente* perderá dinheiro (se US$ 1 ou US$ 4.000.001, isso depende de estar ou não com o bilhete vencedor.)

É difícil reconstituir aqui o raciocínio de Smith, mas ele pode ter sido vítima da falácia de "todas as curvas são retas", raciocinando que, se comprar todos os bilhetes faz você perder dinheiro, então comprar mais bilhetes deve aumentar sua probabilidade de perder dinheiro.

Comprar 6 milhões de bilhetes minimiza a chance de perder dinheiro, mas isso não significa que seja a jogada certa, depende de *quanto* dinheiro você perde. O jogador do bilhete único sofre da quase certeza de perder dinheiro, mas sabe que não vai perder muito. O comprador de 6 milhões de bilhetes, apesar da chance menor de perder, está em posição muito mais perigosa. Provavelmente você ainda sente que nenhuma das opções parece muito sábia. Como ressalta Smith, se a loteria é uma proposição ganhadora para o Estado, parece que deve ser má ideia para quem quer que assuma o outro lado da aposta.

O que o argumento de Smith contra loterias não percebe é a noção de *valor esperado*, o formalismo matemático que captura a intuição que Smith está tentando expressar. A coisa funciona assim. Suponha que você possua um item cujo valor monetário é incerto – digamos, como um bilhete de loteria:

$$\frac{9.999.999}{10.000.000}$$ de vezes: o bilhete não vale nada.

$$\frac{1}{10.000.000}$$ de vezes: o bilhete vale US$ 6 milhões.

Apesar da nossa incerteza, ainda poderíamos desejar atribuir ao bilhete um valor definido. Por quê? Bem, e se aparece um sujeito oferecendo-se para pagar US$ 1,20 pelo bilhete das pessoas? É sensato fazer o negócio e embolsar US$ 0,20 de lucro, ou devo me apegar ao meu bilhete? Isso depende de eu ter atribuído ao bilhete um valor maior ou menor que US$ 1,20.

Eis como você calcula o valor esperado de um bilhete de loteria. Para cada resultado possível, você multiplica a chance desse resultado pelo valor do bilhete, dado esse resultado. Nesse caso simplificado, há somente dois resultados: você perde ou você ganha. Então obtém

$$\frac{9.999.999}{10.000.000} \times \text{US\\$ } 0 = \text{US\\$ } 0$$

$$\frac{1}{10.000.000} \times \text{US\\$ 6 milhões} = \text{US\\$ } 0{,}60$$

Aí você deve somar:

US$ 0 + US$ 0,60 = US$ 0,60.

Então, o valor esperado do seu bilhete é de US$ 0,60. Se um lotófilo bate na sua porta e oferece US$ 1,20 pelo seu bilhete, o valor esperado diz que você deve fazer o negócio. Na verdade, o valor esperado diz que, em primeiro lugar, você não devia ter dado nada pelo bilhete!

O valor esperado não é o valor que você espera

Valor esperado, como significância, é outra daquelas noções matemáticas marcada por um nome que não capta exatamente seu sentido. Com certeza não "esperamos" que o bilhete de loteria valha US$ 0,60. Ao contrário, ele vale US$ 10 milhões ou US$ 0, sem nada no meio.

De maneira semelhante, suponha que eu faça uma aposta de US$ 10 num cachorro que eu acho ter 10% de chance de ganhar uma corrida. Se o cachorro ganha, recebo US$ 100; se o cachorro perde, não recebo nada. O valor esperado da aposta então é

$$(10\% \times \text{US\$ } 100) + (90\% \times \text{US\$ } 0) = \text{US\$ } 10.$$

Mas não é isso, obviamente, que eu espero que aconteça. Ganhar US$ 10, na verdade, não é um resultado possível para minha aposta, muito menos o resultado esperado. Um nome melhor poderia ser "valor médio" – pois o que o valor esperado da aposta realmente mede é o que eu esperaria acontecer se fizesse *muitas* dessas apostas em *muitos* desses cachorros. Digamos que eu tenha feito mil apostas de US$ 10 como essa. Provavelmente eu teria ganhado cerca de cem delas (mais uma vez a lei dos grandes números!) e recebido US$ 100 a cada vez, totalizando US$ 10 mil. Assim, minhas mil apostas estão dando de retorno, em média, US$ 10 por aposta. A longo prazo, a probabilidade é você sair empatado.

O valor esperado é uma ótima maneira de descobrir o preço correto de um objeto, como a aposta num cachorro, de cujo valor não se tem certeza. Se eu dou US$ 12 em troca de cada um desses bilhetes, provavelmente acabarei perdendo dinheiro a longo prazo; por outro lado, se consigo obtê-los por US$ 8, provavelmente deveria comprar o máximo possível.* Dificilmente hoje alguém ainda aposta em cachorros, mas o mecanismo do valor esperado é o mesmo se você estiver determinando o preço de pules de corridas, opções no mercado de ações, bilhetes de loteria ou seguro de vida.

---

* Uma análise mais refinada "do preço correto" também levaria em consideração minhas sensações sobre risco. Voltaremos a esse assunto no próximo capítulo.

O decreto do milhão[4]

A noção de valor esperado começou a entrar no foco matemático em meados dos anos 1600, e no final desse século a ideia já era suficientemente bem compreendida para ser usada por cientistas práticos como Edmond Halley, o Astrônomo Real Britânico.* É isso aí, o cara do cometa! Mas ele foi também um dos primeiros cientistas a estudar o cálculo correto de preços de seguros, o que, no reinado de Guilherme III, era uma questão de máxima importância militar. A Inglaterra havia se lançado entusiasticamente numa guerra no continente, e a guerra exigia capital. O Parlamento se propôs a levantar os fundos necessários via "decreto do milhão", de 1692, que visava a arrecadar £ 1 milhão vendendo anuidades vitalícias para a população. Assinar uma anuidade significava pagar à Coroa uma polpuda soma, em troca da garantia de receber um pagamento anual vitalício. Esse é um tipo de seguro de vida ao contrário. Os compradores essencialmente apostam que não vão morrer em futuro breve. Como medida do estado rudimentar da ciência atuarial na época, o custo da anuidade era fixado sem referência à idade do beneficiário!** A anuidade vitalícia do avô, com probabilidade de exigir recursos no máximo por uma década, era a mesma coisa do neto.

Halley era cientista o bastante para compreender o absurdo do esquema de preços independente da idade. Determinou-se a elaborar uma contabilidade mais racional do valor da anuidade vitalícia. A dificuldade é que as pessoas não chegam e vão embora num horário rígido, como os cometas. No entanto, usando estatísticas de nascimentos e mortes, Halley conseguiu estimar a *probabilidade* de vários intervalos de vida para cada beneficiário, e desse modo computar o valor esperado da anuidade: "É

* Esse posto ainda existe! Mas agora é sobretudo honorário, uma vez que a remuneração anual de £ 100 permaneceu inalterada desde que Carlos II estabeleceu o posto, em 1675.

** Outros Estados, já como a Roma do século III, haviam entendido que o preço apropriado de uma anuidade precisava ser maior quando o comprador era mais jovem (ver Edwin W. Kopf, "The early History of the annuity", *Proceedings of the Casualty Actuarial Society*, n.13, 1926, p.225-66.

ponto pacífico que o comprador deve pagar apenas pela parte do valor da anuidade correspondente às suas chances de estar vivo; isso deve ser computado anualmente, e a soma de todos esses valores anuais equivalerá ao valor da anuidade para a vida da pessoa proposta."

Em outras palavras: o vovô, com sua expectativa de vida mais reduzida, paga menos pela anuidade que o netinho.

"Isso é óoobvio"

Digressão: quando conto às pessoas a história de Edmond Halley e o preço das anuidades, frequentemente sou interrompido: "Mas é *óoobvio* que você deve cobrar mais daqueles que são mais jovens!"

Não é óbvio. Aliás, é óbvio se você já sabe, como nós, agora. Mas o fato de as pessoas que administravam as anuidades terem falhado em fazer tais observações, vezes e vezes repetidas, é prova de que não era *realmente* óbvio. A matemática está cheia de ideias que agora parecem óbvias – quantidades negativas podem ser somadas e subtraídas, pode-se representar vantajosamente pontos num plano por pares de números, probabilidades de certos eventos podem ser matematicamente descritas e manipuladas –, porém, na realidade, não são absolutamente óbvias. Se fossem, não teriam chegado tão longe na história do pensamento humano.

Isso lembra uma velha história do Departamento de Matemática de Harvard, envolvendo um dos grandes velhos professores russos, que chamaremos aqui de O. O professor O está no meio de uma intrincada derivação algébrica quando um aluno no fundo da sala levanta a mão.

"Professor O, não acompanhei o último passo. Por que essas duas operações comutam?"

O professor ergue as sobrancelhas e diz: "Isso é óoobvio."

Mas o aluno persiste: "Desculpe, professor, realmente não consigo ver."

Então o professor O volta ao quadro e acrescenta algumas linhas explicativas. "O que devemos fazer? Bem, os dois operadores são ambos diagonalizados por... Bem, não exatamente diagonalizados, mas... só um momento…" O professor O faz uma pequena pausa, espiando o que está no quadro, e coça o queixo. Então se retira para sua sala. Cerca de dez minutos se passam. Os alunos estão prestes a ir embora quando o professor O volta e reassume seu lugar diante do quadro-negro.

"Sim", ele diz, satisfeito. "Isso é óoobvio."

Não jogue na loteria

A loteria nacional Powerball* é atualmente jogada em 42 estados americanos, no distrito de Columbia e nas Ilhas Virgens. É extremamente popular, às vezes vendendo até 100 milhões de bilhetes num único sorteio.[5] Gente pobre joga Powerball e gente que já é rica joga Powerball. Meu pai, ex-presidente da Associação Americana de Estatística, joga Powerball, e como ele geralmente paga um bilhete para mim, acho que também já joguei.

Isso é sensato?

Em 6 de dezembro de 2013, enquanto escrevo isto, o grande prêmio está na casa de convidativos US$ 100 milhões. E o grande prêmio não é o único modo de vencer. Como muitas loterias, a Powerball apresenta vários níveis de prêmios. Os prêmios menores, mais frequentes, ajudam a manter as pessoas com a sensação de que vale a pena jogar.

Com o valor esperado, podemos checar esses sentimentos com alguns fatos matemáticos. Eis como se calcula o valor esperado para um bilhete de US$ 2. Quando você compra o bilhete, está comprando:

1⁄175 milhões de chance de um grande prêmio de US$ 100 milhões
1⁄5 milhões de chance de um prêmio de US$ 1 milhão
1⁄650 mil de chance de um prêmio de US$ 10.000
1⁄19 mil de chance de um prêmio de US$ 100
1⁄12 mil de chance de um prêmio diferente de US$ 100

* Todo o raciocínio feito a seguir pode ser, salvo pequenas diferenças, tranquilamente transposto para a nossa Mega-Sena. (N.T.)

$1/700$ de chance de um prêmio de US$ 7
$1/360$ de chance de um prêmio diferente de US$ 7
$1/110$ de chance de um prêmio de US$ 4
$1/55$ de chance de um prêmio diferente de US$ 4

(Você pode obter todos esses detalhes no website da Powerball, que também oferece uma página surpreendentemente corajosa de "Perguntas mais frequentes" cheia de material do tipo: "P. Os bilhetes da Powerball expiram? R. Sim. O Universo está decaindo e nada dura para sempre.")

Assim, a quantia esperada para você é:

$$\frac{100 \text{ milhões}}{175 \text{ milhões}} + \frac{1 \text{ milhão}}{5 \text{ milhões}} + \frac{10 \text{ mil}}{650 \text{ mil}} + \frac{100}{19 \text{ mil}} + \frac{100}{12 \text{ mil}} + \frac{7}{700} + \frac{7}{360} + \frac{4}{110} + \frac{4}{55}$$

O que vem dar um pouquinho menos que US$ 0,94. Em outras palavras: segundo o valor esperado, o bilhete não vale seus US$ 2.

E esse não é o fim da história, porque nem todos os bilhetes de loteria são iguais. Quando a bolada é de US$ 100 milhões, como hoje, o valor esperado de um bilhete é escandalosamente baixo. Mas toda vez que o grande prêmio não sai para ninguém, mais dinheiro entra na composição do prêmio. Quanto maior o prêmio, mais gente compra bilhetes, e quanto mais as pessoas compram bilhetes, mais provável é que um desses bilhetes irá tornar alguém multimilionário. Em agosto de 2012, Donald Lawson, trabalhador ferroviário do Michigan, levou para casa um prêmio de US$ 337 milhões.

Quando a bolada é desse tamanho, o valor esperado de um bilhete também aumenta. O cálculo é o mesmo que o anterior, só que substituindo os US$ 337 milhões no grande prêmio:

$$\frac{337 \text{ milhões}}{175 \text{ milhões}} + \frac{1 \text{ milhão}}{5 \text{ milhões}} + \frac{10 \text{ mil}}{650 \text{ mil}} + \frac{100}{19 \text{ mil}} + \frac{100}{12 \text{ mil}} + \frac{7}{700} + \frac{7}{360} + \frac{4}{110} + \frac{4}{55}$$

que é US$ 2,29. De repente, jogar na loteria não parece uma aposta tão ruim. Qual deve ser o tamanho da bolada para que o valor esperado de um bilhete exceda os US$ 2 que custa? Agora você pode finalmente voltar para a sua professora de matemática da 8ª série e dizer a ela que descobriu para que serve a álgebra. Se chamarmos o valor do grande prêmio de G, o valor esperado de um bilhete é

$$\frac{G}{175 \text{ milhões}} + \frac{1 \text{ milhão}}{5 \text{ milhões}} + \frac{10 \text{ mil}}{650 \text{ mil}} + \frac{100}{19 \text{ mil}} + \frac{100}{12 \text{ mil}} + \frac{7}{700} + \frac{7}{360} + \frac{4}{110} + \frac{4}{55}$$

ou, simplificando um pouco,

$$\frac{G}{175 \text{ milhões}} + \text{US\\$ } 0{,}37 \text{ (arredondando US\\$ } 0{,}367\text{).}$$

Agora vem a álgebra. Para que o valor esperado seja maior que os US$ 2 que você gastou, é preciso que $G/175$ milhões seja maior que US$ 1,63 (2,00 − 0,37), ou algo por aí. Multiplicando ambos os lados por 175 milhões, você descobre que o valor do limiar do prêmio é pouco mais de US$ 285 milhões. Isso não é algo que ocorra só uma vez na vida. O prêmio chegou a isso três vezes em 2012.[6] Então, parece que, no fim das contas, a loteria pode ser uma boa ideia, se você tiver o cuidado de jogar só quando o prêmio for alto o suficiente.

Mas tampouco esse é o fim da história. Você não é a única pessoa que sabe álgebra. Mesmo gente que não sabe álgebra instintivamente compreende que um bilhete de loteria é mais atraente quando a bolada é de US$ 300 milhões do que quando é de US$ 80 milhões – como sempre, a abordagem matemática é uma versão formalizada das nossas estimativas mentais naturais, uma extensão do senso comum por outros meios. Um sorteio típico de US$ 80 milhões pode vender cerca de 13 milhões de bilhetes. Mas quando Donald Lawson ganhou US$ 337 milhões, ele estava mais ou menos contra 75 milhões de outros apostadores.*

Quanto mais gente joga, mais pessoas ganham prêmios. Mas há somente um grande prêmio. Se duas pessoas acertam os seis números, elas precisam dividir a dinheirama.

---

* Ou assim me parece. Não fui capaz de obter estatísticas oficiais para as vendas de bilhetes, mas você pode conseguir estimativas bastante boas pelo número de apostadores que a Powerball libera acerca do número de ganhadores dos prêmios menores.

Qual a probabilidade de você ganhar a bolada e não precisar dividi-la? Duas coisas precisam acontecer. Primeiro, você precisa acertar todos os seus números. Você tem uma chance de acertar em 175 milhões. Mas isso não basta para vencer. *Todos os outros jogadores devem perder.*

A chance de qualquer jogador específico perder o grande prêmio é bem grande, simplesmente algo como 174.999.999 em 175 milhões. Mas quando 75 milhões de outros apostadores estão no jogo, começa a haver uma chance substancial de que um desses caras acerte a bolada.

Quanto é esse "substancial"? Usamos um fato que já encontramos diversas vezes. Se queremos saber a probabilidade de que aquela coisa Nº 1 aconteça, e sabemos que aquela coisa Nº 2 acontece, e se as duas coisas são independentes – a ocorrência de uma não tem efeito sobre a probabilidade da outra –, então a probabilidade de acontecerem a coisa Nº 1 *e* a coisa Nº 2 é o produto das duas probabilidades.

Abstrato demais? Vamos fazer com a loteria.

Há uma chance de $^{174.999.999}/_{175.000.000}$ de eu perder, e uma chance de $^{174.999.999}/_{175.000.000}$ que o meu pai perca. Então a probabilidade de *nós dois* perdermos é

$$\frac{174.999.999}{175.000.000} \times \frac{174.999.999}{175.000.000}$$

ou 99,9999994%. Em outras palavras, como digo a meu pai toda vez, é melhor a gente não largar nossos empregos.

Mas qual a chance de que *todos os 75 milhões* dos seus competidores percam? Tudo que tenho a fazer é multiplicar $^{174.999.999}/_{175.000.000}$ por si mesmo 75 milhões de vezes. Essa parece uma tarefa impeditiva, incrivelmente brutal. Mas você pode simplificar muito o problema apresentando-o como exponencial, o que seu computador pode calcular instantaneamente para você:

$$\left(\frac{174.999.999}{175.000.000}\right)^{75\text{ milhões}} = 0{,}651\ \ldots$$

Então há uma chance de 65% de que nenhum dos seus colegas apostadores ganhe, o que significa que há uma chance de 35% de que pelo menos um ganhe. Se isso acontecer, sua parte no prêmio de US$ 337 milhões cai para meros US$ 168 milhões. Isso corta o valor esperado do grande prêmio para

$$65\% \times 337 \text{ milhões} + 35\% \times 168 \text{ milhões} = \text{US\$ } 278 \text{ milhões},$$

um pouquinho abaixo do valor limiar de US$ 285 milhões que faz o grande prêmio valer a pena. E isso não leva em conta a possibilidade de que *mais* de duas pessoas ganhem o grande prêmio, dividindo ainda mais o dinheiro. A possibilidade de divisão do grande prêmio significa que o bilhete de loteria tem um valor esperado menor do que lhe custou, mesmo quando o grande prêmio chega a US$ 300 milhões. Se o prêmio fosse ainda maior, o valor esperado poderia encostar na zona que "vale a pena" – ou não, se atraísse um nível ainda mais alto de vendas de bilhetes.* O maior prêmio da Powerball até hoje, US$ 588 milhões, foi ganho por dois apostadores, e o maior prêmio de loteria na história dos Estados Unidos, US$ 688 milhões da Mega Millions Prize, foi dividido em três.

E nem sequer consideramos os impostos que você paga sobre seus ganhos, ou o fato de o prêmio ser distribuído para você em parcelas anuais – se quiser todo o dinheiro de cara, o pagamento é substancialmente menor. E lembre-se, a loteria é uma criação do Estado, e o Estado sabe muita coisa a seu respeito. Em muitos países, impostos na fonte e outras obrigações financeiras excepcionais são pagos pelos ganhos de loteria antes que você veja um centavo. Uma conhecida minha que trabalha numa loteria estadual me contou a história de um homem que foi até o escritório com a namorada para embolsar seu prêmio de US$ 10 mil e passar um fim de semana de farra na cidade. Quando apresentou seu bilhete, o funcionário encarregado disse ao casal que quase todo o prêmio, exceto algumas centenas de dólares, já estava comprometido com o sustento do filho delinquente, que o homem devia à ex-namorada.

Era a primeira vez que a namorada atual do sujeito ouvia falar do filho dele. O fim de semana não correu de acordo com o planejado.

---

* Para leitores que queiram aprofundar-se ainda mais nos detalhes teóricos de decisões da loteria, uma ótima fonte é "Finding good bets in the lottery, and why you shouldn't take them", de Aaron Abrams e Skip Garibaldi (*The American Mathematical Monthly*, v.117, n.1, jan 2010, p.3-26). O título do artigo serve como resumo da conclusão dos autores.

Então, qual a melhor estratégia para ganhar dinheiro jogando na loteria? Eis o plano de três pontos certificado matematicamente.

1. Não jogue na loteria.
2. Se você jogar na loteria, não jogue a não ser que o grande prêmio seja realmente grande.
3. Se você comprar bilhetes para um prêmio maciço, tente reduzir as chances de dividir seu ganho; escolha números que outros jogadores não escolheriam.[7] Não escolha o seu aniversário. Não escolha números que ganharam num sorteio anterior. Não escolha números que formem um padrão bonito no bilhete. E, pelo amor de Deus, não escolha números que você encontra no biscoitinho da sorte. (Você sabe que eles não põem números diferentes em todo embrulho, não sabe?)

A Powerball não é a única loteria, mas todas elas têm uma coisa em comum: são péssimas apostas. Uma loteria, como observou Adam Smith, destina-se a produzir o retorno de certa proporção das vendas de bilhetes para o Estado. Para que isso funcione, o Estado tem de ganhar mais dinheiro em bilhetes que dar em prêmios. Tendo isso em mente, os apostadores das loterias em média gastam mais dinheiro do que ganham. Então, o valor esperado de um bilhete de loteria *deve* ser negativo.

Exceto quando não é.

O cambalacho da loteria que não aconteceu

Em 12 de julho de 2005, a Unidade Corregedora da Loteria Estadual de Massachusetts recebeu um telefonema incomum de um empregado do Star Market, em Cambridge, subúrbio do norte de Boston que abriga tanto a Universidade Harvard quanto o MIT. Um estudante da faculdade fora ao supermercado para comprar bilhetes de um novo jogo da loteria do estado, o Cash WinFall. Até aí, nada de estranho. O inusitado foi o tamanho da compra. O aluno entregou 14 mil volantes, cada um preenchido a mão, num total de US$ 28 mil em bilhetes de loteria.

Sem problema, a loteria disse à loja. Se os volantes estão preenchidos corretamente, cada um pode jogar quanto quiser. Pedia-se às lojas que obtivessem autorização do escritório central da loteria se quisessem vender mais de US$ 5 mil em bilhetes por dia, mas a autorização era facilmente concedida.

Isso era uma coisa boa, porque o Star não era o único agente de loteria na área de Boston a fazer negócios vigorosos naquela semana. Mais doze lojas contataram a loteria antes do sorteio de 14 de julho para pedir autorizações. Três delas concentravam-se num bairro de população pesadamente asiático-americana, em Quincy, ao sul de Boston, às margens da baía. Dezenas de milhares de bilhetes do Cash WinFall estavam sendo vendidos a pequenos grupos de compradores num punhado de lojas.

O que acontecia? A resposta não era segredo, estava bem à vista, ali nas regras do Cash WinFall. O novo jogo, lançado no outono de 2004, vinha substituir o Mass Millions, que fora abolido depois de passar um ano inteiro sem pagar o grande prêmio. Os jogadores estavam ficando desanimados, e as vendas, em baixa. Massachusetts precisava dar uma sacudida na sua loteria, e os funcionários estaduais tiveram a ideia de adaptar WinFall, um jogo de Michigan. No Cash WinFall, a bolada não se acumulava a cada semana que não houvesse ganhador. Em vez disso, toda vez que a soma ultrapassasse US$ 2 milhões, o dinheiro "rolava para baixo", aumentando os prêmios menores, menos difíceis de ganhar. E a bolada voltava para seu mínimo de US$ 500 mil no sorteio seguinte. A comissão de loterias esperava que o novo jogo, que possibilitava ganhar boas quantias sem acertar o grande prêmio, fosse um bom negócio.

Fizeram um trabalho muito bem-feito. No Cash WinFall, o estado de Massachusetts inadvertidamente concebera um jogo que na realidade *era* um bom negócio. No verão de 2005, alguns jogadores empreendedores já tinham descoberto isso.

Num dia normal, eis como era a distribuição de prêmios do Cash WinFall:

acertar todos os seis números	1 em 9,3 milhões	grande prêmio variável
acertar cinco em seis	1 em 39 mil	US$ 4 mil
acertar quatro em seis	1 em 800	US$ 150
acertar três em seis	1 em 47	US$ 5
acertar dois em seis	1 em 6,8	um bilhete de loteria grátis

Se a bolada é de US$ 1 milhão, o valor esperado de um bilhete de US$ 2 é bastante fraco:

$$\left(\frac{\text{US\\$ 1 milhão}}{\text{9,3 milhões}}\right)+\left(\frac{\text{US\\$ 4 mil}}{\text{39 mil}}\right)+\left(\frac{\text{US\\$ 150}}{800}\right)+\left(\frac{\text{US\\$ 5}}{47}\right)+\left(\frac{\text{US\\$ 2}}{6{,}8}\right)=\text{US\\$ 0,798.}$$

Essa é uma taxa de retorno tão patética que faz os apostadores da Powerball parecerem investidores astutos. (E nós avaliamos um bilhete grátis generosamente nos US$ 2 que custaria em vez do valor esperado, substancialmente menor, que ele traz.)

No entanto, num dia em que o dinheiro "rola para baixo", as coisas parecem diferentes. Em 7 de fevereiro de 2005, a bolada estava perto de US$ 3 milhões. Ninguém ganhou, o que não foi surpresa, considerando que apenas cerca de 470 mil pessoas jogaram Cash WinFall naquele dia, e acertar todos os seis números era uma chance em 10 milhões.

Então todo o dinheiro rolou para baixo. A fórmula oficial rolava US$ 600 mil para os prêmios de cinco e três acertos, US$ 1,4 milhão para os prêmios de quatro acertos. A probabilidade de acertar quatro números em seis no WinFall é de mais ou menos uma em oitocentas, assim, deve ter havido cerca de seiscentos acertadores de quatro números naquele dia, de um total de 470 mil. Isso é um monte de ganhadores, mas US$ 1,4 milhão é um monte de dinheiro. Dividindo em seiscentas partes, restam mais de US$ 2 mil para cada ganhador. Na verdade, esperava-se que o prêmio para quem acertasse quatro números em seis naquele dia fosse em torno de US$ 2.385. A proposta é muito mais atraente que os magros US$ 150 ganhos num dia normal. Uma chance em oitocentas para um retorno de US$ 2.385 tem um valor esperado de

$$\frac{\text{US\$ } 2.364}{800} = \text{US\$ } 2{,}98.$$

Em outras palavras, o prêmio para quatro números certos, *sozinho*, faz o bilhete valer seu preço de US$ 2. Inclua os outros prêmios, e a história fica ainda melhor.

Prêmio	Chance de ganhar	Número esperado de ganhadores	Valor "rolado"	Valor "rolado" por prêmio
Acertar 5 em 6	1 em 39 mil	12	US$ 600 mil	US$ 50 mil
Acertar 4 em 6	1 em 800	587	US$ 1,4 milhão	US$ 2.385
Acertar 3 em 6	1 em 47	10 mil	US$ 600 mil	US$ 60

Assim, seria de esperar que o bilhete médio trouxesse ganhos em dinheiro de

$$\frac{\text{US\$ } 50 \text{ mil}}{39 \text{ mil}} + \frac{\text{US\$ } 2.385}{800} + \frac{\text{US\$ } 60}{47} = \text{US\$ } 5{,}53.$$

Um investimento em que você faz três paus e meio de lucro numa aplicação de US$ 2 não é algo a se desprezar.*

Claro que, se um sortudo acerta o grande prêmio, o jogo perde o encanto para o resto das pessoas. Mas o Cash WinFall nunca foi popular o bastante para tornar provável esse resultado. Em 45 dias de dinheiro "rolado" durante o tempo de vida do jogo, apenas uma vez um apostador acertou os seis números e impediu o "rolamento para baixo".**

* Da forma como ocorreu, apenas sete pessoas acertaram cinco números naquele dia, de modo que cada um desses sortudos recebeu um prêmio de mais de US$ 80 mil. Mas a escassez de ganhadores parece ter sido azar, e não algo que se pudesse antecipar quando se computa o valor esperado de um bilhete.

** Dada a popularidade do Cash WinFall, isso é de fato surpreendente. Havia cerca de 10% de chance por "rolagem" do que alguém viesse a ganhar a bolada, então, deveria ter acontecido quatro ou cinco vezes. Que tenha acontecido apenas uma vez, pelo que eu entendo, foi puro azar, ou, se você preferir, boa sorte para as pessoas que contavam com esses prêmios "rolados".

Sejamos claros – esse cálculo não significa que uma aposta de US$ 2 seguramente lhe fará ganhar dinheiro. Ao contrário, quando você compra um bilhete do Cash Winfall num dia de "rolagem", seu bilhete tem mais probabilidade de sair perdedor, da mesma forma que em qualquer outro dia. O valor esperado não é o valor que você espera! No entanto, num dia de "rolagem", os prêmios, no improvável evento de você ganhar, são maiores – bem maiores. A mágica do valor esperado é que o pagamento *médio* de cem, mil ou 10 mil bilhetes provavelmente é muito próximo de US$ 5,53. Qualquer bilhete considerado provavelmente não tem valor, mas se você possui mil deles, é certo que vai recuperar seu dinheiro e até ganhar um pouco mais.

Quem compra mil bilhetes de loteria de uma só vez?

Garotos do MIT, eis quem compra.

A razão de eu contar os prêmios do WinFall de 7 de fevereiro de 2005 até o último dólar é que esse número está registrado no exaustivo e, francamente, meio emocionante relato do caso WinFall[8] submetido à avaliação do estado em julho de 2012 por Gregory W. Sullivan, inspetor-geral da Fazenda de Massachusetts. Acho que posso dizer com segurança que este é o único documento de supervisão fiscal do estado que inspira o leitor a se perguntar: alguém tem os direitos disso para o cinema?

A razão é que *neste dia específico* para o qual os dados estão registrados é que: 7 de fevereiro foi o primeiro dia de "rolagem" depois que James Harvey, estudante do último ano do MIT, que trabalhava num projeto de estudo independente, comparando os méritos dos vários jogos lotéricos estaduais, percebeu que Massachusetts havia criado acidentalmente um veículo de investimento bestialmente lucrativo para qualquer um que conhecesse um pouco de cálculo o bastante para perceber isso. Harvey juntou um grupo de amigos (no MIT, não é difícil arranjar um grupo de amigos que saibam todos calcular um valor esperado) e comprou mil bilhetes. Como seria de esperar, um desses chutes em 800 acabou saindo, e o grupo de Harvey levou para casa um daqueles prêmios de US$ 2 mil. Eles também ganharam um punhado de acertos de três números. Ao todo, mais ou menos triplicaram o investimento inicial.

Você não ficará surpreso de saber que Harvey e seus coinvestidores não pararam de jogar Cash WinFall. Ou que ele nunca chegou perto de concluir o estudo independente – pelo menos não para os créditos do curso. Na verdade, seu projeto de pesquisa logo evoluiu para um próspero negócio. No verão, os confederados de Harvey estavam comprando dezenas de milhares de bilhetes de cada vez – foi um membro do seu grupo que fez a mastodôntica compra no Star Market de Cambridge. Eles chamavam sua equipe de Random Strategies,[9] embora sua abordagem fosse qualquer coisa, menos aleatória. O nome referia-se a Random Hall, o alojamento do MIT onde Harvey tinha bolado seu plano para ganhar dinheiro em WinFall.

Os estudantes do MIT não estavam sozinhos. Pelo menos duas outras agremiações de apostas se formaram para tirar vantagem da herança inesperada do WinFall.* Ying Zhang, médico pesquisador em Boston, com doutorado na Northeastern University, formou o Doctor Zhang Lottery Club (DZLC). Foi o DZLC que contribuiu para o pico de vendas em Quincy. Não demorou muito e o grupo estava comprando US$ 300 mil em bilhetes para cada "rolagem". Em 2006, o doutor Zhang de verdade abandonou a medicina para dedicar-se em tempo integral a jogar Cash WinFall.

Ainda outro grupo de apostas era liderado por Gerald Selbee, aposentado na casa dos setenta anos com bacharelado em matemática. Selbee morava em Michigan, lar original do WinFall. Seu grupo de 32 apostadores, composto sobretudo por parentes seus, jogou WinFall por cerca de dois anos até que o jogo fechou, em 2005. Quando Selbee descobriu que o trem da alegria estava de volta aos trilhos mais a leste, sua rota foi clara. Em agosto de 2005, ele e a esposa, Marjorie, foram de carro até Deerfield, na parte ocidental de Massachusetts, e fizeram a primeira aposta – 60 mil bilhetes. Levaram para casa pouco mais de US$ 50 mil de puro lucro.

---

* O autor usa aqui um trocadilho de impossível tradução: *winFall* e *windfall*. A palavra *windfall*, traduzida ao pé da letra, significa "derrubado pelo vento"; mas é também usada para referir-se a uma herança inesperada, ou seja, que foi "trazida pelo vento". (N.T.)

Com a vantagem de sua experiência de jogo em Michigan, Selbee adicionou a seus ganhos com os bilhetes uma empreitada de lucro extra.[10] As lotéricas em Massachusetts recebiam uma comissão de 5% nas vendas de bilhetes. Selbee fez acordos diretamente com uma loja, oferecendo centenas de milhares de dólares em negócios de uma vez só em troca de dividir meio a meio a comissão de 5%. Só essa jogada gerava milhares de dólares em lucros adicionais para a equipe de Selbee a cada dia de "rolagem".

Você não precisa de um diploma do MIT para ver como o influxo de jogadores de alto volume afetava o jogo. Lembre-se: a razão para os pagamentos "rolados" serem tão inflados era que muito dinheiro era dividido entre alguns poucos ganhadores. Em 2007, 1 milhão ou mais de bilhetes eram vendidos a cada sorteio "rolado", a maioria para as três associações de alto volume. Os dias de prêmio de US$ 2.300 para acertar quatro de seis números há muito haviam acabado. Se 1 milhão e meio de pessoas compra bilhetes, e uma pessoa em oitocentas acerta quatro números, então é típico haver quase 2 mil ganhadores de quatro números. De modo que cada parcela de US$ 1,4 milhão agora estava mais perto de US$ 800.

É bastante fácil descobrir quanto um grande jogador podia ganhar no Cash WinFall – o artifício é olhar do ponto de vista da própria loteria. Se é dia de "rolagem", o estado tem (pelo menos!) US$ 2 milhões acumulados do dinheiro do grande prêmio do qual precisa se livrar. Digamos que 1 milhão e meio de pessoas compra bilhetes para a "rolagem". São US$ 3 milhões de receita, dos quais 40%, ou US$ 1,2 milhão, vão para os cofres do estado de Massachusetts e outro US$ 1,8 milhão é lançado no fundo do grande prêmio, sendo que tudo deve ser desembolsado para os apostadores antes do fim do dia. Aí o estado pega US$ 3 milhões nesse dia e entrega US$ 3,8 milhões:* US$ 2 milhões do dinheiro da verba do grande prêmio e US$ 1,8 milhão das receitas de bilhetes do dia. Em qualquer dia, o que quer que o estado ganhe, os jogadores, em média, perdem, e

* Contanto que ignoremos o dinheiro de prêmio que não vem da "rolagem"; mas, como vimos, esse dinheiro não representa muito.

vice-versa. Então esse é um bom dia para jogar. Compradores de bilhetes condominiados levaram US$ 800 mil do estado.

Se os apostadores compram 3,5 milhões de bilhetes, a história é outra. Agora a loteria leva US$ 2,8 milhões como sua parte e paga os US$ 4,2 milhões restantes. Juntando com os US$ 2 milhões já em caixa, isso perfaz US$ 6,2 milhões, menos que os US$ 7 milhões de receita que o estado pegou. Em outras palavras, apesar da generosidade da "rolagem", a loteria ficou tão popular que o estado ainda acaba ganhando dinheiro à custa dos jogadores.

Isso deixa o estado muito, muito feliz.

O ponto de equilíbrio vem quando a fatia de 40% da receita do dia da "rolagem" se iguala exatamente aos US$ 2 milhões já em caixa (isto é, o dinheiro com que contribuíram os apostadores não sofisticados ou muito amantes do risco para jogar WinFall sem a "rolagem"). Isso equivale a US$ 5 milhões, ou 2,5 milhões de bilhetes. Mais vendas que isso, e WinFall é uma aposta ruim. Menos que isso – no tempo de vida do WinFall, sempre *foi* menos –, e o WinFall oferece aos apostadores um meio de ganhar dinheiro.

O que estamos realmente usando aqui é um fato maravilhoso, e ao mesmo tempo parte do senso comum, chamado *aditividade do valor esperado*. Suponha que eu tenha uma franquia do McDonald's e um café, e o McDonald's tenha um lucro anual esperado de US$ 100 mil, enquanto o lucro líquido esperado do café é de US$ 50 mil. O dinheiro pode subir e descer de ano a ano, claro; o valor esperado significa que, a longo prazo, a quantia média de dinheiro que o McDonald's rende será em torno de US$ 100 mil por ano e a quantia média do café, US$ 50 mil.

A aditividade diz que, em média, minha retirada total de Big Macs e *mochaccinos* acabará por se assentar na média de US$ 150 mil, soma dos lucros esperados de cada um dos meus dois negócios.

Em outras palavras:

ADITIVIDADE. *O valor esperado da soma de duas coisas é a soma do valor esperado da primeira coisa com o valor esperado da segunda coisa.*

Os matemáticos gostam de sintetizar esse raciocínio numa fórmula, exatamente como sintetizamos a comutatividade da adição ("estas x fileiras de y furos é a mesma coisa que y colunas de x furos") pela fórmula $a \times b = b \times a$. Nesse caso, se X e Y são dois números sobre cujos valores não estamos certos, e E(X) é a abreviação para "o valor esperado de X", então a aditividade simplesmente diz

$$E(X + Y) = E(X) + E(Y).$$

Eis o que isso tem a ver com a loteria. O valor de todos os bilhetes num dado sorteio é a quantia fornecida pelo estado. O valor não está sujeito a nenhuma incerteza,* é simplesmente o dinheiro rolado, US$ 3,8 milhões, no primeiro exemplo dado. O valor esperado de US$ 3,8 milhões é, bem, exatamente o que se espera, US$ 3,8 milhões.

Nesse exemplo, havia 1 milhão de jogadores num dia de rolagem. A aditividade nos diz que a soma dos valores esperados de todo o 1,5 milhão de bilhetes de loteria é o valor esperado do valor total de todos os bilhetes, ou seja, US$ 3,8 milhões. Mas cada bilhete (pelo menos antes de você saber quais são os números ganhadores) vale a mesma coisa. Então, você está somando 1,5 milhão de cópias do mesmo valor para obter US$ 3,8 milhões. Esse número deve ser US$ 2,53. O lucro esperado para seu bilhete de US$ 2 é de US$ 0,53, mais que 25% acima de sua aposta, um lucro convidativo sobre o que era para ser uma droga de aposta.

O princípio da aditividade é tão atraente do ponto de vista intuitivo que fica fácil pensar que ele é óbvio. Mas, assim como o preço das anuidades de seguros de vida, ela não é óbvia! Para ver isso, vamos substituir o valor esperado por outras noções e ver como tudo vai para o espaço. Considere:

O valor mais provável da soma de um punhado de coisas é a soma dos valores mais prováveis de cada uma dessas coisas.

Isso está totalmente errado. Suponha que eu escolha ao acaso para qual dos meus três filhos vou legar a fortuna da família. O valor mais

---

* Ainda ignorando o dinheiro que não vem do fundo do grande prêmio.

provável da parte de cada um é zero, porque há duas chances em três que eu os deserde. Mas o valor mais provável da soma dessas três cotas – na verdade, seu *único* valor possível – é o valor de todo o meu patrimônio.

Agulha de Buffon, macarrão de Buffon, círculo de Buffon

Precisamos interromper por um minuto a história dos nerds da faculdade versus a loteria, porque, já que estamos falando de aditividade do valor esperado, não posso deixar de lhes contar uma das mais belas provas que conheço nas quais essa mesma ideia se baseia.

Ela começa com o jogo de *franc-carreau*, que, como a loteria genovesa, nos lembra que as pessoas, muito antigamente, eram capazes de apostar em qualquer coisa. Tudo que se precisa para o *franc-carreau* é uma moeda e um piso de azulejos quadrados. Joga-se uma moeda no chão e faz-se uma aposta: ela vai cair totalmente dentro do azulejo ou vai acabar tocando alguma das bordas? (*Franc-carreau* pode ser traduzido, aproximadamente, como "quadrado dentro do quadrado";[11] a moeda usada para o jogo não era o franco, que não estava em circulação na época, e sim o *écu*.)

Georges-Louis LeClerc, conde de Buffon, era um aristocrata da província de Burgundy[12] que desde cedo desenvolveu ambições acadêmicas. Cursou a escola de direito, talvez com o objetivo de seguir os passos do pai na magistratura, mas logo que obteve o diploma atirou para o alto os assuntos jurídicos em favor da ciência. Em 1733, aos 27 anos, estava pronto para se candidatar à Real Academia de Ciências em Paris.

Buffon mais tarde ganharia fama como naturalista, escrevendo uma maciça *História natural* em 24 volumes, apresentando sua proposta para uma teoria explicativa da origem da vida tão universal e sintética quanto a teoria de Newton em relação ao movimento e à força. Mas, quando jovem, influenciado por um breve encontro e uma longa troca de cartas com o matemático suíço Gabriel Cramer,* os interesses de Buffon se voltavam

* Aquele da regra de Cramer, para todos os fãs da álgebra linear presentes na casa.

para a matemática pura, e foi como matemático que ele se candidatou à Real Academia.

O artigo acadêmico que Buffon apresentou era uma engenhosa justaposição de dois campos matemáticos sempre tidos como separados: geometria e probabilidade. O tema não era uma grande questão sobre a mecânica dos planetas em suas órbitas nem a economia das grandes nações, mas um humilde jogo de *franc-carreau*. Qual era a probabilidade, Buffon* indagava, de que a moeda caísse inteiramente dentro de um único azulejo? Qual devia ser o tamanho dos azulejos do piso para que o jogo fosse justo para ambos os jogadores?

Aqui está o que Buffon fez. Se a moeda tem raio r e o azulejo quadrado tem lado de comprimento L, então a moeda toca uma borda do quadrado maior exatamente quando seu centro pousa em cima da borda de um quadrado menor, cujo lado mede $L - 2r$:

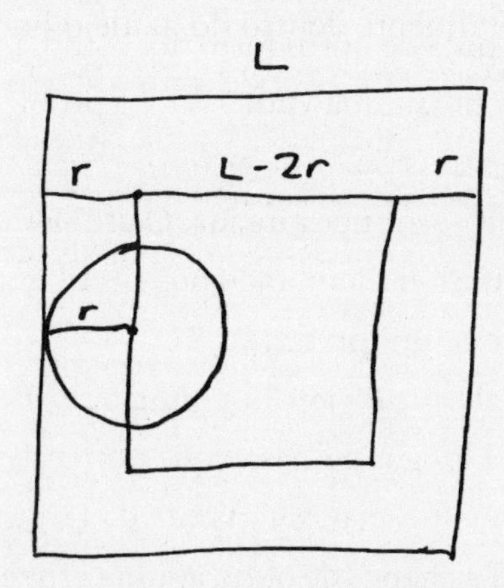

* Na realidade, não está totalmente claro para mim se ele era de fato "Buffon" na época de sua apresentação para a Academia. Para começar, seu pai, que havia comprado o título de conde de Buffon, administrara tão mal os negócios que precisou vender as propriedades de Buffon, ligadas ao condado, e nesse meio-tempo se casara com uma moça de 22 anos. Georges-Louis processou e aparentemente conseguiu atrair para si a fortuna do tio de sua mãe, que não tinha filhos, o que lhe permitiu comprar de volta tanto as terras quanto o título.

O quadrado menor tem área $(L - 2r)^2$, enquanto o quadrado maior tem área L^2; logo, se você está apostando que a moeda caia "francamente dentro do quadrado", sua chance de ganhar é a fração $(L-2r)^2/L^2$. Para que o jogo seja justo, essa chance precisa ser ½, o que significa que

$$\frac{(L-2r)^2}{L^2} = \frac{1}{2}$$

Buffon resolveu essa equação (e você também pode resolver, se estiver a fim) e descobriu que o *franc-carreau* era um jogo justo quando o lado do *carreau* era $4 + 2\sqrt{2}$ vezes o raio da moeda, uma razão um pouquinho abaixo de sete. Isso era algo conceitualmente interessante, considerando que a combinação de raciocínio probabilístico com figuras geométricas era novidade. Mas não era muito difícil, e Buffon sabia que não era suficiente para propiciar sua entrada na Academia. Então, foi adiante: "Mas se, em vez de jogar no ar uma peça redonda, como um *écu*, alguém jogasse uma peça de outro formato, como uma *pistole* espanhola, quadrada, ou uma agulha, uma vareta etc., o problema passaria a exigir um pouco mais de geometria."[13]

Essa era uma afirmação subestimada. O problema da agulha é aquele pelo qual o nome de Buffon é lembrado nos círculos matemáticos até hoje. Deixe-me explicar o que Buffon fez.

O problema da agulha de Buffon. Suponha que você tenha um piso de madeira feito de ripas longas e finas, e que por acaso tenha na mão uma agulha cujo comprimento seja exatamente da largura das ripas. Jogue a agulha no chão. Qual a chance de que a agulha cruze uma das frestas que separam as ripas?

Eis por que o problema é tão delicado. Quando você joga um *écu* no chão, não importa em que direção cai a cara de Luís XV. Um círculo é o mesmo, de qualquer ângulo – a chance de cruzar uma fresta não depende da orientação da moeda.

Mas a agulha de Buffon é outra história. Uma agulha orientada quase paralelamente às ripas tem pouca probabilidade de cruzar uma fresta:

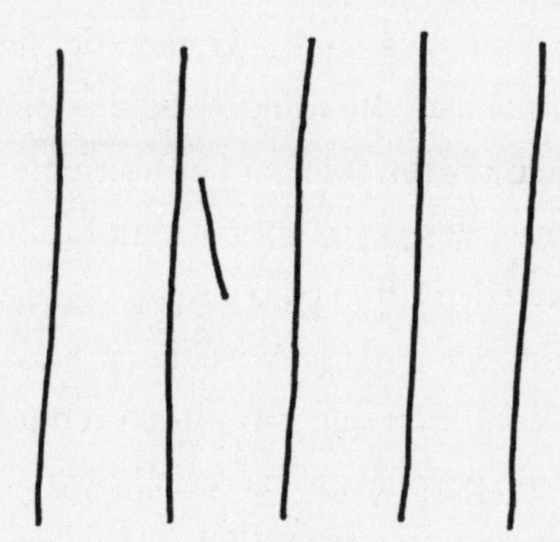

Mas se a agulha cai atravessada, é quase certo que ela cruze:

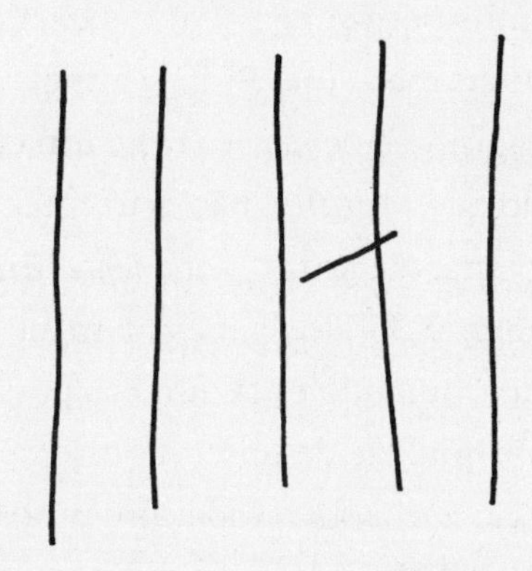

O *franc-carreau* é altamente simétrico – em termos técnicos, dizemos que é *invariante* à rotação. No problema da agulha, a simetria foi quebrada. Isso torna o problema muito mais difícil: precisamos ficar de olho não só onde cai o centro da agulha, mas também na direção em que ela aponta.

Nos dois casos extremos, a chance de a agulha cruzar uma fresta é zero (se a agulha está paralela à fresta) ou um (se a agulha e a fresta forem perpendiculares). Então você poderia dividir a diferença e chutar que a agulha cruza a fresta exatamente na metade das vezes.

Mas isso está errado. Na verdade, a agulha cruza uma fresta substancialmente mais vezes do que cai totalmente no interior de uma ripa só. O problema da agulha de Buffon tem uma resposta lindamente inesperada: a probabilidade é $2/\pi$, ou cerca de 64%. Por que π, se não há círculo à vista? Buffon achou a resposta usando um argumento um tanto intrincado envolvendo a área sob a curva chamada cicloide. Determinar essa área requer um pouquinho de cálculo integral, nada que um aluno de 3º ano de matemática não possa fazer, mas não exatamente esclarecedor.

Mas há outra solução, descoberta por Joseph-Émile Barbier mais de um século depois da entrada de Buffon para a Real Academia. Não é necessário nenhum cálculo formal; na verdade, você não precisa fazer qualquer tipo de conta. O argumento, ainda que um pouco rebuscado, usa nada mais que aritmética e intuição geométrica básica. O ponto crucial é, entre todas as coisas, a aditividade do valor esperado!

O primeiro passo é reformular o problema de Buffon em termos de valor esperado. Podemos perguntar: qual o *número* esperado de frestas que a agulha cruza? O número que Buffon almejava calcular era a probabilidade p de que a agulha lançada cruzasse uma fresta. Logo, há uma probabilidade $1 - p$ de que a agulha não cruze nenhuma fresta. Mas se a agulha cruza uma fresta, ela cruza *exatamente* uma.* Então, o número esperado de cruzamentos é obtido da mesma maneira que sempre calculamos o valor esperado: somando cada número possível de cruzamentos, multiplicado pela probabilidade de observar esse número. Nesse caso as únicas possibilidades são zero (observada com probabilidade $1 - p$) e um (observada com probabilidade p), logo, se somarmos

$$(1 - p) \times 0 = 0$$

e

$$p \times 1 = p$$

obtemos p. Logo, o número esperado de cruzamentos é simplesmente p, o mesmo número computado por Buffon. Parece que não fizemos nenhum progresso. Como podemos descobrir o misterioso número?

---

* Você poderia alegar que, já que a agulha tem o comprimento exatamente igual à largura da ripa, é possível que a agulha toque duas frestas. Mas isso requer que a agulha ocupe *exatamente* a ripa; é possível, mas a probabilidade de que isso aconteça é zero, portanto, podemos seguramente ignorá-la.

Quando você se defronta com um problema matemático e não sabe o que fazer, existem duas opções básicas: tornar o problema mais fácil ou mais difícil.

Torná-lo mais fácil soa melhor – você substitui o problema por outro mais simples, resolve este e aí espera que a compreensão adquirida ao resolver o problema mais fácil lhe dê alguma percepção sobre o problema real. Isso é o que os matemáticos fazem toda vez que modelam um sistema complexo do mundo real com um mecanismo matemático fácil e cristalino. Às vezes essa abordagem dá muito certo; se você está traçando a trajetória de um projétil pesado, pode se sair muito bem ignorando a resistência do ar e pensando no objeto em movimento como sujeito apenas à força constante da gravidade. Outras vezes, a simplificação é tão simples que elimina as características de interesse do problema, como na velha piada sobre o físico encarregado de otimizar a produção de leite: ele começa com grande confiança: "Consideremos uma vaca esférica..."

Nesse espírito, pode-se tentar obter algumas ideias sobre a agulha de Buffon via solução do problema mais fácil do *franc-carreau*: "Considere uma agulha circular..." Mas não fica claro que informação útil pode se obter de uma moeda, cuja simetria rotacional rouba a própria característica que torna o problema da agulha interessante.

Em vez disso, voltamo-nos para a outra estratégia, aquela que Barbier usou: *tornar o problema mais difícil*. Isso não soa promissor. Mas, quando dá certo, funciona como um feitiço.

Vamos começar no pequeno. E se perguntarmos, mais genericamente, sobre o número esperado de cruzamentos de frestas por uma agulha com comprimento equivalente a duas larguras de ripas? Essa parece uma questão mais complicada, porque agora há três resultados possíveis em vez de dois. A agulha pode cair inteiramente dentro de uma ripa, pode cruzar uma fresta ou pode cruzar duas. Então, para calcular o número esperado de cruzamentos, parece que teríamos de computar as probabilidades de três eventos separados, e não de apenas dois.

Graças à aditividade, contudo, o problema mais difícil é mais fácil que você pensa. Desenhe um ponto no centro de uma agulha comprida e rotule as duas metades de "1" e "2", assim:

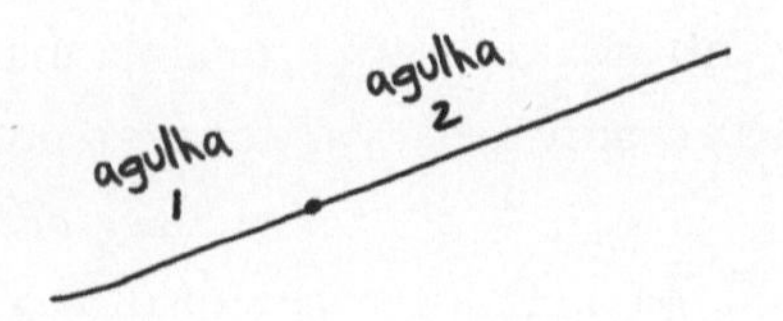

Agora, o número de cruzamentos esperados da agulha comprida é exatamente a soma do número esperado de cruzamentos da meia agulha 1 com o número esperado de cruzamentos da meia agulha 2. Em termos algébricos, se X é o número de frestas atravessadas pela meia agulha 1 e Y é o número de frestas atravessadas pela meia agulha 2, então o número total de frestas da agulha comprida é X + Y. Mas cada uma dessas duas partes é uma agulha do comprimento original considerado por Buffon, então, cada uma dessas agulhas, em média, cruza as frestas p vezes, isto é, E(X) e E(Y) são ambos iguais a p. Logo, o número esperado de cruzamentos da agulha toda, E (X + Y), é simplesmente E(X) + E(Y), que é $p + p$, que é $2p$.

O mesmo raciocínio se aplica a uma agulha com comprimento três, quatro ou cem vezes a largura da ripa. Se uma agulha tem comprimento N (onde agora tomamos a largura da ripa como nossa unidade de medida), seu número esperado de cruzamentos é Np.

Isso funciona tanto para agulhas curtas quanto para compridas. Suponha que eu jogue uma agulha cujo comprimento é ½ – ou seja, metade da largura da ripa. Como a agulha de comprimento um de Buffon pode ser dividida em duas agulhas de comprimento ½, seu valor esperado p deve ser o dobro do número esperado de cruzamentos da agulha de comprimento ½. Então, a agulha de comprimento ½ tem (½)p de cruzamentos esperados. Na verdade, a fórmula

Número esperado de cruzamentos de uma agulha de comprimento N = Np

vale para *qualquer* número real positivo N, grande ou pequeno.

(A essa altura, deixamos para trás a prova rigorosa – é necessário algum argumento técnico para justificar por que a afirmação acima está em ordem quando N é alguma hedionda quantidade irracional, como raiz quadrada de 2. Mas juro que as ideias essenciais da prova de Barbier são aquelas que estou descrevendo.)

Agora vem um ângulo novo, por assim dizer, *dobrar a agulha*:

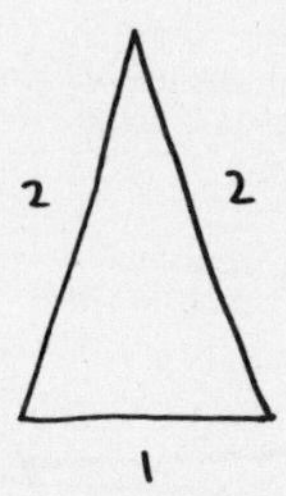

Essa agulha é a mais comprida até agora, com comprimento total de cinco. Mas está dobrada em dois lugares, e eu juntei as pontas, de modo a formar um triângulo. Os segmentos retos têm comprimentos um, dois e dois, então, o número esperado de cruzamentos de cada segmento é respectivamente p, $2p$, $2p$. O número de cruzamentos de toda a agulha é a soma do número de cruzamentos de todos os segmentos. Então, a aditividade nos diz que o número esperado da agulha toda é

$$p + 2p + 2p = 5p.$$

Em outras palavras, a fórmula

Número esperado de cruzamentos de uma agulha de comprimento N = Np

vale também para agulhas dobradas.

Eis uma agulha dessas:

E outra:

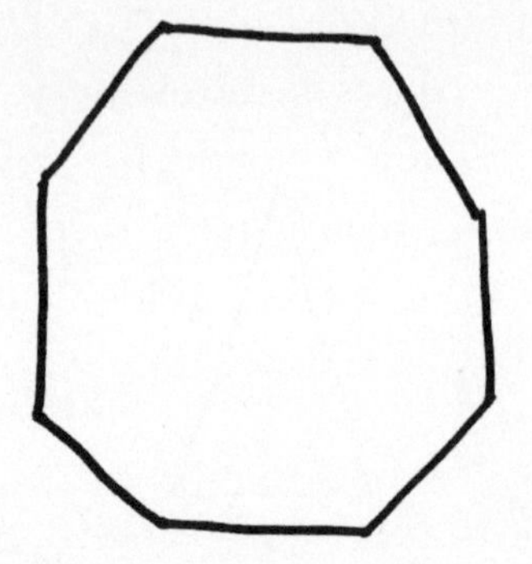

E mais outra:

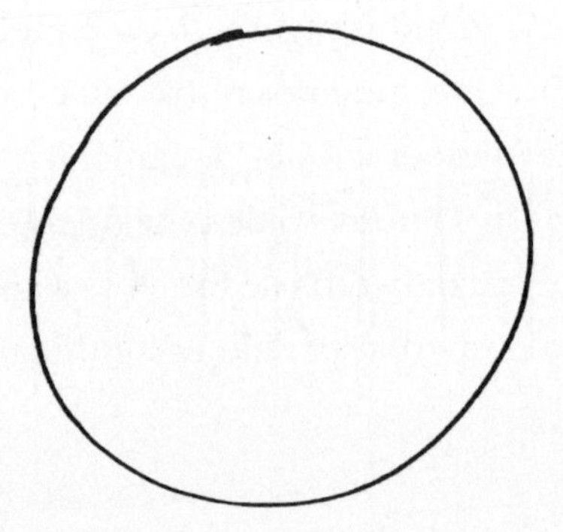

Nós vimos essas figuras antes. São as mesmas que Arquimedes e Eudoxo usaram dois milênios atrás, quando estavam desenvolvendo o método da exaustão. A última figura parece um círculo de diâmetro um, mas na verdade é um polígono composto de 65.536 minúsculas agulhas. Seu olho não consegue sacar a diferença, e o chão também não, o que significa que o número esperado de cruzamentos de um círculo de diâmetro um é exatamente o mesmo que o número esperado de cruzamentos do 65.536-ágono. Pela nossa regra da agulha dobrada, isso é Np, onde N é o perímetro do polígono. E qual é o perímetro? Deve ser quase exatamente o do círculo. O círculo tem raio ½, então sua circunferência é π. Assim, o número esperado de vezes que o círculo cruza uma fresta é πp.

Como está funcionando para você tornar o problema mais difícil? Não parece que estamos deixando o problema cada vez mais abstrato, cada vez mais genérico, sem sequer abordar seu tema fundamental: qual o valor de p?

Bem, adivinhe só, acabamos de calculá-lo.

Quantos cruzamentos tem o círculo? De repente, um problema que parecia difícil fica fácil. A simetria que perdemos quando passamos da moeda para a agulha foi agora restaurada, dobrando-se a agulha na forma de um círculo. Isso simplifica tremendamente o assunto. Não importa onde caia o círculo, ele cruza as linhas do piso exatamente duas vezes.

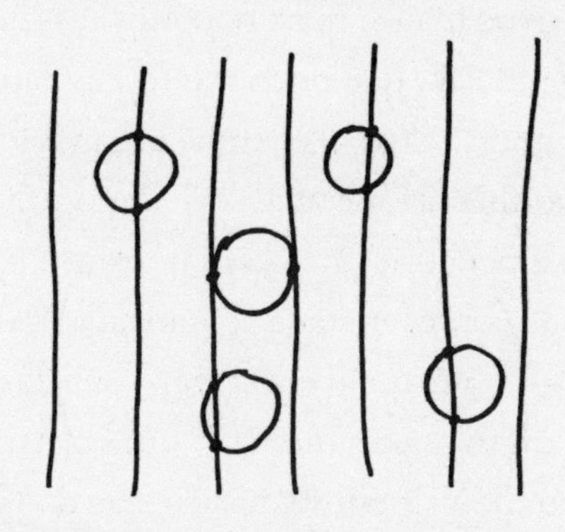

Então, o número esperado de cruzamentos é dois, e também é πp. Assim, descobrimos que $p = 2/\pi$, exatamente como disse Buffon. Na verdade, esse argumento aplica-se a qualquer agulha, por mais poligonal e curva que possa ser. O número esperado de cruzamentos é Lp, onde L é o comprimento da agulha em unidades da largura da ripa. Jogue uma massa de espaguete no piso azulejado, e eu posso lhe dizer exatamente quantas vezes esperar que um fio de macarrão cruze uma linha. Essa versão generalizada do problema é chamada, pelos gaiatos da matemática, de *problema do macarrão de Buffon*.*

* Trocadilho intraduzível do inglês. *"Buffon's needle, Buffon's noodle"* corresponde a "agulha de Buffon, macarrão de Buffon". (N.T.)

O mar e a pedra

A prova de Barbier me lembra o que o geômetra e também algebrista Pierre Deligne escreveu a seu professor, Alexander Grothendieck: "Nada parece acontecer, e todavia, no fim, ali está um teorema altamente não trivial."[14]

Pessoas de fora muitas vezes têm a impressão de que a matemática consiste em aplicar ferramentas cada vez mais possantes para escavar cada vez mais fundo o desconhecido, como explosões abrindo túneis entre as rochas com explosivos mais e mais potentes. Esse é um jeito de fazer as coisas. Mas Grothendieck, que refez muito da matemática pura à sua própria imagem, nos anos 1960 e 1970, tinha uma visão diferente: "A coisa desconhecida a ser conhecida me aparecia como uma faixa de terra ou solo duro, resistindo à penetração; ... o mar avança insensivelmente em silêncio, nada parecia acontecer, nada se mexia, a água estava tão longe que você mal a ouvia, ... até afinal ela cercar a substância resistente."[15]

O desconhecido é uma pedra no mar, que obstrui nosso progresso. Podemos tentar introduzir dinamite nas frestas da rocha e detoná-la, e repetir a operação até que as rochas se quebrem, como Buffon fez com suas complicadas computações de cálculo. Ou você pode assumir uma abordagem mais contemplativa, permitindo que sua compreensão suba gradual e delicadamente de nível até que, após algum tempo, o que parecia um obstáculo seja coberto pela água calma e suma.

A matemática tal como praticada hoje é uma delicada interação entre contemplação monástica e a explosão com dinamite.

Um aparte sobre matemática e insanidade

Barbier publicou sua prova do teorema de Buffon em 1860, quando tinha apenas 21 anos e era promissor estudante na École Normale Supérieure, em Paris. Em 1865, perturbado por uma condição nervosa, deixou a cidade sem endereço de referência. Nenhum matemático jamais o viu de novo até que um velho professor seu, Joseph Bertrand, o localizou num asilo para doentes mentais, em 1880. Quanto a Grothendieck, ele também abandonou a matemática acadêmica na década de 1980 e agora vive em reclusão, no estilo Salinger, em algum lugar nos Pireneus. Ninguém sabe realmente em que matemática ele está trabalhando, se é que está. Alguns dizem que pastoreia ovelhas.

Essas histórias soam como um mito popular sobre a matemática: ou ela lhe deixa louco, ou é ela própria uma espécie de loucura. David Foster Wallace, o mais matemático dos romancistas modernos (certa vez ele fez uma pausa na ficção para escrever todo um livro sobre a teoria dos conjuntos transfinitos!) qualificou o mito de o "melodrama da matemática", e descreveu seu protagonista como "uma espécie de figura do tipo Prometeu-Ícaro, cuja genialidade de elevada altitude é também *hybris* e uma falha fatal". Filmes como *Uma mente brilhante*, *A prova* e *π* usam a matemática como expressão taquigráfica para obsessão e fuga da realidade. Um mistério policial que se tornou best-seller, *Acima de qualquer suspeita*, de Scott Turow, lançou mão da mesma ideia, fazendo da própria esposa do herói uma matemática que era na verdade a assassina louca. (Nesse caso, o mito vem acompanhado de um conteúdo de política sexual, indicando fortemente que a dificuldade de forçar um cérebro *feminino* a se ajustar ao arcabouço matemático fez a assassina romper os limites da sanidade.) Pode-se encontrar uma versão mais recente do mito em *O estranho caso do cachorro morto*, no qual a habilidade matemática se apresenta apenas como outra cor no espectro do autismo.

Wallace rejeita esse quadro melodramático da vida mental dos matemáticos, e eu também. Na vida real, os matemáticos são um bando bastante comum, não mais louco que a média. Na realidade, não é muito comum escapulirmos para o isolamento a fim de travar batalhas solitárias em implacáveis campos abstratos. A matemática tende a fortalecer o raciocínio, em vez de forçá-lo até o ponto de ruptura. Se é que existe algum motivo para o mito, descobri que, em momentos de extrema tensão emocional, não há nada como um problema de matemática para acalmar as queixas que estão mobilizando o resto da psique. A matemática, como a meditação, põe você em contato direto com o Universo, que é maior que você, que estava aqui antes de você e que aqui estará depois de você. Eu ficaria louco se *não* fizesse matemática.

"Tentar fazer rolar"

Nesse meio-tempo, em Massachusetts...

Quanto mais gente jogava Cash WinFall, menos lucrativo o jogo ficava. Cada grande apostador que entrava no jogo dividia os prêmios em novos pedaços. A certa altura, como Gerald Selbee me contou,[16] Yuran Lu, da Random Strategies, sugeriu que eles e o grupo de Selbee entrassem num acordo para se revezar jogando as rolagens e garantir a cada grupo uma margem de lucro maior. Selbee parafraseou a proposta de Yuran como: "Você é um jogador grande, eu sou um jogador grande, não podemos controlar os outros jogadores, que são moscas na nossa sopa." Cooperando, Selbee e Lu poderiam ao menos controlar-se mutuamente. O plano fazia sentido, mas Selbee não mordeu a isca. Ele se sentia à vontade explorando um furo do jogo, uma vez que as regras eram públicas, acessíveis a qualquer outro jogador como eram para ele. No entanto, entrar em conluio com outros apostadores – embora não estivesse claro que isso violaria qualquer regra da loteria – dava uma grande sensação de estar trapaceando. Então, os cartéis estabeleceram um equilíbrio, todos três despejando dinheiro em cada sorteio rolado. Com os apostadores de alto volume comprando de 1,2 a 1,4 milhão de bilhetes por sorteio, Selbee estimava que os bilhetes de loteria em dias de rolagem tinham um valor esperado de apenas 15% a mais que o custo.

Ainda é um lucro muito bom. Mas Harvey e seus confederados não estavam satisfeitos. A vida de um ganhador de loteria profissional não é a charge engraçadinha que às vezes se imagina. Para Harvey, dirigir a Random Strategies era serviço em tempo integral, e não particularmente gratificante. Antes do dia da rolagem, dezenas de milhares de volantes de loteria precisavam ser comprados e preenchidos à mão. No próprio dia do sorteio, Harvey precisa administrar a logística dos múltiplos membros da equipe percorrendo todos aqueles guichês das lojas de conveniência que topavam aceitar as mega-apostas do grupo. E, depois de anunciados os números vencedores, ainda havia a longa estafa de separar os bilhetes vencedores dos perdedores. Não que se pudesse jogar os bilhetes perdedores no lixo. Harvey os guardava em caixas de armazenagem, porque, quando se ganha muito na loteria, a Secretaria de Fazenda faz muita auditoria, e Harvey precisaria documentar suas atividades de jogo. (Gerald Selbee ainda tem uns vinte e tantos recipientes de plástico cheios de bilhetes de loteria perdedores, no valor de cerca de US$ 18 milhões, ocupando os fundos de um celeiro de sua propriedade.) Os bilhetes vencedores também exigiam algum esforço. Cada membro do grupo tinha de preencher um formulário de imposto individual para cada sorteio, não importando o tamanho do prêmio. Ainda parece divertido?

O inspetor-geral estima que a Random Strategies ganhou US$ 3,5 milhões, com impostos incluídos, durante os sete anos de vida do Cash WinFall. Não sabemos quanto desse dinheiro foi para James Harvey, mas sabemos que ele comprou um carro.

Era um Nissan Altima 1999 usado.

Os bons tempos, os primeiros dias do Cash WinFall, quando se podia dobrar o dinheiro com facilidade, não estavam tão distantes no passado. Decerto Harvey e seu time queriam voltar a eles. Mas como, se a família Selbee e o Doctor Zhang Lottery Club compravam centenas de milhares de bilhetes em cada sorteio com rolagem?

A única hora em que os outros apostadores de alto volume davam um tempo era quando a bolada não era grande o bastante para deflagrar uma rolagem para baixo. Mas Harvey também excluía esses sorteios, e por um bom motivo: sem o dinheiro da rolagem, a loteria era uma péssima aposta.

Na sexta-feira, 13 de agosto de 2010, a loteria projetava uma bolada para o sorteio da segunda-feira seguinte de US$ 1,675 milhão, bem abaixo do limiar de rolagem. Os cartéis de Zhang e Selbee estavam quietos, esperando a bolada aumentar acima do limiar de rolagem. Mas a Random Strategies fez um jogo diferente. Nos meses anteriores, eles haviam preparado sigilosamente centenas de milhares de bilhetes extras, esperando pelo dia em que a bolada projetada estivesse perto de US$ 2 milhões, mas sem chegar lá. O dia era esse. Durante o fim de semana, seus membros esvoaçaram pela Grande Boston comprando mais bilhetes do que alguém jamais comprara antes, cerca de 700 mil ao todo. Com a infusão inesperada de dinheiro da Random Strategies, a bolada na segunda-feira, 16 de agosto, estava em US$ 2,1 milhões. Era uma rolagem para baixo, dia de pagamento para os jogadores da loteria, e ninguém, exceto os estudantes do MIT, sabia o que estava por chegar. Quase 90% dos bilhetes do sorteio estavam nas mãos do time de Harvey. Eles estavam parados diante da torneira de dinheiro, totalmente sozinhos. Quando o sorteio terminou, a Random Strategies tinha ganhado US$ 700 mil acima do investimento de US$ 1,4 milhão, um belo lucro de 50%.

O truque não funcionaria duas vezes. Quando a loteria percebeu o que havia acontecido, montou-se um sistema de alerta imediato para notificar a alta administração se uma das equipes tentava forçar unilateralmente o grande prêmio acima da linha de rolagem. Quando a Random Strategies tentou outra vez, no fim de dezembro, a loteria estava pronta. Na manhã de 24 de dezembro, três dias antes do sorteio, o chefe administrativo da loteria recebeu um e-mail de sua equipe dizendo: "Os caras do Cash WinFall estão tentando fazer rolar de novo." Se Harvey apostou que os funcionários da loteria estariam de folga no feriado, a aposta foi errada. De manhã cedo, no dia de Natal, a loteria atualizou seu grande prêmio estimado para anunciar ao mundo que estava chegando uma rolagem. Os outros cartéis, ainda ressentidos com o golpe de agosto, cancelaram suas férias de Natal e compraram centenas de milhares de bilhetes, trazendo os lucros de volta aos níveis normais.

Em todo caso, o jogo estava quase no fim. Pouco tempo depois, um amigo da repórter Andrea Estes, do *Boston Globe*,[17] notou algo engraçado na "lista 20-20" de ganhadores que a loteria torna pública: havia um monte de gente de Michigan ganhando prêmios, e todos ganhavam num jogo em particular, o Cash WinFall. Será que Estes pensou que havia algo de esquisito naquilo? Quando o *Globe* começou a fazer perguntas, o quadro todo ficou claro. Em 31 de julho de 2011, o *Globe* saiu com uma matéria de primeira página[18] da autoria de Estes e Scott Allen explicando como três clubes de apostas haviam monopolizado os prêmios do Cash WinFall. Em agosto, a loteria mudou as regras do WinFall, impondo um teto de US$ 5 mil para a venda total e bilhetes que qualquer lotérica individual podia desembolsar num dia, impedindo os cartéis de fazer suas compras de grande volume. Mas o mal já estava feito. Se o objetivo do Cash WinFall era parecer um negócio melhor para os jogadores comuns, o jogo agora não tinha mais sentido. O último sorteio do Cash WinFall – justamente uma rolagem – ocorreu em 23 de janeiro de 2012.

Se jogar é empolgante, você está fazendo errado

James Harvey não foi a primeira pessoa a tirar vantagem de uma loteria estadual malconcebida. O grupo de Gerald Selbee fez milhões no WinFall original de Michigan antes de a administração ficar esperta e fechar o jogo, em 2005. A prática recua muito mais no tempo. No começo do século XVIII,[19] a França financiava os gastos do governo vendendo bônus, mas a taxa de juros oferecida não era atraente o bastante para gerar vendas. A fim de dar um tempero à coisa, o governo vinculou uma loteria à venda de bônus. Cada bônus dava ao proprietário o direito de comprar um bilhete de loteria com prêmio de £ 500 mil, dinheiro suficiente para viver com conforto durante décadas. Mas Michel Le Peletier des Forts, o vice-ministro das finanças que concebeu o plano da loteria, havia feito emendas nos cálculos; os prêmios a serem desembolsados excediam substancialmente o dinheiro a ser ganho com a receita dos bilhetes. Em outras palavras, a loteria, como o Cash WinFall nos dias de rolagem, tinha um valor esperado positivo para os jogadores, e quem comprasse bilhetes suficientes estava destinado a ter grande resultado.

Uma pessoa que descobriu isso foi o matemático e explorador Charles-Marie de La Condamine. Como Harvey faria quase três séculos depois, ele reuniu os amigos num cartel de compra de bilhetes. Um deles era o jovem escritor François-Marie Arouet, mais conhecido como Voltaire. Ainda que não tenha contribuído para a matemática do esquema, Voltaire deixou nele sua marca. Os jogadores da loteria deviam escrever em seu bilhete um lema, a ser lido em voz alta quando se ganhasse a bolada. Voltaire, de modo bem característico, viu nisso a oportunidade perfeita para fazer epigramas, escrevendo slogans atrevidos como "Todos os homens são iguais!" e "Vida longa a M. Peletier des Forts!" em seus bilhetes para consumo público quando o cartel ganhou o prêmio.

Finalmente, a administração pública percebeu e cancelou o programa, mas não antes que La Condamine e Voltaire tivessem tirado do governo dinheiro suficiente para se tornarem homens ricos para o resto da vida. O quê, você achava que Voltaire ganhava a vida escrevendo ensaios e epigramas perfeitos? Naquela época, como agora, esse não era o jeito de ficar rico.

A França do século XVIII não tinha computador, telefone, nem meios rápidos de coordenar informações sobre quem estava comprando bilhetes de loteria e onde. Você pode ver por que o governo levou alguns meses para pegar o esquema de Voltaire e La Condamine. Mas qual era a desculpa de Massachusetts? A história do *Globe* saiu *seis anos* depois que a loteria começou a observar estudantes de faculdade fazendo grandes compras em supermercados perto do MIT. Como podiam ignorar o que estava se passando?

É simples, eles não sabiam o que estava se passando. E nem sequer tinham de investigar, porque James Harvey viera ao escritório da loteria em Braintree em janeiro de 2005, antes que seu cartel fizesse a primeira aposta, antes até de o cartel ter um nome. Seu plano parecia bom demais para ser verdade, uma coisa tão segura que devia haver alguma barreira regulatória para realizá-la. Ele foi à loteria para ver se seu esquema de grande volume de apostas estava dentro das regras. Não sabemos exatamente o que foi conversado, mas tudo parece ter redundado em "Claro, garoto, vá nessa". Harvey e companhia fizeram sua primeira grande aposta algumas semanas depois.

Gerald Selbee chegou não muito depois. Ele me contou que teve um encontro com os advogados da loteria em Braintree, em agosto de 2005, para informá-los de que sua corporação de Michigan iria comprar bilhetes de loteria em Massachusetts. A existência de apostas de grande volume não era segredo para o estado.

Mas por que Massachusetts haveria de permitir que Harvey, doutor Zhang e a família Selbee embolsassem quantias públicas na casa dos milhões? Que tipo de cassino deixa os jogadores baterem a casa, semana após semana, sem tomar nenhuma atitude?

Desvendar isso exige que se pense um pouco mais meticulosamente sobre como a loteria funciona. De cada US$ 2 de bilhete vendido, o estado de Massachusetts ficava com US$ 0,80. Parte desse dinheiro era usada para pagar comissões a lotéricas e operar a própria loteria. O resto era mandado para os governos municipais por todo o estado, eram quase US$ 900 milhões em 2011, para pagar a policiais, financiar programas escolares e, de forma geral, tapar os buracos nos orçamentos municipais.

O US$ 1,20 era injetado de volta no prêmio a ser distribuído entre os jogadores. Mas você se lembra do cálculo que fizemos bem lá no começo? O valor esperado de um bilhete, num dia normal, é de apenas US$ 0,80, o que significa que o estado está devolvendo, em média, US$ 0,80 por bilhete vendido. Mas o que acontece com os US$ 0,40 restantes? É aí que entra a rolagem. Dar US$ 0,80 por bilhete não é o bastante para esgotar o fundo do prêmio, então a bolada cresce toda semana, até atingir US$ 2 milhões e rolar para baixo. E é então que a loteria muda de natureza, as comportas são abertas e o dinheiro acumulado jorra para as mãos de quem é suficientemente esperto para ficar esperando.

Poderia parecer que, nesse dia, o estado de Massachusetts está perdendo dinheiro, mas isso é assumir uma visão limitada. Esses milhões nunca pertenceram a Massachusetts, desde o começo haviam sido marcados como dinheiro de prêmio. O estado pega seus US$ 0,80 de cada bilhete e devolve o resto. Quanto mais bilhetes forem vendidos, maior é a receita que entra. O estado não se importa com quem ganha, só se importa com quantas pessoas jogam.

Então, quando os cartéis de apostas embolsavam seus gordos lucros nas apostas em dia de rolagem, não estavam tirando dinheiro do estado. Tiravam dos outros jogadores, em especial daqueles que tomavam a decisão errada de jogar na loteria em dias sem rolagem. Os cartéis não estavam batendo a casa. *Eles eram a casa.*

Como os operadores de um cassino em Las Vegas, os apostadores de grande volume não eram totalmente imunes ao azar. Qualquer jogador de roleta pode ter uma sequência vencedora e tirar um monte de dinheiro do cassino. A mesma coisa poderia ter acontecido aos cartéis se um apostador comum tivesse acertado os seis números, desviando todo o dinheiro da rolagem para sua própria bolada. Mas Harvey e os outros haviam feito os cálculos com cuidado suficiente para tornar esse resultado raro o bastante para ser tolerado. Uma única vez em todo o decorrer do Cash WinFall alguém realmente ganhou o grande prêmio num dia de rolagem. Se você faz apostas suficientes com as probabilidades desviadas a seu favor, o simples volume da sua vantagem dilui qualquer azar que você possa ter.

Isso torna jogar na loteria algo menos empolgante, com toda a certeza. Mas, para Harvey e outros apostadores de grandes volumes, a questão não era empolgação. Sua abordagem era governada por uma máxima simples: *se jogar é empolgante, você está fazendo errado.*

Se os cartéis de apostas eram a casa, então quem era o estado de Massachusetts? O estado era … o estado. Assim como Nevada cobra dos cassinos uma porcentagem de seus lucros, em troca de manter a infraestrutura e a regulamentação que permitem que seus negócios prosperem, Massachusetts recebia sua parte constante do dinheiro que os cartéis injetavam. Quando a Random Strategies comprou 700 mil bilhetes para deflagrar a rolagem, as cidades de Massachusetts receberam seus US$ 0,40 de cada um desses bilhetes, num total de US$ 560 mil. Estados não gostam de jogar, haja boas chances ou não. Estados gostam de coletar impostos. Em essência, era isso que a Loteria Estadual de Massachusetts estava fazendo, aliás, com bastante sucesso. Segundo o relatório do inspetor-geral, a loteria arrecadou US$ 120 milhões de receita no Cash WinFall. Quando você sai com uma bolada de nove dígitos, provavelmente não lhe afanaram grana nenhuma.

Então, de quem afanaram? A resposta óbvia é "dos outros jogadores". Era o dinheiro deles, afinal, que acabava rolando para os bolsos dos cartéis. Mas o inspetor-geral Sullivan concluiu seu relatório num tom de voz sugestivo de que, no fim das contas, não haviam tirado grana de ninguém:

> Enquanto a loteria anunciava ao público um iminente grande prêmio de US$ 2 milhões que tinha a probabilidade de deflagrar uma rolagem, um apostador comum, comprando um único bilhete ou qualquer quantidade de bilhetes, não estava em desvantagem em relação às apostas de grande volume. Em suma, as chances de qualquer pessoa acertar um bilhete vencedor não eram afetadas pelas apostas em grande volume. Pequenos apostadores desfrutavam as mesmas chances que apostadores de grande volume. Quando o grande prêmio chegava ao limiar de rolagem, o Cash WinFall tornava-se uma aposta boa para todo mundo, não só para os grandes apostadores.[20]

Sullivan está certo quanto ao fato de a presença de Harvey e dos outros cartéis não afetar a chance de algum outro jogador ganhar. Mas ele comete o mesmo erro de Adam Smith – a questão relevante não é simplesmente qual a sua chance de ganhar, mas *quanto*, em média, você pode esperar ganhar ou perder. As compras dos cartéis, de centenas de milhares de bilhetes, aumentavam substancialmente o número de pedaços em que um prêmio "rolado" seria fatiado, o que tornava cada bilhete ganhador menos valioso. Nesse sentido, os cartéis estavam prejudicando o jogador médio.

Analogia: se aparece pouca gente na rifa da igreja, é bem provável que eu ganhe uma caçarola. Quando aparecem cem pessoas novas e compram bilhetes da rifa, minha chance de ganhar a caçarola cai. Isso pode me deixar infeliz. Mas é injusto? E se eu descobrir que essas cem pessoas estão todas na verdade trabalhando para um mentor que quer, de verdade, ganhar a caçarola e calculou que o custo de uma centena de bilhetes da rifa é 10% menor que o preço da caçarola no varejo? De algum modo, isso é algo antidesportivo, mas não posso realmente dizer que me sinto vítima de trapaça. Claro que uma rifa cheia de gente é melhor que uma rifa vazia, para a igreja ganhar dinheiro, o que, no fim, é o objetivo da empreitada.

Ainda assim, mesmo que os apostadores de grandes volumes não sejam gatunos, há algo de desconcertante na história do Cash WinFall. Em virtude das regras equívocas do jogo, o estado acabou fazendo o equivalente a licenciar James Harvey como proprietário de um cassino virtual, tirando mês após mês dinheiro dos jogadores menos sofisticados. Mas será que isso não significa que as regras eram ruins? Como disse William Galvin, secretário de Estado de Massachusetts, ao *Globe*: "É uma loteria privada para pessoas habilidosas. A questão é: por quê?"[21]

Se você voltar aos números, uma possível resposta se impõe. Lembre-se, o objetivo de mudar para WinFall era aumentar a popularidade da loteria. E eles conseguiram, mas talvez não tão bem como tinham planejado. E se o zum-zum-zum em torno do Cash WinFall tivesse ficado tão intenso que a loteria começasse a vender 3,5 milhões de bilhetes para moradores comuns toda vez que chegasse o dia da rolagem? Lembre-se, quanto mais gente joga, maior é a parte de 40% do estado. Como calculamos antes, se o estado vende 3,5 milhões de bilhetes, ele sai na frente mesmo no dia da rolagem. Em tais circunstâncias, as apostas em grande volume não são mais lucrativas: o ciclo se fecha, os cartéis se dissolvem, e todo mundo, exceto os próprios jogadores de grandes volumes, acaba contente.

Vender tantos bilhetes teria sido uma aposta arriscada, mas os funcionários da loteria em Massachusetts podem ter pensado que se tivessem sorte poderia dar certo. De certa forma, o estado, no fim das contas, gostava de jogar.

12. Perca mais vezes o avião!

George Stigler, Prêmio Nobel de Economia de 1982, costumava dizer: "Se você nunca perde o avião, está passando tempo demais no aeroporto."[1] Esse é um slogan intuitivo, em particular se você perdeu um voo recentemente. Quando estou preso no aeroporto de O'Hare, comendo um fétido sanduíche de galinha por US$ 12, poucas vezes me descubro aplaudindo meu bom senso econômico. No entanto, por mais esquisito que soe o slogan de Stigler, um cálculo de valor esperado mostra que ele está completamente correto – pelo menos para pessoas que voam muito. Para simplificar as coisas, podemos considerar simplesmente três alternativas.

Opção 1: chegar duas horas antes do voo, perder o voo 2% das vezes.
Opção 2: chegar 1,5 hora antes do voo, perder o voo 5% das vezes.
Opção 3: chegar uma hora antes do voo, perder o voo 15% das vezes.

Quanto custa a você perder um voo depende fortemente do contexto, claro. Uma coisa é perder uma ponte aérea para Washington, DC e pegar o voo seguinte, outra coisa é perder o último voo quando você está tentando chegar a um casamento da família às dez da manhã seguinte. Na loteria, tanto o custo do bilhete quanto o tamanho do prêmio são mencionados em dólares. É muito menos claro pesar o custo do tempo que perderíamos sentados no terminal em relação ao custo de perder o voo. Ambas as coisas são aborrecidas, mas não existe moeda universalmente reconhecida para o aborrecimento.

Pelo menos não existe moeda no papel. Mas as decisões precisam ser tomadas, e os economistas querem nos dizer como tomá-las, então, alguma versão do dólar de aborrecimento precisa ser elaborada. A história econômica padrão é que seres humanos, quando agem racionalmente, tomam decisões que maximizam sua *utilidade*. Tudo na vida tem utilidade. Coisas boas, como dólares e bolo, têm utilidade positiva, enquanto coisas ruins, como dedão do pé inchado e voos perdidos, têm utilidade negativa. Algumas pessoas gostam de medir utilidade numa unidade-padrão chamada *Util*, plural *Utis*.* Digamos que uma hora do seu tempo em casa valha um Util; então, chegar duas horas antes do voo lhe custa dois Utis, enquanto chegar uma hora antes custa apenas um. Perder o avião é claramente pior que perder uma hora do seu tempo. Se você acha que vale seis horas do seu tempo, pode pensar num voo perdido como algo que custa seis Utis.

Tendo traduzido tudo para Utis, podemos agora comparar os valores esperados das três estratégias.

Opção 1	−2 + 2% × (−6) = −2,12 Utis
Opção 2	−1,5 + 5% × (−6) = −1,8 Utis
Opção 3	−1 + 15% × (−6) = −1,9 Utis

A Opção 2 é a que lhe custa menos utilidade em média, mesmo que venha com uma chance nada trivial de você perder o voo. Sim, ficar encalhado no aeroporto é doloroso e desagradável – mas é tão doloroso e desagradável que vale a pena perder toda vez meia hora a mais no terminal para reduzir a já pequena chance de perder o avião?

Talvez você diga sim. Talvez você *deteste* perder o voo, e perder um voo lhe custe vinte Utis, não seis. Então o cálculo acima se altera, e a opção conservadora torna-se a escolha preferida, com um valor esperado de

$$-2 + 2\% (-20) = -2{,}4 \text{ Utis}.$$

* Essa unidade não é um consenso universal. No Brasil, há o Índice de Utilidade Pública, o Util. (N.T.)

Mas isto não quer dizer que Stigler esteja errado; o *tradeoff* – a compensação relativa – muda para um lugar diferente. Você pode reduzir ainda mais sua chance de perder o avião chegando com três horas de antecedência. Mas fazer isso, mesmo que reduzindo sua chance de perder o avião para zero, viria com um custo garantido de três Utis para o voo, tornando-a uma alternativa pior do que a Opção 1. Se você puser num gráfico o número de horas que fica no aeroporto em relação à utilidade esperada, obtém um quadro mais ou menos assim:

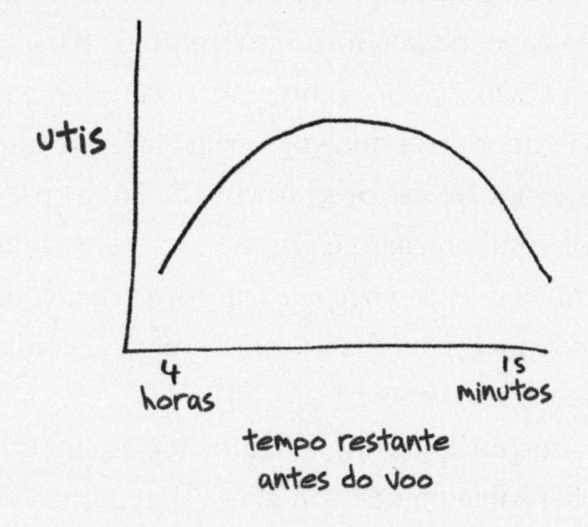

É outra vez a curva de Laffer! Aparecer quinze minutos antes de o avião partir vai lhe dar uma probabilidade muito alta de perder o voo, com toda a utilidade negativa que isso implica. De outro lado, chegar com muitas horas de antecedência também lhe custa muitos Utis. O curso de ação ideal fica em algum ponto intermediário. Exatamente *onde* ele cai, isso depende de como você se sente pessoalmente em relação aos méritos relativos da perda de um voo e a perda de tempo. Mas a estratégia ideal sempre lhe atribui uma utilidade positiva de perder o voo – pode ser pequena, mas não zero. Se você literalmente nunca perde um voo, pode estar deslocado muito para a esquerda da melhor estratégia. Como diz Stigler, você deveria economizar Utis e perder mais vezes o avião.

Claro que esse tipo de cálculo é necessariamente subjetivo. Sua hora extra no aeroporto pode não lhe custar tantos Utis quanto a minha. (Eu *realmente* detesto aquele sanduíche de galinha do aeroporto.) Então, não se pode pedir à teoria que despeje um tempo ideal para chegar ao aeroporto nem uma quantidade ideal de voos a serem perdidos. A informação é qualitativa, não quantitativa. Não sei qual sua probabilidade ideal de perder um avião, só sei que não é zero.

Um alerta: na prática, uma probabilidade próxima de zero pode ser difícil de distinguir de uma probabilidade que realmente seja zero. Se você é um economista global badalado, aceitar o risco de 1% de perder um voo poderia na realidade significar perder um voo todo ano. Para a maioria das pessoas, risco tão baixo pode muito bem significar passar a vida toda sem perder um voo – então, se 1% é o nível de risco certo para você, sempre pegar o avião não quer dizer que você esteja fazendo algo de errado. Da mesma maneira, ninguém usa o argumento de Stigler para dizer: "Se você nunca teve perda total no carro é porque está guiando devagar demais." O que Stigler diria é que, se você *não tem risco nenhum* de perda total no carro, está guiando muito devagar, o que é em geral verdade; o único jeito de nunca ter risco é jamais guiar!

O argumento ao estilo de Stigler é uma ferramenta conveniente para todos os tipos de problema de otimização. Peguemos o desperdício governamental: não se passa um mês sem ler algo sobre algum funcionário estatal que jogou com o sistema para obter uma pensão desproporcional, ou um fornecedor do Departamento de Defesa que se safou com preços absurdamente inflados, ou uma agência municipal que há muito deixou de ter função, mas que continua existindo à custa do público graças à inércia e aos padrinhos poderosos. Típico disso é um artigo do blog do *Wall Street Journal's Washington Wire* de 24 de junho de 2013:

> O inspetor-geral da administração da Previdência Social disse na segunda-feira que a agência pagou, indevidamente, US$ 31 milhões em benefícios para 1.546 americanos que se acredita estarem mortos.
>
> Para piorar potencialmente as coisas para a agência, o inspetor-geral disse que a administração da Previdência Social tem certidão de óbito de cada pessoa registrada nos arquivos do banco de dados do governo, sugerindo

que se deveria saber que esses americanos tinham morrido e suspender seus pagamentos.[2]

Por que permitimos que esse tipo de coisa persista? A resposta é simples. Eliminar o desperdício tem um custo, assim como chegar cedo ao aeroporto tem um custo. Vigilância e cumprimento da lei são metas dignas, mas eliminar *todo* o desperdício, assim como eliminar mesmo a mais remota chance de perder o avião, tem um custo que pesa mais que o benefício. Como observou o blogueiro (e ex-participante de competições matemáticas) Nicholas Beaudrot,[3] esses US$ 31 milhões representam 0,004% dos benefícios desembolsados anualmente pela Previdência. Em outras palavras, a agência já é *extremamente boa* em saber quem está vivo e quem está morto. Melhorar ainda mais essa distinção, buscando eliminar esses poucos últimos erros, pode ser caro. Se vamos contar em Utis, não deveríamos perguntar "Por que estamos desperdiçando o dinheiro dos contribuintes?", e sim "Qual a quantia exata de dinheiro dos contribuintes estamos desperdiçando?". Parafraseando Stigler: se o seu governo não desperdiça nada, você está passando tempo demais combatendo o desperdício do governo.

Mais uma coisa sobre Deus, depois prometo que acabou

Uma das primeiras pessoas a pensar claramente sobre valor esperado foi Blaise Pascal. Intrigado com algumas questões apresentadas a ele pelo jogador Antoine Gombaud (autointitulado Chevalier de Méré), Pascal passou metade do ano de 1654 trocando cartas com Pierre de Fermat, tentando entender quais apostas, repetidas vezes e vezes seguidas, tenderiam a ser lucrativas a longo prazo e quais levariam à ruína. Na terminologia moderna, ele desejava entender quais tipos de aposta tinham valor esperado positivo e quais tipos eram negativos. Em geral, considera-se a correspondência Pascal-Fermat o marco inicial da teoria da probabilidade.

Na noite de 23 de novembro de 1654, Pascal, já um homem religioso, vivenciou uma intensa experiência mística que documentou em palavras da melhor forma que pôde:

E.

L'an de grace 1654.
Lundy 23e Nov.bre jour de S.t Clement
Pape et m. et autres au martirologe Romain
veille de S.t Crysogone m. et autres &c.
Depuis environ dix heures et demi du soir
jusques environ minuit et demi

FEV.

Dieu d'Abraham. Dieu d'Isaac. Dieu de Jacob
non des philosophes et scavans.
certitude joye certitude sentiment veue joye
Dieu de Jesus Christ.
Deum meum et Deum vestrum.
Jeh. 20. 17.
Ton Dieu sera mon Dieu. Ruth.
oubly du monde et de Tout hormis DIEU
Il ne se trouve que par les voyes enseignées
dans l'Evangile. Grandeur de l'ame humaine.
Pere juste, le monde ne t'a point
connu, mais je t'ay connu. Jeh. 17.
Joye Joye Joye et pleurs de joye
Je m'en suis separé
Dereliquerunt me fontem
mon Dieu me quitterez vous
que je n'en sois pas separé eternellement.

Cette est la vie eternelle qu'ils te connoissent
seul vray Dieu et celuy que tu as envoyé
Jesus Christ
Jesus Christ
je m'en suis separé je l'ay fui renoncé crucifié
que je n'en sois jamais separé
il ne se conserve que par les voyes enseignées
dans l'Evangile.
Renontiation Totale et douce
Soumission totale a Jesus Christ et a mon directeur.
eternellem.t en joye pour un jour d'exercice sur la terre.
non obliviscar sermones tuos. amen.

C'est icy la copie figurée d'un parchemin trouvé apres la mort de M.r Pascal mon oncle escrit de sa main, et cousu dans la doublure de son pourpoint. Perier prestre, chanoine de l'Eglise Cathedrale de Clermont.

On n'a pû voir distinctement que certains mots de ces deux lignes.

O *Mémorial*, cópia em pergaminho.
Foto: © Bibliothèque Nationale de France, Paris.

FOGO.

Deus de Abraão, Deus de Isaac, Deus de Jacó
E não dos filósofos e dos sábios. ...
Eu me afastei Dele, afastei-O, reneguei-O, crucifiquei-O.
Que eu jamais Dele me afaste!
Não se conserve senão pelos caminhos emanados do Evangelho.
Renúncia total e doce.
Submissão completa a Jesus Cristo e ao meu diretor.
Júbilo eterno por um dia de provação na terra.

Pascal coseu essa página de anotações no forro de seu casaco e a manteve ali pelo resto da vida. Após sua "noite de fogo", Pascal se retirou da matemática, dedicando todo seu empenho a temas religiosos. Em 1660, quando seu velho amigo Fermat escreveu para propor um encontro, respondeu:

> Pois conversar francamente com você sobre geometria para mim é o melhor de todos os exercícios intelectuais, mas ao mesmo tempo reconheço que é tão inútil eu poder achar pouca diferença entre um homem que nada mais é que um geômetra e um hábil artesão. ... meus estudos me levaram para tão longe dessa forma de pensar que eu mal consigo me lembrar de que existe algo como a geometria.[4]

Pascal morreu dois anos depois, aos 39 anos, deixando atrás de si uma coleção de anotações e breves ensaios destinados a reunir num livro de defesa do cristianismo. Eles foram posteriormente reunidos como *Pensées*, que surgiram oito anos após sua morte. É uma obra notável, aforística, incessantemente sujeita a citações, sob muitos aspectos desesperadora, sob muitos aspectos inescrutável. Grande parte do livro aparece em breves erupções numeradas:

> 199. Imaginemos um número de homens acorrentados, todos condenados à morte, em que alguns são mortos cada dia à vista dos outros, e aqueles que restam veem seu próprio destino no dos seus companheiros, e esperam sua

vez, olhando-se uns aos outros com tristeza e sem esperança. Essa é uma imagem da condição dos homens. …

209. És tu menos escravo por seres amado e favorecido pelo senhor? Tu estás de fato bem de vida, escravo. Teu senhor te favorece; em breve ele te castigará.

Mas os *Pensées* são realmente famosos pelo pensamento 233, que Pascal intitulou "Infinite-rien", mas que é universalmente conhecido como "A aposta de Pascal".

Como mencionamos, Pascal considerava a questão da existência de Deus um tema que a lógica não pode tocar: "'Deus é, ou Ele não é.' Mas para que lado havemos de nos inclinar? Aqui, a razão nada pode decidir." Mas Pascal não para por aí. O que é a questão da crença, pergunta ele, se não um tipo de jogo, um jogo com as mais altas apostas, um jogo que você não tem escolha a não ser jogar? A análise das apostas, a distinção entre o jogo inteligente e o jogo tolo, era um assunto que Pascal entendia melhor que quase todo mundo. Afinal, ele não havia deixado totalmente para trás o seu trabalho matemático.

Como Pascal computa o valor esperado do jogo da fé? A chave já está presente em sua revelação mística:

Júbilo eterno por um dia de provação na terra.

O que é isso além de uma avaliação dos custos e benefícios de adotar a fé? Mesmo em meio à comunhão extática com seu salvador, Pascal ainda fazia matemática! Adoro isso nele.

Para calcular o valor esperado de Pascal, ainda precisamos da probabilidade de que Deus exista. Vamos dizer por um momento que sejamos céticos fervorosos e atribuir a essa hipótese a probabilidade de apenas 5%. Se acreditamos em Deus, e se estivermos certos, então nossa recompensa é "júbilo eterno", ou, em termos dos economistas, infinitos Utis.* Se

* Embora eu tenha ouvido pelo menos um economista argumentar que uma certa quantidade de felicidade futura vale menos que a mesma quantidade de felicidade agora, o valor do júbilo eterno no colo de Abraão é na verdade finito.

acreditamos em Deus e estivermos *errados* – um resultado acerca do qual estamos 95% seguros –, então pagamos um preço, talvez mais do que o "um dia de provação" que Pascal sugere, já que temos de contar não só o tempo gasto no culto a Deus, mas o custo de oportunidade de todos os prazeres libertinos de que abdicamos na nossa busca de salvação. Ainda assim, é uma certa soma fixa, digamos cem Utis.

Então, o valor esperado da crença é

$$(5\%) \times \text{infinito} + 95\% \, (-100)$$

Agora, 5% é um número pequeno. Mas júbilo infinito é muito júbilo; 5% disso ainda é infinito. Então, ele supera de longe qualquer custo finito nos imposto por adotar a religião.

Já debatemos os riscos de tentar atribuir uma probabilidade numérica a uma proposição como "Deus existe". Não está claro que tal atribuição faça sentido. Mas Pascal não faz nenhuma jogada numérica tão esperta. E não precisa fazer. Porque não importa se esse número é 5% ou outra coisa. Um por cento de infinita bem-aventurança ainda é bem-aventurança infinita, e supera qualquer custo finito que esteja ligado a uma vida pia. O mesmo vale para 0,1% ou 0,000001%. Tudo que importa é que a probabilidade de que Deus exista é *diferente de zero*. Você não está disposto a conceder esse ponto? De que a existência da divindade pelo menos é *possível*? Se sim, então, o cálculo do valor esperado parece inequívoca: vale a pena acreditar. O valor esperado dessa escolha não só é positivo, como é infinitamente positivo.

O argumento de Pascal tem sérias falhas. A mais grave é que sofre do problema do Gato de Cartola que vimos no Capítulo 10, deixando de considerar todas as hipóteses possíveis. No esquema de Pascal, há somente duas opções: que o Deus da cristandade é real e recompensará esse setor particular dos fiéis, ou que esse Deus não existe. Mas e se existir um Deus que condene os cristãos por toda a eternidade? Esse Deus também é possível, e essa possibilidade já é suficiente para matar o argumento. Agora, adotando o cristianismo, estamos apostando numa chance de júbilo infinito, mas também assumindo o risco de tormento infinito, sem nenhum meio determinado por princípios para pesar as possibilidades relativas das duas opções. Voltamos ao ponto de partida, no qual a razão nada pode decidir.

Voltaire formulou uma objeção diferente. Seria de esperar que ele fosse simpático à aposta de Pascal – como já vimos, Voltaire não fazia objeção à jogatina e admirava a matemática. Sua atitude em relação a Newton aproximava-se da adoração (uma vez Voltaire chamou-o "o deus a quem me sacrifico"), e durante muitos anos ele teve um envolvimento romântico com a matemática Émilie du Châtelet. Mas Pascal não era bem o tipo de pensador igual a Voltaire. Os dois se contrapunham por sobre um abismo temperamental e filosófico. A visão em geral mais arejada de Voltaire não tinha lugar para as opiniões sombrias, introspectivas e místicas de Pascal. Voltaire chamava Pascal de "sublime misantropo", e dedicou um longo ensaio[5] a derrubar, tijolo por tijolo, o soturno *Pensées*. Sua atitude em relação a Pascal é a de um garoto esperto e popular em relação a um cê-dê-efe amargo e inconformado.

Quanto à aposta, Voltaire disse que era "um pouco indecente e pueril: a ideia de um jogo, e de perda e ganho, não beneficia em nada a gravidade do tema". De forma mais substantiva: "O interesse que tenho em acreditar numa coisa não é prova de que tal coisa exista." O próprio Voltaire, tipicamente solar, inclina-se para um argumento informal por um projeto: olhe o mundo, veja como é impressionante, Deus é real, CQD!"

Voltaire perdeu o ponto. A aposta de Pascal é curiosamente moderna, tanto que Voltaire não conseguiu acompanhá-la. Voltaire está certo numa coisa: ao contrário de Witztum e dos interpretadores de códigos da Bíblia, ou de Arbuthnot, ou dos advogados contemporâneos do projeto inteligente, Pascal não está oferecendo nenhuma *evidência* da existência de Deus. Ele na verdade está propondo uma razão para acreditar, mas a razão tem a ver com a utilidade de acreditar, não com a justificativa de acreditar. De certa forma, ele antecipa a austera postura de Neyman e Pearson que vimos no Capítulo 9. Assim como eles, Pascal era cético em relação à possibilidade de que a evidência que encontramos forneça um meio confiável de determinar o que é verdade. Não obstante, não temos outra escolha além de decidir o que *fazer*. Pascal não está tentando convencer você de que Deus existe, ele tenta convencer você de que seria proveitoso acreditar nisso, e que o melhor curso é se apegar ao cristianismo e obedecer às regras da piedade, até que, pela simples força da afinidade, você comece a acreditar verdadeiramente. Posso reformular o argumento de Pascal em termos modernos melhor que David Foster Wallace fez em *Graça infinita*? Não, não posso.

> Os desesperados, recém-sóbrios Abstêmios, são sempre encorajados a invocar e divulgar slogans que eles ainda não entendem e em que nem acreditam – por exemplo, "Vá com calma!" e "Deixe quieto!" e "Um dia de cada vez!". Isso se chama "Vai levando até dar certo", que por si só é um slogan invocado com frequência. Todo mundo num Compromisso que se levanta publicamente para falar começa dizendo que é alcoólatra, e diz isso acreditando ou não; aí todo mundo presente diz como está Grato por estar sóbrio e como é bacana ser Ativo e participar de um Compromisso com esse Grupo, mesmo que não esteja grato nem contente com nada. Você é encorajado a continuar dizendo coisas desse tipo até que começa a acreditar nelas, assim como se você perguntar a alguém que já está sóbrio há um bom tempo quanto tempo vai ter de ficar arrastando todas essas malditas reuniões, e ele vai dar aquele sorriso irritante e lhe dizer que até você começar a *querer* ir a todas essas malditas reuniões.

S. Petersburgo e Ellsberg

Os Utis são úteis quando é preciso tomar decisões em relação a itens que não tenham um valor em dólares bem definido, como tempo perdido ou lanches desagradáveis. Mas é possível que você necessite falar de utilidade ao lidar com itens que *tenham* um valor bem definido em dólares – como dólares.

Essa percepção logo chegou no desenvolvimento da teoria da probabilidade. Como muitas ideias importantes, ela entrou na conversa na forma de um quebra-cabeça. Daniel Bernoulli tem fama de haver descrito o enigma em seu artigo "Exposição sobre uma nova teoria da medida de risco", de 1738.

> Peter lança uma moeda e continua a lançar até que dê "cara" quando ela cair no chão. Ele concorda em dar a Paul um ducado se tirar "cara" logo no primeiro lançamento, dois ducados se tirar no segundo, quatro no terceiro, oito no quarto, e assim por diante, de modo que a cada lançamento adicional a quantia de ducados a ser paga é duplicada.

Esse é um cenário bem atraente para Paul, um jogo cujo cacife de entrada ele deve estar disposto a pagar. Mas quanto? A resposta natural, depois da nossa experiência com as loterias, é computar o valor esperado da quantia que Paul recebe de Peter. Há uma chance de 50/50 de que o primeiro lançamento da moeda dê cara, e nesse caso Paul recebe apenas um ducado. Se o primeiro lançamento der coroa e o segundo cara, evento que ocorre ¼ das vezes, Paul ganha dois ducados. Para ganhar quatro, os primeiros três lançamentos precisam ser coroa, coroa, cara, o que acontece com probabilidade de ⅛. Seguindo adiante e fazendo a soma, o lucro esperado de Paul é

$$\left(\frac{1}{2}\right)\times 1+\left(\frac{1}{4}\right)\times 2+\left(\frac{1}{8}\right)\times 4+\left(\frac{1}{16}\right)\times 8+\left(\frac{1}{32}\right)\times 16+\ldots$$

ou

$$\frac{1}{2}+\frac{1}{2}+\frac{1}{2}+\frac{1}{2}+\ldots$$

Essa soma não é um número. Ela é *divergente*. Quanto mais termos você adicionar, maior fica a soma, crescendo ilimitadamente e atravessando qualquer fronteira finita.* Isso parece sugerir que Paul deveria

* No entanto, lembre-se de que, como vimos no Capítulo 2, séries divergentes não são simplesmente aquelas que rumam para o infinito. Elas também incluem aquelas que se recusam a se estabilizar de outras maneiras, como a série de Grandi $1-1+1-1+\ldots$

estar disposto a gastar *qualquer* quantia de ducados pelo direito de participar do jogo.

Isso parece muito doido! E é! Contudo, quando a matemática nos diz que alguma coisa parece muito doida, os matemáticos não se contentam em dar de ombros e ir embora. Saímos à caça da esquisitice seguindo o rastro à procura do lugar onde a matemática ou a nossa intuição saiu dos trilhos. O enigma, conhecido como paradoxo de S. Petersburgo, foi concebido por Nicolas Bernoulli, primo de Daniel, uns trinta anos antes. Muitos dos probabilistas da época tinham quebrado a cabeça pensando nele sem chegar a nenhuma conclusão satisfatória. A bela resolução do paradoxo do Bernoulli mais jovem é um resultado que se tornou marco de referência, e desde então constituiu o alicerce do pensamento econômico sobre valores incertos.

O erro, disse Bernoulli, é dizer que um ducado é um ducado é um ducado. Um ducado na mão de um homem rico não vale a mesma coisa que um ducado na mão de um camponês, como se observa facilmente pelos diferentes níveis de cuidado com que eles tratam o dinheiro. Em particular, ter 2 mil ducados não é duas vezes tão bom quanto ter mil ducados; é menos que o dobro de bom, porque mil ducados valem menos na mão de uma pessoa que já tem mil ducados que para uma pessoa que não tem nada. O dobro de ducados não se traduz no dobro de Utis; nem todas as curvas são retas, e a relação entre dinheiro e utilidade é governada por uma daquelas curvas não lineares.

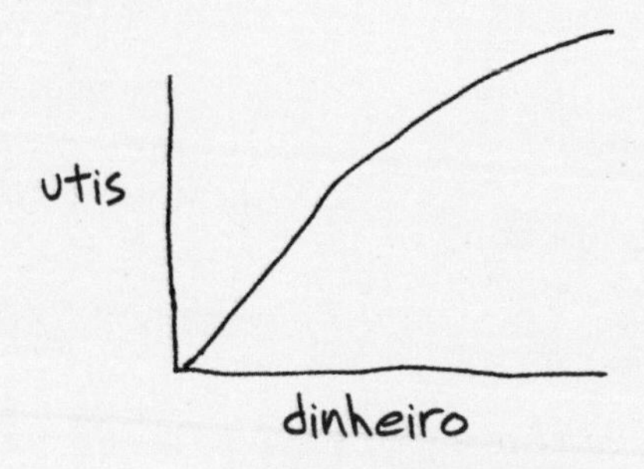

Bernoulli achava que a utilidade crescia como o logaritmo, de modo que o prêmio de ordem k de 2^k ducados valia apenas k Utis. Lembre-se, podemos pensar no logaritmo como mais ou menos o número de dígitos: então, em termos de dólar, a teoria de Bernoulli está dizendo que gente rica mede o valor da sua pilha de dinheiro pelo número de dígitos depois do cifrão – um bilionário é tão mais rico que um centomilionário quanto um centomilionário é mais rico que um decamilionário.

Na formulação de Bernoulli, a utilidade esperada do jogo de S. Petersburgo é a soma

$$\left(\frac{1}{2}\right)\times 1+\left(\frac{1}{4}\right)\times 2+\left(\frac{1}{8}\right)\times 3+\left(\frac{1}{16}\right)\times 4+\ldots$$

Isso doma o paradoxo. Essa soma, como se descobre, não é mais infinita, nem mesmo muito grande. Na verdade, há um lindo truque que nos permite calculá-la com exatidão:

$$\frac{1}{2}+\frac{1}{4}+\frac{1}{8}+\frac{1}{16}+\frac{1}{32}+\ldots=1$$

$$\frac{1}{4}+\frac{1}{8}+\frac{1}{16}+\frac{1}{32}+\ldots=\frac{1}{2}$$

$$\frac{1}{8}+\frac{1}{16}+\frac{1}{32}+\ldots=\frac{1}{4}$$

$$\frac{1}{16}+\frac{1}{32}+\ldots=\frac{1}{8}$$

$$\frac{1}{32}+\ldots=\frac{1}{16}$$

$$\frac{1}{2}+\frac{2}{4}+\frac{3}{8}+\frac{4}{16}+\frac{5}{32}+\ldots=2$$

A soma da primeira linha, (½) + (¼) + (⅛) + …, é 1; é a própria série infinita que Zeno encontrou no Capítulo 2. A segunda linha é igual à primeira, mas com cada parcela dividida por 2; então sua soma deve ser metade da soma da primeira linha, ou ½. Pelo mesmo raciocínio, a terceira linha, que é igual à segunda com cada termo dividido pela metade, deve ser a metade da soma da segunda linha; logo, ¼. Agora, a soma de *todos* os números resultantes é 1 + ½ + ¼ + ⅛ + ...; um a mais que a soma de Zeno, ou que vale dizer 2.

E se somarmos primeiro as colunas em vez das linhas? Como aconteceu com os furos no equipamento estéreo dos meus pais, não pode fazer diferença se começamos a contar vertical ou horizontalmente. A soma é o que é.* Na primeira coluna há somente um ½; na segunda, há duas cópias de ¼, perfazendo (¼) × 2; na terceira, três cópias de ⅛, perfazendo (⅛) × 3; e assim por diante. A série formada pela soma das colunas nada mais é que o esquema da soma de Bernoulli para o estudo do problema de S. Petersburgo. Sua soma é a soma de todos os números do triângulo infinito, o que vale dizer 2. Então, a quantia que Paul deve pagar é a quantidade de ducados que sua curva de utilidade pessoal lhe disser que valem 2 Utis.**

A forma da curva de utilidade, além do simples fato de tender a curvar-se para baixo à medida que o dinheiro aumenta, é impossível de determinar precisamente,*** embora economistas e psicólogos contemporâneos estejam constantemente divisando experimentos cada vez mais intrincados para refinar nossa compreensão das suas propriedades. ("Agora, se não se importa, acomode confortavelmente sua cabeça no centro do equipamento de ressonância magnética, e eu vou lhe pedir que ordene as seguintes seis estratégias de pôquer, da mais atraente para a menos atraente, e, depois disso, se você não se importar de permanecer quieto enquanto meu assistente pós-doutorando pincela uma amostra da sua bochecha...")

---

* Alerta: há grandes perigos à espera quando se usa esse tipo de argumento intuitivo com somas infinitas. Ele dá certo no presente caso, mas barbaramente errado para somas infinitas mais enroladas, em especial com termos positivos e negativos.

** Embora, conforme mostrou Karl Menger – orientador de Abraham Wald no doutorado – em 1934, haja variantes do jogo de S. Petersburgo tão generosas que até os jogadores logarítmicos de Bernoulli estariam propensos a pagar uma quantia arbitrária de ducados para jogar. E se o prêmio de ordem k for 2^{2^k} ducados?

*** De fato, a maioria das pessoas diria que a curva de utilidade nem sequer *existe* literalmente como tal – ela deve ser pensada como uma diretriz relaxada, e não como uma coisa real, de formato preciso, que nós não medimos com exatidão.

Sabemos pelo menos que não existe curva universal. Pessoas diferentes em contextos diferentes atribuem utilidades diferentes ao dinheiro. Esse fato é importante. Ele nos proporciona uma pausa, ou deveria proporcionar, quando começamos a fazer generalizações sobre comportamento econômico. Greg Mankiw, o economista de Harvard que vimos pela última vez no Capítulo 1 elogiando debilmente a economia do governo Reagan, escreveu um post num blog de ampla circulação,[6] em 2008, explicando que o aumento de imposto de renda proposto pela equipe do candidato presidencial Barack Obama o levaria a relaxar no trabalho. Afinal, Mankiw já estava num equilíbrio em que a utilidade dos dólares que receberia por mais uma hora de trabalho seria cancelada exatamente pela utilidade negativa imposta pela perda de uma hora com seus filhos. Diminua o número de dólares que Mankiw ganha por hora, e o ofício deixa de valer a pena; ele reduz o tempo de trabalho até cair de volta no nível em que uma hora com os filhos vale a mesma coisa para ele que uma hora trabalhando para obter seu pagamento reduzido por Obama. Ele concorda com o ponto de vista de Reagan sobre a economia da forma que é vista por um astro de cinema, quando a alíquota de imposto sobre você produz menos filmes de caubói.

Mas nem todo mundo é Greg Mankiw. Em particular, nem todo mundo tem a mesma curva de utilidade que ele. A humorista Fran Lebowitz conta uma história sobre sua juventude em Manhattan dirigindo um táxi.[7] Ela começava a guiar no começo do mês e dirigia todo dia até ganhar dinheiro suficiente para pagar o aluguel e a comida. Aí parava de dirigir e passava o resto do mês escrevendo. Para Fran Lebowitz, todo dinheiro acima de certo limiar contribui essencialmente com zero utilidade adicional. Ela tem uma curva de aspecto diferente da de Mankiw. A dela fica horizontal depois que o aluguel é pago. O que acontece se o imposto de renda de Fran Lebowitz aumentar? Ela vai trabalhar *mais*, e não menos, para levar a si mesma de volta ao limiar.*

---

* Lebowitz escreveu em seu livro *Social Studies*: "Fique firme na sua recusa de permanecer consciente durante a álgebra. Eu lhe asseguro que não existe essa coisa, a álgebra." Eu

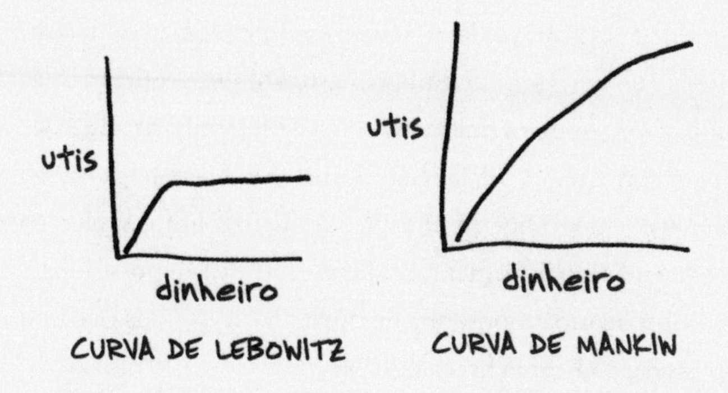

Bernoulli não foi o único matemático a chegar à ideia de utilidade e sua relação não linear com o dinheiro. Ele foi precedido pelo menos por dois outros pesquisadores. Um foi Gabriel Cramer, de Genebra; o outro foi um jovem correspondente de Cramer, ninguém menos que o lançador de agulhas Georges-Louis LeClerc, conde de Buffon. O interesse de Buffon em probabilidade não se restringia a jogos de salão. Mais tarde, ele se recordava de seu encontro com o vexatório paradoxo de S. Petersburgo:

> Sonhei com esse problema algum tempo sem desatar o nó. Não conseguia ver que era possível fazer os cálculos matemáticos concordarem com o senso comum sem introduzir algumas considerações morais. E, tendo expressado minhas ideias ao sr. Cramer, ele me disse que eu estava certo, e que ele também resolvera a questão com abordagem similar.[8]

A conclusão de Buffon espelhava a de Bernoulli, e ele percebeu a não linearidade com especial clareza:

> O dinheiro não deve ser estimado pela sua quantidade numérica: se o metal, que é meramente um sinal de riqueza, fosse a riqueza em si, ou seja, se a felicidade ou os benefícios que resultam da riqueza fossem proporcionais à quantidade de dinheiro, os homens teriam razão de calculá-la numeri-

---

afirmo que esse exemplo mostra que há matemática na vida de Lebowitz, quer se refira a ela, quer não!

> camente pela sua quantidade, porém, não chega a ser necessário que os benefícios que derivam do dinheiro estejam em proporção exata com sua quantidade. Um homem rico, com renda de 100 mil *écus* não é dez vezes mais feliz que o homem que tem apenas 10 mil *écus*. Há mais que isso naquilo que o dinheiro é, e, logo que se ultrapassam certos limites, ele quase não tem valor real, e não pode aumentar o bem-estar de seu possuidor. Um homem que descobrisse uma montanha de ouro não seria mais rico que aquele que descobrisse apenas uma braça cúbica.*

A doutrina da utilidade esperada é atraente, porque simples e direta. Se lhe apresentam um conjunto de alternativas, escolha aquela com a maior utilidade esperada. Talvez seja a coisa mais próxima que temos de uma teoria matemática simples da tomada individual de decisão. Ela capta muitas características do modo como os seres humanos fazem escolhas, e é por isso que se mantém como parte do kit de ferramentas quantitativas do cientista social. Pierre-Simon Laplace, na última página de seu tratado *Ensaio filosófico sobre as probabilidades*, de 1814, escreve: "Vemos, neste ensaio, que a teoria das probabilidades é, afinal, apenas o senso comum reduzido a 'cálculo'; ela aponta de forma precisa o que as mentes racionais entendem por meio de uma espécie de instinto, sem necessariamente estar cônscias dela. E não deixa margem para dúvida, na escolha de opiniões e decisões; pelo seu uso, pode-se sempre determinar a escolha mais vantajosa."

Mais uma vez, estamos vendo, a matemática é a extensão do senso comum por outros meios.

Mas a utilidade esperada não atinge tudo. Novamente, as complicações mais difíceis entram na forma de um quebra-cabeça. Dessa vez, o responsável pela charada foi Daniel Ellsberg, que mais tarde ficou famoso como o denunciante que vazou os documentos do Pentágono para a imprensa civil. (Em círculos matemáticos, que às vezes podem ser provincianos, não era incomum ouvir dizerem de Ellsberg: "Sabe, antes de se envolver em política, ele fez alguns trabalhos realmente importantes.")

* Uma braça corresponde, mais ou menos, a 1,8 metro. (N.T.)

Em 1961, uma década antes de sua exposição ao público, Ellsberg era um jovem e brilhante analista na Corporação Rand, consultora do governo americano em questões estratégicas envolvendo guerra nuclear – como ela poderia ser evitada, ou, sendo isso impossível, conduzida com eficácia. Ao mesmo tempo, ele trabalhava para obter doutorado em economia em Harvard. Em ambos os caminhos, Ellsberg pensava profundamente sobre os processos pelos quais os seres humanos tomam decisões diante do desconhecido. Na época, a teoria da utilidade esperada tinha a posição suprema na análise matemática de decisões. Von Neumann e Morgenstern,* em seu livro fundamental *The Theory of Games and Economic Behavior*, haviam provado que todas as pessoas que obedeciam a certo conjunto de regras ou axiomas comportamentais *tinham* de agir como se suas escolhas fossem governadas pelo impulso de maximizar alguma função de utilidade. Esses axiomas – posteriormente refinados por Leonard Jimmie Savage, membro do Grupo de Pesquisa Estatística do tempo da guerra com Abraham Wald – eram o modelo-padrão de comportamento sob incerteza da época.

A teoria dos jogos e a teoria da utilidade esperada ainda desempenham grande papel no estudo de negociações entre povos e Estados, mas não tanto quanto na Rand, no auge da Guerra Fria, quando os escritos de Von Neumann e Morgenstern estavam sujeitos a níveis bíblicos de reverência e análise. Os pesquisadores da Rand estudavam algo fundamental para a vida humana: o processo de escolha e competição. Os jogos estudados, como a aposta de Pascal, eram jogados com níveis de apostas muito elevados.

Ellsberg, o jovem superstar, tinha um gosto para frustrar expectativas estabelecidas. Depois de se graduar em terceiro lugar em sua turma de Harvard,[9] havia surpreendido seus camaradas intelectuais alistando-se no Corpo de Fuzileiros Navais, onde serviu por três anos na infantaria. Em 1959, como bolsista em Harvard, deu uma famosa palestra sobre estratégia em política exterior na Biblioteca Pública de Boston, na qual abordava a eficácia de Adolf Hitler como tático em geopolítica: "Há o

* O mesmo Oskar Morgenstern que tirou Abraham Wald da matemática pura e finalmente da Áustria ocupada.

artista a ser estudado, para se aprender o que se *pode* esperar, o que pode ser feito com a ameaça da violência."[10] (Ellsberg sempre insistiu que não recomendara que os Estados Unidos adotassem estratégias ao estilo de Hitler, só queria fazer um estudo desapaixonado de sua eficácia. Talvez isso seja verdade, mas é difícil duvidar que ele não estivesse tentando amolar seu público.)

Assim, talvez não seja surpresa que Ellsberg não estivesse contente em aceitar os pontos de vista predominantes. Na verdade, ele vinha cutucando as fundações da teoria dos jogos desde o trabalho final de graduação. Na Rand, concebeu um famoso experimento, agora conhecido como paradoxo de Ellsberg.[11]

Suponha que haja uma urna* com noventa bolas dentro. Você sabe que trinta delas são vermelhas; com referência às outras sessenta, sabe apenas que algumas são pretas e algumas são amarelas. O experimentador descreve para você as seguintes quatro apostas:

Vermelha. Você ganha US$ 100 se a próxima bola a ser tirada da urna for vermelha; se não for, não ganha nada.
Preta. Você ganha US$ 100 se a próxima bola for preta; se não for, não ganha nada.
Não vermelha. Você ganha US$ 100 se a próxima bola for preta ou amarela; se não for, não ganha nada.
Não preta: Você ganha US$ 100 se a próxima bola for vermelha ou amarela; se não for, não ganha nada.

Que aposta você prefere, vermelha ou preta? E o que acha de não vermelha versus não preta?

Ellsberg apresentava o problema aos participantes para ver qual dessas apostas eles preferiam, dada a escolha. O que descobriu foi que as pessoas pesquisadas tendiam a preferir vermelha à preta. Com vermelha, você sabe onde está: tem uma chance em três de ganhar o dinheiro. Com preta,

* Eu nunca vi uma urna dessas, mas é uma espécie de lei férrea da teoria da probabilidade que, se for necessário se tirar bolas coloridas, é uma urna que deve contê-las.

você não tem ideia de que chances esperar. Quanto a não vermelha e não preta, a situação é exatamente a mesma: os sujeitos da pesquisa de Ellsberg gostavam mais de não vermelha, preferindo saber que sua chance de ganhar era exatamente ⅔.

Agora suponha que você tenha uma escolha mais complicada. Você deve escolher *duas* das apostas, e não duas quaisquer: precisa escolher "vermelha e não vermelha" ou "preta e não preta". Se você prefere vermelha a preta e não vermelha a não preta, parece razoável que prefira "vermelha e não vermelha" a "preta e não preta".

Mas agora há um problema. Escolher vermelha e não vermelha é a mesma coisa que dar a si mesmo US$ 100. Mas a mesma coisa acontece com preta e não preta! Como pode uma delas ser preferível à outra se as duas são *a mesma coisa*?

Para um proponente da teoria da utilidade esperada, os resultados de Ellsberg pareciam muito estranhos. Cada aposta deve valer certo número de Utis, e se vermelha tem mais utilidade que preta, e não vermelha mais utilidade que não preta, deve igualmente ocorrer que vermelha + não vermelha valha mais Utis que preta + não preta; mas as duas são iguais. Se você quer acreditar em Utis, tem de acreditar que os participantes do estudo de Ellsberg estão redondamente enganados em suas preferências; eles são ruins de cálculo, ou não estão prestando atenção cuidadosa na questão ou estão simplesmente loucos. Como as pessoas a quem Ellsberg fez a pergunta eram de fato renomados economistas e teóricos de decisões, esta conclusão apresenta seus próprios problemas para o statu quo.

Para Ellsberg, a resposta do paradoxo é, simplesmente, que a teoria da utilidade esperada é incorreta. Como Donald Rumsfeld diria depois, há desconhecidos conhecidos e há desconhecidos desconhecidos, e ambos devem ser processados de forma diferente. Os "desconhecidos conhecidos" são como vermelha – não sabemos que bola vamos tirar, mas podemos quantificar a probabilidade de que a bola seja da cor que queremos. Preta, por outro lado, sujeita o jogador a um "desconhecido desconhecido" – não só não temos certeza de que a bola será preta, como não temos o menor conhecimento da probabilidade de que ela seja preta. Na literatura sobre tomadas de decisão, o primeiro tipo de desconhecido é chamado *risco*, o último, *incerteza*. Estratégias arriscadas podem ser analisadas numericamente. Estratégias incertas, sugeriu Ellsberg, estavam além dos limites da análise matemática formal, ou pelo menos além dos limites do sabor da análise adorada na Rand.

Nada disso é para negar a incrível utilidade da teoria da utilidade. Há muitas situações – e a loteria é uma delas – em que o mistério ao qual estamos sujeitos é todo ele risco, governado por probabilidades bem-definidas; e há muito mais circunstâncias em que "desconhecidos desconhecidos" estão presentes, mas desempenham apenas um pequeno papel. Vemos aqui o puxa e empurra característico da abordagem matemática da ciência. Matemáticos como Bernoulli e Von Neumann constroem formalismos que lançam uma penetrante luz sobre a esfera de inquirição antes compreendida apenas de maneira tênue. Cientistas matematicamente fluentes como Ellsberg trabalham para entender os limites desses formalismos, para aprimorá-los e melhorá-los onde for possível e colocar avisos de alerta incisivamente redigidos onde não for.

O artigo de Ellsberg é escrito num estilo literário vívido, pouco característico da economia técnica. No parágrafo de conclusão, ele escreve, a respeito dos sujeitos do seu experimento, que "a abordagem bayesiana ou de Savage fornece predições erradas, e, à luz delas, um mau conselho. Elas agem deliberadamente em conflito com os axiomas, sem dar satisfações, porque lhes parece a maneira sensata de se comportar. Estarão elas claramente enganadas?".

No mundo de Washington e da Rand na época da Guerra Fria, a teoria das decisões e a teoria dos jogos eram tidas na mais alta estima intelectual, vistas como as ferramentas científicas que poderiam vencer a próxima guerra mundial, como a bomba atômica ganhara a anterior. O fato de que essas ferramentas pudessem ser limitadas em sua aplicação, especialmente em contextos para os quais não havia precedentes, e, portanto, nenhum meio de estimar probabilidades – como, digamos, *a redução instantânea da raça humana à poeira radiativa* –, deve te sido ao menos um pouquinho problemático para Ellsberg. Teria sido aqui, numa discordância sobre matemática, que realmente começaram as dúvidas dele em relação ao establishment militar?

13. Onde os trilhos do trem se encontram

A NOÇÃO DE UTILIDADE ajuda a dar sentido a um traço intrigante da história do Cash WinFall. Quando o grupo de apostas de Gerald Selbee chegou com maciças quantidades de bilhetes, eles usaram Quick Pik, deixando que os computadores da loteria escolhessem aleatoriamente os números nos volantes. A Random Strategies, por outro lado, fazia questão de escolher seus números. Isso significava que precisavam preencher centenas de milhares de volantes à mão, depois alimentar as máquinas com eles, um a um, nas lotéricas escolhidas, tarefa hercúlea e incrivelmente monótona.

Os números vencedores são completamente aleatórios, cada bilhete de loteria tem o mesmo valor esperado; os 100 mil do Quick Pik de Selbee introduziam a mesma quantia no prêmio em dinheiro, em média, que os bilhetes artesanalmente marcados de Harvey e Lu. No que diz respeito ao valor esperado, a Random Strategies fazia um bocado de serviço pesado sem qualquer compensação. Por quê?

Considere esse caso, mais simples, porém da mesma natureza. Você preferiria ter US$ 50 mil nas mãos ou fazer uma aposta 50/50 entre perder US$ 100 mil e ganhar US$ 200 mil? O valor esperado dessa aposta é

$$\left(\frac{1}{2}\right) \times (-\$\ 100 \text{ mil}) + \frac{1}{2} \times (\$\ 200 \text{ mil}) = \$\ 50 \text{ mil},$$

ou seja, a mesma quantia. De fato, há motivo para se sentir indiferente entre as duas escolhas. Se você fizesse a aposta vezes e vezes seguidas, quase certamente ganharia US$ 200 mil na metade das vezes, e perderia US$ 100 mil na outra metade. Imagine que você alternasse entre ganhar e perder. Após duas apostas, você teria ganhado US$ 200 mil e perdido

US$ 100 mil, obtendo um ganho líquido de US$ 100 mil. Após quatro apostas você já tem US$ 200 mil; após seis apostas, US$ 300 mil; e assim por diante. Isso é um lucro de US$ 50 mil por aposta, em média, a mesma coisa que você ganharia se tivesse ido pelo caminho seguro.

Mas agora finja por um momento que você não é um personagem num problema teórico de um livro de economia, e sim uma pessoa real – uma pessoa real que não tem US$ 100 mil em dinheiro na mão. Quando você perde aquela primeira aposta, e o seu agente de apostas – o seu enorme, irado, careca e musculoso agente de apostas – vem receber o dinheiro, será que você diz "Um cálculo de valor esperado mostra que é muito provável que eu consiga lhe devolver o dinheiro a longo prazo"? Você não diz isso. Esse argumento, embora sólido matematicamente, não atingirá o objetivo.

Se você é uma pessoa real, deve pegar os US$ 50 mil.

Esse raciocínio é bem captado pela teoria da utilidade. Se eu sou uma corporação com fundos ilimitados, perder US$ 100 mil pode não ser tão ruim – digamos, vale −100 Utis –, enquanto ganhar US$ 200 mil me traz 200 Utis. Nesse caso, dólares e Utis se encaixam de maneira bastante linear; um Util é simplesmente outro nome para a nota de mil.

Mas se eu sou uma pessoa real com magras economias, o cálculo é bem diferente. Ganhar US$ 200 mil mudaria a minha vida mais do que a da corporação, então, talvez valha mais para mim – digamos, 400 Utis. Mas perder US$ 100 mil não só raspa minha conta bancária, como me põe nas garras do agente irado, careca e musculoso. Esse não é só um dia ruim para a folha de pagamentos, é um sério risco de contusão. Talvez o avaliemos em −1.000 Utis. Nesse caso, a utilidade esperada da aposta é:

$$\left(\frac{1}{2}\right) \times (-1.000) + \frac{1}{2} \times (400) = -300$$

A utilidade negativa dessa aposta significa que ela não só é pior que os US$ 50 mil garantidos, como *é pior que não fazer nada*. Uma chance de 50% de ficar totalmente duro é um risco que você não pode se permitir, pelo menos sem a promessa de uma recompensa muito maior.

Essa é uma maneira matemática de formalizar um princípio que você já conhece: quanto mais rico você é, mais pode se dar ao luxo de correr riscos. Apostas como essa aí são como investimentos arriscados em ações com um retorno esperado positivo em dólares. Se você fizer uma porção desses investimentos, às vezes pode perder um punhado de dinheiro de uma tacada, mas a longo prazo vai sair no lucro. A pessoa rica, que tem reservas suficientes para absorver essas perdas ocasionais, investe e fica mais rica. A pessoa não rica fica exatamente onde está.

Um investimento de risco pode fazer sentido mesmo que você não tenha dinheiro para cobrir suas perdas, contanto que tenha um plano alternativo. Certa jogada de mercado pode vir com 99% de chance de ganhar US$ 1 milhão e 1% de chance de perder US$ 50 milhões. Você deve fazer a jogada? Ela tem um valor esperado positivo, então parece uma boa estratégia. Mas você pode vacilar ante o risco de absorver perda tão grande, em especial porque é dificílimo ter alguma certeza sobre pequenas probabilidades.* Os profissionais chamam jogadas desse tipo de "catar centavos na frente de um rolo compressor" – a maior parte do tempo, você ganha um pouco de dinheiro, mas um pequeno deslize deixa você esborrachado.

Então, o que você faz? Uma estratégia é se alavancar até a cabeça, até ter ativos em papel suficientes para fazer a jogada de risco, mas multiplicada por um fator de cem. Agora você tem probabilidade de ganhar US$ 100 milhões numa transação. Ótimo! E se o rolo compressor pegar você? Você perde US$ 5 bilhões. Só que não perde, porque a economia mundial, nesses nossos tempos interconectados, é uma casa de árvore grande e frágil, presa por cordas e pregos enferrujados. Um colapso épico de uma parte da estrutura traz o sério risco de derrubar a casa inteira. O Federal Reserve – o banco central americano – tem uma forte disposição para não deixar isso acontecer. Como diz o velho ditado, se você perde US$ 1 milhão, o problema é seu, se perde US$ 5 bilhões, o problema é do governo.

---

* Analistas como Nassim Nicholas Taleb argumentam, de forma persuasiva, em minha opinião, que é um erro fatal atribuir probabilidades numéricas a eventos financeiros raros.

Essa estratégia financeira é cínica, mas com frequência funciona. Funcionou para a Long-Term Capital Management,[1] na década de 1990, tal como narrado no soberbo livro de Roger Lowenstein, *When Genius Failed*, e funcionou para as firmas que sobreviveram e até lucraram com o colapso financeiro de 2008. Na ausência de mudanças fundamentais, que parecem não estar à vista, irá funcionar novamente.*

Firmas financeiras não são seres humanos, e a maioria dos homens, mesmo os ricos, não gosta de incerteza. O investidor rico pode alegremente fazer a aposta 50-50 com valor esperado de US$ 50 mil, mas provavelmente preferiria pegar logo os US$ 50 mil. O termo relevante da arte é *variância*, uma medida da amplitude em que estão dispersos os possíveis resultados de uma decisão, e qual a probabilidade de encontrar os extremos de qualquer um dos lados. Entre apostas com o mesmo valor esperado em dinheiro, a maioria das pessoas, em particular pessoas sem ativos líquidos ilimitados, prefere aquela com menor variância. É por isso que algumas investem em letras de câmbio municipais, mesmo que as ações ofereçam taxas de retorno mais altas a longo prazo. Com letras de câmbio, você *tem certeza* de que vai receber seu dinheiro. Invista em ações, com sua variância maior, e você provavelmente se dará melhor, porém, pode terminar muito pior.

Lutar com a variância é um dos principais desafios de administrar o dinheiro, quer você conheça isso ou não. É por causa da variância que os fundos de pensão diversificam seus investimentos de capital. Se você tem todo seu dinheiro em ações de gás e petróleo, um só choque grande no setor de energia pode torrar toda sua carteira de investimentos. Se você tem metade em gás e metade em tecnologia, uma grande alteração numa leva de ações não precisa necessariamente ser acompanhada por qualquer movimento das outras, porque essa é uma carteira de variância mais baixa. Você quer ter os ovos em cestas diferentes, num *montão* de cestas diferentes.

---

* Claro que há amplos motivos para acreditar que algumas pessoas dentro dos bancos sabiam que seus investimentos tinham enorme propensão a naufragar e mentiram a esse respeito. A questão é que *mesmo quando os banqueiros são honestos* os incentivos os empurram na direção de assumir riscos estúpidos, com eventual prejuízo do público.

É exatamente isso que você faz quando põe suas economias num gigantesco fundo indexado, que distribui seus investimentos por toda a economia. Os livros de autoajuda financeira com boa mentalidade matemática, como *A Random Walk Down Wall Street*, gostam muito dessa estratégia. Ela é tediosa, mas funciona. *Se o planejamento da aposentadoria é empolgante...*

Ações, pelo menos a longo prazo, tendem a ficar mais valiosas em média. Investir no mercado de ações, em outras palavras, é uma jogada com valor esperado positivo. Para apostas que tenham valor esperado *negativo*, o cálculo oscila. As pessoas detestam a perda certa assim como adoram o ganho certo. Então, você procura uma variância maior, não menor. Você não vê gente na roleta pondo uma ficha em cada número. Esse é apenas um jeito desnecessariamente elaborado de entregar as fichas para a banca.

O que tudo isso tem a ver com o Cash WinFall? Como dissemos no começo, o valor esperado em dinheiro de 100 mil bilhetes de loteria é o que é, não importa quantos bilhetes você compre. Mas a variância é outra história. Suponha, por exemplo, que eu resolva entrar no jogo de apostas de grande volume, mas tenha uma abordagem diferente: compro 100 mil cópias do mesmo resultado.

Se os meus bilhetes acertarem quatro de seis números no sorteio da loteria, então serei o felizardo dono de 100 mil bilhetes que fizeram a quadra, e vou pegar todo o prêmio de US$ 1,4 milhão, com um belo lucro de 600%. Mas se meu conjunto de números for perdedor, perco todo o meu monte de US$ 200 mil. Essa é uma aposta de alta variância, com grande chance de uma perda grande e pequena chance de um ganho ainda maior.

Assim, "Não ponha todo seu dinheiro em um número" é um conselho bastante bom – é muito melhor espalhar suas apostas. Mas não era exatamente isso que a gangue de Selbee estava fazendo ao usar a máquina de Quick Pik, que escolhe os números ao acaso?

Não exatamente. Em primeiro lugar, ainda que Selbee não estivesse pondo todo seu dinheiro em um bilhete, ele estava comprando, *sim*, a mesma numeração múltiplas vezes. No começo isso parece estranho. No máximo da sua atividade, ele estava comprando 300 mil bilhetes por sorteio, deixando o computador escolher os números ao acaso entre quase

10 milhões de alternativas. Suas compram perfaziam meros 3% dos resultados possíveis. Quais as chances de ele comprar a mesma numeração duas vezes?

Na verdade, as chances são realmente boas. Do fundo do baú: aposte com os convidados de uma festa que duas pessoas na sala têm o mesmo dia de aniversário. É melhor ser uma festa grande – digamos que haja trinta pessoas. Trinta aniversários em 365 opções* não é muita coisa, e você poderia pensar que é bem pouco provável que dois deles caiam no mesmo dia. Mas a grandeza relevante não é o número de pessoas, mas o número de *pares* de pessoas. Não é difícil verificar que há 435 pares de pessoas,** e cada par tem uma chance em 365 de compartilhar o aniversário. Logo, numa festa desse tamanho, seria de esperar que haja um par compartilhando o aniversário, ou talvez até dois pares. Na verdade, a chance de duas pessoas entre trinta fazerem aniversário no mesmo dia é um pouco mais de 70% – uma chance bastante boa. Se você compra 300 mil bilhetes de loteria escolhidos ao acaso em 10 milhões de opções, a chance de sair uma numeração repetida é tão perto de um que eu prefiro dizer "é certeza" que calcular quantos algarismos 9 a mais eu vou precisar depois de "99,9%" para especificar a probabilidade exata.

Não são só os bilhetes repetidos que geram problemas. Como sempre, pode ser mais fácil ver o que está se passando com a matemática se tornarmos os números pequenos o bastante para poder desenhar figuras. Vamos simular um sorteio de loteria com apenas sete bolas, das quais o Estado pega três como combinação para o prêmio. Há 35 conjuntos de prêmios, correspondentes às 35 maneiras diferentes de três números serem escolhidos do conjunto 1, 2, 3, 4, 5, 6, 7. (Os matemáticos gostam de dizer, abreviando, "combinação de 7 3 a 3 é 35".) Aqui estão eles, em ordem numérica:

* Se você contar os anos bissextos, são 366, mas não vamos ficar preocupados com a precisão.

** A primeira pessoa no par pode ser qualquer uma das trinta presentes na sala, e a segunda, qualquer uma das 29 restantes, dando 30×29 alternativas; mas isso conta cada par duas vezes, pois conta {Ênio, Beto} e {Beto, Ênio} separadamente; logo, o número certo de pares é $(30 \times 29)/2 = 435$.

123 124 125 126 127

134 135 136 137

145 146 147

156 157

167

234 235 236 237

245 246 247

256 257

267

345 346 347

356 357

367

456 457

467

567

Digamos que Gerald Selbee vá a uma lotérica e use Quick Pik para comprar sete bilhetes ao acaso. Sua chance de ganhar o prêmio continua bastante pequena. No entanto, nessa loteria, você também ganha um prêmio se acertar dois dos três números. (Essa estrutura lotérica particular é às vezes chamada de "loteria da Transilvânia", mas não consegui encontrar nenhuma evidência de que tal jogo tenha algum dia sido jogado na Transilvânia, nem por vampiros.)

Dois em três é um jeito fácil de ganhar. Então, para eu não ter de ficar repetindo "dois em três", vamos chamar um bilhete que ganha esse prêmio menor de *duque*. Se o sorteio der 1, 4 e 7, por exemplo, os quatro bilhetes com 1, 4 e algum outro número *diferente* de 7 são todos duques. Além desses quatro, há quatro bilhetes que acertam 1-7 e quatro que acertam 4-7. Logo, doze em 35, um pouquinho mais de ⅓ das combinações possíveis, são duques. O que sugere haver pelo menos um par de duques entre os sete bilhetes de Gerald Selbee. Para ser preciso, você pode calcular que Selbee tem

5,3% de chance de não ter nenhum duque.
19,3% de chance de exatamente um duque.
30,3% de chance de dois duques.
26,3% de chance de três duques.
13,7% de chance de quatro duques.
4,3% de chance de cinco duques.
0,7% de chance de seis duques.
0,1% de chance de todos os sete bilhetes serem duques.

O número esperado de duques é, portanto:

$$5{,}3\% \times 0 + 19{,}3\% \times 1 + 30{,}3\% \times 2 + 26{,}3\% \times 3 + 13{,}7\% \times 4$$
$$+ 4{,}3\% \times 5 + 0{,}7\% \times 6 + 0{,}1\% \times 7 = 2{,}4$$

A versão da Transilvânia de James Harvey, por outro lado, não usa Quick Pik. Ele preenche seus sete bilhetes à mão, e aí vão eles:

124
135
167
257
347
236
456

Suponha que a loteria sorteie 1, 3 e 7. Então Harvey tem três duques na mão: 135, 167 e 347. E se a loteria sortear 3, 5, 6? Então Harvey, mais uma vez, tem três duques entre seus bilhetes, com 135, 236 e 456. Continue tentando combinações possíveis, e logo você verá que as escolhas de Harvey têm uma propriedade muito especial: ou ele ganha o grande prêmio ou ganha *exatamente* três duques. A chance de o grande prêmio ser um dos sete bilhetes de Harvey é de sete em 35, ou 20%. Então ele tem:

20% de chance de não ter nenhum duque.
80% de chance de ter três duques.

Seu número esperado de duques é

$$20\% \times 0 + 80\% \times 3 = 2{,}4$$

exatamente o mesmo de Selbee, como devia ser. Mas a variância é muito menor. Harvey tem uma incerteza muito pequena acerca de quantos duques vai tirar. Isso torna a carteira de Harvey bem mais atraente para potenciais membros de um cartel. Note especialmente: sempre que Harvey não tira três duques, ele tira o grande prêmio. Isso significa que a estratégia de Harvey *garante* um retorno mínimo substancial, algo que os usuários de Quick Pik, como Selbee, nunca podem garantir. Você mesmo escolher os números pode fazer com que se livre do seu risco mantendo a recompensa, se escolher os números direito.

E como escolher os números direito? Essa é – literalmente, dessa vez! – a pergunta de US$ 1 milhão.

Primeira tentativa: simplesmente peça ao computador para fazê-lo. Harvey e sua equipe eram alunos do MIT, presumivelmente capazes de sacar algumas dúzias de linhas de um programa antes do café da manhã. Por que simplesmente não escrever um programa para rodar por todas as combinações dos 300 mil bilhetes de WinFall para ver qual oferecia a estratégia de menor variância?

Esse não seria um programa difícil de escrever. O único probleminha seria a forma como toda a matéria e energia do Universo decairiam em morte térmica quando seu programa tivesse manipulado o primeiro fragmento minúsculo de uma microlasca dos dados que estivesse tentando analisar. Do ponto de vista de um computador moderno, 300 mil não é um número muito grande. Mas os objetos que o programa proposto precisa vasculhar não são os 300 mil bilhetes, são os possíveis conjuntos de 300 mil bilhetes a serem adquiridos entre os 10 milhões de bilhetes possíveis do Cash WinFall. Quantos desses conjuntos existem? Mais de 300 mil. Mais que o número de partículas subatômicas que existem ou já existiram. Muito mais. Você provavelmente nunca *ouviu* falar num número tão grande de maneiras de escolher seus 300 mil bilhetes.*

* A menos que tenha ouvido falar de um googolplex; *este*, sim, é um número grande, cara.

Estamos nos defrontando aqui com o temido fenômeno conhecido pelos carinhas das ciências da computação como "a explosão combinatória". Em poucas palavras, operações muito simples podem transformar números grandes manipuláveis em números absolutamente impossíveis. Se você quer saber qual dos cinquenta estados americanos é o lugar mais vantajoso para instalar seu negócio, é fácil. Basta comparar cinquenta coisas diferentes. Mas se você quer saber qual *rota*, através dos cinquenta estados, é mais eficiente – o chamado problema do caixeiro-viajante –, a explosão combinatória é detonada, e você depara com uma dificuldade de uma escala totalmente diferente. Há cerca de 30 vintilhões de rotas a escolher. Em termos mais familiares, são 30 mil trilhões de trilhões de trilhões de trilhões de trilhões.

Bum!

Então, é melhor que haja outro jeito de escolher nossos bilhetes de loteria para analisar a variância. Você acreditaria se eu lhe dissesse que tudo se reduz à geometria plana?

Onde os trilhos do trem se encontram

Retas paralelas não se encontram. É isso que as torna paralelas.

Mas retas paralelas às vezes *parecem* se encontrar. Pense num par de trilhos de trem, sozinhos numa paisagem vazia. Os dois trilhos parecem convergir à medida que seus olhos os acompanham aproximando-se mais e mais do horizonte. (Eu acho que ajuda ter uma música country tocando, se você realmente quer ter uma imagem mental vívida disso aí.) Esse é o fenômeno da *perspectiva*. Quando você tenta retratar o mundo tridimensional no seu campo de visão bidimensional, é preciso abdicar de algo.

As pessoas que primeiro descobriram o que acontece aqui foram aquelas que precisaram entender ao mesmo tempo como as coisas são e como parecem, e a diferença entre ambas, ou seja, os pintores. O momento, no início do Renascimento italiano, no qual os pintores entenderam a perspectiva foi aquele em que as coisas mudaram para sempre; o instante em que as pinturas europeias deixaram de parecer os desenhos de seus filhos pregados na porta da geladeira (isso se seus filhos desenharam principalmente Jesus morto na cruz) e começaram a parecer as coisas que eram pintadas.*

Como exatamente artistas como Filippo Brunelleschi vieram a desenvolver a moderna teoria da perspectiva é uma pergunta que tem ocasionado centenas de brigas entre historiadores da arte, não vamos entrar nisso. O que sabemos com certeza é que a descoberta juntou preocupações estéticas a novas ideias da matemática e da ótica. Um ponto central foi a compreensão de que as imagens que vemos são produzidas por raios de luz que incidem sobre os objetos e nele se refletem, e depois atingem nosso olho. Isso soa óbvio para o ouvido moderno, mas, acredite, não era óbvio na época. Muitos dos cientistas antigos, mais notoriamente Platão, argumentavam que a visão devia envolver algum tipo de fogo que emanava do olho. Essa perspectiva retrocede pelo menos até Alcméon de Crotona, um dos esquisitões pitagóricos que conhecemos no Capítulo 2. O olho devia gerar luz,[2] argumentava Alcméon: que outra fonte poderia haver para o *fosfeno*, as estrelinhas que você vê quando fecha os olhos e pressiona o globo ocular?

A teoria da visão por raios refletidos foi elaborada em grande detalhe pelo matemático cairota do século XI Abu 'Ali al-Hasan ibn al-Haytham (mas vamos chamá-lo de Alhazen, como faz a maioria dos autores ocidentais). Seu tratado sobre ótica, *Kitab al-Manazir*, foi traduzido para o latim e avidamente devorado por filósofos e artistas em busca de uma compreensão mais sistemática da relação entre a visão e a coisa vista. A questão principal é a seguinte: um ponto P na sua tela representa uma *reta* no espaço tridimensional. Graças a Euclides, sabemos que há uma única reta contendo quaisquer dois pontos específicos. Nesse caso, a reta é aquela que contém P e seu olho. Qualquer objeto no mundo que esteja nessa reta é pintado no ponto P.

---

* Ou pelo menos parecidas com certos tipos de representações óticas das coisas pintadas, nas quais, ao longo dos anos, começamos a pensar como realistas; o que conta como "realismo" tem sido sujeito a acaloradas disputas entre críticos de arte desde que a crítica de arte existe.

Agora imagine que você é Filippo Brunelleschi parado na frente da pradaria plana, a tela à sua frente, no cavalete, pintando os trilhos do trem.* A ferrovia consiste em dois trilhos, que chamaremos de T_1 e T_2. Cada um desses trilhos, desenhado na tela, vai parecer uma reta. E exatamente como um ponto na tela corresponde a uma reta no espaço, uma reta na tela corresponde a um plano. O plano P_1 correspondente a T_1 é o plano varrido pelas retas ligando cada ponto do trilho ao seu olho. Em outras palavras, é um plano específico que contém tanto seu olho quanto o trilho T_1. Da mesma maneira, o plano P_2 correspondente a T_2 é aquele que contém seu olho e T_2. Cada um dos dois planos corta a tela numa reta, e chamamos essas retas de R_1 e R_2.

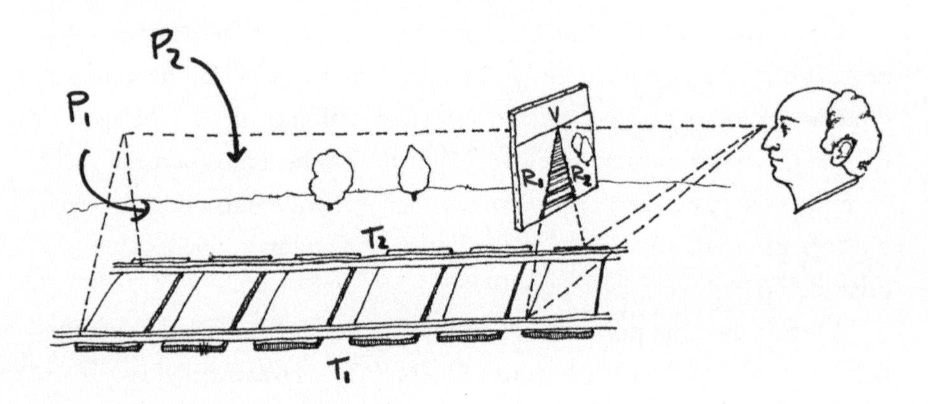

Os dois trilhos são paralelos. *Mas os dois planos não são.* Como poderiam ser? Eles se encontram no seu olho, e planos paralelos não se encontram em nenhum lugar. Mas planos que não são paralelos precisam se interceptar numa reta. Nesse caso, a reta é horizontal, emanando do seu olho e prosseguindo paralela aos trilhos do trem. A reta, sendo horizontal, não se encontra com a pradaria – ela se lança rumo ao horizonte, sem nunca tocar o chão. Mas – e aqui está a questão – ela se encontra com a tela em algum ponto V. Como V está no plano P_1, que contém T_1, deve estar na reta R_1, onde P_1 corta a tela. E como V está também no plano P_2, que contém T_2, deve estar em R_2. Em outras palavras, V é o ponto na tela onde os trilhos

* É um anacronismo, tudo bem, mas vamos nessa.

do trem pintados se encontram. Na verdade, qualquer trajetória reta sobre a pradaria que corra paralela aos trilhos da ferrovia será, sobre a tela, uma reta passando por V. V é o chamado ponto de fuga pelo qual devem passar as pinturas de todas as retas paralelas aos trilhos. Na verdade, todo par de trilhos paralelos determina algum ponto de fuga sobre a tela. A localização do ponto de fuga depende da direção para a qual as retas paralelas estão indo. (As únicas exceções são pares de retas paralelas à própria tela, como os dormentes entre os trilhos; eles continuam paralelos na pintura.)

A mudança conceitual que Brunelleschi fez aqui é o coração do que os matemáticos chamam de geometria projetiva. Em vez de pontos na paisagem, pensamos em retas através do nosso olho. À primeira vista, a distinção poderia parecer puramente semântica. Cada ponto no chão determina uma, e somente uma, reta entre o ponto e o nosso olho. Então, o que importa se pensamos no ponto ou pensamos na reta? A diferença é simplesmente esta: há mais retas através do nosso olho do que pontos no chão, porque há as retas *horizontais*, que não intersectam o chão. Estas correspondem aos pontos de fuga na nossa tela, os lugares onde os trilhos do trem se encontram. Você poderia pensar nessa reta como um ponto no chão "infinitamente distante" na direção dos trilhos. De fato, os matemáticos geralmente os chamam de *pontos no infinito*. Quando você pega o plano que Euclides conhecia e cola nele pontos no infinito, você obtém o *plano projetivo*. Eis uma figura dele:

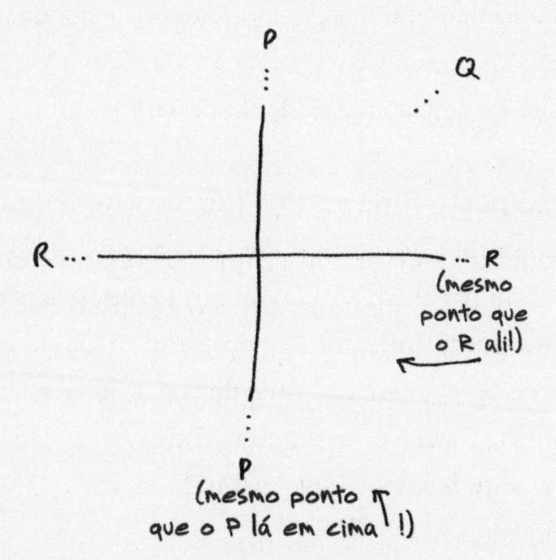

A maior parte do plano projetivo parece o plano achatado regular ao qual você está acostumado. Mas o plano projetivo tem mais pontos, os chamados pontos no infinito: um para cada direção possível ao longo do qual uma reta pode ser orientada no plano. Você deve pensar no ponto P, que corresponde à direção vertical, como infinitamente alto ao longo do eixo vertical – mas também infinitamente *baixo* ao longo do eixo vertical. No plano projetivo, as duas extremidades do eixo y *se encontram* no ponto no infinito, e o eixo se revela não realmente uma reta, mas um círculo. Da mesma maneira, Q é o ponto que está infinitamente distante a nordeste (ou sudoeste!), e R é o ponto na extremidade do eixo horizontal. Ou melhor, em *ambas* as extremidades. Se você viajar infinitamente para a direita até chegar a R, e aí seguir viajando, vai se descobrir ainda viajando para a direita, só que agora voltando para o centro a partir da margem esquerda da figura.

Essa coisa de "sair para um lado e voltar pelo outro" fascinou o jovem Winston Churchill, que se recordava vividamente de uma epifania matemática em sua vida:

> Certa vez tive uma sensação em relação à matemática, que eu via tudo – a profundidade além da profundidade me foi revelada –, bismo e abismo. Eu vi, como se pode ver o movimento de Vênus – ou mesmo a parada de aniversário londrina, uma grandeza passando pelo infinito e mudando de sinal, de mais para menos. Vi exatamente como acontecia e por que a tergiversação era inevitável: e como um passo envolvia todos os outros. Era como a política. Mas foi depois do jantar, e eu deixei passar!

Na verdade, o ponto R não é só o ponto extremo do eixo horizontal, mas de *qualquer* reta horizontal. Se duas retas diferentes são ambas horizontais, elas são paralelas. Todavia, em geometria projetiva, elas se encontram, no ponto do infinito. Perguntaram a David Foster Wallace, numa entrevista de 1996, acerca do final de *Graça infinita*, que muita gente considerou abrupto. Teria ele, indagou o entrevistador, evitado escrever um final porque "simplesmente se cansou de escrever"? Wallace respondeu, bastante irritado:

Pelo que me concerne, há um final.[3] Supõe-se que certos tipos de retas paralelas comecem a convergir de tal modo que o leitor possa projetar um "final" em algum lugar além da moldura direita. Se nenhuma convergência ou projeção dessas lhe ocorreu, então o livro falhou para você.

O PLANO PROJETIVO tem o defeito de ser difícil de desenhar, mas a vantagem de tornar as regras da geometria muito mais aprazíveis. No plano euclidiano, dois pontos diferentes determinam uma única reta, e duas retas diferentes determinam um único ponto de interseção – a não ser que sejam paralelas, e nesse caso não se encontram. Em matemática, gostamos de regras e não gostamos de exceções. No plano projetivo, não é preciso fazer exceções para a regra de que duas retas se encontram num ponto, porque retas paralelas também se encontram. Quaisquer duas retas verticais, por exemplo, se encontram em P, e quaisquer duas retas apontando para o nordeste ou sudoeste se encontram em Q. Dois pontos determinam uma única reta, duas retas se encontram num único ponto. Fim de papo.*

A geometria projetiva é perfeitamente simétrica e elegante, de um modo que a geometria plana clássica não consegue ser. Não é coincidência o fato de que a geometria projetiva tenha surgido naturalmente a partir de tentativas de solucionar o problema prático de retratar o mundo tridimensional numa tela plana. A elegância matemática e a utilidade prática são companheiras íntimas, como tem mostrado repetidamente a história da ciência. Às vezes os cientistas descobrem a teoria e deixam para os matemáticos descobrir por que é elegante, e outras vezes os matemáticos desenvolvem uma teoria elegante e deixam para os cientistas descobrir para que ela serve.

Uma coisa para a qual o plano projetivo é bom é a pintura figurativa. Outra, para escolher números de loteria.

---

* Mas e se as retas contendo R forem todas horizontais e as retas contendo P forem todas verticais, o que é a reta que passa por R e P? É uma reta que não desenhamos, a *reta no infinito*, que contém todos os pontos no infinito e nenhum dos pontos do plano euclidiano.

Uma geometria minúscula

A geometria do plano projetivo é governada por dois axiomas.

> Todo par de pontos é contido em exatamente uma reta comum.
> Todo par de retas contém exatamente um ponto comum.

Tendo encontrado *um* tipo de geometria que satisfizesse esses dois axiomas perfeitamente sintonizados, era natural perguntar se haveria outra. Acontece que há uma porção. Algumas são grandes, algumas são pequenas. A mais minúscula de todas é chamada *plano de Fano*, em homenagem a seu criador, Gino Fano, que no fim do século XIX foi um dos primeiros matemáticos a levar a sério a ideia de geometrias finitas. A aparência dela é a seguinte:

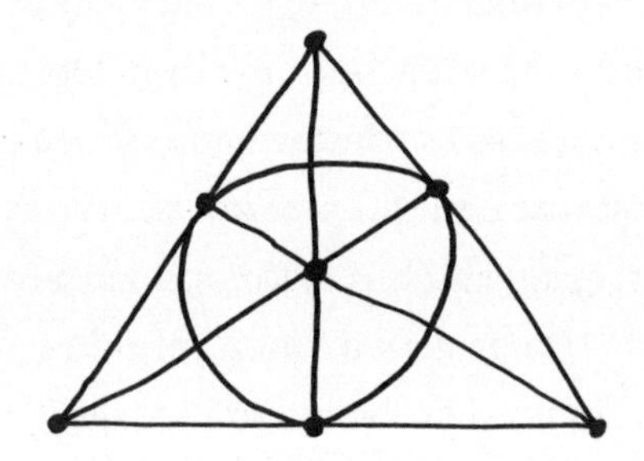

Essa é uma geometria realmente pequena, consistindo apenas em sete pontos! As "retas" nessa geometria são as curvas mostradas no diagrama. São pequenas também, possuindo apenas três pontos cada. Elas são sete, seis delas *têm aparência* de retas e a outra aparência de um círculo. No entanto, essa assim chamada geometria, por mais exótica que seja, satisfaz os axiomas 1 e 2 tão bem quanto o plano de Brunelleschi.

Fano tinha uma abordagem admiravelmente moderna. Usando a frase de Hardy, ele tinha "o hábito da definição", evitando a irrespondível pergunta de o que a geometria *realmente era*. Em vez disso, perguntava: que fenômenos se comportam como geometria? Nas palavras do próprio Fano: "Como base do nosso estudo, assumimos uma *variedade* qualquer de entidades de natureza qualquer, entidades que, por economia, chamaremos de pontos, mas de forma bastante independente de sua natureza."[4]

Para Fano e seus herdeiros intelectuais, não importa se uma reta "parece" uma reta, um círculo, um pato-bravo ou qualquer outra coisa. Tudo que importa é que as retas *obedeçam às leis* das retas estabelecidas por Euclides e seus sucessores. Se anda como geometria e grasna como geometria, nós chamamos de geometria. Para um determinado modo de pensar, essa atitude constitui uma ruptura entre a matemática e a realidade, e deve-se resistir a ela. Mas é uma visão muito conservadora. A ousada ideia de que podemos pensar geometricamente sobre sistemas que não têm aparência de espaço euclidiano,* e até mesmo chamar esses sistemas de "geometrias", de cabeça erguida, acabou revelando-se crítica para a compreensão da geometria do espaço-tempo relativista no qual vivemos. Hoje usamos ideias geométricas generalizadas para mapear paisagens na internet, que estão ainda mais distantes de qualquer coisa que Euclides pudesse ser capaz de reconhecer. Isso é parte da glória da matemática. Nós desenvolvemos um corpo de ideias. Uma vez que estejam corretas, *elas são corretas*, mesmo quando aplicadas longe, muito longe do contexto na qual foram inicialmente concebidas.

Por exemplo, eis novamente o plano de Fano, mas com os pontos rotulados pelos números de 1 a 7:

---

* Para ser justo, há outro sentido no qual o plano de Fano realmente tem aparência de uma geometria mais tradicional. Descartes nos ensinou a pensar em pontos no plano como pares de *coordenadas* x e y, que são números reais. Se você usar a construção de Descartes, mas desenhar as coordenadas a partir de sistemas numéricos diferentes dos números reais, você obtém outras geometrias. Se você fizer geometria cartesiana usando o sistema booliano de números,[5] adorado pelos cientistas da computação, que possui apenas dois números, os bits 0 e 1, você obtém o plano de Fano. Essa é uma história linda, mas não é a que estamos contando no momento. Ver as notas finais para saber mais um pouco.

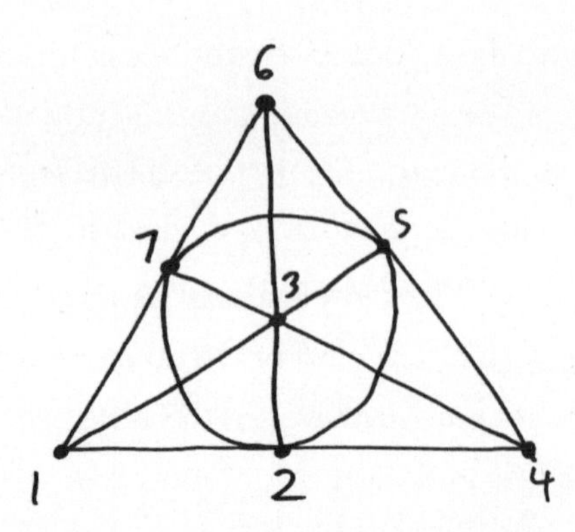

Parece familiar? Se listarmos as sete retas, registrando para cada uma o conjunto de três pontos que a constituem, obtemos:

124

135

167

257

347

236

456

Isso nada mais é que o pacote de sete bilhetes que vimos na última seção, aquele que acerta cada par exatamente uma vez, garantindo um retorno mínimo. Naquele momento, essa propriedade pareceu impressionante e mágica. Como poderia alguém surgir com um conjunto de bilhetes arranjado com tamanha perfeição?

Mas agora eu abri a caixa e revelei o truque: é simples geometria. Cada par de números aparece exatamente em um bilhete porque cada par de pontos aparece exatamente em uma reta. É apenas Euclides, ainda que agora estejamos falando de pontos e retas que Euclides não teria reconhecido como tais.

Desculpe, mas você disse "bofab"?

O plano de Fano nos diz como jogar a loteria de sete números da Transilvânia sem correr qualquer risco, mas e a loteria de Massachusetts? Há montes de geometrias finitas com mais que sete pontos, mas nenhuma, infelizmente, que atenda precisamente às exigências do Cash WinFall. É necessário algo mais geral. A resposta não vem diretamente da pintura renascentista nem da geometria euclidiana, mas de outra fonte improvável: a teoria do processamento digital de sinais.

Suponha que eu queira mandar uma mensagem importante para um satélite, como "Ligar o propulsor direito". Satélites não falam inglês, então, o que estou de fato enviando é uma sequência de 1 e 0, que os cientistas da computação chamam de bits.

1110101 …

Essa mensagem parece direta e sem ambiguidade. No entanto, na vida real, os canais de comunicação têm ruídos. Talvez um raio cósmico atinja o satélite exatamente no momento em que ele está recebendo a transmissão e adultere um bit da mensagem, de modo que o satélite recebe

1010101 …

A mensagem não parece muito diferente, mas se a mudança do bit troca a instrução de "propulsor direito" para "propulsor esquerdo", o satélite pode estar em sérios apuros.

Satélites são caros, então você realmente quer evitar o problema. Se estivesse tentando falar com um amigo numa festa barulhenta, você teria de se repetir para evitar que o ruído afogasse a mensagem. O mesmo artifício funciona com o satélite. Na nossa mensagem original, podemos repetir duas vezes cada bit, enviando 00 em vez de 0 e 11 em vez de 1:

11 11 11 00 11 00 11 …

Agora, quando o raio cósmico atinge o segundo bit da mensagem, o satélite vê

10 11 11 00 11 00 11 ...

O satélite *sabe* que cada segmento de dois bits deve ser ou 00 ou 11, então aquele "10" inicial é uma bandeira vermelha, alguma coisa está errada. Mas o quê? É duro para o satélite descobrir. Como ele não sabe exatamente onde o ruído corrompeu o sinal, não há como saber se a mensagem original começava com 00 ou 11.

Esse problema também pode ser consertado. Basta repetir três vezes, em lugar de duas:

111 111 111 000 111 000 111 ...

A mensagem chega corrompida da seguinte maneira:

101 111 111 000 111 000 111 ...

Mas agora o satélite está numa boa. O primeiro segmento de três bits, ele sabe, deve ser 000 ou 111, de modo que a presença de 101 significa que algo está errado. Mas se a mensagem original fosse 000, *dois* bits muito próximos devem ter sido corrompidos, evento improvável, porque a frequência de raios cósmicos atingindo mensagens é bastante pequena. Então o satélite tem bons motivos para seguir a maioria: se dois dos três bits são 1, é muito boa a chance de que a mensagem original seja 111.

O que você acabou de testemunhar é um exemplo de *código de correção de erros*, protocolo de comunicação que permite ao receptor eliminar os erros de um sinal com ruído.* A ideia, como basicamente tudo o mais na teoria da informação, vem do monumental artigo escrito por Claude Shannon em 1948, "Uma teoria matemática da comunicação".

Uma teoria matemática da comunicação! Isso não soa um pouquinho pomposo? A comunicação não é fundamentalmente uma atividade humana que não pode ser reduzida a fórmulas e números frios?

Entenda o seguinte: eu endosso calorosamente, na verdade *recomendo fortemente*, um áspero ceticismo diante de todas as alegações que "tal e tal"

---

* E *todo* sinal tem ruído, em maior ou menor grau.

entidade pode ser explicada, ou domada, ou completamente entendida, por meios matemáticos.

No entanto, a história da matemática é uma história de agressiva expansão territorial, à medida que as técnicas matemáticas ficam mais amplas e mais ricas e os matemáticos encontram formas de abordar questões antes julgadas fora de seu domínio. "Uma teoria matemática da probabilidade" agora soa familiar, mas na época poderia parecer uma enorme pretensão. A matemática dizia respeito ao certo e ao verdadeiro, e não ao casual e ao "talvez seja assim"! Tudo isso mudou quando Pascal, Bernoulli e outros descobriram leis matemáticas que governavam o funcionamento do acaso.* Uma teoria matemática do infinito? Antes do trabalho de Georg Cantor, no século XIX, o estudo do infinito era tanto teologia quanto ciência. Agora compreendemos a teoria de Cantor de múltiplos infinitos, cada um infinitamente maior que o anterior, bem o bastante para ensiná-la a estudantes de matemática do 1º ano. (Para ser sincero, ela meio que pira a cabeça deles.)

Esses formalismos matemáticos não captam cada detalhe do fenômeno que descrevem, nem têm intenção de fazê-lo. Há questões sobre aleatoriedade, por exemplo, a respeito das quais a teoria da probabilidade se cala. Para algumas pessoas, os problemas que ficam fora do alcance da matemática são os mais interessantes. Contudo, pensar cuidadosamente sobre o acaso, nos dias atuais, *sem* ter a teoria da probabilidade presente em algum ponto é um erro. Se você não acredita em mim, pergunte a James Harvey. Ou melhor, pergunte às pessoas cujo dinheiro ele ganhou.

Haverá uma teoria matemática da consciência? Ou da sociedade? Da estética? Há gente tentando, até agora com sucesso apenas limitado. Você deve desconfiar de todas essas alegações por instinto. Mas deve também ter em mente que elas podem acabar acertando em alguns aspectos importantes.

De início, o código de correção de erros não parece matemática revolucionária. Se você está numa festa barulhenta, você repete o que diz, e problema resolvido! Mas essa solução tem um custo. Se você repetir três

* *The Emergence of Probability*, de Ian Hacking, inclui de forma magnífica essa história.

vezes cada pedacinho da sua mensagem, ela leva o triplo do tempo para ser transmitida. Isso talvez não seja problema numa festa, mas talvez fosse se você precisasse que o satélite ligasse o propulsor direito *neste exato segundo*. Shannon, no artigo em que lançou a teoria da informação, identifica a escolha básica com a qual os engenheiros precisam lidar até hoje: quanto mais resistente ao ruído você quer que seja o seu sinal, com mais lentidão seus bits são transmitidos. A presença do ruído insere um limite para o tamanho da mensagem que seu canal pode transmitir de forma confiável numa dada quantidade de tempo. Esse limite é o que Shannon chamou de *capacidade* do canal. Assim como um encanamento só pode escoar certa quantidade de água, um canal só pode escoar certa quantidade de informação.

Mas corrigir erros não requer que você torne seu canal três vezes mais largo, como no protocolo "repita três vezes". Você pode se sair melhor, e Shannon sabia disso perfeitamente, porque um de seus colegas nos Laboratórios Bell, Richard Hamming, já havia descoberto como.

Hamming, jovem veterano do Projeto Manhattan,[6] tinha acesso de baixa prioridade ao computador de relés mecânicos de 10 toneladas Modelo V dos Laboratórios Bell. Ele apenas tinha permissão de rodar seus programas nos fins de semana. O problema era que qualquer erro mecânico podia interromper sua computação, não havendo ninguém à disposição para religar a máquina até segunda-feira de manhã. Era muito irritante. E, como sabemos, a irritação é um dos grandes estímulos para o progresso técnico. Não seria melhor, pensou Hamming, se a máquina pudesse corrigir seus próprios erros e se manter ligada? Então ele desenvolveu um plano. Os dados de entrada para o Modelo V podiam ser pensados como uma série de 0 e 1, exatamente como a transmissão para o satélite – a matemática não se importa se esses dígitos são bits numa sequência digital, os estados de um relé elétrico ou furos numa tira de papel (na época, uma interface de dados refinadíssima).

O primeiro passo de Hamming foi quebrar a mensagem em blocos de três símbolos:

111 010 101 ...

O *código de Hamming** é uma regra que transforma cada um desses blocos de três dígitos numa sequência de sete dígitos. Eis o manual do código:

000 → 0000000

001 → 0010111

010 → 0101011

011 → 0111100

101 → 1011010

110 → 1100110

100 → 1001101

111 → 1110001

A mensagem codificada teria o seguinte aspecto:

1110001 0101011 1011010 ...

Esses blocos de sete bits são chamados *palavras de código*. As oito palavras de código são os únicos blocos que o código permite. Se o receptor vir qualquer outra coisa chegar pelo fio, sem dúvida há algo errado. Digamos que você receba 1010001. Você sabe que isso não pode estar certo, porque 1010001 não é uma palavra de código. E mais, a mensagem que você recebeu difere em apenas uma posição da palavra de código 1110001. E não há *nenhuma outra* palavra de código que esteja tão perto da transmissão embaralhada que você efetivamente viu. Assim, você pode se sentir bastante seguro para adivinhar que a palavra de código que o seu correspondente quis enviar era 1110001, o que significa que o correspondente bloco de três dígitos na mensagem original era 111.

Você pode achar que nós apenas tivemos sorte. E se a transmissão misteriosa estivesse próxima de duas palavras de código diferentes? Não teríamos como fazer um julgamento confiante. Mas isso não pode ocorrer, e eis por quê. Olhe novamente as retas do plano de Fano:

---

* Para os que fazem questão dos detalhes técnicos, o que estou descrevendo aqui é na verdade um dual do código de Hamming habitual; neste caso, um exemplo de *código de Hamming perfurado*.

124
135
167
257
347
236
456

Como você descreveria essa geometria para o computador? Computadores gostam de conversar em 0 e 1, então escreva cada reta como uma sequência de 0 e 1, onde 0 na posição *n* representa "ponto *n* está na reta" e 1 na posição *n* significa "ponto *n* não está na reta". Logo, a primeira reta, 124, é representada como

0010111

e a segunda reta, 135, é

0101011

Você notará que ambas as sequências são palavras de código de Hamming. Na verdade, as sete palavras de código diferentes de 0 no código de Hamming correspondem exatamente às sete retas no plano de Fano. O código de Hamming e o plano de Fano (e, já que estamos no assunto, o pacote de bilhetes ideal para a loteria da Transilvânia) são exatamente o mesmo objeto matemático em duas roupagens diferentes!

Essa é a geometria secreta do código de Hamming. Uma palavra de código é um conjunto de três pontos no plano de Fano que formam uma reta. Trocar um bit na sequência equivale a adicionar ou apagar um ponto, então, enquanto a palavra de código original não for 0000000, a transmissão truncada que você recebe corresponde a um conjunto com quatro ou dois pontos.* Se você recebe um conjunto de dois pontos, vai saber como descobrir o ponto que falta; é simplesmente o terceiro ponto na reta única que liga os dois pontos que você recebeu. E se você receber um conjunto

* Se a palavra de código original *é* 0000000, então a versão com um bit errado tem seis 0 e apenas um 1, dando ao receptor bastante confiança de que o sinal pretendido era 0000000.

de quatro da forma "reta mais um ponto extra"? Então você pode inferir que a mensagem correta consiste nos três pontos do seu conjunto que formam uma reta. Apresenta-se aqui uma sutileza: como você sabe que existe *apenas um* modo de escolher esse conjunto de três pontos? Para facilitar, vamos dar nomes aos pontos: A, B, C e D. Se A, B, C estão todos na mesma reta, então A, B e C deve ser o conjunto de pontos que o seu correspondente tentou lhe enviar. Mas e se A, C e D também estiverem numa reta? Não se preocupe: isso é impossível, porque a reta que contém A, B e C e a reta que contém A, C e D teriam dois pontos A e C em comum. Contudo, duas retas podem se intersectar apenas em *um* ponto; a regra é essa.* Em outras palavras, graças ao axioma da geometria, o código de Hamming tem a mesma propriedade mágica de correção de erros que o "repita três vezes"; se uma mensagem é modificada durante o caminho em um único bit, o receptor sempre pode descobrir que mensagem o transmissor pretendia enviar. Mas em vez de multiplicar seu tempo de transmissão por três, seu novo código melhorado manda apenas sete bits para cada três bits da mensagem original, uma razão mais eficiente de 2,33.

A descoberta de códigos de correção de erros, tanto os primeiros códigos de Hamming quanto os códigos mais possantes que o seguiram, transformou a engenharia da informação. O objetivo não precisava mais ser construir sistemas tão pesadamente protegidos e duplamente conferidos, em que erros não podiam aparecer jamais. Depois de Hamming e Shannon, bastava tornar os erros *raros o suficiente* para que a flexibilidade do código de correção pudesse contra-atacar qualquer ruído que passasse. Os códigos de correção de erros são agora encontrados sempre que os dados precisam ser comunicados de forma rápida e confiável.

---

* Se você não pensou nisso antes, provavelmente achou que o argumento deste parágrafo é difícil de acompanhar. A razão disso é que você não pode introduzir um argumento desses no seu cérebro simplesmente sentado e lendo – você tem que pegar uma caneta e tentar anotar um conjunto de quatro pontos que contenha duas retas diferentes no plano de Fano, aí perceber que não consegue e entender por que não conseguiu. Não há outro jeito. Eu encorajo você a escrever diretamente no livro, se não o pegou emprestado na biblioteca nem o estiver lendo na tela.

O satélite em órbita em torno de Marte, *Mariner 9*, enviou fotos da superfície do planeta para a Terra usando um código desses, o código de Hadamard. Os CDs são codificados com o código de Reed-Solomon, e é por isso que você pode arranhá-los, e eles ainda soam perfeitos. (Leitores nascidos após, digamos, 1990, que não têm familiaridade com CDs, podem simplesmente pensar em *flash-drives*, que usam, entre outras coisas, os códigos similares de Bose-Chaudhuri-Hocquenghem para evitar corrupção de dados.) O seu número de identificação bancária é codificado usando um código simples chamado *checksum*. Não se trata exatamente de um código de correção, mas apenas de um código de *detecção* de erros, como o protocolo "repita cada bit duas vezes". Se você digita um número errado, o computador que está executando a transferência pode não ser capaz de identificar o número que você realmente quis digitar, mas pelo menos percebe que há algo de errado, e evita mandar seu dinheiro para o banco errado.

Não está claro se Hamming entendeu toda a extensão das aplicações de sua nova técnica, mas seus patrões na Bell decerto tinham alguma ideia, como ele descobriu quando tentou publicar seu trabalho:

> O Escritório de Patentes não liberava a coisa até ter a cobertura de patente. ... Eu não acreditava que pudessem patentear um punhado de fórmulas matemáticas. Eu disse que não podiam. Eles disseram: "Você vai ver." E estavam certos. Desde então, fiquei sabendo que eu tenho uma compreensão muito parca da lei de patentes, porque, regularmente, coisas que não se poderiam patentear – é ultrajante – podem ser patenteadas.[7]

A matemática avança com mais rapidez que o Escritório de Patentes. O matemático e físico suíço Marcel Golay ficou sabendo das ideias de Hamming por intermédio de Shannon, e desenvolveu ele mesmo muitos códigos novos, sem saber que o próprio Hamming havia elaborado os mesmos códigos por trás da cortina das patentes. Golay foi o primeiro a publicar,[8] o que gerou uma confusão sobre crédito que persiste até hoje. Quanto à patente, a Bell obteve-a, mas perdeu o direito de cobrar pela licença como parte de um acordo antitruste de 1956.[9]

O que fez o código de Hamming dar certo? Para entender, você precisa chegar a ele vindo de outra direção e perguntar: o que o faria falhar?

Lembre-se, o terror de um código de correção de erros é um bloco de dígitos que esteja simultaneamente perto de duas palavras *diferentes* do código. Um receptor apresentado a uma sequência de bits contraventora ficaria desorientado a princípio, sem recursos para determinar qual palavra de código corrompida aparecia na transmissão original.

Parece que aqui estamos usando uma metáfora: blocos de dígitos binários não têm posições, então, a que estamos nos referindo quando dizemos "perto" de duas palavras de código diferentes? Uma das grandes contribuições conceituais de Hamming foi insistir em dizer que isso não era só uma metáfora, nem precisava ser. Ele introduziu uma nova noção de distância, agora chamada *distância de Hamming*, adaptada à nova matemática da informação exatamente como a distância entendida por Euclides e Pitágoras foi adaptada à geometria do plano. A definição de Hamming era simples: a distância entre dois blocos é o número de bits que você necessita alterar na ordem para transformar um bloco no outro. Assim, a distância entre as palavras de código 0010111 e 0101011 é 4; para passar da primeira para a última, você precisa mudar os bits na segunda, terceira, quarta e quinta posições.

As oito palavras de código de Hamming são um bom código porque nenhum bloco de sete bits está a uma distância de Hamming de 1 em relação a duas palavras diferentes do código. Se estivesse, as duas palavras do código estariam dentro de uma distância de Hamming de 2 uma da outra.* Mas você pode verificar sozinho e ver que nenhum par dessas palavras de código difere em apenas duas posições; na verdade, quaisquer duas palavras de código estão, entre si, a uma distância de Hamming de pelo menos 4. Você pode pensar nas palavras de código como algo semelhante a elétrons numa caixa, ou pessoas antissociais num elevador. Elas têm um espaço confinado para dividir e, dentro dessas restrições, tentam estabelecer a máxima distância mútua possível.

* Para os entendidos: a distância de Hamming satisfaz a *desigualdade triangular*.

O mesmo princípio está por trás de todas as formas de comunicação resistentes a ruído. A linguagem natural funciona da seguinte maneira: se eu escrevo **linvuagem** em vez de **linguagem**, você pode descobrir o que eu queria dizer, porque não há nenhuma outra palavra que esteja distante por uma letra da palavra **linvuagem**. Isso cai por terra, claro, quando você começa a olhar palavras mais curtas: pano, cano, dano e mano – além de ano – são palavras que podem ser perfeitamente utilizadas, cada qual com seu significado, e um surto de ruído que apague o primeiro fonema torna impossível saber o que ele quer dizer. Mesmo nesse caso, porém, pode-se usar a distância semântica entre as palavras para ajudar a corrigir o erro. Se você fez uma roupa, provavelmente é pano; se conduziu água, provavelmente é cano; e assim por diante.

Você pode tornar a linguagem mais eficiente – porém, ao fazê-lo, depara com a mesma difícil escolha que Shannon descobriu. Muita gente de credo nerd e/ou matemático* tem trabalhado arduamente para criar linguagens que carreguem informação de maneira compacta e precisa, sem nada da redundância, sinonímia e ambiguidade que as línguas como a nossa favorecem. Ro foi uma língua artificial[10] criada em 1906 pelo reverendo Edward Powell Foster, que pretendia substituir o emaranhado do vocabulário inglês por um léxico no qual o sentido de cada palavra podia ser deduzido logicamente de seu som. Talvez não seja surpresa que entre os entusiastas do Ro estivesse Melvil Dewey, cujo Sistema Decimal Dewey impunha sobre o acervo da biblioteca pública uma organização igualmente rígida. De fato, o Ro é admiravelmente compacto; uma porção de palavras longas em inglês, como **ingredient** ("ingrediente"), ficam muito mais curtas em Ro, em que você simplesmente diz **cegab**.

Mas a compactação tem seu custo. Você perde a correção de erros que o inglês oferece como característica embutida. No elevador pequeno, lotado, os passageiros não têm muito espaço pessoal. Isso vale dizer que cada palavra em Ro é muito próxima de um monte de outras, criando oportunidades de confusão. A palavra para "cor" em Ro é **bofab**. Mas se

* Não é a mesma coisa!

você mudar uma letra, formando **bogab**, tem a palavra para "som". **Bokab** significa "eletricidade" e **bolab** significa "sabor". Pior ainda, a estrutura lógica do Ro leva palavras de som similar a ter também sentidos similares, tornando impossível descobrir o que se passa a partir do contexto. **Bofoc**, **bofof**, **bofog** e **bofol** significam "vermelho", "amarelo", "verde" e "azul", respectivamente. Faz um pouco de sentido ter a semelhança conceitual representada no som, contudo, também dificulta muito falar sobre cores em Ro numa festa cheia de gente. "Desculpe, você disse 'bofoc' ou 'bofog'?"*

Algumas modernas línguas construídas, por outro lado, vão em outra direção, fazendo uso explícito dos princípios formulados por Hamming e Shannon. O lojban, um dos exemplos contemporâneos mais bem-sucedidos,** tem uma regra estrita de que duas das raízes básicas, ou *ginsu*, jamais podem ser muito próximas foneticamente.

A noção de "distância" de Hamming segue a filosofia de Fano – uma grandeza que grasna como distância tem o direito de se comportar como distância. Mas por que parar aí? O conjunto de pontos a uma distância menor ou igual a 1 em relação a dado ponto central tem um nome em geometria euclidiana: chama-se círculo, ou, se adicionarmos dimensões superiores, esfera.*** Então, somos compelidos a chamar o conjunto de sequências a uma distância de Hamming de no máximo 1**** em relação a uma palavra de código como "esfera de Hamming", com a palavra de código no centro. Para um código ser um código de correção de erros, nenhuma sequência – nenhum *ponto*, se vamos levar a analogia geométrica a sério – pode estar a uma distância menor que 1 de duas palavras de código dife-

---

* Eu gostaria de pensar que o fato de **bebop** ser a palavra em Ro para "elástico" é um fragmento não descoberto da história secreta do jazz, mas provavelmente é só uma coincidência.

** Segundo as Perguntas Mais Comuns em lojban.org, o número de pessoas que sabem falar lojban em nível de conversação "abrange mais do que pode ser contado nos dedos de uma das mãos", o que, neste ramo, é de fato muito bom.

*** Para ser mais preciso, uma esfera é o conjunto de pontos à distância *exata* de 1 do seu centro; o espaço aqui descrito, uma esfera preenchida, geralmente é chamado *bola*.

**** O que vale dizer, à distância de 0 ou 1, uma vez que as distâncias de Hamming, ao contrário das usuais, em geometria, precisam ser números inteiros.

rentes; em outras palavras, pedimos que duas esferas de Hamming com centro nas palavras de código jamais tenham pontos em comum.

A questão de construir códigos de correção de erros tem a mesma estrutura que um problema clássico de geometria, o de *empacotamento de esferas*: como encaixamos num espaço pequeno um monte de esferas do mesmo tamanho da maneira mais apertada possível, de modo que duas delas não se superponham? De modo mais sucinto, quantas laranjas você consegue pôr numa caixa?

O problema do empacotamento de esferas é bem mais velho que os códigos de correção de erros. Remonta ao astrônomo Johannes Kepler,[11] que escreveu um livreto, em 1611, chamado *Strena Seu De Nive Sexangula* ou "O floco de neve de seis pontas". Apesar do título bastante específico, o livro de Kepler contempla a questão geral da origem da forma natural. Por que os flocos de neve e os favos de uma colmeia formam hexágonos, enquanto as câmaras de sementes de uma maçã tendem a vir em grupos de cinco? E o mais relevante para nós agora: por que as sementes de romãs tendem a ter doze lados planos?

Eis a explicação de Kepler. A romã quer encaixar o máximo possível de sementes dentro da película. Em outras palavras, ela está realizando um problema de empacotamento de esferas. Se acreditarmos que a natureza faz o serviço da melhor maneira possível, então essas esferas devem ser arranjadas da forma mais densa possível. Kepler argumentou que o empacotamento mais compacto possível era obtido da maneira a seguir. Começamos com uma camada plana de sementes, arrumadas num padrão regular como:

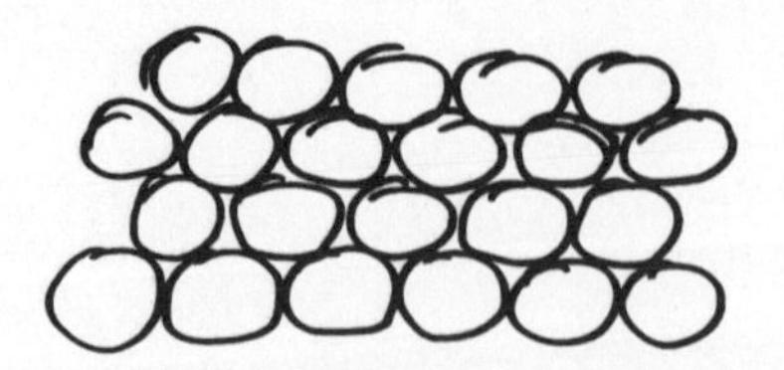

A camada seguinte vai ter exatamente a mesma aparência que esta, só que colocada, astuciosamente, para que cada semente fique assentada no pequeno vão triangular formado pelas três sementes abaixo dela. Outras camadas se adicionam da mesma maneira. Aqui é bom ter um pouco de cuidado: apenas metade dos vãos vai sustentar esferas da camada acima, e em cada estágio você tem a opção de *qual* metade de vãos deseja preencher. A escolha costumeira, chamada *reticulado cúbico de face centrada*, tem uma bela propriedade: cada camada tem as esferas colocadas diretamente acima das esferas de três camadas abaixo. Segundo Kepler, não existe meio mais denso de empacotar esferas no espaço. A no empilhamento cúbico de face centrada, cada esfera toca exatamente doze outras. À medida que crescem as sementes da romã, raciocinou Kepler, cada uma se pressiona contra suas doze vizinhas, achatando sua superfície perto do ponto de contato e produzindo as figuras de doze lados observadas.

Não tenho ideia se Kepler tinha razão com respeito às romãs,* mas sua alegação de que o empilhamento cúbico de face centrada é o empacotamento de esferas mais denso tornou-se tema de enorme interesse matemático durante séculos. Kepler não ofereceu prova da sua afirmação; aparentemente, pareceu-lhe certo que o empilhamento cúbico de face centrada não podia ser superado. Gerações de quitandeiros, que empilham laranjas em configuração cúbica de face centrada sem preocupação nenhuma de saber se seu método é o melhor possível, concordam com ele. Os matemáticos, essa tribo exigente, queriam confirmação absoluta, e não em relação a círculos e esferas. Uma vez que você já está metido no reino da matemática pura, nada impede que vá além dos círculos e esferas para dimensões ainda mais altas, empacotando as chamadas hiperesferas de dimensão superior a 3. Será que a história geométrica dos empacotamentos de esferas de dimensão superior nos dá alguma compreensão sobre a teoria dos códigos de correção de erros, como aconteceu com a história geométrica do plano projetivo? Nesse caso, o fluxo tem sido em sua maior parte no sentido oposto;** os insights da teoria da codificação instigaram

---

* No entanto, sabemos que os átomos nas formas sólidas de alumínio, cobre, ouro, irídio, chumbo, níquel, platina e prata se arranjam em forma cúbica de face centrada. Mais um exemplo de teoria matemática encontrando aplicações que seus criadores jamais teriam imaginado.

** Embora, em contextos em que os sinais são modelados como sequências de números reais, e não sequências de 0 e 1, o problema do empacotamento de esferas seja precisamente aquilo de que se precisa para projetar códigos de correção de erros.

progressos na área dos empacotamentos de esferas. John Leech, nos anos 1960, usou um dos códigos de Golay para construir um empacotamento incrivelmente denso de esferas 24-dimensionais, numa configuração agora conhecida como empilhamento de Leech. Esse é um lugar muito apertado, onde cada uma das esferas 24-dimensionais toca 196.560 de suas vizinhas. Ainda não sabemos se é o empacotamento de 24 dimensões mais compacto possível, porém, em 2003, Henry Cohn* e Abhinav Kumar[12] provaram que, se houver um empilhamento mais denso, vencerá Leech por um fator de no máximo

1,00000000000000000000000000000165.

Em outras palavras, perto o suficiente.

Você pode ser perdoado por não dar importância a esferas 24-dimensionais e como ajeitá-las da melhor maneira possível, mas aqui está a coisa: qualquer objeto matemático tão impressionante quanto o empilhamento de Leech tende a ser importante. Acabou se descobrindo que o empilhamento de Leech era muito rico em simetrias de um tipo verdadeiramente exótico. John Conway, o mestre em teoria de grupos, ao deparar com o empilhamento, em 1968, calculou todas as simetrias numa orgia de doze horas de computação em um único e gigantesco rolo de papel.[13] Essas simetrias acabaram formando algumas das peças finais da teoria geral dos grupos de simetria finitos que preocupavam os algebristas durante grande parte do século XX.**

QUANTO ÀS VELHAS e boas laranjas tridimensionais, acontece que Kepler estava certo: seu empacotamento era o melhor possível – mas isso ficou sem comprovação por quase quatrocentos anos, e afinal foi solucionado

---

* Cohn trabalha na Pesquisa da Microsoft, que de certa forma é uma continuação do modelo dos Laboratórios Bell de matemática pura respaldada por indústria de alta tecnologia, na esperança de beneficiar a ambas.

** Mais uma história longa e tortuosa demais para percorrer aqui, mas veja *Symmetry and the Monster*, de Mark Ronan.

em 1998, pelas mãos de Thomas Hales, então professor na Universidade de Michigan. Hales resolveu o assunto com um argumento difícil e delicado, que reduzia o problema a uma análise de meros poucos milhares de configurações de esferas, com as quais lidou por meio de maciços cálculos de computadores. O argumento difícil e delicado não apresentava problema para a comunidade matemática. Estamos acostumados com eles, e essa parte do trabalho de Hales logo foi julgada e considerada correta. Os maciços cálculos de computador, por outro lado, eram mais traiçoeiros. Uma prova pode ser verificada até o último detalhe, mas um programa de computador é algo de outro tipo. Em princípio, um ser humano pode conferir cada linha de um programa. Todavia, mesmo depois de fazê-lo, como você pode ter certeza de que o programa rodou corretamente?

Os matemáticos aceitaram quase universalmente a prova de Hales, mas ele próprio parece ter sido picado pelo desconforto inicial com a dependência da prova em relação à computação. Desde a resolução da conjectura de Kepler, Hales se afastou da geometria, que o deixou famoso, e voltou-se para o projeto de verificação formal de provas. Ele vislumbra – e está trabalhando para criar – uma futura matemática com aspecto muito diferente da nossa. Na sua visão, as provas matemáticas, sejam elas auxiliadas pelo computador ou executadas por seres humanos, a lápis, tornaram-se tão complicadas e interdependentes que não podemos mais ter plena confiança em sua correção. A classificação de grupos simples finitos, o programa agora completo do qual a análise de Conway do empilhamento de Leech formou parte crucial, está distribuída em centenas de artigos de centenas de autores, totalizando cerca de 10 mil páginas. Nenhum ser humano vivo pode se considerar conhecedor de todo esse material. Então, como podemos dizer que realmente está certo?

Hales acha que não temos escolha a não ser começar tudo de novo, reconstruindo o vasto corpo do conhecimento matemático no interior de uma estrutura formal que possa ser verificada pela máquina. Se o programa que verifica a prova formal é ele próprio verificável (e isso, argumenta Hales, de forma convincente, é uma meta viável), podemos nos libertar para sempre de controvérsias como aquela que Hales enfrentou, debatendo se uma prova é realmente boa. E a partir daí? O passo seguinte talvez sejam computadores capazes de elaborar provas, ou mesmo de *ter ideias*, sem nenhuma intervenção humana.

Se isso efetivamente acontecer, terá terminado a matemática? É óbvio que, se as máquinas alcançarem e depois superarem os seres humanos em todas as dimensões mentais, usando-nos como escravos, rebanhos ou brinquedos, como predizem alguns dos futuristas mais extravagantes, então, sim, a matemática terá terminado, assim como todo o resto. Mas, fora isso, eu acho que a matemática provavelmente sobreviverá. Afinal, ela há décadas vem sendo auxiliada pelo computador. Muitos cálculos que um dia foram contados como "pesquisa" hoje não são considerados mais criativos ou elogiáveis que somar uma série de números de dez dígitos. Quando seu laptop pode fazer a conta, já não é mais matemática. Mas isso não tirou o trabalho da matemática. Nós conseguimos nos manter adiante do sempre crescente predomínio do computador, como heróis de filmes de ação que ganham a corrida de uma bola de fogo.

Será que a inteligência das máquinas do futuro irá nos liberar de grande parte do trabalho que hoje consideramos pesquisa? Se isso acontecer, reclassificaremos essa pesquisa como "computação". O que quer que nós, seres humanos de mentalidade quantitativa, estivermos fazendo com nosso novo tempo livre, chamaremos isso de "matemática".

O código de Hamming é bastante bom, mas ainda se pode esperar algo melhor. Afinal, há certo desperdício no código de Hamming. Mesmo nos tempos da fita perfurada e dos relés mecânicos, os computadores eram confiáveis o bastante para que todos os blocos de sete bits saíssem incólumes. O código parece conservador demais, e decerto nos daríamos bem acrescentando menos bits à prova de falhas à nossa mensagem. Isso é possível. E é isso que prova o famoso teorema de Shannon. Por exemplo, se os erros aparecem numa taxa de um para mil bits, Shannon nos diz que há códigos que tornam a mensagem apenas 1,2% mais longa que a forma não codificada. E, melhor ainda, fazendo os blocos básicos mais e mais compridos, você pode achar códigos que atinjam essa velocidade e satisfaçam qualquer grau desejado de confiabilidade, por mais estrito que seja.

Como Shannon construiu esses códigos excelentes? Bem, aí está, ele não construiu. Quando você encontra uma construção intrincada como a de Hamming, fica naturalmente inclinado a pensar que um código de correção de erros é algo muito especial, projetado e engendrado, torcido e retorcido até que cada par de palavras do código tenha sido delicadamente separado sem forçar qualquer outro par a se juntar a eles. A genialidade de Shannon foi notar que essa visão é totalmente errada. Os códigos de correção de erros são o oposto de alguma coisa especial. Shannon provou – e uma vez tendo ele entendido *o que* provar, realmente não foi tão difícil – que *quase todos* os conjuntos de palavras de código exibiam a propriedade de correção de erros. Em outras palavras, um código totalmente aleatório, sem nenhum projeto, tinha grande probabilidade de ser um código de correção.

Esse foi um avanço surpreendente, para dizer o mínimo. Imagine que você fosse incumbido da tarefa de construir um *hovercraft*. Sua primeira abordagem seria jogar aleatoriamente no chão um monte de partes de motor e tubulações de borracha, achando que o resultado disso fosse flutuar?

Quarenta anos depois, em 1986, Hamming, ainda impressionado, falou sobre a prova de Shannon:

> Coragem é uma das coisas que Shannon tinha de forma suprema. Basta pensar no seu principal teorema. Ele quer criar um método de codificação, mas não sabe o que fazer, então faz um código aleatório. Aí encalha. Então faz a pergunta impossível: "O que faria o código aleatório médio?" Então prova que o código médio é arbitrariamente bom, e que portanto deve haver pelo menos um código bom. Quem, a não ser um homem de coragem infinita, teria ousado pensar assim? Isso é característico de grandes cientistas. Eles têm coragem. Eles prosseguem mesmo em circunstâncias incríveis. Pensam e continuam a pensar.

Se um código aleatório tinha grande probabilidade de ser um código de correção de erros, qual o problema de Hamming? Por que não escolher palavras de código completamente aleatórias, assegurado pelo conhecimento de que o teorema de Shannon torna muito provável que o código corrija erros? Eis a questão desse plano: não basta que o código seja capaz de corrigir erros, em princípio; ele precisa ser prático. Se um dos códigos de Shannon usa blocos de tamanho cinquenta, então a quantidade de palavras do código é a quantidade de sequência 0-1 com 50 bits de comprimento, que é 2 elevado à potência 50, pouco mais de 1 quatrilhão. Número grande.

A sua espaçonave recebe um sinal, supostamente uma entre esse quatrilhão de palavras de código, ou pelo menos perto de ser uma. Mas *qual*? Se você tiver de passar pelo quatrilhão de palavras de código, uma a uma, estará em grandes apuros. É novamente a explosão combinatória, e nesse contexto ela nos força a fazer outra escolha. Códigos muito estruturados, como o de Hamming, tendem a ser fáceis de decodificar. Mas esses códigos muito especiais, como acabamos de descobrir, em geral não são tão eficientes quanto os códigos completamente aleatórios que Shannon estudou. Nas décadas entre aquela época e agora, os matemáticos tentaram dominar essa fronteira conceitual entre estrutura e aleatoriedade, batalhando para elaborar códigos aleatórios o bastante para serem rápidos, mas suficientemente estruturados para serem decodificáveis.

O código de Hamming é ótimo para a loteria da Transilvânia, mas não tão efetivo no caso do Cash WinFall. A loteria da Transilvânia só tem sete números; Massachusetts oferecia 46. Vamos precisar de um código maior. O melhor que pude encontrar para esse propósito foi descoberto por R.H.F. Denniston,[14] da Universidade de Leicester, em 1976. Ele é uma beleza.

Denniston escreveu uma lista de 285.384 combinações de seis números a partir de uma escolha de 48 números. A lista começa assim:

1 2 48 3 4 8

2 3 48 4 5 9

1 2 48 3 6 32 ...

Os dois primeiros bilhetes têm quatro números em comum: 2, 3, 4 e 48. Mas – e aqui está o milagre do sistema de Denniston – você jamais encontrará quaisquer dois bilhetes que tenham *cinco* números em comum.

Você pode traduzir o sistema de Denniston para um código, assim como fizemos com o plano de Fano: substituir cada bilhete por uma sequência de 48 1 e 0, com um 0 no lugar correspondente aos números no bilhete e 1 no lugar correspondente aos números ausentes no bilhete. O primeiro bilhete seria traduzido numa palavra de código.

000011101111111111111111111111111111111111111110

Verifique você mesmo: o fato de não haver dois bilhetes que tenham em comum cinco dos seis números significa que esse código, como o de Hamming, tem duas palavras de código separadas por uma distância de Hamming não inferior a 4.*

Outra maneira de dizer isso é que toda combinação de cinco números aparece, no máximo, uma vez nos bilhetes de Denniston. E a coisa fica ainda melhor: na verdade, toda combinação de cinco números aparece em *exatamente* um bilhete.**

Como você pode imaginar, muito cuidado é exigido na escolha dos bilhetes da lista de Denniston. Denniston incluiu no seu artigo acadêmico um programa de computador em Algol que verifica que a lista realmente tem a propriedade mágica que ele alega, um gesto bastante avançado para os anos 1970. Ainda assim, ele insiste que o papel do computador nessa colaboração deve ser entendido como estritamente subordinado ao seu próprio papel: "Eu gostaria, de fato, de deixar claro que todos os resultados aqui anunciados foram encontrados sem o recurso de computadores, embora eu sugira que os computadores possam ser usados para verificá-los."

---

* Qual é o sentido, se Shannon provou que uma escolha de código totalmente aleatória deve funcionar igualmente bem? Sim, num certo sentido, mas seu teorema, na forma mais forte, requer que as palavras de código possam ficar tão longas quanto se desejar. Num caso como esse, em que as palavras de código são fixas num comprimento de 48, você pode bater o código aleatório com um pouco de cuidado adicional, e foi exatamente o que Denniston fez.

** Em termos matemáticos, isso ocorre porque a lista de bilhetes de Denniston forma o que é chamado *sistema de Steiner*. Em janeiro de 2014, Peter Keevash, jovem matemático de Oxford, anunciou um avanço fundamental, provando a existência de mais ou menos *todos* os possíveis sistemas de Steiner que os matemáticos vêm considerando.

O Cash WinFall tem somente 46 números, então, para jogar no estilo de Denniston, você precisa destruir um pouco a bela simetria jogando fora todos os bilhetes do sistema Denniston contendo 47 ou 48. Isso ainda deixa você com 217.833 bilhetes. Suponha que você pegue US$ 435.666 de dentro do colchão e resolva jogar esses números. O que acontece?

A loteria sorteia seis números – digamos 4, 7, 10, 11, 34, 46. No improvável evento de que eles combinem exatamente com um de seus bilhetes, você ganhou a grande bolada. Mesmo que não, você ainda está na fila para ganhar uma saudável pilha de dinheiro por acertar cinco dos seis números. Você tem um bilhete com 4, 7, 10, 11, 34? *Um* dos bilhetes de Denniston é esse, então, o único jeito de você não ganhar é se o bilhete de Denniston com esses cinco números era 4, 7, 10, 11, 34, 47 ou 4, 7, 10, 11, 34, 48, e portanto foi para o lixo.

E quanto a uma combinação numérica diferente, como 4, 7, 10, 11, 46? Talvez você tenha tido azar da primeira vez, porque 4, 7, 10, 11, 34, 47 era um dos bilhetes de Denniston. Mas acontece que 4, 7, 10, 11, 46, 47 não pode estar na lista de Denniston, porque haveria cinco posições em comum com um bilhete que você já sabe que está lá. Em outras palavras, se o madito 47 não deixa você ganhar um prêmio da quina, não pode fazer você perder nenhum dos outros. O mesmo vale para 48. Assim, das seis possibilidades de acertar a quina:

4, 7, 10, 11, 34
4, 7, 10, 11, 46
4, 7, 10, 34, 46
4, 7, 11, 34, 46
4, 10, 11, 34, 46
7, 10, 11, 34, 46,

está *garantido* de que você tem pelo menos quatro delas entre seus bilhetes. Na verdade, se você comprar os 217.833 bilhetes de Denniston, terá:

2% de chance de acertar a grande bolada.
72% de chance de ganhar seis dos prêmios da quina.

24% de chance de ganhar cinco dos prêmios da quina.
2% de chance de ganhar quatro dos prêmios da quina.

Compare isso com a estratégia de Selbee, de usar Quick Pik para escolher bilhetes aleatoriamente. Nesse caso, há uma pequena chance, 0,3%, de ficar totalmente de fora dos prêmios da quina. Pior, há 2% de chance de tirar só um desses prêmios, 6% de tirar dois, 11% de tirar três e 15% de tirar quatro. Os retornos garantidos da estratégia de Denniston são substituídos pelo risco. Naturalmente esse risco tem seu lado positivo também. A equipe de Selbee tem 32% de chance de tirar mais que seis desses prêmios, o que é impossível se você escolher seus bilhetes de acordo com Denniston. O valor esperado dos bilhetes de Selbee é o mesmo que os de Denniston, ou de qualquer outra pessoa. Mas o método de Denniston protege o jogador dos ventos do acaso. Para jogar na loteria sem risco, não basta jogar centenas de milhares de bilhetes. Você tem de jogar as centenas de milhares de bilhetes *certas*.

Teria sido por causa dessa estratégia que a Random Strategies passava o tempo preenchendo as centenas de milhares de bilhetes à mão? Estariam usando o sistema de Denniston, desenvolvido no espírito de uma matemática completamente pura, para sugar dinheiro da loteria sem riscos para si mesmos? Esse é o ponto em que meu relato bate com a cara no muro. Consegui entrar em contato com Yuran Lu, mas ele não sabia exatamente como aqueles bilhetes haviam sido escolhidos. Disse-me apenas que tinham um "sujeito para consultar" nos alojamentos dos alunos que lidava com todas essas questões algorítmicas. Não posso ter certeza de que o sujeito usava o sistema de Denniston ou algo parecido. No entanto, se não usava, acho que ele deveria ter usado.

Ok, tudo bem, você pode jogar na loteria

A essa altura, já documentamos exaustivamente como a opção de jogar na loteria é quase sempre pobre em termos da quantia esperada, e como, mesmo nos raros casos em que o valor monetário esperado de um bilhete de loteria excede seu custo, exige-se grande cuidado para extrair o máximo possível de utilidade esperada dos bilhetes que você compra.

Isso deixa aos economistas com mentalidade matemática um fato inconveniente para explicar, o mesmo que deixou Adam Smith perplexo mais de duzentos anos atrás: loterias são muito, muito populares. A loteria não é o tipo de situação estudada por Ellsberg, na qual pessoas se defrontam com decisões contra chances desconhecidas e impossíveis de conhecer. A minúscula chance de ganhar na loteria está afixada aí para que todos vejam. O princípio de que as pessoas tendem a fazer escolhas que mais ou menos maximizem sua utilidade é um pilar da economia e faz um bom serviço para modelar o comportamento em tudo, desde práticas nos negócios até escolhas românticas. Mas não a loteria. Esse tipo de comportamento irracional é tão inaceitável para determinadas espécies de economistas quanto o valor irracional da hipotenusa era para os pitagóricos. Ele não se encaixa no modelo daquilo que pode ser. No entanto, ele é.

Os economistas são mais flexíveis que os pitagóricos. Em vez de afogar iradamente os portadores de más notícias, eles ajustam seus modelos de modo a se encaixar na realidade. Um relato popular foi fornecido pelos nossos velhos companheiros Milton Friedman e Leonard Savage, que propuseram a ideia de que os jogadores da loteria seguem uma rebuscada curva de utilidade, refletindo o que as pessoas pensam sobre riqueza em termos de classes, e não quantidades numéricas. Se você é um trabalhador de classe média que gasta cinco paus por semana em loteria e perde, essa escolha lhe custa um pouco de dinheiro, mas não altera sua posição de classe. Apesar da perda de dinheiro, a utilidade negativa é bastante próxima de zero. Mas se você *ganhar*, bom, isso desloca você para outro estrato da sociedade. Você pode pensar nisso como o modelo do "leito de morte" – no seu leito de morte, você vai se importar porque morreu com um pouquinho menos de dinheiro por ter jogado na loteria? Provavelmente não. Vai se importar em se aposentar aos 35 anos e passar o resto da vida praticando mergulho por ter ganhado o grande prêmio da loteria? Sim. Você vai dar importância a isso.

Num afastamento maior da teoria clássica, Daniel Kahnemann e Amos Tversky sugeriram que as pessoas em geral tendem a seguir um caminho diferente daquele imposto pelas exigências da curva de utilidade, não só quando Daniel Ellsberg lhes põe uma urna na frente da cara, mas no curso geral da vida. Sua "teoria do prospecto" (ou "teoria da perspectiva"), que posteriormente valeu o Prêmio Nobel a Kahnemann, agora é vista como o documento básico da economia comportamental, que visa a modelar com a maior fidelidade possível a maneira com que as pessoas *de fato* atuam, e não, segundo uma noção abstrata da racionalidade, como elas *deveriam* agir. Na teoria de Kahnemann-Tversky, as pessoas tendem a colocar mais peso em eventos de baixa probabilidade do que uma pessoa obediente aos axiomas de Von Neumann-Morgenstern. Assim, a sedução do pote de ouro excede o que permitiria um cálculo estrito da utilidade esperada.

Mas a explicação mais simples não requer muito halterofilismo teórico. É simples: comprar um bilhete de loteria, quer você ganhe ou não, é, de maneira inofensiva, um divertimento. Não um divertimento como umas férias no Caribe, nem como passar a noite dançando numa festa, porém, um divertimentozinho de US$ 2, que tal? É bem possível. Há motivos para se duvidar dessa explicação (por exemplo, os próprios apostadores de loteria tendem a citar a perspectiva de ganhar como a razão principal de se jogar), mas ela serve muito bem para explicar o comportamento que observamos.

Economia não é como física, e utilidade não é como energia. Ela não é conservativa, e uma interação entre dois seres pode deixar ambos com mais utilidade do que tinham no início. Essa é a visão ensolarada que o adepto do livre mercado tem da loteria. Ela não é um imposto regressivo, é um *jogo* no qual as pessoas pagam ao Estado uma pequena taxa por alguns minutos de entretenimento que o Estado pode prover de forma muito barata, e os recursos mantêm as bibliotecas abertas e a iluminação da rua funcionando. Exatamente como quando dois países transacionam entre si, as duas partes da transação levam vantagem.

Então, sim, jogue na loteria, se você se diverte jogando. A matemática lhe dá permissão!

No entanto, há problemas nesse ponto de vista. Eis novamente Pascal, uma opinião tipicamente morosa sobre a excitação de jogar:

> Este homem passa a vida sem se cansar de jogar todo dia por uma aposta baixa. Dê-lhe toda manhã o dinheiro que ele pode ganhar diariamente, na condição de não jogar; você o deixará infeliz. Talvez se diga que ele busca o divertimento do jogo, e não ganhar. Faça-o jogar por nada; ele não se empolgará com isso e se sentirá entediado. Então, não é só o divertimento que ele busca; um divertimento leve e desapaixonado o cansará. Ele precisa se excitar com isso, e se iludir com a fantasia de que ficará feliz em ganhar o que não aceitaria como presente sob a condição de não jogar.[15]

Pascal via os prazeres do jogo como algo desprezível. Desfrutados em excesso, eles podem ser prejudiciais. O raciocínio que endossa as loterias também sugere que os negociantes de metanfetamina e seus clientes desfrutam uma relação ganha-ganha similar. Pode-se dizer o que quiser sobre a metanfetamina, você não pode negar que ela é ampla e sinceramente apreciada.*

Que tal outra comparação? Em vez de drogados fissurados, pense em donos de pequenos negócios, o orgulho dos Estados Unidos. Abrir uma loja ou vender um serviço não é a mesma coisa que comprar um bilhete de loteria. Você tem alguma medida de controle sobre seu sucesso. Mas os dois empreendimentos têm algo em comum: para a maioria das pessoas, abrir um negócio é uma aposta ruim. Não importa quanto você acredita que o seu churrasco seja delicioso, quanto você espera que seu aplicativo seja inovador, quanto você pretende que suas práticas comerciais sejam agressivas, quase malignas – você tem muito mais probabilidade de fracassar que de ter êxito. Essa é a natureza do empreendedorismo: você pesa uma probabilidade muito, muito pequena de ganhar uma fortuna contra uma probabilidade modesta de ganhar algo que dê para viver, contra uma

* Não estou inventando esse argumento. Se você quiser examiná-lo na totalidade, veja a teoria do vício racional de Gary Becker e Kevin Murphy.

probabilidade substancialmente maior de perder seu dinheiro. Para uma proporção grande de empreendedores potenciais, quando você espreme os números, o valor financeiro esperado, como o de um bilhete de loteria, é menos que zero.

Empreendedores típicos (como fregueses de loteria típicos) superestimam suas chances de sucesso. Mesmo negócios que sobrevivem[16] em geral dão aos seus proprietários menos dinheiro do que ganhariam em salário trabalhando numa empresa já existente. No entanto, a sociedade se beneficia de um mundo no qual as pessoas, contrariando um julgamento mais sensato, abrem negócios. Queremos restaurantes, queremos barbeiros, queremos jogos nos smartphones. Será o empreendedorismo "um imposto sobre a estupidez"? Você seria chamado de louco se dissesse isso. Em parte porque nós valorizamos o dono de um negócio mais que valorizamos um jogador. É difícil separar nossos sentimentos morais em relação a uma atividade dos julgamentos que fazemos sobre sua racionalidade. Mas parte disso – a *maior* parte – é que a utilidade de dirigir um negócio, como a utilidade de comprar um bilhete de loteria, não é medida apenas em dinheiro esperado. O próprio ato de realizar um sonho, ou mesmo de tentar realizá-lo, é parte da recompensa.

Em todo caso, foi isso que James Harvey e Yuran Lu decidiram. Depois da queda do WinFall, mudaram-se para o Oeste e fundaram uma *startup* no Vale do Silício que vende sistemas de *chat* on-line para empresas. (A página contendo o perfil de Harvey menciona timidamente "estratégias de investimento não tradicionais" entre seus interesses.) Enquanto escrevo, eles ainda estão à procura de capital. Talvez consigam. Contudo, se não conseguirem, aposto que você os verá começarem de novo, valor esperado ou não, na esperança de que o próximo bilhete seja o vencedor.

PARTE IV

Regressão

Inclui: gênio hereditário; a maldição do Home Run Derby; arranjos de elefantes em filas e colunas; bertillonagem; a invenção do gráfico de dispersão; a elipse de Galton; estados ricos votam nos democratas, mas pessoas ricas votam nos republicanos; "É possível que o câncer de pulmão seja uma das causas do tabagismo?"; por que homens bonitões são tão babacas?

14. O triunfo da mediocridade

O COMEÇO DA DÉCADA DE 1930, como o período atual, foi uma época de introspecção para a comunidade de negócios americana. Alguma coisa tinha dado errado, até aí estava muito claro. Mas que tipo de coisa? A grande crise de 1929 e a subsequente depressão tinham sido uma catástrofe imprevisível? Ou a economia americana estaria sistematicamente furada?

Horace Secrist estava em posição tão boa quanto qualquer um para responder a essa pergunta. Ele era professor de estatística e diretor do Departamento de Pesquisa de Negócios na Northwestern University, especialista na aplicação de métodos quantitativos aos negócios e autor de um livro-texto de estatística amplamente usado por estudantes e executivos.[1] Desde 1920, anos antes da crise, ele vinha compilando meticulosamente estatísticas detalhadas sobre centenas de ramos de negócios, desde lojas de equipamentos até ferrovias e bancos. Secrist tabulava custos, total de vendas, despesas em salários e aluguel, todo e qualquer dado que pudesse obter, tentando localizar e classificar as misteriosas variações que faziam alguns negócios prosperar e outros, fracassar.

Assim, em 1933, quando Secrist estava pronto para revelar os resultados de sua análise, os acadêmicos e as pessoas da área empresarial estavam dispostos a ouvi-lo. Principalmente quando ele revelou a surpreendente natureza de seus resultados num volume de 468 páginas, ricamente ilustrado com tabelas e gráficos. Secrist não teve papas na língua: intitulou seu livro *The Triumph of Mediocrity in Business*.

"A mediocridade tende a prevalecer na condução dos negócios competitivos", escreveu Secrist. "Esta é a conclusão para a qual aponta inquestionavelmente este estudo dos custos (despesas) e lucros de milhares de firmas. Este é o preço que cobra a liberdade industrial (comercial)."[2]

Como Secrist chegou a essa conclusão tão nefasta? Em primeiro lugar, ele estratificou os negócios em cada setor, segregando cuidadosamente os vencedores (receita alta, custos baixos) dos ineficientes. As 120 lojas de vestuário estudadas por Secrist, por exemplo, foram primeiro classificadas pela relação entre vendas e custos, em 1916, e depois divididas em seis grupos, os "sextis", de vinte lojas cada. Secrist esperava ver as lojas do sextil superior consolidar seus ganhos ao longo do tempo, destacando-se ainda mais à medida que iam afiando suas habilidades já na liderança do mercado.

O que ele descobriu foi precisamente o contrário. Em 1922, as lojas de vestuário no sextil superior haviam perdido a maior parte da sua vantagem sobre a loja típica. Ainda eram melhores que a média, mas nem de longe eram excepcionais. E mais, o sextil inferior – as *piores* lojas – experimentou o mesmo efeito no sentido oposto, melhorando seu desempenho rumo à média. Qualquer que tivesse sido a genialidade que impulsionara as lojas do sextil superior para a excelência no desempenho, ela se esgotara quase inteiramente apenas em seis anos. A mediocridade triunfara.

Secrist descobriu o mesmo fenômeno em todos os outros setores de negócios. Lojas de equipamentos e maquinaria voltaram à mediocridade, e o mesmo ocorreu com as mercearias, não importava qual o critério de medida empregado. Secrist tentou mensurar as empresas pela relação entre salários e vendas, entre aluguel e vendas, e qualquer outra estatística econômica que pudesse ter às mãos. Não importava. Com o tempo, os líderes em performance começavam a parecer com, e a se comportar como, os membros da massa comum.

O livro de Secrist chegou como um balde de água fria sobre uma elite de negócios já em situação desconfortável. Muitos resenhistas viram nos gráficos e tabelas de Secrist a refutação numérica da mitologia que sustentava o empreendedorismo. Robert Riegel, da Universidade de Buffalo, escreveu:

> Os resultados confrontam o homem de negócios e o economista com um insistente, e em certo grau trágico, problema. Ainda que haja exceções para a regra geral, a concepção de uma batalha inicial, coroada com o sucesso para os capazes e eficientes, seguida de um longo período de colheita de recompensas, é meticulosamente dissipada.[3]

Que força estava puxando os casos extremos para o meio? Devia ter algo a ver com o comportamento humano, porque o fenômeno não parecia se exibir no mundo natural. Secrist, com característico detalhismo, havia realizado teste semelhante nas temperaturas médias de julho para 191 cidades dos Estados Unidos. As cidades mais quentes em 1922 ainda eram as mesmas em 1931.

Depois de décadas registrando estatísticas e estudando a operação do mundo dos negócios americano, Secrist achou que sabia a resposta. Ela estava embutida na natureza da própria competição, arrastando para baixo os negócios bem-sucedidos e promovendo os rivais incompetentes. Secrist escreveu:

> Liberdade completa para entrar no ramo de negócios e continuidade da concorrência significam a perpetuação da mediocridade. Novas firmas são recrutadas entre as relativamente "despreparadas" – pelo menos entre as inexperientes. Se algumas têm êxito, precisam ir ao encontro das práticas competitivas da classe, do mercado, à qual pertencem. Julgamento superior, senso mercantil e honestidade, porém, sempre estão à mercê de inescrupulosos, insensatos, mal-informados e imprudentes. O resultado disso é que o varejo está superlotado, as lojas são pequenas e ineficientes, o volume de negócios é inadequado, os custos relativamente altos, e os lucros, pequenos. Enquanto o campo de atividade tiver entrada livre – e tem –, enquanto a concorrência é "livre" – e, dentro dos limites sugeridos acima, ela é –, nem superioridade nem inferioridade tenderão a persistir. Ao contrário, a mediocridade tende a se tornar a regra. O nível médio da inteligência daqueles que conduzem os negócios é predominante e as práticas comuns a essa mentalidade tornam-se a regra.[4]

Você pode imaginar um professor numa escola de administração de empresas dizendo algo desse tipo hoje? É impensável. No discurso moderno, a concorrência do livre mercado é a lâmina purificadora que elimina igualmente os incompetentes e os "10% a menos que os de competência máxima". Firmas inferiores estão à mercê das melhores, não existe outro jeito.

Mas Secrist via o livre mercado, com suas firmas de diferentes tamanhos e níveis de capacidade empurrando-se mutuamente, algo como a escola de sala única que, em 1933, já vinha caindo em desuso. Conforme a descreve Secrist:

> Deviam-se educar alunos de todas as idades, de diferentes mentalidades e preparo, agrupados juntos numa única sala. Isso resultava, obviamente, em pandemônio, falta de estímulo e ineficácia. Depois, o senso comum indicou que eram desejáveis uma classificação, a graduação e o tratamento especial – correções que abriram caminho para a habilidade inata de se afirmar e para a superioridade criar resistência a fim de não ser diluída e dissolvida pela inferioridade.[5]

A última parte soa um pouquinho – bem, como posso dizer – como "Você consegue pensar em alguma *outra* pessoa em 1933 que estivesse falando da importância de seres superiores resistindo à diluição por seres inferiores?".

Dado o sabor da visão de Secrist sobre a educação, não surpreende que suas ideias sobre regressão à mediocridade descendessem das de Francis Galton, cientista britânico do século XIX que foi pioneiro da eugenia. Galton era o caçula de sete filhos e uma espécie de menino-prodígio. Sua enfermiça irmã mais velha, Adèle, assumiu sua educação como principal entretenimento. Galton era capaz de assinar o nome aos dois anos, e aos quatro já escrevia cartas como esta: "Eu posso fazer qualquer soma de adição e sei multiplicar por 2, 3, 4, 5, 6, 7, 8, 10. E também sei converter de cor as moedas.* Leio um pouco de francês e conheço o relógio."[6]

* Até 1971, a libra esterlina não tinha frações decimais. Ela era dividida em 20 shillings, e cada shilling era dividido em 12 pence. Daí a dificuldade de conversão. (N.T.)

Galton começou os estudos de medicina aos dezoito anos, porém, depois que seu pai morreu deixando-lhe uma fortuna substancial, viu-se de repente menos motivado a seguir uma carreira tradicional. Por algum tempo foi explorador, liderando expedições para o interior do continente africano. Mas a publicação histórica de *A origem das espécies*, em 1859, catalisou uma mudança drástica em seus interesses. Galton recordava-se de "ter devorado seu conteúdo e o assimilado com a mesma rapidez que os devorou".[7] Daí em diante, a maior parte do trabalho de Galton foi dedicada à hereditariedade das características humanas, tanto físicas quanto mentais. Esse trabalho o levou a um conjunto de preferências políticas que decididamente não são palatáveis do ponto de vista moderno. A Introdução de seu livro de 1869, *Hereditary Genius*, dá o tom:

> Proponho-me a mostrar neste livro que as habilidades naturais de um homem derivam da sua herança, exatamente com as mesmas limitações que a forma e as características físicas de todo o mundo orgânico. Consequentemente, não obstante essas limitações, como é fácil obter por cuidadosa seleção uma raça permanente de cães ou cavalos dotados de capacidade peculiar de correr, ou fazer qualquer outra coisa, da mesma maneira seria bastante praticável produzir uma raça altamente qualificada de homens por meio de casamentos acertados durante diversas gerações consecutivas.

Galton defendeu sua opinião num estudo detalhado de homens britânicos bem-sucedidos, de clérigos a lutadores, argumentando que ingleses notáveis tendem a ter, em medida desproporcional, parentes notáveis.* *Hereditary Genius* encontrou boa dose de resistência, em particular no clero. A visão de sucesso mundano puramente naturalista de Galton deixava pouco espaço para uma visão mais tradicional da Providência. Especialmente penosa era a alegação de Galton de que o sucesso em empreendimentos eclesiásticos

* Ele se desculpa na Introdução pela omissão de estrangeiros, comentando: "Eu gostaria de ter estudado especialmente as biografias de italianos e judeus, sendo que ambos parecem ricos em famílias de altas linhagens intelectuais."

estava sujeita à influência hereditária; que, como reclamou um resenhista,[8] "um homem pio deve sua piedade não tanto (como sempre acreditamos) à ação direta do Espírito Santo em sua alma, soprando como o vento onde é escutado, mas ao legado físico terreno, de seu pai, de uma constituição adaptada às emoções religiosas". Três anos depois, decerto Galton perdeu os amigos que eventualmente tinha nas instituições religiosas, quando publicou um breve artigo intitulado "Statistical inquiries into the efficacy of prayer".

Em contraste, o livro de Galton foi recebido com grande entusiasmo, até com uma aceitação acrítica por parte da comunidade científica vitoriana. Charles Darwin escreveu a Galton, em meio a um frenesi intelectual, antes mesmo de terminar de ler o livro:

> Down, Beckenham, Kent, S.E.
> 23 de dezembro
>
> Meu caro Galton,
> Li apenas cerca de cinquenta páginas do seu livro (até "Juízes"), mas tenho que respirar um pouco, caso contrário algo ruim pode se dar dentro de mim. Não acho que alguma vez na vida tenha lido algo mais interessante e original – e como você expõe bem e claramente cada ponto! George, que já terminou de ler o livro e se expressou exatamente nos mesmos termos, me diz que os capítulos iniciais não têm nada de interessante quando comparados aos últimos! Vou levar algum tempo para chegar a esses capítulos, pois o livro me é lido em voz alta pela minha esposa, que também está muito interessada. Você transformou um oponente em converso, em certo sentido, pois eu sempre sustentei que, excetuando os tolos, os homens não diferiam muito em intelecto, apenas em zelo e trabalho árduo; e ainda acho que essa é uma diferença importante. Eu o parabenizo por produzir aquilo que, estou convencido, irá se mostrar uma obra memorável. Aguardo com intenso interesse cada leitura, mas ela me leva a pensar tanto que a considero um trabalho muito difícil; mas isso é totalmente culpa de meu cérebro, e não de seu estilo lindamente claro.
>
> Sinceramente seu,
> Ch. Darwin

Para ser justo, Darwin pode ter sido tendencioso, sendo primo em primeiro grau de Galton. E mais, Darwin acreditava sinceramente que os métodos matemáticos ofereciam aos cientistas uma visão enriquecida do mundo, ainda que seu próprio trabalho fosse muito menos quantitativo que o de Galton. Darwin escreveu em suas memórias, refletindo sobre sua educação fundamental:

> Eu tentei a matemática e cheguei a estudar para entrar em Barmouth, durante o verão de 1828, com um professor particular (homem muito enfadonho), mas progredi vagarosamente. O trabalho me era repugnante, especialmente por não ser capaz de ver qualquer significado nos primeiros passos da álgebra. Essa impaciência foi uma tolice, e em anos posteriores me arrependi profundamente de não ter prosseguido o suficiente para pelo menos compreender alguma coisa dos grandes princípios básicos da matemática, pois os homens assim dotados parecem possuir um sentido extra.[9]

Em Galton, Darwin pode ter sentido que afinal estava vendo o início da biologia extrassensorial que ele não estava matematicamente equipado para lançar sozinho.

Os críticos de *Hereditary Genius* argumentavam que, enquanto as tendências hereditárias eram reais, Galton estava superestimando sua força em relação a outros fatores que afetavam o desempenho. Então Galton se dispôs a compreender a *extensão* na qual nossa herança parental determinava nosso destino. Mas quantificar o caráter hereditário da "genialidade" não era fácil. Como exatamente mensurar quanto seus ingleses notáveis eram notáveis? Decidido, Galton voltou-se para características humanas que pudessem ser dispostas com mais facilidade numa escala numérica, como a altura. Como Galton e todo mundo já sabia, pais altos tendem a ter filhos altos. Quando um homem de 1,85 metro e uma mulher de 1,75 metro se casam, os filhos e filhas têm propensão a ser mais altos que a média.

Mas agora eis a extraordinária descoberta de Galton: esses filhos *não* têm propensão a ser tão altos quanto seus pais. O mesmo vale para pais baixos, em sentido contrário – seus filhos tenderão a ser baixos, mas não tão baixos quanto eles próprios. Galton havia descoberto o fenômeno que hoje chamamos de *regressão à média*. Seus dados não deixavam dúvida de que aquilo valia.

"Por mais paradoxal que possa parecer à primeira vista", escreveu Galton em seu livro de 1889, *Natural Inheritance*, "teoricamente trata-se de um fato necessário,* e um fato que é claramente confirmado pela observação, de que a estatura do rebento adulto deve ser, ao todo, mais *medíocre* que a estatura de seus pais."

O mesmo deve valer, raciocinou Galton, para o desempenho mental. Isso está de acordo com a experiência comum: os filhos de um grande compositor, cientista ou líder político frequentemente sobressaem na mesma área, mas poucas vezes tanto quanto seu ilustre genitor. Galton observava o mesmo fenômeno que Secrist exporia nas operações de negócios. A excelência não persiste. O tempo passa, a mediocridade se instala.**

Mas há uma grande diferença entre Galton e Secrist: Galton era, intimamente, um matemático, Secrist não era. Assim, Galton compreendeu *por que* a regressão ocorria, enquanto Secrist ficou no escuro.

A altura, entendia Galton, era determinada por alguma combinação de características inatas e forças externas. Estas últimas podiam incluir ambiente, saúde infantil ou simplesmente o acaso. Eu tenho 1,82 metro, em parte, porque meu pai tem 1,82 metro, e eu possuo parte de seu material genético que promove a altura; mas também tive uma alimentação razoavelmente nutritiva quando criança e não passei por nenhuma das aflições incomuns que teriam brecado meu crescimento. Minha altura sem

---

* Nota técnica, porém importante. Quando Galton diz "necessário", está fazendo uso do fato biológico de que a distribuição da altura humana é aproximadamente a mesma de geração para geração. Teoricamente é possível não haver regressão, mas isso forçaria um aumento na variação, de modo que cada geração teria mais gigantes gigantescos e mais baixinhos diminutos.

** É difícil entender como Secrist, que tinha familiaridade com o trabalho de Galton sobre altura humana, conseguiu convencer a si mesmo de que a regressão à média era encontrada apenas em variáveis sob controle humano. Quando uma teoria realmente se assenta no seu cérebro, a evidência contraditória – mesmo a evidência que você já conhece – às vezes se torna invisível.

dúvida foi estimulada por sei lá que outras muitas experiências pelas quais passei dentro do útero e depois de nascer. Pessoas altas são altas porque sua hereditariedade as predispõe a serem altas, ou porque forças externas as estimulam a serem altas, ou ambas as coisas. Quanto mais alta a pessoa, mais provável é que *ambos* os fatores estejam apontando para cima.

Em outras palavras, pessoas tiradas dos segmentos mais altos da população quase certamente serão mais altas que sua predisposição genética poderia sugerir. Nasceram com bons genes, mas também receberam um impulso do ambiente e do acaso. Seus filhos compartilharão seus genes, mas não há razão para que os fatores externos voltem a conspirar para impulsionar sua altura acima da contribuição da hereditariedade. Em média, portanto, elas serão mais altas que a média das pessoas, mas não excepcionalmente, como seus pais varapaus. *É isto* que causa a regressão à média, não uma força misteriosa, amante da mediocridade, porém a simples atuação da hereditariedade interligada ao acaso. É por isso que Galton escreve que a regressão à média é "um fato teoricamente necessário". De início, o fato lhe veio como uma característica surpreendente dos dados, mas depois de ter compreendido o que se passava, ele viu que não havia possibilidade de ser de outra maneira.

O mesmo vale para os negócios. Secrist não estava errado em relação às firmas que tiveram os lucros mais gordos em 1922. É provável que estivessem incluídas entre as companhias mais bem-administradas de seus setores. Mas também tiveram sorte. Com o passar do tempo, sua administração pode muito bem ter se mantido superior em sensatez e discernimento. No entanto, as empresas que tiveram sorte em 1922 não possuíam probabilidade maior que as outras de ter sorte dez anos depois. E assim, com o passar dos anos, as companhias do sextil superior começam a cair no ranking.

Na verdade, quase qualquer condição na vida que envolva flutuações aleatórias no tempo está potencialmente sujeita ao efeito da regressão. Você já experimentou uma nova dieta de damasco com queijo cremoso e descobriu que perdeu 2 quilos? Tente se lembrar do instante em que resolveu emagrecer. Provavelmente foi um momento no qual o sobe e desce normal do seu peso estava no máximo da faixa habitual, porque esses são os tipos de hora em que você olha a balança ou sua barriga e diz: "Iiiih!, preciso fazer *alguma* coisa." Mas se o caso é este, então você podia muito bem ter perdido os 2 quilos de qualquer maneira, com ou sem damascos, com sua tendência de voltar ao peso normal. Você descobriu muito pouco sobre a eficácia da dieta.

Você poderia tentar enfrentar o problema com uma amostragem aleatória. Escolha duzentos pacientes ao acaso, verifique os que estão acima do peso e tente a dieta desses caras. Você estaria fazendo exatamente o que Secrist fez. O segmento mais pesado da população é muito parecido com o sextil superior nos negócios. Com certeza são mais propensos que a média a apresentar um problema consistente de peso. Mas têm *também* mais probabilidade de estar no alto de sua faixa de peso no dia em que você os pesa. Assim como as firmas de bom desempenho de Secrist se degradaram com o tempo, rumo à mediocridade, seus pacientes pesados perderão peso, seja a dieta efetiva ou não. É por isso que os melhores tipos de pesquisa sobre dieta não se limitam a estudar os efeitos de uma dieta só, eles comparam duas dietas para ver qual delas leva a maior perda de peso. A regressão à média deve afetar igualmente cada grupo de participantes de uma dieta, então, *essa* comparação é justa.

Por que o segundo romance de um escritor iniciante de sucesso, ou o segundo álbum de uma banda explosivamente popular, raras vezes é tão bom quanto o primeiro? Não porque, pelo menos não inteiramente, a maioria dos artistas só tem uma coisa a dizer. É porque o sucesso artístico é um amálgama de talento e fortuna, como tudo o mais na vida, e portanto está sujeito à regressão à média.*

Os *running-backs* – jogadores de futebol americano especialistas em correr com a bola rumo à linha de gol – que assinam contratos de muitos anos tendem a marcar menos jardas por corrida na temporada seguinte à

* Esses casos são complicados pelo fato de que os romancistas tendem a melhorar com a prática. O segundo romance de F. Scott Fitzgerald (será que você consegue lembrar o nome?) foi bastante ruim comparado com a estreia, *Este lado do paraíso*, porém, quando seu estilo amadureceu, ele mostrou que tinha sobrado um pouco de combustível no tanque.

assinatura.* Algumas pessoas alegam que é porque eles não têm mais incentivo financeiro para se esforçar em busca daquela jarda extra, e que o fator psicológico provavelmente desempenha algum papel aí. Mas importante também é que assinaram um grande contrato como resultado de terem tido um ano excepcionalmente bom. Seria esquisito se eles *não* regressassem a um nível mais comum de desempenho na temporada seguinte.

"No embalo"

Enquanto escrevo, em abril, começa a temporada de beisebol, quando todo ano somos contemplados com um buquê de novas histórias sobre que jogadores estão "no embalo" para realizar algum inimaginável feito de quebra de recorde. Hoje, na ESPN 1, fiquei sabendo que "Matt Kemp está com um início resplandecente, rebatendo 0,460 e no embalo de chegar a 86 *home runs,* 210 RBIs** e 172 corridas completadas".[10] Esses números de arregalar os olhos (ninguém na história da liga principal de beisebol jamais conseguiu mais do que 73 *home runs* numa temporada) são um exemplo típico de falsa linearidade. É como um problema só de palavras: "Se Márcia consegue pintar nove casas em dezessete dias, e ela tem 162 dias para pintar quantas casas conseguir..."

Kemp rebateu nove *home runs* nos primeiros dezessete jogos dos Dodgers, uma taxa de $9/17$ *home runs* por jogo. Um algebrista amador poderia escrever a seguinte equação linear:

$$H = J \times \left(\frac{9}{17}\right)$$

---

* Este fato, com sua interpretação, vem de Brian Burke, da Advanced NFL Stats, cuja exposição clara e atenção rigorosa ao bom senso estatístico deve servir de modelo para todas as análises esportivas sérias.

** *Home run*: corridas em que o jogador consegue dar a volta em todas as bases antes que a bola seja devolvida (às vezes nem chegando a ser devolvida); RBI (*run battled in*) é a corrida impulsionada, quando a rebatida gera alguma corrida, e a estatística é creditada ao rebatedor. (N.T.)

onde H é o número de *home runs* que Kemp rebaterá na temporada inteira e J o número de jogos do seu time. Uma temporada de beisebol tem 162 jogos. Quando se substitui J por 162, obtém-se 86 (ou melhor, 85,7647, mas 86 é o número inteiro mais próximo).

No entanto, nem todas as curvas são retas. Matt Kemp não rebaterá 86 *home runs* este ano. E é a regressão à média que explica por quê. Em qualquer ponto da temporada, é bem provável que o líder de *home runs* da liga seja um bom rebatedor de *home runs*. De fato, é claro, pelo histórico de Kemp, que existem qualidades intrínsecas nele que o capacitam a rebater uma bola usando o taco de beisebol com uma força digna de reverência. Mas o líder da liga em *home runs* também tem boa chance de ter tido sorte. O que significa que qualquer que seja seu ritmo na liderança, pode-se esperar que ele caia à medida que a temporada avança.

Ninguém na ESPN, para ser justo, acha que Matt Kemp irá rebater 86 *home runs*. Essas declarações "no embalo", quando são feitas em abril, geralmente são ditas num tom meio jocoso: "Claro que não vai, e *se* mantivesse este desempenho?" Contudo, à medida que o verão vai passando, a língua vai ficando mais e mais comprida, até que no meio da temporada as pessoas falam com bastante seriedade sobre usar uma equação linear para projetar as estatísticas do jogador até o fim do ano.

Mas continua sendo errado. Se há regressão à média em abril, há regressão à média em julho.

Jogadores de bola entendem isso. Derek Jeter, quando insistentemente perguntado sobre estar no embalo de quebrar o recorde de rebatidas na carreira de Pete Rose, disse ao *New York Times*: "Uma das piores frases no esporte é 'no embalo de'." Sábias palavras!

Vamos deixar isso menos teórico. Se eu estou liderando a American League em *home runs* na época da pausa para o jogo All-Star, quantos *home runs* devo esperar rebater no resto do caminho?

O intervalo para o All-Star divide a temporada de beisebol em "primeira metade" e "segunda metade", mas a segunda metade na verdade é um pouquinho mais curta: em anos recentes, entre 80% e 90% da primeira metade. Então, você pode esperar que eu rebata na segunda metade cerca de 85% dos *home runs* que rebati na primeira.*

Mas a história diz que essa é a coisa errada a se esperar. Para fazer uma ideia do que está ocorrendo de fato, consultei os líderes de *home runs* da primeira metade da American League[11] em dezenove temporadas entre 1976 e 2000 (excluindo os anos reduzidos por greves e aqueles em que houve empate na liderança da primeira metade.) Apenas três (Jim Rice em 1978, Ben Oglivie em 1980 e Mark McGwire em 1997) rebateram 85% do total da primeira metade após a pausa. E, para cada um deles, há um rebatedor como Mickey Tettleton, que liderava a liga com 24 *home runs* na pausa do All-Star de 1993 e conseguiu apenas oito no resto da temporada. Os molengões, em média, rebateram apenas 60% dos *home runs* na segunda metade em relação ao número de rebatidas que lhes valeu a liderança na primeira. Esse declínio não se deve à fadiga nem ao calor de agosto. Se assim fosse, você veria um declínio na produção de *home runs* similarmente grande na liga inteira. É simplesmente a regressão à média.

E ela não se restringe somente ao melhor rebatedor de *home runs* na liga. O Home Run Derby, que tem lugar todo ano durante a pausa do All-Star, é uma competição em que os melhores rebatedores do beisebol competem para rebater o máximo possível de bolas para a lua contra um lançador com prática. Alguns rebatedores se queixam de que as condições artificiais do Derby os fazem perder o *timing* e dificultam rebater *home runs* nas semanas que se sucedem ao intervalo da temporada: é a maldição do Home Run Derby. O *Wall Street Journal* publicou uma matéria de tirar o fôlego, "A misteriosa maldição do Home Run Derby", em 2009, que foi vigorosamente refutada por blogs de beisebol com orientação estatística. Isso não impediu o *Journal* de revisitar o mesmo terreno em 2011, com "A maldição do Grande Derby ataca novamente". Mas não existe maldição.

* Na realidade, o índice total de *home runs* parece cair ligeiramente na segunda metade, mas isso talvez seja porque no final da temporada há mais e mais novatos pegando no taco para rebater. Num conjunto de dados consistindo em rebatedores de *home runs* da elite, os índices de *home runs* da segunda metade e da primeira metade eram iguais (ver J. McCollum e M. Jaiclin, *Baseball Research Journal*, outono 2010).

Os participantes do Derby estão ali porque tiveram um início de temporada incrivelmente bom. A regressão exige que sua produção posterior, em média, não se mantenha no embalo que estabeleceram.

Quanto a Matt Kemp, ele lesionou um tendão em maio, perdeu um mês, e era um jogador diferente ao voltar. Terminou a temporada de 2012 não com os 86 *home runs* para os quais estava "no embalo", mas com 23.

Existe alguma coisa que faz a mente resistir à regressão à média. Queremos acreditar numa força que derruba o poderoso. Não é satisfatório o bastante aceitar o que Galton já sabia em 1889: os aparentemente poderosos raras vezes são tão poderosos quanto parecem.

Secrist encontra seu oponente

Esse ponto crucial, invisível para Secrist, não era tão obscuro para pesquisadores com mentalidade matemática mais acurada. Em contraste com as críticas geralmente respeitosas a Secrist, houve a famosa humilhação estatística[12] provocada por Harold Hotelling no *Journal of American Statistical Association* (*Jasa*). Hotelling era de Minnesota,[13] filho de um comerciante de feno, que foi para a faculdade estudar jornalismo e ali descobriu um extraordinário talento para a matemática. (Francis Galton, se tivesse ido adiante e estudado a hereditariedade de americanos notáveis, teria ficado contente em saber que, apesar da criação humilde de Hotelling, seus ancestrais incluíam um secretário da colônia da baía de Massachusetts e um arcebispo de Cantuária.) Como Abraham Wald, Hotelling começou na matemática pura, escrevendo uma dissertação de doutorado em Princeton sobre topologia algébrica. Ele seguiria adiante para liderar o Grupo de Pesquisa Estatística em Nova York – o mesmo lugar onde Wald explicou ao Exército que devia blindar os locais do avião onde não havia furos de balas. Em 1933, quando saiu o livro de Secrist, Hotelling era um jovem professor em Columbia que já dera importantes contribuições para a estatística teórica, especialmente em relação a problemas econômicos. Dizia-se que ele gostava de jogar Banco Imobiliário de cabeça; tendo memorizado o tabuleiro e as frequências dos vários cartões de Sorte e Comunidade, este era um simples exercício de geração aleatória de números e contabilidade mental. Isso deve dar uma ideia dos poderes mentais de Hotelling e do tipo de coisa de que ele gostava.

Hotelling era totalmente dedicado à pesquisa e à geração de conhecimento, e deve ter visto em Secrist algum tipo de parentesco espiritual. "O trabalho de compilação e de coleta direta de dados", escreveu ele com simpatia, "deve ter sido gigantesco."

E aí vem a martelada.[14] O triunfo da mediocridade observado por Secrist, aponta Hotelling, é mais ou menos automático sempre que estudamos uma variável que é afetada tanto por fatores estáveis quanto pela influência do acaso. As centenas de tabelas e gráficos de Secrist "não provam nada além de que as relações em questão têm uma tendência a flutuar". O resultado da exaustiva investigação de Secrist é "matematicamente óbvio a partir de considerações gerais, e não necessita da vasta acumulação de dados aduzidos para prová-lo". Hotelling demonstra sua questão com uma única e decisiva observação. Secrist acreditava que a regressão à mediocridade resultava do efeito corrosivo das forças da competição ao longo do tempo; a competição levara as lojas do topo da lista em 1916 a se situarem acima da média em 1922. Mas o que acontece se você seleciona as lojas com melhor performance em 1922? Como na análise de Galton, essas lojas provavelmente foram boas e tiveram sorte. Se você voltar o relógio para 1916, qualquer que seja, a boa administração intrínseca que elas possuem ainda deve estar em vigor, mas a sorte pode ser totalmente diferente. Essas lojas estarão, caracteristicamente, mais perto de medíocres em 1916 do que em 1922. Em outras palavras, se a regressão à média, como pensou Secrist, fosse o resultado natural das forças competitivas, essas forças teriam de *trabalhar para trás no tempo, assim como para a frente.*

A crítica de Hotelling é polida, porém firme, num tom mais de tristeza que de raiva. Ele tenta explicar a um distinto colega, da maneira mais delicada possível, que ele perdeu dez anos de sua vida. Mas Secrist não entendeu a dica. A edição seguinte do *Jasa* publicou sua agressiva carta de resposta, apontando algumas compreensões errôneas na crítica de Hotelling, contudo, de forma geral, uma espetacular demonstração de não ter entendido nada. Secrist insistia novamente que a regressão à mediocridade não era uma mera generalidade estatística, mas algo particular aos "dados afetados por pressão competitiva e controle gerencial". A essa altura, Hotelling deixa de ser simpático e diz as coisas sem rodeios. Escreve ele em resposta:

> A tese do livro, quando corretamente interpretada, é essencialmente trivial. ... "Provar" tal resultado matemático por meio de um custoso e prolongado estudo numérico de relações de lucros e despesas em muitos tipos de negócio é análogo a provar a tabuada da multiplicação com arranjos de elefantes em filas e colunas, e aí fazer a mesma coisa para vários outros tipos de animal. A execução, embora talvez interessante e dotada de certo valor pedagógico, não é uma contribuição importante nem para a zoologia nem para a matemática.

O triunfo da mediocridade no tempo de trânsito oral-anal

É difícil culpar Secrist em demasia. O próprio Galton levou uns vinte anos para apreender plenamente o significado da regressão à média, e muitos cientistas posteriores entenderam mal Galton, assim como Secrist. O biometrista Walter F.R. Weldon, que fizera nome mostrando que os achados de Galton sobre a variação em traços humanos valiam também para o camarão, disse numa palestra de 1905 sobre o trabalho de Galton:

> Os poucos biólogos que tentaram usar seus métodos deram-se ao trabalho de compreender o processo pelo qual ele foi levado a adotá-los. Nós ouvimos constantemente a regressão ser mencionada como uma propriedade peculiar dos seres vivos, em virtude da qual as variações têm sua intensidade reduzida durante a transmissão de pai para filho e a espécie é mantida de acordo com o modelo. Essa visão pode parecer plausível àqueles que simplesmente consideram que o desvio dos filhos em relação

> à média é menor que o de seus pais; mas se tais pessoas se lembrassem do fato igualmente óbvio de que existe também uma regressão de pais em relação a filhos, de modo que pais de crianças anormais de modo geral são menos anormais que seus filhos, teriam de atribuir essa característica da regressão a uma propriedade vital pela qual os filhos são capazes de reduzir a anormalidade dos pais, ou então reconhecer a natureza real do fenômeno que estão tentando discutir.[15]

Os biólogos ficam ansiosos para mostrar que a regressão vem da biologia; os teóricos de administração, como Secrist, querem que ela venha da competição; os críticos literários a atribuem à exaustão criativa. Mas não é nada disso. Ela é matemática.

Ainda assim, a despeito das súplicas de Hotelling, de Weldon e do próprio Galton, a mensagem ainda não foi totalmente absorvida. Não é só a página de esportes do *Wall Street Journal* que a entende errado. O mesmo ocorre com os cientistas. Um exemplo particularmente vívido vem de um artigo no *British Medical Journal*, em 1976,[16] sobre o tratamento da diverticulite com farelo. (Eu tenho idade suficiente para me lembrar de 1976, quando os entusiastas da saúde falavam do farelo com o tipo de reverência de que os ácidos graxos ômega-3 e os antioxidantes hoje desfrutam.) Os autores registraram o "tempo de trânsito oral-anal" de cada paciente – isto é, a duração de tempo que uma refeição levava no corpo entre entrada e saída – antes e depois do tratamento com farelo. Descobriram que este último tem efeito notavelmente regularizador.

> Todos aqueles com tempos rápidos desaceleravam para 48 horas; ... aqueles com trânsitos médios não mostravam alteração; ... e aqueles com tempos de trânsito lentos tendiam a acelerar para 48 horas. Logo, o farelo tendia a modificar os trânsitos iniciais tanto lentos como rápidos para um período médio de 48 horas.

Isso é precisamente o esperável se o farelo não tivesse efeito algum. Formulando de maneira delicada, todos nós temos nossos dias rápidos e nossos dias lentos, independentemente do nosso nível subjacente de saúde intestinal. É provável que um trânsito inusitadamente rápido na segunda-feira será seguido de um tempo de trânsito mais perto da média na terça, com ou sem farelo.*

E aí existe a ascensão e queda do Scared Straight,** um programa que levava delinquentes juvenis para passeios em prisões onde os detentos os advertiam dos horrores que os aguardavam caso não abandonassem imediatamente o comportamento criminoso. O programa original, implantado na Prisão Estadual Rahway, de Nova Jersey, foi exibido num documentário ganhador do Oscar, em 1978, e logo gerou imitações em todos os Estados Unidos e até em locais distantes como a Noruega. Os adolescentes deliravam com o chute moral no traseiro que levavam no Scared Straight. Carcereiros e presos adoravam a oportunidade de contribuir com algo positivo para a sociedade. O programa ressoava com um senso popular, profundamente arraigado, de que a indulgência exagerada por parte dos pais e da sociedade era culpada pela delinquência juvenil. Mais importante, o Scared Straight funcionava. Um programa representativo, em Nova Orleans, reportou que os participantes eram detidos com a metade da frequência anterior após o Scared Straight.

Exceto que não funcionava. Os delinquentes juvenis são como as lojas de mau desempenho de Secrist: selecionados não ao acaso, mas em virtude de serem os piores de sua espécie. A regressão nos diz que os jovens de pior comportamento este ano provavelmente ainda terão problemas de comportamento no ano que vem, *mas não tanto assim*. O declínio na taxa de detenções é exatamente o que seria de esperar se o Scared Straight não tivesse efeito nenhum.

---

* Os autores fazem menção à existência da regressão: "Ainda que esse fenômeno pudesse ser meramente atribuído à regressão à média, concluímos que o aumento de ingestão de fibra tem ação fisiológica genuína em desacelerar o trânsito rápido e acelerar o trânsito lento em pacientes acometidos de diverticulite." De onde vem essa conclusão, à parte da fé no farelo, é difícil dizer.

** *Scare*: "assustar", "apavorar"; *straight:* "direito", "comportado"; o nome significa algo do tipo "assustar para fazer se comportar direito". (N.T.)

O que não quer dizer que o Scared Straight fosse completamente ineficaz. Quando o programa foi submetido a testes aleatórios,[17] com um subgrupo de delinquentes juvenis selecionados ao acaso passando pelo Scared Straight e então comparados com os jovens restantes, que não haviam participado, os pesquisadores descobriram que o programa *aumentava* o comportamento antissocial. Talvez devesse se chamar Scared Stupid.

15. A elipse de Galton

Galton havia mostrado que a regressão à média atuava sempre que o fenômeno em estudo era influenciado pelo jogo das forças do acaso. Mas qual a intensidade dessas forças em comparação com o efeito da hereditariedade?

Para ouvir o que os dados estavam lhe dizendo, Galton teve de colocá-los numa forma gráfica, que lhe revelasse mais que uma coluna de números. Mais tarde ele recordou: "Comecei com uma folha de papel quadriculada, com uma escala horizontal no alto, como referência para as estaturas dos filhos, e outra lateral de cima para baixo, para as estaturas dos pais, e aí punha uma marca a lápis no ponto apropriado da estatura de cada filho em relação à de seu pai."[1]

Esse método de visualizar os dados é o descendente espiritual da geometria analítica de René Descartes, que nos pede que pensemos em pontos no plano como pares de números, uma coordenada x e uma coordenada y, juntando álgebra e geometria num abraço apertado no qual estão agarradas desde então.

Cada par pai-filho tem um par de números a ele associado, ou seja, a altura do pai seguida da altura do filho. Meu pai tem 1,82 metro e eu também – 182 centímetros, cada um –, então, se fizéssemos parte do conjunto de dados de Galton teríamos sido anotados como (182,182). E Galton teria registrado nossa existência fazendo uma marca na sua folha de papel com coordenada x 182 e coordenada y 182. Cada dupla de pai e filho, nos volumosos registros de Galton, requeria uma marca diferente no papel, até que, no fim, a folha contivesse um vasto chuveiro de pontos representando toda a gama da variação de estatura. Galton inventara o tipo de gráfico que hoje chamamos de *gráfico de dispersão*.*

Gráficos de dispersão são espetacularmente bons para revelar a relação entre duas variáveis. Basta olhar qualquer revista científica contemporânea, e você verá grande quantidade deles. O fim do século XIX foi uma espécie de idade do ouro da visualização de dados. Em 1869, Charles Minard fez seu famoso gráfico mostrando o encolhimento do Exército de Napoleão em seu trajeto para a Rússia e a subsequente retirada, muitas vezes chamado o maior gráfico de dados já feito. Por sua vez, ele descendia do gráfico coxcomb ("crista de galo") de Florence Nightingale,** mostrando em termos visuais que a maioria dos soldados britânicos na Guerra da Crimeia havia sido morta por infecções, e não pelos russos.

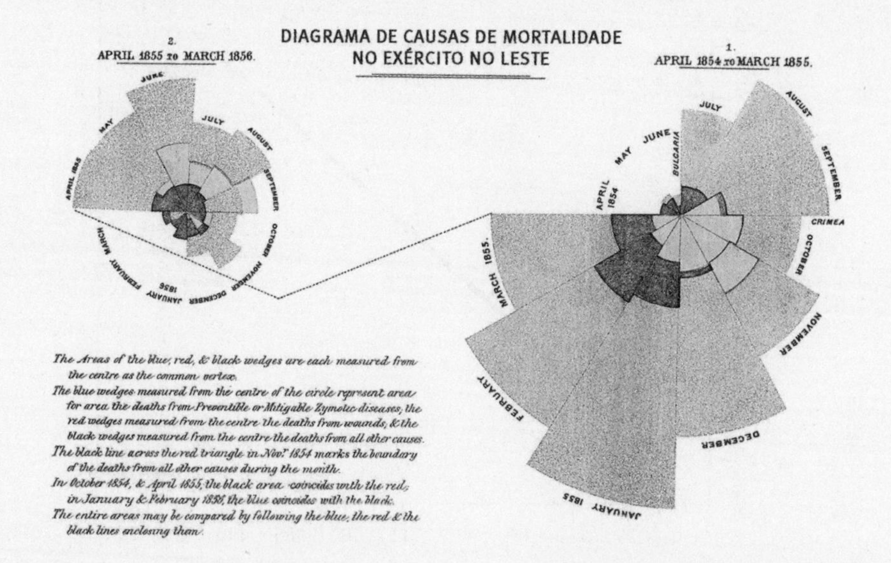

* Ou pelo menos reinventou: o astrônomo John Herschel construiu uma espécie de gráfico de dispersão em 1833 para estudar as órbitas de estrelas binárias. Aliás, este não é o mesmo Herschel que descobriu Urano – o descobridor foi seu pai, William Herschel. Ingleses notáveis e seus parentes notáveis! Todo o material sobre a história do gráfico de dispersão apud Michael Friendly e Daniel Denis, "The early origins and development of the scatterplot", *Journal of the History of the Behavioral Sciences*, v.41, n.2, primavera 2005, p.103-30.

** O que Florence Nightingale realmente chamou de *coxcomb* era o livreto contendo o gráfico, não o gráfico propriamente dito, mas todo mundo passou a adotar coxcomb, e agora é tarde demais para mudar.

O coxcomb e o gráfico de dispersão jogam com nossos potenciais cognitivos. Nosso cérebro é meio ruim para observar colunas de números, mas absolutamente genial para localizar padrões e informações num campo de visão bidimensional.

Em alguns casos, isso é fácil. Por exemplo, suponha que todo filho e seu pai tivessem alturas *iguais*, como acontece comigo e com meu pai. Isso representa uma situação em que o acaso não desempenha nenhum papel, e a sua estatura é completamente determinada pelo seu patrimônio. Todos os pontos no gráfico de dispersão teriam coordenadas x e y iguais; em outras palavras, eles ficariam sobre a diagonal cuja equação é $x = y$.

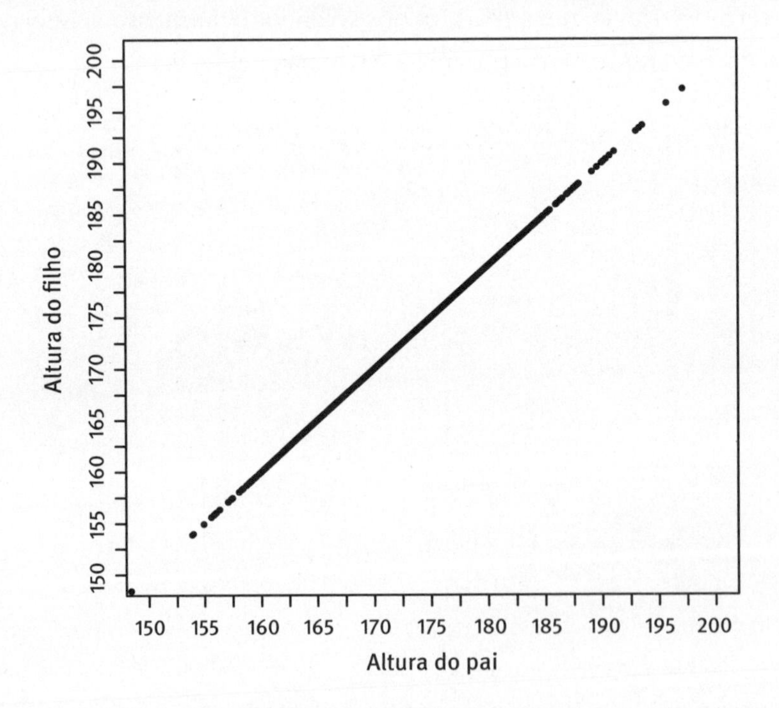

Note que a densidade dos pontos é maior perto do meio e menor perto dos extremos. Há mais homens com 1,73 metro (173 centímetros) que com 1,82 metro ou 1,60 metro.

E no extremo oposto, quando as alturas de pais e filhos são totalmente independentes? Nesse caso, o gráfico de dispersão ficaria mais ou menos assim:

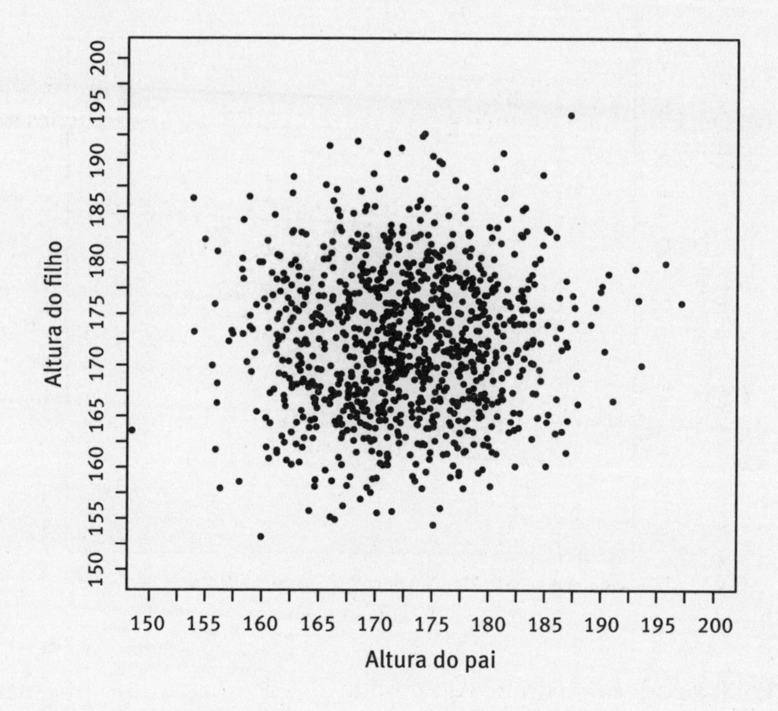

Esse quadro, ao contrário do primeiro, não mostra nenhuma tendência na direção da diagonal. Se você restringir sua atenção aos filhos cujos pais tinham 1,82 metro (182 centímetros), correspondendo à fatia vertical na metade direita do gráfico, os pontos que medem a altura dos filhos ainda estão centrados em 1,73 metro. Dizemos que a *expectativa condicional* da altura do filho (isto é, a altura que ele terá em média, dado que seu pai tenha 1,82 metro) é a mesma que a *expectativa incondicional* (a altura média dos filhos computada sem nenhuma restrição quanto ao pai). É esse o aspecto que teria tido a folha de papel de Galton se não houvesse nenhuma diferença hereditária afetando a altura. É a regressão à média na sua forma mais intensa, os filhos de pais altos *regridem todo o caminho* até a média e acabam não sendo mais altos que os filhos dos baixinhos.

Mas o gráfico de dispersão de Galton não tinha o aspecto de nenhum desses dois casos extremos. Em vez disso, era algo intermediário:

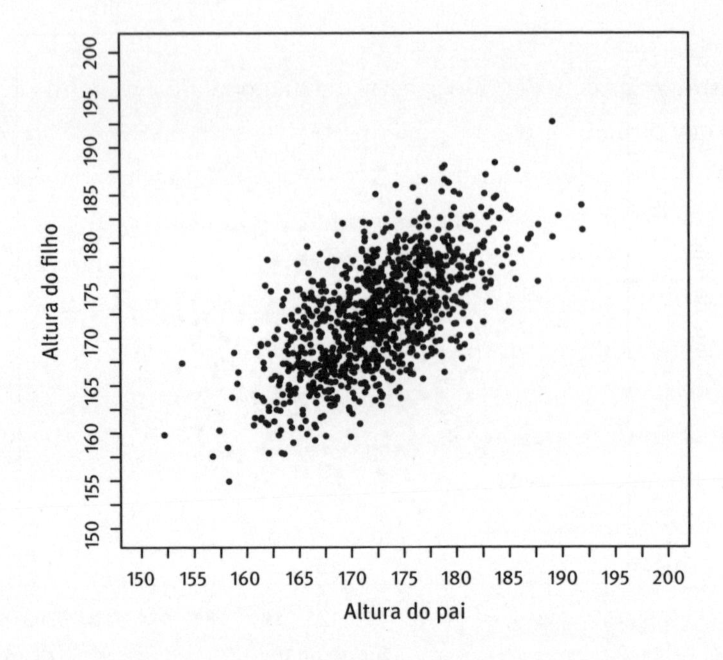

Qual a posição no gráfico do filho médio de um pai com 1,82 metro? Desenhei uma fatia vertical para mostrar quais pontos do gráfico de dispersão correspondem a esses pares pais-filhos.

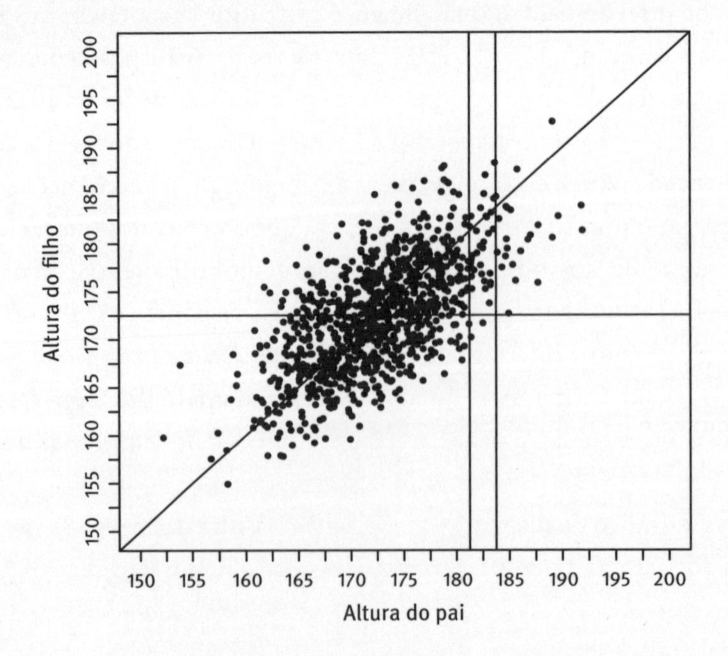

Você pode ver que os pontos próximos da fatia do "pai de 1,82 metro" estão mais concentrados abaixo da diagonal do que acima dela, de modo que os filhos são em média mais baixos que os pais. De outro lado, os pontos apresentam claramente uma tendência a cair, em sua maioria, acima de 1,73 metro, a altura do homem médio. No conjunto de dados mostrados no gráfico, a altura média desses filhos é um pouco abaixo de 1,80 metro: mais altos que a média, mas não altos como o pai. Você está olhando para um *quadro* de regressão à média.

Galton logo observou que seus gráficos de dispersão, gerados pela inter-relação entre hereditariedade e acaso, tinham uma estrutura geométrica que podia ser qualquer coisa, menos aleatória. Eles pareciam inscritos, mais ou menos, numa elipse, tendo como centro o ponto onde tanto pai quanto filho possuíam a altura média.

A forma de elipse inclinada dos dados fica bastante clara nos dados brutos na tabela reproduzida do artigo de Galton intitulado "Regression toward mediocrity in hereditary stature", de 1886. Veja a figura formada pelas entradas diferentes de zero na tabela a seguir. A tabela também deixa claro que eu não contei toda a história acerca do conjunto de dados de Galton. Por exemplo, sua coordenada y não é "altura do pai", mas "a média da altura do pai com 1,08 vez a altura da mãe",* o que Galton chamou de "*mid-parent*", que pode ser traduzido livremente como "média do casal de pais".

Na verdade Galton fez mais. Com cuidado, ele desenhou curvas no gráfico, ao longo das quais a densidade dos pontos era aproximadamente constante. Curvas desse tipo são chamadas *curvas isopléticas*, que ligam pontos de igual valor (o prefixo latino *iso* significa "igual" ou "o mesmo"). Essas curvas são bem familiares para você, ainda que você nem sempre saiba seu nome. Se você pegar um mapa dos Estados Unidos e desenhar uma curva passando por todas as cidades onde hoje a temperatura máxima é exatamente 25 graus, 10 graus ou qualquer outro valor fixado,

* Esse fator 1,08 serve para fazer as alturas das mães se ajustarem aproximadamente às dos pais, de modo que as alturas de ambos possam ser medidas na mesma escala.

NÚMERO DE FILHOS ADULTOS DE VÁRIAS ESTATURAS NASCIDOS DE 205 CASAIS DE VÁRIAS ESTATURAS*
(Todas as alturas femininas foram multiplicadas por 1,08)

Alturas dos casais em polegadas	Alturas dos filhos adultos														Número total de		Medians
	Abaixo	62.2	63.2	64.2	65.2	66.2	67.2	68.2	69.2	70.2	71.2	72.2	73.2	Acima	Filhos adultos	Casais de pais	
Acima ..	..	..	..	..	..	..	..	..	..	..	..	1	3	..	4	5	..
72.5	..	..	..	..	..	..	..	1	2	1	2	7	2	4	19	6	72.2
71.5	..	..	..	..	1	3	4	3	5	10	4	9	2	2	43	11	69.9
70.5	1	..	1	..	1	1	3	12	18	14	7	4	3	3	68	22	69.5
69.5	..	..	1	16	4	17	27	20	33	25	20	11	4	5	183	41	68.9
68.5	1	..	7	11	16	25	31	34	48	21	18	4	8	..	219	49	68.2
67.5	..	3	5	14	15	36	38	28	38	19	11	4	..	..	211	38	67.6
66.5	..	3	3	5	2	17	17	14	13	4	..	..	..	..	78	20	67.2
65.5	1	..	9	5	7	11	11	7	7	5	2	1	..	..	66	12	66.7
64.5	1	1	4	4	1	5	5	..	2	..	..	..	..	..	23	5	65.8
Abaixo ..	1	..	2	4	1	2	2	1	1	..	..	..	..	..	14	1	..
Totais ..	5	7	82	59	48	117	188	120	167	99	64	41	17	14	928	205	..
Medians ..	..	..	66.3	67.8	67.9	67.7	67.9	68.3	68.5	69.0	69.0	70.0	..	..	..	..	..

NOTA: Ao calcular as Medians, as entradas foram tomadas referindo-se ao meio dos quadrados em que estão. A razão de os cabeçalhos variarem 62.2, 63.2, ..., em vez de 62.5, 63.5, ..., é que as observações estão desigualmente distribuídas entre 62 e 63, 63 e 64, e assim por diante, havendo forte tendência em favor de polegadas inteiras. Após cuidadosa consideração, concluí que os cabeçalhos, conforme adotados, satisfaziam mais as condições. Essa desigualdade não era aparente no caso dos casais de pais.

* Optamos por reproduzir a tabela como a original, mantendo os mesmo valores em polegadas, uma vez que o que importa para o autor é examinar a figura formada pelos dados. O termo "median" provavelmente se refere à "média", e não à "mediana" como a utilizamos atualmente. (N.R.T.)

obterá as familiares curvas de temperatura num mapa climático: são curvas especiais, chamadas *curvas isotérmicas* ou *isotermas*. Um mapa climático realmente detalhado pode também incluir *curvas isobáricas*, ligando pontos de mesma pressão barométrica, ou curvas *isonéficas*, de igual nebulosidade. Se medirmos a altitude, em vez da temperatura, teremos as *curvas de nível*, às vezes também chamadas de *isoípsas*. O mapa a seguir contém curvas isopléticas que mostram a média anual de tempestades de neve pelos Estados Unidos:[2]

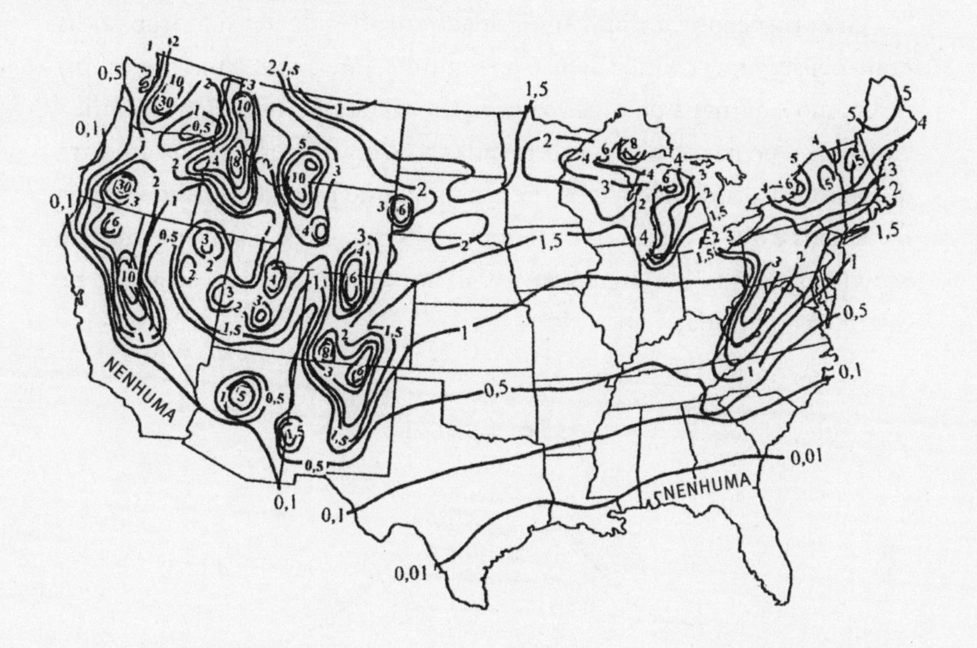

A curva isoplética não foi invenção de Galton. O primeiro mapa de isopléticas já publicado[3] foi produzido em 1701 por Edmond Halley, o Astrônomo Real Britânico, que vimos pela última vez quando explicava ao rei como fixar corretamente o preço das anuidades.* Navegadores já

* As curvas isopléticas remontam a muito tempo antes disso. As primeiras que conhecemos foram as curvas isobáticas (de profundidade constante) desenhadas em mapas de rios e ancoradouros, que retrocedem até pelo menos 1584. Mas Halley parece ter inventado a técnica independentemente, e com toda a certeza a popularizou.

sabiam que o norte magnético e o norte verdadeiro nem sempre coincidem. Compreender exatamente como e onde as discordâncias apareciam era uma questão crucial para as viagens oceânicas terem sucesso. As curvas no mapa de Halley eram *isogônicas*, mostrando aos marinheiros onde as discrepâncias ente o norte magnético e o norte verdadeiro eram constantes. Os dados baseavam-se em medições feitas por Halley a bordo do *Paramore*, que cruzou diversas vezes o Atlântico com o próprio Halley ao leme. (Esse sujeito realmente sabia como manter-se ocupado no intervalo entre os cometas.)

Galton encontrou uma regularidade surpreendente: suas isopléticas eram elipses, uma contida dentro da seguinte, todas com o mesmo centro. Era como um mapa de nível de uma montanha perfeitamente elíptica, com o pico no par de alturas observadas com mais frequência na amostra de Galton: a altura média tanto para pais quanto para filhos. A montanha nada mais é que a versão tridimensional do chapéu de gendarme que De Moivre estudara. Em linguagem atual, nós a chamamos de bivariada de distribuição normal.

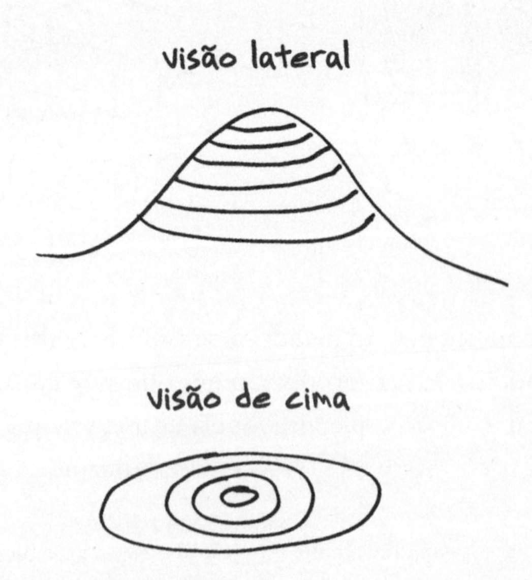

Quando a altura do filho não tem a menor relação com a altura dos pais, como no segundo gráfico de dispersão examinado, as elipses de Galton são todas círculos, e o gráfico tem um aspecto aproximadamente redondo. Quando a altura do filho é completamente determinada pela hereditariedade, sem nenhum elemento de acaso envolvido, como no primeiro gráfico, os dados se distribuem ao longo de uma reta, que poderia ser pensada como uma elipse que ficou a mais elíptica possível. Entre os extremos, temos elipses de vários níveis de afilamento. Esse afilamento, que os geômetras clássicos chamam de *excentricidade* da elipse, é uma medida de quanto a altura do pai determina a do filho. Uma excentricidade alta significa que a hereditariedade é possante e a regressão à média é fraca; uma excentricidade baixa significa o contrário, que a regressão à média predomina. Galton chamou essa medida de *correlação*, termo que ainda usamos. Se a elipse de Galton é quase redonda, a correlação é próxima de zero; quando a elipse é afilada, alinhada ao longo do eixo nordeste-sudoeste, a correlação fica próxima de um. Por meio da excentricidade – uma grandeza geométrica pelo menos tão antiga quanto o trabalho de Apolônio de Perga no século III AEC – Galton descobrira um modo de medir a associação entre duas variáveis, e ao fazê-lo solucionara um problema no desenvolvimento da biologia do século XIX: a quantificação da hereditariedade.

Uma atitude cética apropriada agora exige que você pergunte: e se o gráfico de dispersão *não* tiver aspecto de elipse? E aí? Há uma resposta pragmática: os gráficos de dispersão de conjuntos de dados da vida real frequentemente se distribuem em elipses aproximadas. Isso nem sempre ocorre, mas se dá com frequência suficiente para tornar a técnica amplamente aplicável. Observamos o aspecto que tem o gráfico da parcela de eleitores que votou em John Kerry em 2004 em relação à parcela que Obama obteve em 2008. Cada ponto representa um único distrito da Câmara:

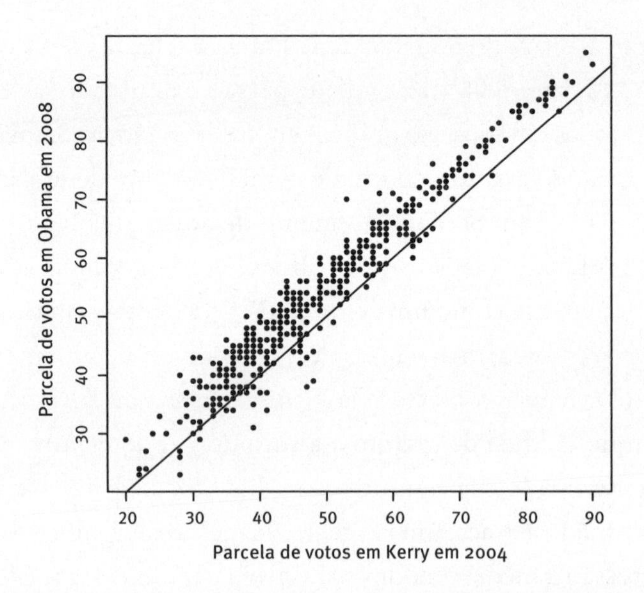

A elipse é clara de se ver, e é bastante afilada. A parcela de votos em Kerry está altamente correlacionada ao voto em Obama. O gráfico flutua visivelmente *acima* da diagonal, refletindo o fato de Obama, de forma geral, ter se saído melhor que Kerry.

Um gráfico de vários anos de variações diárias do preço das ações do Google e da GE tem a seguinte aparência:

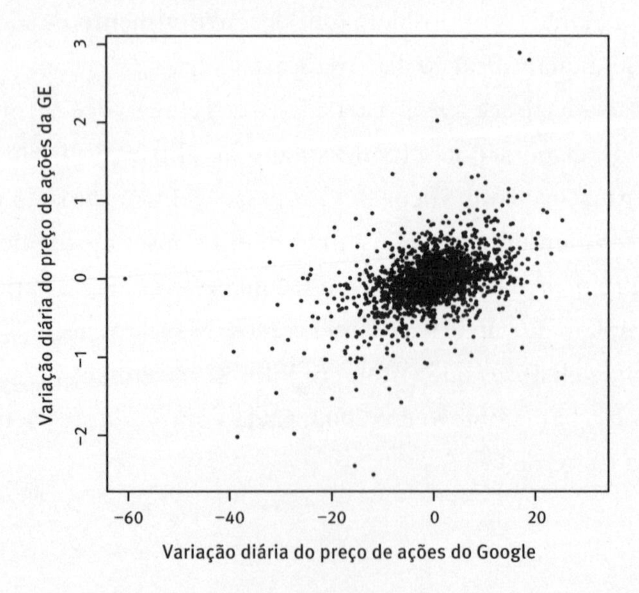

Eis um quadro que já vimos, a pontuação média em exames do ensino médio em relação a despesas de ensino para um grupo de faculdades da Carolina do Norte:

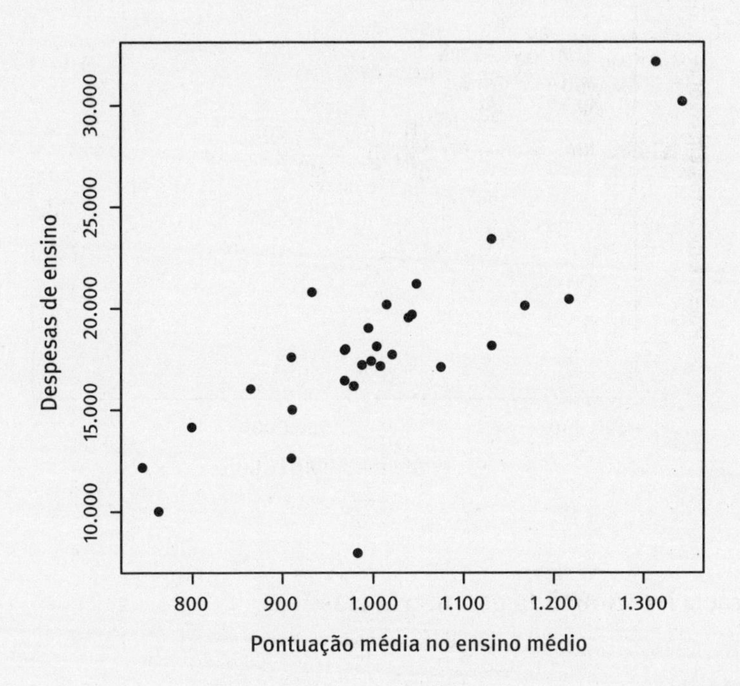

E aqui estão os cinquenta estados americanos[4] dispostos num gráfico (página seguinte) de dispersão segundo a renda média e a parcela de votos para George W. Bush na eleição presidencial de 2004; os ricos estados liberais, como Connecticut, estão embaixo, do lado direito, e os estados republicanos, com recursos mais modestos, estão na parte superior esquerda.

Esses conjuntos de dados vêm de fontes muito diferentes, mas os quatro gráficos de dispersão se arranjam no mesmo formato vagamente elíptico apresentado pela altura de pais e filhos. Nos três primeiros casos, a correlação é *positiva*: um aumento numa das variáveis é associado a um aumento na outra, e a elipse está disposta de nordeste a sudoeste. No último quadro, a correlação é negativa: em geral, estados ricos tendem a se inclinar para os democratas, e a elipse aponta de noroeste para sudeste.

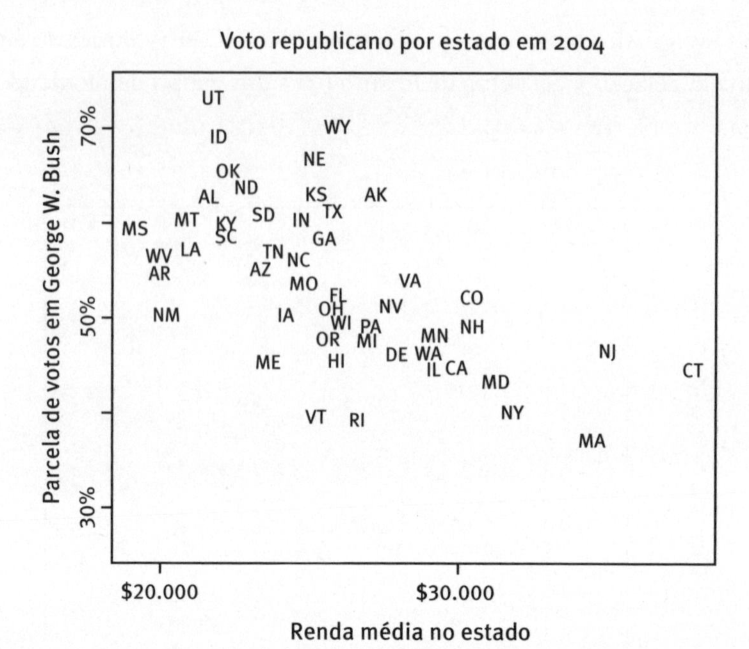

A eficácia irracional da geometria clássica

Para Apolônio e os geômetras gregos, elipses eram *seções cônicas*: superfícies obtidas cortando-se um cone ao longo de um plano. Kepler mostrou (embora a comunidade astronômica tenha levado algumas décadas para aceitar) que os planetas percorriam órbitas elípticas, e não circulares, como se pensava antes. Agora, a mesmíssima curva surge como a forma natural englobando a altura de pais e filhos. Por quê? Não porque haja algum cone oculto governando a hereditariedade, e que, quando cortado no ângulo certo, produz as elipses de Galton. Nem porque alguma forma de gravidade genética impõe a forma elíptica dos gráficos de Galton via leis newtonianas da mecânica.

A resposta está numa propriedade fundamental da matemática – em certo sentido, a mesma propriedade que tem tornado a matemática tão magnificamente útil para os cientistas. Em matemática há muitos,

muitos objetos complicados, e apenas alguns simples. Então, se você tem um problema cuja solução admite uma descrição matemática simples, *há apenas algumas poucas possibilidades de solução*. As entidades matemáticas mais simples são portanto ubíquas, forçadas a desempenhar tarefas múltiplas como solução para todos os tipos de problema científico.

As curvas mais simples são as retas. Está claro que as retas estão por toda parte na natureza, desde as arestas dos cristais até as trajetórias de corpos em movimento na ausência de força. As mais simples das curvas *seguintes* são aquelas definidas por equações quádricas,* ** nas quais não mais que duas variáveis são sempre multiplicadas entre si. Assim, elevar uma variável ao quadrado, ou multiplicar duas variáveis diferentes, é permitido, mas elevar uma variável ao cubo, ou multiplicar uma variável pelo quadrado da outra, é estritamente proibido. Curvas dessa classe, inclusive as elipses, ainda são chamadas de seções cônicas em deferência à história. No entanto, os geômetras algebristas de visão mais progressista as chamam de *quádricas*.*** Há montes de equações quádricas: qualquer uma que tenha a forma

$$\mathrm{A}\,x^2 + \mathrm{B}\,xy + \mathrm{C}\,y^2 + \mathrm{D}\,x + \mathrm{E}\,y + \mathrm{F} = 0,$$

para alguns valores das seis constantes A, B, C, D, E e F. (O leitor que queira pode verificar que nenhum tipo de expressão algébrica é permitido, sujeito à nossa exigência de que só podemos multiplicar duas variáveis entre si, jamais três.) Isso parece ser uma porção de escolhas – na verdade, infinitas! Mas essas quádricas, se nos ativermos a duas va-

* Pode-se também argumentar em favor de curvas de crescimento exponencial, que são tão ubíquas quanto as seções cônicas.

** A diferença de nomenclatura em relação aos países de língua inglesa gera diferença na tradução (no original, *quadratic*); o termo "quadrática" no Brasil é quase universalmente aplicado a curvas do tipo $y = ax^2 + b$, que gera uma parábola no plano. (N.R.T.)

*** De acordo com a definição, as curvas quádricas são superfícies de segundo grau no espaço, correspondendo a funções em três variáveis, mas nunca multiplicando mais de duas entre si (o que inclui variáveis elevadas ao quadrado – daí o nome). (N.R.T.)

riáveis x e y, acabam caindo em três classes principais: elipses, parábolas e hipérboles.* ** Eis a aparência delas:

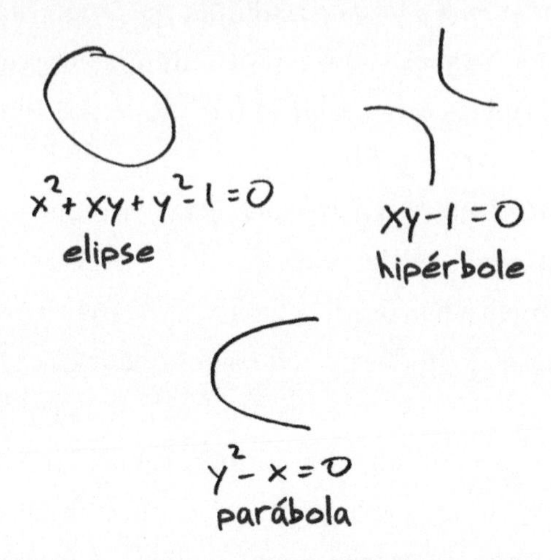

Encontramos essas três curvas repetidas e repetidas vezes como solução de problemas científicos, não só nas órbitas dos planetas, mas nos desenhos ideais de espelhos curvos, nos arcos dos projéteis e na forma do arco-íris.

Ou mesmo para além da ciência. Meu colega Michael Harris, distinto teórico dos números do Institut de Mathématiques de Jussieu, em Paris, tem uma teoria de que três dos principais romances de Thomas Pynchon[5] são governados pelas três seções cônicas: *O arco-íris da gravidade* é sobre parábolas (todos aqueles foguetes lançados e que caem!); *Mason e Dixon*, sobre elipses; e *Contra o dia*, sobre hipérboles. Para mim, essa parece uma teoria organizadora desses romances tão boa quanto qualquer outra que eu tenha encontrado. Decerto Pynchon, que se graduou em física e adora

* Na verdade, há alguns casos extras, como a curva com a equação $xy = 0$, que é um par de retas cruzando-se no ponto (0,0). Elas são consideradas "degeneradas", e não falaremos sobre elas aqui.

** Se admitirmos três variáveis estaremos tratando com superfícies com um pouco mais de variedade: elipsoide, elipsoide de revolução (caso particular do elipsoide), esfera (caso particular do elipsoide de revolução), paraboloide elíptico, paraboloide de revolução (caso particular do paraboloide elíptico), paraboloide hiperbólico, hiperboloide de uma folha, hiperboloide de duas folhas, cone, cilindro elíptico, cilindro circular, cilindro hiperbólico, cilindro parabólico. (N.R.T.) .

fazer referências em seus romances a fitas de Möbius e quatérnions, sabe muito bem o que são as seções cônicas.

Galton observou que as curvas por eles desenhadas à mão pareciam elipses, mas não era geômetra o bastante para ter certeza de que era exatamente esta curva a responsável, e não alguma outra figura de formato mais ou menos ovoide. Estaria ele permitindo que seu desejo de uma teoria universal e elegante afetasse sua percepção dos dados que havia coletado? Não seria o primeiro nem o último cientista a cometer esse erro. Galton, cuidadoso como sempre, buscou o conselho de J.D. Hamilton Dickson, matemático de Cambridge. Chegou a ponto de ocultar a origem de seus dados, apresentando o problema como se fosse oriundo da física, para evitar predispor Dickson no sentido de uma conclusão específica. Para seu deleite, Dickson rapidamente confirmou que a elipse era não só a curva sugerida pelos dados, mas a curva exigida pela teoria. Escreveu ele:

> O problema pode não ser difícil para um matemático talentoso, mas eu decerto jamais senti um fulgor de lealdade e respeito para com a soberania e o grande alcance da análise matemática como quando sua resposta chegou, confirmando, por puro raciocínio matemático, minhas várias e laboriosas conclusões estatísticas, com muito mais minúcia do que eu ousara esperar, porque os dados se mostravam um tanto grosseiros, e eu tive de apará-los com delicada cautela.[6]

Bertillonagem

Galton logo compreendeu que a ideia de correlação não se limitava ao estudo da hereditariedade; aplicava-se a *qualquer* par de qualidades que pudessem conter alguma relação entre si.

Acontece que Galton estava de posse de uma maciça base de dados referentes a medições anatômicas, do tipo que estavam na moda no fim do século XIX, graças ao trabalho de Alphonse Bertillon. Este era um criminologista francês com o espírito muito semelhante ao de Galton. Dedicava-se a uma visão rigorosamente quantitativa da vida humana, confiante nos benefícios que tal abordagem podia produzir.* Em particular, Bertillon estava perplexo pelo modo fortuito e não sistemático com que a polícia francesa identificava suspeitos de crimes. Seria melhor e mais moderno, raciocinou Bertillon, anexar a cada celerado francês uma série de medidas numéricas: comprimento e largura da cabeça, comprimento dos dedos e dos pés, e assim por diante. No sistema de Bertillon, cada suspeito detido era medido e seus dados preenchidos em cartões e armazenados para uso futuro. Se o mesmo homem fosse novamente apanhado, identificá-lo era simples questão de pegar o medidor, registrar seus números e compará-los com os cartões no arquivo. "Aha, senhor 15-6-56-42, achou que ia se safar, não é?" Você pode substituir seu nome por um pseudônimo, mas não há pseudônimo para o formato da cabeça.

O sistema de Bertillon, tão de acordo com o espírito analítico da época, foi adotado pela Prefeitura de Polícia de Paris em 1883, e logo se espalhou pelo mundo. No seu auge, a *bertillonagem* tinha domínio sobre todos os departamentos de polícia, de Bucareste a Buenos Aires. "O gabinete de Bertillon", escreveu Raymond Fosdick em 1915, "tornou-se a marca distintiva da organização policial moderna."[7] No seu tempo, a prática era tão comum e incontroversa nos Estados Unidos que o juiz Anthony Kennedy a mencionou em sua opinião majoritária no caso Maryland vs. King, em 2013, permitindo aos estados tirar amostras de DNA de detidos por assalto à mão armada. Na opinião de Kennedy, uma sequência de DNA era simplesmente mais uma sequência de dados pontuais anexados a um suspeito, uma espécie de cartão de Bertillon do século XXI.

Galton perguntou-se: seria a escolha de medições de Bertillon a melhor possível? Ou seria possível identificar suspeitos com mais exatidão fazendo-se ainda outras medições? O problema, Galton deu-se conta, é

* Com todo seu entusiasmo por dados, porém, Bertillon estragou o maior caso que lhe chegou às mãos. Ele ajudou a condenar Alfred Dreyfus por traição, com uma fajuta "prova geométrica" de que a carta em que havia a oferta de se venderem documentos franceses tinha sido escrita na caligrafia de Dreyfus. Ver L. Schneps e C. Colmez, *A matemática nos tribunais*, op.cit., para um relato completo do caso e do desafortunado envolvimento de Bertillon.

que as medidas corporais não são inteiramente independentes. Se você já mediu as mãos de um suspeito, será que você realmente precisa medir também os seus pés? Você sabe o que dizem sobre homens de mãos grandes: seus pés, estatisticamente falando, também têm probabilidade de ser maiores que a média. Então, a adição do comprimento dos pés não acrescenta tanta informação ao cartão de Bertillon quanto seria de esperar. Adicionar mais e mais medições – se forem mal escolhidas – pode fornecer retornos cada vez mais reduzidos.

Para estudar esse fenômeno Galton fez outro gráfico de dispersão, dessa vez de altura versus "cúbito",[8] a distância do cotovelo até a ponta do dedo médio. Para sua perplexidade, viu o mesmo padrão elíptico que surgira a partir da altura de pais e filhos. Mais uma vez, ele demonstrara graficamente que as duas variáveis, altura e cúbito, estavam *correlacionadas*, mesmo que uma não determinasse estritamente a outra. Se duas medidas estão altamente correlacionadas (como o comprimento do pé esquerdo e comprimento do pé direito), há pouco sentido em perder tempo registrando os dois números. As melhores medidas a serem tiradas são aquelas que não estão correlacionadas. E as correlações relevantes poderiam ser computadas a partir da vasta lista de dados antropométricos que Galton já havia coletado.

Acontece que a ideia da correlação de Galton não resultou em uma melhoria ampla do sistema de Bertillon. Isso em grande parte se deu por causa do próprio Galton, que defendia um sistema concorrente, a datiloscopia – o que hoje chamamos de impressões digitais. Como o sistema de Bertillon, as impressões digitais reduziam um suspeito a uma lista de números ou símbolos que podiam ser marcados sobre um cartão, classificados e arquivados. Mas as impressões digitais tinham certas vantagens óbvias; as digitais de um criminoso muitas vezes estavam acessíveis para medição em circunstâncias nas quais o próprio criminoso não se encontrava presente. Esse problema foi vividamente demonstrado pelo caso de Vincenzo Peruggia, que roubou a *Mona Lisa* do Louvre, numa ousada ação em plena luz do dia, em 1911. Peruggia já havia sido preso em Paris, mas seu cartão de Bertillon, devidamente registrado, arquivado segundo comprimentos e larguras de suas várias características físicas, não foi de grande serventia. Tivessem os cartões incluído informação datiloscópica, as impressões deixadas por Peruggia na moldura descartada da *Mona Lisa* o teriam identificado imediatamente.*

Aparte: correlação, informação, compressão, Beethoven

Menti um pouquinho sobre o sistema de Bertillon. Na verdade, ele não registrava o valor numérico exato de cada característica física, mas apenas se era pequena, média ou grande. Quando você mede o comprimento do dedo, divide os criminosos em três grupos: dedos pequenos, dedos médios e dedos grandes. E aí, quando você mede o cúbito, divide cada um desses três grupos em três subgrupos, de modo que os criminosos acabam se dividindo em nove, ao todo. Ao fazer cinco medições no sistema básico de Bertillon, dividimos os criminosos em

$$3 \times 3 \times 3 \times 3 \times 3 = 3^5 = 243$$

grupos, e para cada um desses 243 há sete opções de olho e cor de cabelo. Assim, no final, Bertillon classificava os suspeitos em $3^5 \times 7 = 1.701$ minúsculas categorias. Quando se prendem mais de 1.701 pessoas, algumas categorias inevitavelmente conterão mais de um suspeito; mas a quantidade de gente em cada categoria é provavelmente bem pequena, diminuta o bastante para que um gendarme percorra os cartões e ache uma fotografia combinando com o homem acorrentado à sua frente. Se você se preocupasse em acrescentar outras medidas, triplicando o número de categorias toda vez que o fizesse, facilmente criaria categorias tão pequenas que não haveria dois criminosos – e, sob esse aspecto, dois franceses de qualquer tipo – partilhando o mesmo código de Bertillon.

* Em todo caso, é assim que Fosdick conta a história em "The passing of the Bertillon system of identification". Como no caso de qualquer crime famoso do passado, há um grande aumento de incerteza e teoria da conspiração em torno do roubo da *Mona Lisa*, e outras fontes contam histórias diferentes sobre o papel das impressões digitais.

É um artifício hábil acompanhar algo complicado como a forma de um ser humano com uma curta corrente de símbolos. O artifício não se limita à fisionomia humana. Sistema semelhante, chamado código de Parsons,* é usado para classificar melodias musicais. Eis como ele funciona. Pegue uma melodia – uma que todos conheçamos, como "Hino à alegria", de Beethoven, o glorioso final na Nona Sinfonia. Marcamos a primeira nota com um *. E para cada nota posterior, marca-se um dos três símbolos seguintes: **u**, se a nota em questão sobe em relação à nota anterior, **d**, se ela desce, ou **r**, se se repete a nota que veio antes. As primeiras duas notas do "Hino à alegria" são iguais, então você começa com ***r**. Então uma nota mais alta seguida por outra mais alta ainda: ***ruu**. Em seguida repete-se esta última nota mais alta, e aí vem uma sequência de quatro descidas. O código para todo esse segmento de abertura é ***ruurdddd**.

Não é possível repetir o som da obra-prima de Beethoven a partir do código de Parsons, da mesma forma que não se pode esboçar o retrato de um assaltante de bancos a partir de suas medidas de Bertillon. Mas se você tem um gabinete cheio de músicas categorizadas pelo código de Parsons, a sequência de símbolos faz um belo serviço na identificação de determinada melodia. Se, por exemplo, você tem o "Hino à alegria" na cabeça, mas não se lembra do nome, pode entrar num website como a Musipedia e digitar ***ruurdddd**. Essa breve sequência basta para reduzir as possibilidades ao "Hino à alegria" ou *Concerto para piano n.12* de Mozart. Se você assobiar para si mesmo meras dezessete notas, há

$$3^{16} = 3 \times 3 \times 3 \times 3 \times 3 \times 3 \times 3 \times 3 \times 3 \times 3 \times 3 \times 3 \times 3 \times 3 \times 3 \times 3 = 43.046.721$$

diferentes códigos de Parsons. Isso decerto é mais que a quantidade de melodias já gravadas, e faz com que seja bastante raro duas canções com o mesmo código. Toda vez que você adiciona um símbolo novo, está multiplicando o número de códigos por três; e, graças ao milagre do crescimento exponencial, um código bastante breve lhe dá uma capacidade estarrecedoramente alta de discriminar duas canções.

---

* Leitores de certa idade podem gostar de saber que o Parsons que inventou o código era pai de Alan Parsons, que gravou "Eye in the sky".

Mas há um problema. Voltando a Bertillon, e se descobríssemos que os homens que chegam à delegacia de polícia sempre têm cúbitos na mesma categoria que seus dedos? Então, o que parecem ser nove alternativas para as primeiras duas medidas na verdade são apenas três: dedo pequeno/cúbito pequeno, dedo médio/cúbito médio, dedo grande/cúbito grande; ⅔ das gavetas no gabinete de Bertillon ficam vazios. O número total de categorias na realidade não é 1.701, e sim meros 567, com uma correspondente redução da nossa capacidade de distinguir um criminoso de outro. Outra maneira de pensar isso é: achávamos que fazíamos cinco medições, mas, dado que o cúbito combina exatamente com a mesma informação que o dedo, na realidade fazíamos apenas quatro. É por isso que o número de cartões possíveis é reduzido de $7 \times 3^5 = 1.701$ para $7 \times 3^4 = 567$. (Lembrando que o 7 conta as possibilidades de cor de cabelo e dos olhos.) Mais relações entre as medidas tornariam o número efetivo de categorias ainda menor e o sistema de Bertillon ainda mais fraco.

A grande sacada de Galton foi que a mesma coisa se aplica ainda que o comprimento do dedo e o comprimento do cúbito não sejam *idênticos*, mas apenas *correlacionados*. Correlações entre as medidas tornam o código de Bertillon menos informativo. Mais uma vez, a aguçada percepção de Galton forneceu-lhe uma espécie de presciência intelectual. O que ele captou foi, em forma embrionária, um modo de pensar que viria a ser totalmente formalizado apenas meio século depois, por Claude Shannon, na sua teoria da informação. Como vimos no Capítulo 13, a medida formal da informação concebida por Shannon era capaz de fornecer limites para a rapidez com que bits podiam fluir através de um canal ruidoso. De forma muito parecida, a teoria de Shannon fornece um meio de captar a extensão na qual uma correlação entre variáveis reduz a capacidade de informação de um cartão. Em termos modernos diríamos que, quanto mais correlacionadas as medidas, menos informação (no sentido exato de Shannon) transmite um cartão de Bertillon.

Hoje, embora Bertillon tenha sumido, a ideia de que a melhor maneira de registrar a identidade é uma sequência de números adquiriu total predominância. Vivemos num mundo de informação digital. E a percepção de que a correlação reduz a quantidade efetiva de informação surgiu como princípio organizador central. Uma fotografia, que costumava ser um padrão de pigmentos numa folha de papel quimicamente revestida, agora é uma sequência de números, cada qual representando o brilho e a cor de um pixel. Uma imagem captada numa câmera de 4 megapixels é uma lista de 4 milhões de números – o que é uma capacidade de memória nada pequena para o dispositivo que está batendo a foto. Mas esses números são altamente correlacionados entre si. Se um pixel é verde brilhante, o vizinho tem probabilidade de ser também. A informação real contida na imagem é muito inferior a 4 milhões de números – e é precisamente esse fato que possibilita* a *compressão*, a tecnologia matemática que permite que imagens, vídeos, músicas e textos possam ser armazenados em espaços muito menores do que se poderia imaginar. A presença de correlação torna a compressão possível. *Realizá-la* envolve ideias muito mais modernas, como a teoria de ondaletas (*wavelets*) desenvolvida nas décadas de 1970 e 1980 por Jean Morlet, Stéphane Mallat, Yves Meyer, Ingrid Daubechies e outros. A área da sensação comprimida está se desenvolvendo muito depressa. Teve início em 2005, com um artigo de Emmanuel Candès, Justin Romberg e Terry Tao, e logo se tornou um subcampo ativo da matemática aplicada.

O triunfo da mediocridade no clima

Ainda existe uma ponta solta que precisamos amarrar. Vimos como a regressão à média explica o "triunfo da mediocridade" que Secrist descobriu. E quanto ao triunfo da mediocridade que Secrist *não* observou? Quando registrou as temperaturas das cidades americanas, ele descobriu que as mais quentes, em 1922, ainda eram as mais quentes em 1931. Essa observação é crucial para seu argumento de que a regressão em

* Tudo bem, não é literalmente apenas uma questão de correlações entre pares de pixels, mas acaba se reduzindo à quantidade de informação (no sentido de Shannon) transmitida pela imagem.

empreendimentos nos negócios era algo específico da conduta humana. Se a regressão à média é um fenômeno universal, por que as temperaturas também não a seguem?

A resposta é simples. Seguem, sim.

A tabela a seguir mostra as temperaturas médias em janeiro, medidas em graus Fahrenheit, em treze estações de clima no sul de Wisconsin, sendo que duas delas não estão a mais de uma hora de carro uma da outra.*

	Jan 2011	Jan 2012
Clinton	15,9	23,5
Cottage Grove	15,2	24,8
Fort Atkinson	16,5	24,2
Jefferson	16,5	23,4
Lake Mills	16,7	24,4
Lodi	15,3	23,3
Aeroporto de Madison	16,8	25,5
Arboreto de Madison	16,6	24,7
Madison, Charmany	17,0	23,8
Mazomanie	16,6	25,3
Portage	15,7	23,8
Richland Center	16,0	22,5
Stoughton	16,9	23,9

* Mantivemos as temperaturas em graus Fahrenheit porque interessa aqui a comparação das unidades, e não propriamente as temperaturas. Lembra-se ao leitor interessado a fórmula de conversão de temperatura Fahrenheit para Celsius: $T_C = 0{,}55\ (T_F - 32)$, onde T_C e T_F são, respectivamente, as temperaturas Celsius e Fahrenheit. Para que se tenha uma ideia da faixa dessas temperaturas, o gráfico a seguir vai de uma mínima aproximada de –9,5°C no eixo horizontal a uma máxima aproximada de –3,5°C no eixo vertical (inverno no hemisfério norte). (N.T.)

Quando se faz um gráfico de dispersão no estilo de Galton dessas temperaturas, vê-se em geral que as cidades de temperaturas mais altas em 2011 tendiam a ter também as temperaturas mais altas em 2012.

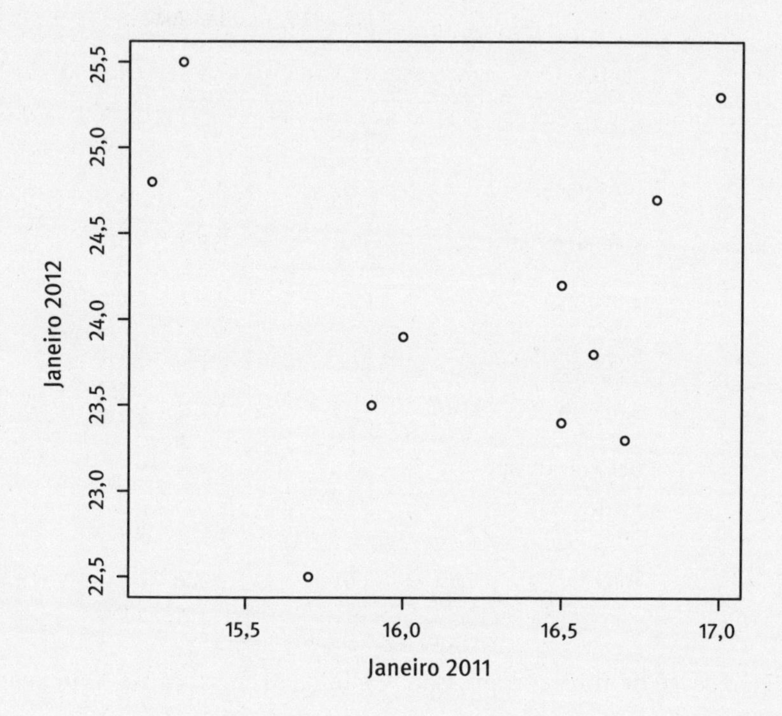

Mas as três estações de temperaturas mais altas em 2011 (Charmany, aeroporto de Madison e Stoughton) acabaram sendo: a mais quente, a sétima mais quente e a oitava mais quente em 2012. Ao mesmo tempo, as três estações mais frias em 2011 (Cottage Grove, Lodi e Portage) tiveram temperaturas relativamente mais altas. Portage empatou como a quarta mais fria, Lodi era a segunda mais fria e Cottage Grove, em 2012, esteve na realidade mais quente que a maioria das outras cidades. Em outras palavras, os grupos "mais quente" e "mais frio" moveram-se em direção ao meio, exatamente como as lojas de equipamentos de Secrist.

Por que Secrist não viu esse efeito? Porque escolheu suas estações de clima de maneira diferente. Suas cidades não se restringiam a um pequeno punhado no Meio-Oeste, mas estavam muito mais espalhadas. Suponha que observemos as temperaturas de janeiro na região da Califórnia, em vez de Wisconsin:*

	Jan 2011	Jan 2012
Eureka	48,5	46,6
Fresno	46,6	49,3
Los Angeles	59,2	59,4
Riverside	57,8	58,9
San Diego	60,1	58,2
São Francisco	51,7	51,6
San Jose	51,2	51,4
San Luis Obispo	54,5	54,4
Stockton	45,2	46,7
Truckee	27,1	30,2

Não se vê nenhuma regressão. Os lugares frios, como Truckee, no alto da Serra Nevada, continuam frios, e os lugares quentes, como San Diego e Los Angeles, continuam quentes. Se pusermos essas temperaturas num gráfico de dispersão, obtemos um quadro bem diferente (ver tabela a seguir).

A elipse galtoniana em torno desses pontos seria realmente muito estreita. As diferenças que você vê nas temperaturas na tabela refletem o fato de que alguns lugares na Califórnia são simplesmente mais frios que outros, e as diferenças subjacentes entre as cidades sobrepujam a possibilidade de flutuação de ano para ano. Na linguagem de Shannon, diríamos que há montes de sinais e não tanto ruído. Para as cidades do centro-sul

* Variação das temperaturas em graus Celsius no gráfico a seguir, neste caso igual para ambos os eixos: mínima: 1°C, máxima: 15,5°C. (N.T.)

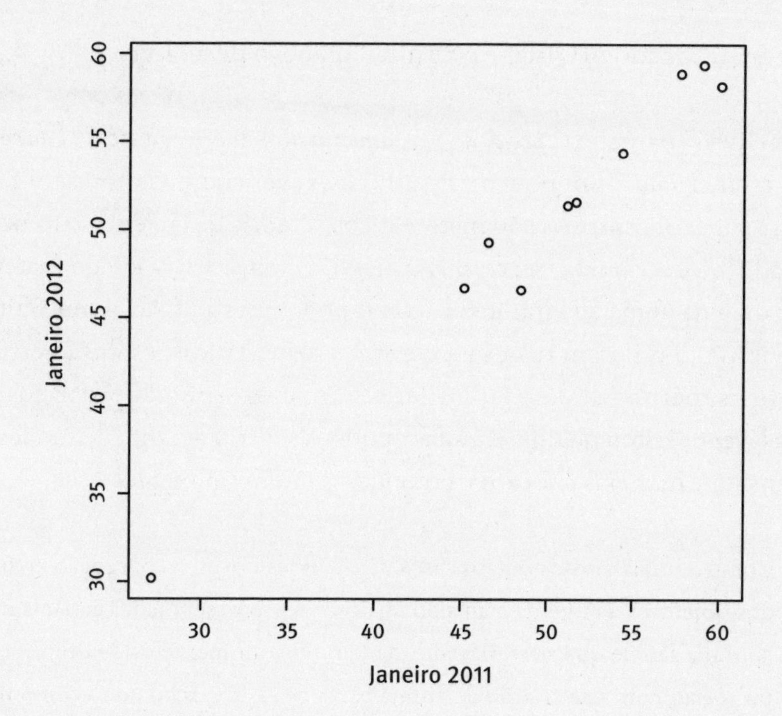

de Wisconsin vale o contrário. Climaticamente falando, Mazomanie e Fort Atkinson não são muito diferentes. Num dado ano, a posição dessas duas cidades no ranking de temperatura terá muito a ver com o acaso. Há montes de ruído e nem tanto sinal.

Secrist julgou que a regressão que documentara meticulosamente fosse uma nova lei da física dos negócios, algo que levaria mais certeza e rigor para o estudo científico do comércio. Contudo, era exatamente o contrário. Se os negócios fossem como as cidades da Califórnia – algumas realmente quentes, outras realmente não, refletindo diferenças inerentes à prática dos negócios –, você veria, de modo correspondente, menos regressão à média. O que os achados de Secrist realmente mostram é que os negócios são muito mais como as cidades de Wisconsin. Administração superior e percepção comercial realmente desempenham um papel, como também o mero acaso, em medida mais ou menos igual.

Eugenia, pecado original e o título enganoso deste livro

Num livro chamado *O poder do pensamento matamático: a ciência de como não estar errado* é um pouco estranho escrever sobre Galton sem falar sobre sua fama entre os não matemáticos: a teoria da eugenia, cuja paternidade lhe é atribuída. Se, como eu alego, a atenção para o lado matemático da vida ajuda a evitar erros, como pôde um cientista como Galton, de visão tão clara em relação a questões matemáticas, estar tão errado sobre os méritos de se criarem seres humanos segundo propriedades desejáveis? Galton qualificava suas opiniões sobre o assunto de modestas e sensatas, mas elas chocam os ouvidos contemporâneos.

> Como na maioria dos outros casos de opiniões novas, a concepção errônea dos objetores à eugenia tem sido curiosa. As representações erradas mais comuns são de que seus métodos devem ser totalmente os de uniões compulsórias, como na criação de animais. Não é assim. Acho que a compulsão rígida deve ser exercida para impedir a livre propagação do rebanho daqueles que são seriamente afligidos por demência, debilidade mental, criminalidade habitual e pauperismo, mas isso é bem diferente de casamento compulsório. Como restringir casamentos malpressagiados é uma questão em si mesma, se isso deve ser efetivado por isolamento, ou de outras maneiras a serem ainda divisadas, que sejam consistentes com a opinião pública humana e bem-informada. Não posso duvidar de que a nossa democracia em última instância irá recusar o consentimento a essa liberdade de propagar filhos que hoje se permite às classes indesejáveis, mas o populacho ainda precisa ser ensinado acerca do real estado dessas coisas. Uma democracia não pode resistir, a menos que seja composta de cidadãos capazes; portanto, em autodefesa, deve resistir à livre introdução de espécimes degenerados.[9]

O que posso dizer? Matemática é um jeito de não estar errado, mas não é um jeito de não estar errado *em relação a tudo*. (Sinto muito, não há devolução do dinheiro!) Estar errado é como o pecado original. Nós nascemos com ele e ele continua conosco, e é necessária uma vigilância constante se pretendemos restringir sua esfera de influência sobre nossas ações. Há um perigo real de que, fortalecendo nossas habilidades de analisar algumas questões matematicamente, adquiramos uma confiança geral em nossas crenças que se estenda injustificadamente àquelas coisas em relação às quais ainda estamos errados. Tornamo-nos como aquelas pessoas religiosas que, com o tempo, acumulam um senso tão forte de seu próprio virtuosismo que as leva a acreditar que as coisas ruins que fazem também são virtuosas.

Farei o meu melhor esforço para resistir a essa tentação. Mas fiquem de olho em mim.

As aventuras de Karl Pearson através da décima dimensão

É difícil exagerar o impacto da criação da correlação, por Galton, sobre o mundo conceitual que agora habitamos – não só em estatística, mas em cada área do empreendimento científico. Se você sabe alguma coisa sobre a palavra *correlação* é que "correlação não implica causalidade" – dois fenômenos podem ser correlacionados, no sentido de Galton, mesmo que um não cause o outro. Isso, em si, não era novidade. As pessoas certamente entendiam que irmãos têm uma probabilidade maior que outros pares de pessoas de compartilhar características físicas, e isso não ocorre porque irmãos altos fazem as irmãs mais novas serem altas também. Contudo, ainda assim existe uma relação causal à espreita lá no fundo: os pais altos cuja contribuição genética ajuda em fazer com que todos os filhos sejam altos. No mundo pós-Galton, poder-se-ia falar sobre uma associação entre duas variáveis e ainda permanecer completamente agnóstico em relação à existência de *qualquer* relação causal específica, direta ou indireta. A seu modo, a revolução conceitual que Galton engendrou tem algo em comum com o insight de seu primo mais famoso, Charles Darwin, que mostrou que se podia falar significativamente sobre progresso sem necessidade de invocar um propósito. Galton mostrou que se podia falar significativamente sobre associação sem necessidade de se invocar uma causa subjacente.

A definição de correlação original de Galton era um tanto limitada, aplicando-se unicamente àquelas variáveis cuja distribuição seguia a lei da curva do sino que vimos no Capítulo 4. Mas a noção logo foi adaptada e generalizada por Karl Pearson,* para ser aplicada a qualquer variável possível.

Se eu fosse escrever agora a fórmula de Pearson, ou saísse procurando por ela, veria uma bagunça de raízes quadradas e frações que, a menos que você tenha a geometria cartesiana na ponta da língua, não seria muito esclarecedora. Na verdade, a fórmula de Pearson tem uma descrição geométrica bastante simples. Os matemáticos, desde Descartes, têm desfrutado a maravilhosa liberdade de oscilar de um lado para outro entre descrições algébricas e geométricas do mundo. A vantagem da álgebra é que é mais fácil formalizar e digitar num computador. A vantagem da geometria é que ela nos permite mobilizar nossa intuição física para encarar a situação, em particular quando se pode fazer um desenho. Poucas vezes sinto que *realmente* entendo uma peça matemática até saber do que se trata em termos de linguagem geométrica.

Então, para um geômetra, o que é correlação? Vai ajudar se tivermos um exemplo à mão. Olhe novamente a tabela que lista as temperaturas médias de janeiro em dez cidades da Califórnia em 2011 e 2012. Como vimos, as temperaturas de 2011 e 2012 têm uma forte correlação positiva. Na verdade, a fórmula de Pearson fornece um valor estratosférico de 0,989.

Se quisermos estudar a relação entre medidas de temperatura em dois anos diferentes, não importa se modificamos cada entrada na tabela de um mesmo valor. Se a temperatura de 2011 é correlacionada com a de 2012, é igualmente correlacionada com "temperatura de 2012 + 5 graus". Dizendo de outra maneira, se você pegar os pontos no diagrama das temperaturas e movê-los dez centímetros para cima, isso não altera o formato da elipse de Galton, somente sua localização. Acontece que é proveitoso deslocar as temperaturas a partir de um valor uniforme para tornar o valor médio igual a *zero* tanto em 2011 quanto em 2012. Fazendo isso, obtém-se uma tabela assim:

* Pai de Egon Pearson, que brigou com R.A. Fisher num capítulo anterior.

	Jan 2011	Jan 2012
Eureka	−1,7	−4,1
Fresno	−3,6	−1,4
Los Angeles	9,0	8,7
Riverside	7,6	8,2
San Diego	9,9	7,5
São Francisco	1,5	0,9
San Jose	1,0	0,7
San Luis Obispo	4,3	3,7
Stockton	−5,0	−4,0
Truckee	−23,1	−20,5

As linhas da tabela têm valores negativos para cidades frias como Truckee e valores positivos para lugares mais quentes como San Diego.

Agora vem o artifício. A coluna de dez números que acompanha as temperaturas de 2011 é uma lista de números, sim. Mas também é um *ponto.* Como assim? Isso remonta a nosso herói, Descartes. Você pode pensar num par de números (x,y) como um ponto no plano, x unidades para a direita e y unidades para cima da origem. Na verdade, você pode desenhar uma pequena seta apontando da origem para nosso ponto (x,y), uma seta chamada *vetor.*

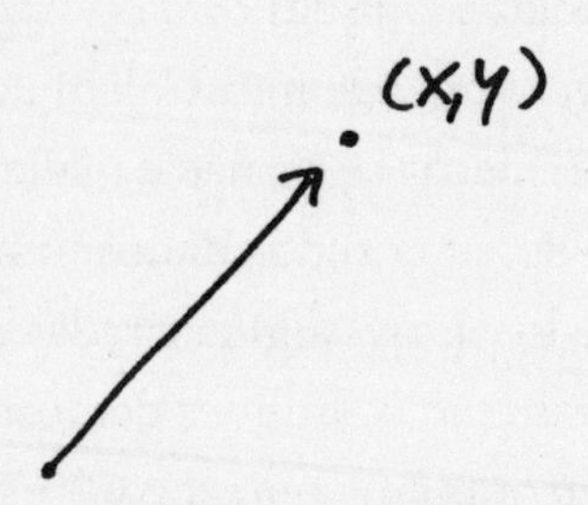

Do mesmo modo, um ponto no espaço tridimensional é descrito por uma lista de três coordenadas (x,y,z). E nada, exceto o hábito e um medo covarde, nos impede de forçar a barra mais ainda. Uma lista de quatro números pode ser pensada como um ponto num espaço quadridimensional, e uma lista de dez números, como as temperaturas da Califórnia na nossa tabela, é um ponto num espaço decadimensional, ou dez-dimensional. Melhor ainda, pense nele como um vetor dez-dimensional.

Espere aí, você pode perguntar: como devo pensar nisso? Qual o jeitão de um vetor dez-dimensional?

O jeitão é este:

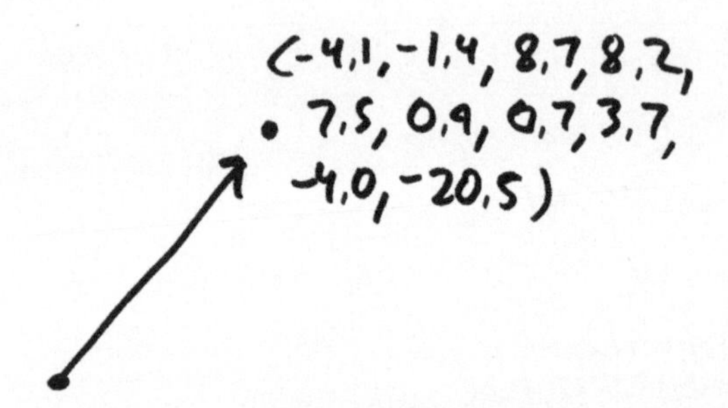

Esse é o segredinho sujo da geometria avançada. Pode parecer impressionante fazermos geometria em dez dimensões (ou cem, ou 1 milhão...), mas as figuras mentais que temos na cabeça são bi, no máximo tridimensionais. Isso é tudo que a nossa cabeça pode manipular. Felizmente, essa visão empobrecida em geral é suficiente.

Geometria de dimensões superiores pode parecer um pouco misteriosa, especialmente porque o mundo em que vivemos é tridimensional (ou quadridimensional, se você contar o tempo, ou talvez 26-dimensional, se você é um certo tipo de adepto da teoria das cordas; mesmo assim, porém, você acha que o Universo não se estende muito além da maioria dessas dimensões). Por que estudar geometria se ela não é realizada no Universo?

Uma resposta vem do estudo dos dados, que neste momento está super na moda. Lembre-se da foto digital tirada com a câmera de quatro megapixels: ela é descrita com 4 milhões de números, um para cada pixel. (E isso antes de levarmos em conta a cor!) Essa imagem é um vetor 4-milhões-dimensional, ou, se preferir, um ponto num espaço 4-milhões-dimensional. Uma imagem que varia com o tempo é representada por um ponto que se *move através* de um espaço 4-milhões-dimensional, traçando uma curva num espaço 4-milhões-dimensional, e, antes que você perceba, está fazendo cálculo 4-milhões-dimensional, e é aí que realmente começa a graça.

Voltando à temperatura. Há duas colunas na nossa tabela, cada qual nos fornecendo um vetor bidimensional. O aspecto é este:

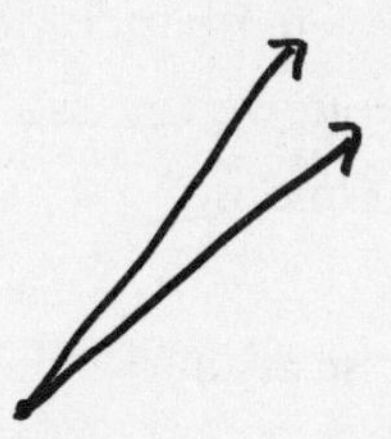

Esses dois vetores apontam aproximadamente na mesma direção, o que reflete o fato de que as duas colunas não são tão diferentes. Como já vimos, as cidades mais frias em 2011 continuaram frias em 2012; idem para as mais quentes.

Essa é a fórmula de Pearson em linguagem geométrica. A correlação entre as duas variáveis é determinada pelo *ângulo* entre os dois vetores. Se você quer detalhes trigonométricos, a correlação é o cosseno do ângulo. Não importa se você lembra o que significa cosseno, basta saber que o cosseno de um ângulo é 1 quando o ângulo é 0 (isto é, quando os dois vetores estão apontando para o mesmo sentido) e −1 quando o ângulo é de 180 graus (vetores apontando em sentidos opostos). Duas variáveis são positivamente correlacionadas quando os vetores correspondentes são separados por um ângulo agudo – ou seja, um ângulo menor que 90 graus –, e negativamente correlacionadas quando o ângulo entre os vetores é maior que 90 graus, ou obtuso. Isso faz sentido: vetores em ângulo agudo entre si estão, em termos informais, "apontando no mesmo sentido", enquanto vetores que formam um ângulo obtuso parecem trabalhar com propósitos opostos.

Quando o ângulo é *reto*, nem agudo nem obtuso, as duas variáveis têm uma correlação zero; no que diz respeito à correlação, elas não estão relacionadas entre si. Em geometria, dizemos de um par de vetores que formam um ângulo reto que eles são perpendiculares ou ortogonais. Por extensão, é prática comum entre os matemáticos e outros aficionados da trigonometria usar a palavra "ortogonal" para referir-se a alguma coisa que não tem relação com o assunto em pauta – "Poder-se-ia esperar que habilidades matemáticas estivessem associadas a magnífica popularidade, mas minha experiência mostra que as duas coisas são ortogonais". Aos poucos, esse uso está se desvencilhando do dialeto nerd e penetrando na linguagem mais geral. Pode-se ver isso num recente argumento na Suprema Corte dos Estados Unidos.[10]

> Sr. Friedman: Acho que esse assunto é inteiramente ortogonal à questão aqui, porque a Commonwealth está reconhecendo…
>
> Presidente da Suprema Corte, juiz Roberts: Desculpe. Inteiramente o quê?
>
> Sr. Friedman: Ortogonal. Ângulo reto. Sem relação. Irrelevante.
>
> Juiz Roberts: Ah!
>
> Juiz Scalia: Que adjetivo foi esse? Gosto dele.
>
> Sr. Friedman: Ortogonal.
>
> Juiz Scalia: Ortogonal?
>
> Sr. Friedman: Certo, certo.
>
> Juiz Scalia: Ah!
>
> (*Risos.*)

Eu estou torcendo para ortogonal pegar. Já faz algum tempo desde que uma palavra matemática abriu caminho para entrar no inglês popular. *Mínimo denominador comum* a essa altura perdeu quase inteiramente seu sabor matemático, e *exponencialmente*… não quero nem começar a falar no *exponencialmente*.*

A aplicação da trigonometria a vetores de dimensão superior com o objetivo de quantificar correlação não é, para falar delicadamente, o que

* Embora talvez seja melhor não ficar me queixando alto demais sobre o uso incorreto de *exponencial* para significar simplesmente "rápido" – há pouco vi um repórter esportivo, que sem dúvida havia sido em algum momento repreendido sobre a palavra exponencial, referir-se ao "impressionante, logarítmico aumento de velocidade" do corredor Usain Bolt, o que é ainda pior.

aqueles que desenvolveram o cosseno tinham em mente. Hiparco, astrônomo de Niceia que anotou as primeiras tábuas trigonométricas no século II AEC, estava tentando calcular o lapso de tempo entre eclipses. Os vetores com os quais lidava descreviam objetos no céu e eram solidamente tridimensionais. Mas uma ferramenta matemática que serve exatamente bem para um propósito tende a se mostrar útil muitas outras vezes.

A compreensão geométrica da correlação ilumina aspectos da estatística que de outro modo poderiam ficar obscuros. Considere o caso do rico liberal elitista. Já há algum tempo esse sujeito ligeiramente vexaminoso se tornou personagem familiar no pontificado político. Talvez seu mais devotado cronista seja David Brooks, que escreveu um livro inteiro sobre um grupo que ele chamou de Bohemian Bourgeoisie – ou Burguesia Boêmia –, ou Bobo. Em 2001, contemplando a diferença entre o afluente e suburbano condado de Montgomery, em Maryland (o lugar onde nasci!), e o condado de Franklin, na Pensilvânia, bem classe média, ele especulou que a velha estratificação política segundo a classe econômica, com o GOP (Good Old Party, o "Bom e Velho Partido", como se referem ao Partido Republicano, nos Estados Unidos) representando os ricaços e os democratas representando a classe trabalhadora, estava terrivelmente obsoleta.

> Como áreas privilegiadas em toda parte, desde o Vale do Silício até a costa norte de Chicago e o Connecticut suburbano, o condado de Montgomery apoiou a chapa democrata na última eleição presidencial por uma margem de 63% a 34%. Ao mesmo tempo, o condado de Franklin foi republicano, 67% a 30%.[11]

Antes de tudo, esse "em toda parte" é um pouco forte. O condado mais rico de Wisconsin é Waukesha, nos elegantes subúrbios a oeste de Milwaukee. Ali Bush esmagou Gore, 65 a 31, enquanto Gore ganhou no estado por uma estreita margem.

Ainda assim, Brooks está indicando um fenômeno real, que vimos retratado com bastante clareza num gráfico de dispersão, algumas páginas atrás. Na paisagem eleitoral contemporânea dos Estados Unidos, os estados ricos têm maior probabilidade que os pobres de votar nos democratas. Mississippi e Oklahoma são fortalezas republicanas, enquanto o GOP nem se dá ao trabalho de disputar Nova York e Califórnia. Em outras palavras, ser de um estado rico está correlacionado positivamente a votar nos democratas.

Mas o estatístico Andrew Gelman descobriu[12] que a história é mais complicada que um retrato brooksiano de uma nova raça de liberais tomadores de *latte*, que gostam de guiar Toyotas Prius, têm casas enormes e de bom gosto e bolsas de marca cheias de dinheiro. Na verdade, gente rica ainda tem maior probabilidade de votar nos republicanos que os pobres, efeito que tem estado presente há décadas nos Estados Unidos. Gelman e seus colaboradores, escavando mais fundo os dados estado por estado, descobriram um padrão muito interessante. Em alguns estados, como Texas e Wisconsin, condados mais ricos tendem a votar mais nos republicanos.[13] Em outros, como Maryland, Califórnia e Nova York, os condados mais ricos são mais democratas. Estes últimos são aqueles onde vivem muitos pontífices políticos. Em seus mundinhos fechados, os bairros ricos estão, *sim*, carregados de liberais ricos, e para eles é natural generalizar sua experiência para o resto do país. Natural – mas, quando se olha para os números globais, está claramente errado.

Aqui parece haver um paradoxo. Ser rico está positivamente correlacionado a ser de um estado rico, mais ou menos por definição. E ser de um estado rico está positivamente correlacionado a votar nos democratas. Será que isso não significa que ser rico *deve estar* correlacionado a votar nos democratas? Geometricamente, sim. Se o vetor 1 forma um ângulo agudo com o vetor 2 e o vetor 2 forma um ângulo agudo com o vetor 3, o vetor 1 deve formar um ângulo agudo com o vetor 3?

Não! Veja a prova na figura:

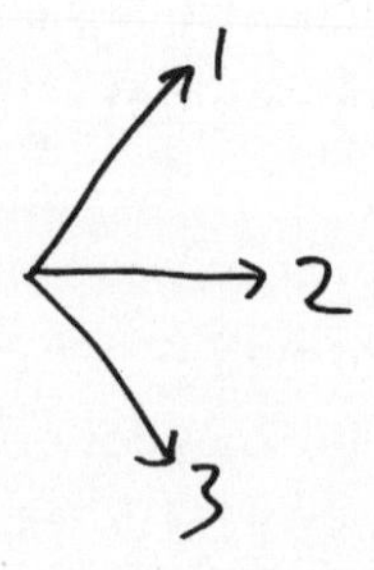

Algumas relações, como "maior que", são *transitivas*. Se eu peso mais que meu filho e meu filho pesa mais que minha filha, é certeza absoluta que eu peso mais que minha filha. "Vive na mesma cidade que" também é transitivo – se eu vivo na mesma cidade que Bill, que vive na mesma cidade que Bob, então eu vivo na mesma cidade que Bob.

A correlação não é transitiva, é mais como uma "relação consanguínea" – eu estou relacionado com meu filho, que está relacionado com minha esposa, mas minha esposa e eu não temos relação consanguínea. Na verdade, não é uma ideia terrível pensar que variáveis correlacionadas "compartilham parte de seu DNA". Imagine uma pequena firma de administração financeira com apenas três investidores, Laura, Sara e Tim. Suas posições nos investimentos são bastante simples. Os recursos de Laura estão divididos 50-50 entre Facebook e Google; Tim tem metade na General Motors e metade na Honda; e Sara está equilibrada entre a velha economia e a nova, tem metade na Honda e metade no Facebook. É bastante óbvio que os retornos de Laura terão uma correlação positiva com os de Sara, porque elas têm metade da carteira de investimentos em comum. A correlação entre os retornos de Sara e de Tim será igualmente forte. Mas não há razão para se pensar que o desempenho das ações de Tim esteja correlacionado ao desempenho das de Laura.* Esses dois fundos são como pais, cada um contribuindo com metade do "material genético" que forma o fundo híbrido de Sara.

A intransitividade da correlação de certo modo é óbvia e misteriosa ao mesmo tempo. No exemplo do fundo de investimentos, você jamais seria levado a pensar que um aumento na performance das ações de Tim lhe dê muita informação sobre como as de Laura estão se saindo. Mas nossa intuição não dá tão certo em outros domínios. Considere, por exemplo, o caso do "colesterol bom", nome comum para o colesterol transportado na corrente sanguínea por lipoproteínas de alta densidade, ou HDL. Sabe-se há décadas que altos níveis de colesterol HDL no sangue estão associados a risco mais baixo de "acidentes cardiovasculares". Caso você não seja

* Exceto no caso em que todo o mercado de ações tenda a se mover em uníssono, claro.

falante nativo de medicalês, isso significa que gente com profusão de colesterol bom, em média, tem menos probabilidade de sofrer um entupimento do coração e cair morto.

Sabemos também que certas drogas aumentam confiavelmente os níveis de HDL. Uma droga popular é a niacina, uma forma de vitamina B. Se a niacina aumenta o HDL, e mais HDL está associado a menor risco de acidentes cardiovasculares, parece que caprichar na niacina é uma boa ideia. Foi isso que meu médico me recomendou, e provavelmente o seu também, a não ser que você seja um adolescente, corredor de maratona ou membro de alguma outra casta metabolicamente privilegiada.

O problema é que não está claro como a coisa funciona. A suplementação de niacina registrou resultados promissores em pequenos testes clínicos. Mas um teste em larga escala realizado pelo National Heart, Lung, and Blood Institute foi interrompido em 2011,[14] um ano e meio antes do encerramento programado, porque os resultados foram tão frágeis que não parecia valer a pena continuar. Pacientes que receberam niacina tinham níveis mais altos de HDL, tudo bem, mas tiveram tantos ataques cardíacos e derrames quanto os demais da população pesquisada. Como é possível? A correlação não é transitiva. A niacina está correlacionada ao HDL elevado, e o HDL elevado está correlacionado a baixo risco de ataque cardíaco, mas isso não significa que a niacina impeça os ataques.

Isso não quer dizer que manipular o colesterol HDL não dê em nada. Cada droga é diferente, e pode ser clinicamente relevante saber *como* você incrementa o nível de HDL. Voltando à firma de investimentos, sabemos que os retornos de Tim estão correlacionados aos de Sara, e você pode tentar melhorar os ganhos de Sara tomando medidas para melhorar os de Tim. Se sua abordagem fosse soltar uma dica de mercado falsamente otimista para subir o preço das ações da GM, descobriria ter conseguido melhorar a performance de Tim, enquanto Sara não se beneficiaria em nada. Mas se fizesse a mesma coisa com a Honda, os números de Tim e Sara melhorariam.

Se a correlação fosse transitiva, a pesquisa médica seria muito mais fácil do que realmente é. Décadas de observação e coleta de dados nos deram montes de correlações conhecidas com as quais trabalhar. Se tivéssemos transitividade, os médicos poderiam simplesmente ligar essas correlações em cadeias, criando intervenções confiáveis. Sabemos que os níveis de estrogênio estão correlacionados a menor risco de doença cardíaca, e sabemos que a terapia de reposição hormonal pode aumentar esses níveis. Então, seria de esperar que a terapia de reposição hormonal servisse como proteção contra doença cardíaca. De fato, esta costumava ser uma atitude clínica sensata. Mas, como você provavelmente já ouviu falar, a realidade é bem mais complicada. No começo da década de 2000, a Women's Health Initiative, estudo de longo prazo envolvendo um gigantesco teste clínico aleatório, relatou que a terapia de reposição hormonal com estrógeno e progestina na verdade parecia *aumentar* o risco[15] de doença cardíaca na população estudada. Resultados mais recentes sugerem que o efeito da terapia de reposição hormonal pode ser diferente em grupos distintos de mulheres, ou que o estrógeno sozinho[16] poderia ser melhor para o coração que a dupla estrógeno-progestina, e assim por diante.

No mundo real, é quase impossível predizer que efeito a droga terá sobre uma doença, mesmo que você saiba um bocado sobre como ela afeta biomarcadores como o HDL ou o nível de estrogênio. O corpo humano é um sistema imensamente complexo, e só podemos medir algumas de suas características, que dizer então manipulá-las. Com base em correlações que podemos observar, há uma porção de drogas que poderiam ter, de modo plausível, um desejado efeito sobre a saúde. Elas são testadas em experimentos, e a maioria delas fracassa de maneira decepcionante. Trabalhar no desenvolvimento de drogas requer uma psique persistente, para não mencionar o vasto aporte de capital.

Sem correlação não significa sem relação

Quando duas variáveis são correlacionadas, vimos que de algum modo elas se relacionam mutuamente. E se não houver correlação? Será que isso significa total ausência de relação, que uma não afeta a outra? De modo algum. A noção de correlação de Galton é limitada, e de uma maneira muito importante: ela detecta relações *lineares* entre variáveis, nas quais o aumento numa das variáveis tende a coincidir com um aumento (ou diminuição) de mesma proporção na outra. No entanto, da mesma forma que nem todas as curvas são retas, nem todas as relações entre as variáveis são relações lineares.

Vamos pegar a seguinte correlação:

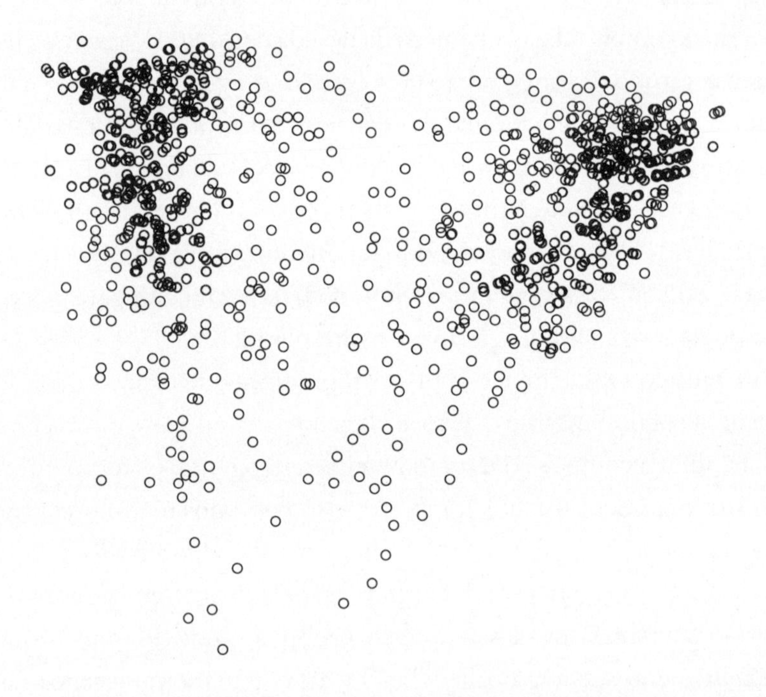

Você está olhando para um quadro que fiz a partir de uma pesquisa política realizada pela Public Policy Polling em 15 de dezembro de 2011. Há mil pontos, cada um representando um eleitor que respondeu a um questionário de 23 perguntas. A posição de um ponto no eixo esquerda-direita representa, bem, esquerda e direita: pessoas que disseram apoiar o presidente Obama, aprovar o Partido Democrata e opor-se ao Tea Party* tendem a estar do lado esquerdo, enquanto aqueles que favorecem o GOP,

* Ala radical do Partido Republicano. (N.T.)

não gostam de Harry Reid* e acreditam que há uma "Guerra ao Natal" estão do lado direito. O eixo vertical representa aproximadamente "grau de informação" – eleitores na base do gráfico tendem a responder "não sei" para questões mais específicas, que demandam mais informação, como, por exemplo, "Você aprova ou desaprova o trabalho que [o líder da minoria no Senado] Mitch McConnell está fazendo?", bem como a manifestar pouca e nenhuma empolgação com a eleição presidencial de 2012.

Pode-se verificar que as variáveis medidas pelos dois eixos não apresentam correlação,** exatamente como é sugerido por uma simples olhada no gráfico. Não parece que os pontos tendam a ir mais longe para a esquerda ou para a direita à medida que você sobe na página. Mas isso não significa que as duas variáveis não estejam relacionadas entre si. Na verdade, a relação fica bastante clara a partir da figura. O gráfico tem "forma de coração", com um lobo de cada lado e um ponto na base. À medida que os eleitores são mais bem informados, eles não tendem mais para democratas ou republicanos. Ficam *mais polarizados*: esquerdistas vão mais para a esquerda, direitistas vão mais para a direita, e o espaço esparsamente habitado no meio fica ainda mais disperso. Na metade inferior do gráfico, os eleitores menos informados tendem a adotar uma postura mais de centro. O gráfico reflete um fato social estabelecido, que já se tornou lugar-comum na literatura da ciência política. Eleitores indecisos, em sua grande maioria, não estão indecisos por estarem pesando cuidadosamente os méritos de cada candidato, sem ideias preconcebidas a respeito de dogmas políticos. Estão indecisos porque nem prestam muita atenção ao processo eleitoral.

Uma ferramenta matemática, como qualquer outro instrumento científico, detecta algum tipo de fenômeno, mas não outros; um cálculo de

* Senador democrata pelo estado de Nevada, foi líder da maioria democrata no Senado entre 2007-2011. (N.T.)

** Nota técnica para os interessados: na verdade, essa é a projeção bidimensional fornecida por uma análise dos componentes principais das respostas à pesquisa, de modo que a inexistência de correlação dos dois eixos é automática. A interpretação dos eixos é minha. O exemplo destina-se apenas a ilustrar um ponto sobre correlação, e não deve, em nenhuma circunstância, ser tomado como ciência social de verdade!

correlação não consegue ver a forma de coração (cardiomorfismo?) do gráfico, assim como sua câmera fotográfica não consegue detectar raios gama. Tenha isso em mente quando lhe disserem que dois fenômenos na natureza ou na sociedade foram considerados sem correlação. Isso não significa que não haja relação nenhuma, apenas que não há relação do tipo que a correlação é projetada para detectar.

16. O câncer de pulmão leva você a fumar?

E QUANDO DUAS variáveis *são* correlacionadas? O que isso realmente significa?

Para simplificar, comecemos com o tipo mais simples de variável, uma variável *binária*, com apenas dois valores possíveis. Frequentemente uma variável binária é a resposta para uma pergunta tipo sim ou não: "Você é casada?" "Você fuma?" "Você é atualmente, ou algum dia foi, membro do Partido Comunista?"

Quando você compara duas variáveis binárias, a correlação assume uma forma particularmente simples. Dizer que a situação conjugal e a situação de fumante são negativamente correlacionadas, por exemplo, é simplesmente dizer que a pessoa casada tem menos probabilidade de fumar que a pessoa média. Ou, falando de outra maneira, que os fumantes têm menos probabilidade que a pessoa média de se casar. Vale a pena reservar um momento para persuadir a si mesmo que essas duas coisas são de fato a mesma! A primeira afirmação pode ser escrita como uma inequação:

fumantes casados / todas as pessoas casadas < todos os fumantes / todas as pessoas

E a segunda como:

fumantes casados / todos os fumantes < todas as pessoas casadas / todas as pessoas

Se você multiplicar todos os lados de cada inequação pelo denominador comum (todas as pessoas) × (todos os fumantes), poderá ver que ambos os enunciados são maneiras diferentes de dizer a mesma coisa:

(fumantes casados) × (todas as pessoas) < (todos os fumantes) × (todas as pessoas casadas)

Da mesma forma, se fumar e casamento fossem *positivamente* correlacionados, isso significaria que pessoas casadas têm maior probabilidade que a média de fumar e fumantes têm maior probabilidade que a média de se casar.

Um problema se apresenta de imediato. Seguramente é muito pequena a chance de que a proporção de fumantes entre as pessoas casadas seja *exatamente igual* à proporção de fumantes na população total. Então, exceto uma coincidência maluca, casamento e fumar estarão correlacionados, seja positiva, seja negativamente. Também estarão correlacionados orientação sexual e fumar, cidadania americana e fumar, primeira inicial na última metade do alfabeto e fumar, e assim por diante. *Tudo* estará correlacionado a fumar, em uma direção ou outra. Esse é o mesmo tema que encontramos no Capítulo 7: a hipótese nula, estritamente falando, quase sempre é falsa.

Botar as mãos na cabeça e dizer "Tudo está correlacionado com tudo!" seria bem pouco informativo. Então, não relatamos todas essas correlações. Quando você lê num relatório que uma coisa está correlacionada a outra, está implicitamente sendo informado de que a correlação é "forte o bastante" para valer a pena ser relatada – geralmente porque passou num teste de significância estatística. Como vimos, o teste de significância estatística traz consigo muitos perigos, mas pelo menos é um sinal que faz o estatístico se aprumar, olhar direito e dizer: "Alguma coisa deve estar acontecendo."

Mas o quê? Aqui chegamos à parte realmente enrolada. Casamento e fumar estão negativamente correlacionados, isso é fato. Um modo típico de exprimir isso é dizer

"Se você é fumante, tem menos probabilidade de ser casado."

Mas uma pequena mudança torna o significado muito diferente:

"Se você fosse fumante, teria menos probabilidade de ser casado."

Parece estranho que mudar um verbo do modo indicativo para o subjuntivo possa modificar drasticamente o que diz a sentença. Mas a primeira frase é apenas uma declaração a respeito do caso de que estamos tratando. A segunda se refere a uma questão muito mais delicada: qual *seria* o caso se mudássemos algo em relação ao mundo? A primeira sentença expressa uma correlação; a segunda sugere uma causalidade. Como já mencionamos, as duas coisas não são iguais. O fato de fumantes serem menos frequentemente casados que os outros não significa que deixar de fumar irá fazer surgir de imediato sua futura esposa. A descrição matemática da correlação tem estado bem fixa no lugar desde o trabalho de Galton e Pearson, um século atrás. Assentar a ideia de causalidade sobre um alicerce matemático firme tem sido algo muito mais fugaz.

Há algo de escorregadio na nossa compreensão de correlação e causalidade. A intuição tende a captá-la com bastante firmeza em algumas circunstâncias, mas deixa escapar em outras. Quando dizemos que o HDL está correlacionado a menor risco de ataque cardíaco, estamos fazendo uma afirmação factual: "Se você tem um nível mais alto de colesterol HDL, menor é sua probabilidade de ter um ataque do coração." É difícil não pensar que o HDL está *fazendo* alguma coisa – que as moléculas em questão literalmente provocam uma melhora de sua saúde cardiovascular, digamos, "esfregando e limpando" a crosta lipídica de suas paredes arteriais. Se assim fosse – se a mera presença de muito HDL estivesse funcionando em seu benefício –, seria razoável esperar que qualquer intervenção aumentando o HDL contribuísse para reduzir o risco de ataque cardíaco.

Mas talvez o HDL e os ataques cardíacos estivessem correlacionados por um motivo diferente. Digamos que algum outro fator, que nós não medimos, tende a aumentar o HDL e a reduzir o risco de acidentes cardiovasculares. Se for esse o caso, uma droga que aumente o HDL pode ou não prevenir ataques cardíacos. Se a droga afeta o HDL por meio do misterioso fator, provavelmente ajudará seu coração, porém, se estimula o HDL de algum outro modo, todas as chances caem por terra. Essa é a situação de Tim e Sara. O sucesso financeiro deles está correlacionado, mas não porque o fundo em que Tim investe esteja provocando a decolada de Sara, nem o contrário. Há um fator misterioso, as ações da Honda, que afeta a ambos, Tim e Sara. Pesquisadores clínicos chamam isso de *problema do ponto final substituto*. É caro e consome tempo verificar se uma droga aumenta a duração média de um tempo de vida porque, para registrar o tempo de vida de uma pessoa, é preciso esperar que ela morra. O nível de HDL é o ponto final substituto, o biomarcador fácil de checar, teoricamente responsável por "vida longa sem ataque cardíaco". Mas a correlação entre HDL e ausência de ataques cardíacos pode não indicar nenhum vínculo causal.

Fazer a separação entre correlações provenientes de relações causais e aquelas que não são causais é um problema enlouquecedor e difícil, mesmo em casos que podem parecer óbvios, como a relação entre fumar e câncer de pulmão.[1] Na virada do século XX, o câncer de pulmão era uma doença extremamente rara. Mas, por volta de 1947, ele era responsável por quase ⅕ das mortes por câncer entre os homens britânicos, matando cerca de quinze vezes mais pessoas do que matara em décadas anteriores. No começo, muitos pesquisadores achavam que o câncer de pulmão estava sendo mais bem diagnosticado que antes, mas logo ficou claro que o aumento de casos era grande e rápido demais para ser atribuído a um efeito desse tipo. O câncer de pulmão realmente estava em alta. No entanto, ninguém tinha certeza de quem era o culpado. Talvez fosse a fumaça das fábricas, talvez o aumento dos níveis de escape de veículos, ou talvez alguma substância nem sequer imaginada como poluente. Ou talvez fossem os cigarros, cuja popularidade eclodiu durante o mesmo período.

Por volta de 1950, grandes estudos na Inglaterra e nos Estados Unidos mostraram uma poderosa associação entre fumar e câncer de pulmão. Entre os não fumantes, o câncer de pulmão ainda era uma doença rara, todavia, para os fumantes, o risco era espetacularmente mais alto. Um famoso artigo de Doll e Hill,[2] de 1950, descobriu que, entre 649 homens com câncer de pulmão, em vinte hospitais londrinos, apenas dois eram não fumantes. Isso não soa tão impressionante segundo os padrões modernos. Em Londres, em meados do século, fumar era um hábito extremamente popular, e os não fumantes eram muito mais raros que hoje. Mesmo assim, numa população de 649 pacientes do sexo masculino hospitalizados por queixas outras que não o câncer de pulmão, 27 eram não fumantes, bem mais que dois. Além disso, a associação ficava mais forte à medida que o hábito de fumar era mais pesado. Dos pacientes com câncer de pulmão, 168 fumavam mais de 25 cigarros por dia, enquanto apenas 84 hospitalizados por outros motivos fumavam tanto assim.

Os dados de Doll e Hill mostravam que câncer de pulmão e fumo estavam *correlacionados*; sua relação não era de determinação estrita (alguns fumantes pesados não têm câncer de pulmão, enquanto alguns não fumantes têm), mas tampouco os dois fenômenos eram independentes. Sua relação ficava na nebulosa área intermediária que Galton e Pearson haviam sido os primeiros a mapear.

A mera declaração de correlação é muito diferente de uma explicação. O estudo de Doll e Hill não mostra que fumar causa câncer. Eles escrevem: "A associação ocorreria se o carcinoma do pulmão fizesse as pessoas fumarem, ou se ambos os atributos fossem efeitos finais de uma causa comum." Pensar que o câncer de pulmão leva a fumar, como eles ressaltam, não é muito razoável. Um tumor não pode voltar atrás no tempo e dar a alguém o hábito de fumar um maço por dia. Mas o problema da causa comum é mais trabalhoso.

Nosso velho amigo R.A. Fisher, herói fundador da estatística moderna, era um vigoroso cético da ligação entre tabaco e câncer exatamente com os mesmos fundamentos. Fisher era o herdeiro intelectual natural de Galton e Pearson. Na verdade, sucedeu Pearson em 1933 na Cátedra Galton de Eugenia no University College, em Londres. (Em deferência às sensibilidades modernas, a posição é agora chamada de Cátedra Galton de Genética.)

Fisher sentia que era prematuro excluir até a teoria de que "câncer leva a fumar":

> Será possível, então, que o câncer de pulmão – vale dizer, a condição pré-cancerosa que deve viger e cuja existência é conhecida durante anos naqueles que exibirão o câncer de pulmão – seja uma das causas de fumar? Não acho que isso possa ser excluído. Não julgo que saibamos o suficiente para dizer

> que há essa causa. Mas a condição pré-cancerosa envolve certa quantidade de inflamação crônica leve. As causas de fumar podem ser estudadas entre seus amigos, em alguma medida, e creio que se concordará que uma ligeira causa de irritação – uma ligeira decepção, um atraso inesperado, algum tipo de crítica branda, uma frustração – é comumente acompanhada pela tentativa de fumar, e dessa maneira obter um pouquinho de compensação pelos infortúnios menores da vida. Assim, não é improvável, para qualquer um que sofra de uma inflamação crônica em alguma parte do corpo (algo que não dê margem a dor consciente), que esse sofrimento esteja associado ao ato de fumar com mais frequência, ou simplesmente de fumar, em vez de não fumar. Esse é o tipo de conforto que poderia ser um verdadeiro consolo para qualquer um que esteja numa faixa de quinze anos próxima do câncer de pulmão. Tirar o cigarro do pobre coitado seria como tirar a bengala de um cego. Isso faria mais infeliz a pessoa já infeliz.[3]

É possível ver aqui a exigência de um estatístico brilhante e rigoroso, de que todas as possibilidades recebam justa consideração, até o apego de um fumante inveterado pelo seu hábito. (Alguns também viram a influência do trabalho de Fisher como consultor do comitê permanente da Tobacco Manufacturer, grupo industrial britânico. A meu ver, a relutância de Fisher em afirmar uma relação causal era consistente com sua abordagem estatística geral.) A sugestão de Fisher, de que os homens na amostra de Doll e Hill pudessem ter sido levados a fumar por uma inflamação pré-cancerosa, jamais vingou, porém, seu argumento em favor de uma causa comum ganhou mais força. Fisher, fiel a seu título acadêmico, era um dedicado eugenista, acreditando que diferenças genéticas determinavam uma porção saudável do nosso destino, e que as melhores espécies estavam, naqueles indulgentes tempos evolutivos, em grave risco de serem batidas pelos seus inferiores naturais.

Do ponto de vista de Fisher, era perfeitamente normal imaginar que um fator genético comum, ainda não mensurado, estivesse por trás tanto do câncer de pulmão quanto da propensão a fumar. Isso pode parecer bastante especulativo, mas lembre-se de que, na época, a geração do câncer de pulmão provocado pelo fumo assentava-se sobre alicerces igualmente misteriosos. Nenhum componente químico do tabaco havia se mostrado capaz de produzir tumores em laboratório.

Há uma forma elegante de testar a influência genética do fumo estudando gêmeos. Digamos que dois gêmeos "combinam" se ambos forem fumantes ou se ambos não forem fumantes. É esperável que a combinação seja bastante comum, pois em geral os gêmeos crescem na mesma casa, com os mesmos pais e sob as mesmas condições culturais, e é isso de fato o que se vê. Mas gêmeos idênticos e gêmeos fraternos estão sujeitos a esses fatores comuns exatamente no mesmo grau. Então, se gêmeos idênticos têm mais probabilidade de combinar que gêmeos fraternos, isso é evidência de que fatores hereditários exercem alguma influência sobre o hábito de fumar. Fisher apresentou alguns resultados em pequena escala a esse respeito, a partir de estudos não publicados, e trabalhos mais recentes têm confirmado sua intuição.[4] O ato de fumar parece estar sujeito a pelo menos alguns fatores hereditários.

Isso, obviamente, não quer dizer que esses mesmos genes são o que provoca câncer de pulmão mais adiante na estrada. Sabemos um bocado mais sobre câncer e como o tabaco o provoca. O fato de que fumar dá câncer já não está sujeito a dúvida. Todavia, é difícil não ter um pouquinho de simpatia pela abordagem "não vamos nos apressar" de Fisher. É *bom* ser desconfiado diante das correlações. O epidemiologista Jan Vandenbroucke escreveu a respeito dos artigos de Fisher sobre o tabaco: "Para minha surpresa, encontrei artigos extremamente bem escritos e convincentes que poderiam ter se tornado livros-texto clássicos pela sua impecável lógica e clara exposição de dados e argumentos, se os autores estivessem do lado certo."[5]

No decorrer dos anos 1950, a opinião científica sobre a correlação entre fumo e câncer de pulmão convergiu uniformemente para um consenso. É verdade, ainda não havia nenhum mecanismo biológico claro para a geração de tumores pela fumaça de tabaco, e ainda não havia argumento para a associação entre fumar e câncer que não se baseasse nas correlações observadas. No entanto, em 1959, tantas dessas correlações haviam sido vistas, e tantos possíveis fatores de confusão descartados, que o Diretor Nacional de Saúde do governo americano, Leroy E. Burney, declarou: "O peso da evidência no presente implica o ato de fumar como principal fator na crescente incidência de câncer de pulmão." Mesmo então, essa postura não era incontroversa. John Talbott, editor do *Journal of the American Medical Association*, revidou o fogo apenas três semanas depois num editorial do periódico:

> Numerosas autoridades que examinaram a mesma evidência citada pelo dr. Burney não concordam com suas conclusões. Nem os proponentes nem os oponentes da teoria do fumo possuem evidência suficiente para garantir a premissa de uma posição de autoridade do tipo tudo ou nada. Até que sejam realizados estudos definitivos, o médico pode cumprir com sua responsabilidade observando a situação de perto, mantendo-se a par dos fatos e aconselhando seus pacientes com base em sua avaliação.[6]

Talbott, assim como Fisher antes dele, acusava Burney e aqueles que concordavam com ele de estarem, cientificamente falando, colocando a carroça na frente dos bois.

Quanto essa disputa se manteve feroz, mesmo dentro do establishment científico, fica claro pelo extraordinário trabalho do historiador da medicina Jon Harkness.[7] Sua exaustiva pesquisa de arquivos mostrou que a declaração assinada pelo Diretor Nacional foi na verdade escrita por um grande grupo de cientistas do Serviço Público de Saúde, e que o próprio Burney tivera pouco envolvimento direto. Quanto à resposta de Talbott, essa também teve *ghostwriters*, um grupo rival de pesquisadores do Serviço Público de Saúde! O que parecia uma rixa entre funcionários do governo e establishment médico era, na verdade, uma briga científica interna projetada em tela pública.

Sabemos como a história termina. O sucessor de Burney no cargo de Diretor Nacional de Saúde, Luther Terry, convocou um comitê independente, formado por figuras ilustres, para debater a relação entre fumo e saúde no começo da década de 1960. Em janeiro de 1964, com a cobertura nacional da imprensa, o comitê anunciou seus achados em termos que faziam Burney parecer tímido:

> Em vista da continuada e acumulada evidência vinda de muitas fontes, julga o comitê que fumar contribui substancialmente para a mortalidade de certas doenças específicas e para a taxa de mortalidade geral. … *Fumar cigarro é um risco à saúde de importância suficiente nos Estados Unidos para exigir ação corretiva apropriada.* (Grifos do relatório original.)

O que havia mudado? Em 1964, a associação entre fumo e câncer tinha aparecido de modo consistente em estudo após estudo. Fumantes pesados sofriam mais de câncer que fumantes leves, e o câncer estava provavelmente no ponto de contato entre o tabaco e o tecido humano; fumantes de cigarros tinham mais câncer de pulmão, fumantes de cachimbo, mais câncer de boca. Ex-fumantes estavam menos propensos ao câncer que fumantes ativos. Todos esses fatores se combinaram para levar o comitê à conclusão de que fumar não estava apenas correlacionado ao câncer de pulmão, mas *causava* o câncer de pulmão, e que esforços para reduzir o consumo de tabaco provavelmente contribuiriam para prolongar as vidas americanas.

Nem sempre é errado estar errado

Num universo alternativo, em que a mais recente pesquisa sobre tabaco tivesse resultado diferente, poderíamos ter descoberto que a estranha teoria de Fisher afinal estava correta, e que fumar era consequência do câncer, e não o contrário. E essa não teria sido, de longe, a maior inversão nas ciências médicas. E aí? O Diretor Nacional de Saúde teria emitido um *press release* dizendo: "Lamento, todo mundo agora pode voltar a fumar." Nesse ínterim, os fabricantes de cigarro teriam perdido um monte de dinheiro, milhões de fumantes teriam abdicado de bilhões de prazerosos cigarros. Tudo porque o diretor nacional havia declarado como fato aquilo que era apenas uma hipótese fortemente respaldada.

Mas qual era a alternativa? Imagine o que você teria de fazer para saber realmente, com algum tipo de certeza absoluta, que fumar causa câncer de pulmão. Você teria de reunir uma grande população de adolescentes, selecionar metade deles aleatoriamente e forçar essa metade a passar os cinquenta anos seguintes fumando cigarros de modo regular, enquanto a outra metade teria de se abster dessa prática. Jerry Cornfield, pioneiro da pesquisa sobre fumo, declarou que tal experimento era "possível de conceber, mas impossível de realizar".[8] Mesmo que o experimento fosse logisticamente possível, ele violaria toda norma ética existente acerca de pesquisa com sujeitos humanos.

Os responsáveis por políticas públicas não têm o luxo da incerteza de que os cientistas dispõem. Precisam elaborar seus melhores palpites e tomar decisões com base neles. Quando o sistema funciona – como inquestionavelmente funcionou, no caso do tabaco –, o cientista e o responsável pela política pública trabalham em uníssono, o cientista avaliando o grau de incerteza que devemos ter e o responsável pela política decidindo como agir com base na incerteza especificada.

Às vezes isso leva a erros. Já deparamos com o caso da terapia de reposição hormonal, que durante muito tempo julgou-se proteger mulheres em idade pós-menopausa contra doenças cardíacas, com base em correlações observadas. As recomendações correntes, balizadas em experimentos aleatórios realizados posteriormente, são mais ou menos o contrário.

Em 1976 e novamente em 2009, o governo dos Estados Unidos embarcou numa maciça e cara campanha de vacinação contra a gripe suína, tendo recebido advertências de epidemiologistas cada vez que a cepa predominante corria o risco de se tornar catastroficamente pandêmica. Na verdade, os dois surtos de gripe, embora graves, estavam bem longe de ser desastrosos.[9]

É fácil criticar os responsáveis pela política nesses cenários, por deixar que a tomada de decisões assuma a dianteira da ciência. Mas não é tão simples assim. *Nem sempre é errado estar errado.*

Como pode ser? Um rápido cálculo de valor esperado, como os feitos na Parte III, ajuda a desvendar esse dito aparentemente paradoxal. Suponha que estejamos considerando fazer uma recomendação na área de saúde – digamos, que as pessoas devam parar de comer berinjela porque ela representa um pequeno risco de súbita e catastrófica parada cardíaca. Essa conclusão baseia-se numa série de estudos que descobriram que os comedores de berinjela têm probabilidade ligeiramente maior que os não comedores de berinjela de cair mortos de repente. Mas não há perspectiva de se fazer um teste controlado aleatório em larga escala, pelo qual forcemos algumas pessoas a comer berinjela e obriguemos outras a se abster. Precisamos nos contentar com a informação que temos, e que representa apenas uma correlação. Pelo que sabemos, há uma base genética comum para berinjelofilia e parada cardíaca. Mas não há como ter certeza.

Talvez estejamos 75% seguros de que nossa conclusão está correta, e que uma campanha contra a berinjela salvaria mil vidas americanas por ano. Mas há também 25% de chance de que nossa conclusão esteja errada. Se for assim, induzimos muita gente a abandonar aquele que poderia ser seu legume predileto, levando-as a uma dieta geral menos saudável e causando, digamos, duzentas mortes a mais por ano.*

Como sempre, obtemos o valor esperado multiplicando o valor de cada resultado possível pela probabilidade correspondente, e então somando tudo. Nesse caso, descobrimos que

$$75\% \times 1.000 + 25\% \times (-200) = 750 - 50 = 700$$

Nossa recomendação tem um valor esperado de setecentas vidas salvas por ano. Apesar das estridentes e bem-financiadas reclamações do Conselho da Berinjela, e a despeito da nossa incerteza bastante real, vamos a público.

Lembre-se de que o valor esperado não representa o que literalmente esperamos que aconteça, mas o que poderíamos esperar que aconteça *em média* caso a mesma decisão fosse repetida vezes e vezes seguidas. Uma decisão de saúde pública não é como tirar cara ou coroa; é algo que se pode fazer apenas uma vez. Por outro lado, berinjelas não são o único perigo ambiental que podemos ser chamados a avaliar. Talvez a seguir

* Todos os números nesse exemplo foram inventados sem consideração de plausibilidade.

tenhamos nossa atenção voltada para o fato de a couve-flor estar associada à artrite, ou que escovas de dentes vibratórias estão associadas a autismo. Se, em cada caso, cada intervenção tiver um valor esperado de setecentas vidas por ano, deveríamos executar todas, e em média esperaremos salvar setecentas vidas a cada vez. Em qualquer caso individual, poderíamos acabar fazendo mais mal que bem, porém, de forma geral, salvaremos um monte de vidas. Como os jogadores de loteria num dia de rolagem, arriscamo-nos a perder num dado instante, mas temos quase certeza de nos sairmos bem a longo prazo.

E se nos ativermos a um padrão de evidência mais estrito, declinando de implantar qualquer uma dessas recomendações porque não temos *certeza* de que estamos certos? Então as vidas que seriam salvas teriam se perdido.

Seria ótimo se pudéssemos atribuir probabilidades precisas, objetivas, a questões difíceis de saúde na vida real, mas é claro que não podemos. Essa é outra diferença entre a interação de uma droga com o corpo humano e um cara ou coroa ou um bilhete de loteria. Estamos encalhados com as confusas e vagas probabilidades que refletem nosso grau de crença em várias hipóteses, as probabilidades que R.A. Fisher negou veementemente que fossem probabilidades. Não sabemos e não podemos saber o valor esperado exato de se lançar uma campanha contra a berinjela, escovas de dentes vibratórias ou o tabaco. No entanto, com frequência podemos dizer com confiança que o valor esperado é positivo. Mais uma vez, isso não significa que a campanha terá bons efeitos, mas apenas que a soma total de *todas* as campanhas similares, ao longo do tempo, provavelmente fará mais bem que mal. A própria natureza da incerteza é que nós não sabemos qual das nossas escolhas será proveitosa, como atacar o tabaco, e qual nos prejudicará, como recomendar terapia de reposição hormonal. Mas uma coisa é certa: eximir-se de fazer qualquer recomendação, baseado no fato de que pode estar errada, é uma estratégia perdedora. É como o conselho de George Stigler sobre perder voos de avião. Se você nunca dá um conselho enquanto não tem certeza de ter razão, então não está aconselhando o suficiente.

A falácia de Berkson, ou por que homens bonitões são tão idiotas?

As correlações podem surgir de causas comuns não vistas, e isso em si já causa bastante confusão. Mas a história não termina aí. Correlações também podem vir de *efeitos* comuns. Esse fenômeno é conhecido como *falácia de Berkson*, em referência ao estatístico e médico Joseph Berkson, que lá atrás, no Capítulo 8, explicou como uma confiança cega nos valores poderia nos levar a concluir que um pequeno grupo de pessoas incluindo um albino consiste em seres não humanos.

O próprio Berkson, como Fisher, era um cético vigoroso da ligação entre tabaco e câncer. Com doutorado em medicina, ele representava a velha escola de epidemiologia, profundamente desconfiada de qualquer argumento cujo respaldo fosse mais estatístico que médico. Esses argumentos, pressentia ele, representavam uma invasão por parte de teóricos ingênuos num terreno que pertencia de direito à profissão médica. "Câncer é um problema biológico, não estatístico",[10] escreveu em 1958. "A estatística pode perfeitamente desempenhar um papel auxiliar em sua elucidação. Mas se os biólogos permitirem que os estatísticos se tornem árbitros de questões biológicas, o desastre científico é inevitável."

Berkson se sentia profundamente desconfortável com o fato de se ter descoberto que o tabaco tinha correlação não só com o câncer de pulmão, mas com dezenas de outras doenças, afligindo cada sistema do corpo humano. Para Berkson, a ideia de que o tabaco podia ser completamente venenoso era implausível em si mesma. "É como se, ao investigar uma droga que antes fora indicada para alívio de um resfriado comum, se descobrisse que ela não só serve para melhorar a coriza, mas também para curar pneumonia, câncer e diversas outras enfermidades. Um cientista diria: 'Deve haver algo de errado nesse método de investigação.'"[11]

Berkson, como Fisher, estava mais inclinado a acreditar na "hipótese constitucional", de que alguma diferença preexistente entre não fumantes e fumantes era responsável pelo estado relativamente saudável do segundo grupo.

> Se 85% a 95% de uma população é fumante, então a pequena minoria de não fumantes deveria ter, diante disso, algum tipo especial de constituição. Não é implausível que fossem, em média, relativamente longevos, e isso implica que as taxas de mortalidade gerais nesse segmento da população sejam relativamente baixas. Afinal, o pequeno grupo de pessoas que têm sucesso em resistir às lisonjas incessantemente aplicadas e ao condicionamento de reflexos dos anunciantes de cigarros forma uma turma intrépida; e, se são capazes de enfrentar esses assaltos, deveriam ter relativamente pouca dificuldade em rechaçar a tuberculose e até o câncer![12]

Berkson também teceu objeções ao estudo original de Doll e Hill, realizado entre pacientes de hospitais britânicos. Ele observara, em 1938, que selecionar pacientes dessa forma pode produzir o surgimento de associações onde efetivamente não há.

Suponha, por exemplo, que você queira saber se pressão sanguínea elevada é um fator de risco para diabetes. Você poderia fazer um levantamento dos pacientes em seu hospital com o objetivo de descobrir se pressão sanguínea elevada é mais comum entre não diabéticos ou diabéticos. E você descobre, para sua surpresa, que a pressão sanguínea elevada é *menos* comum entre pacientes com diabetes. Você poderia concluir que a pressão alta protege contra a diabetes, ou pelo menos contra sintomas de diabetes sérios o bastante para exigir a hospitalização. Mas antes de começar a aconselhar os pacientes diabéticos a aumentar seu consumo de besteirinhas salgadas, considere a seguinte tabela:

1.000 é a população total
300 pessoas com pressão alta
400 pessoas com diabetes
120 pessoas com pressão alta e diabetes

Vamos supor que haja mil pessoas na nossa cidadezinha, das quais 30% têm pressão alta e 40% têm diabetes. (Nós gostamos de besteirinhas salgadas *e* de besteirinhas doces na nossa cidade.) Vamos supor, além disso, que não haja relação entre as duas condições; então, 30% dos 400 diabéticos, ou 120 pessoas, também sofrem de pressão alta.

Se todas as pessoas doentes na cidade acabarem no hospital, então a população do hospital irá consistir em

180 pessoas com pressão alta, mas sem diabetes
280 pessoas com diabetes, mas sem pressão alta
120 pessoas com pressão alta e diabetes

Dos quatrocentos diabéticos no total que estão no hospital, 120, ou 30%, têm pressão alta. Mas dos 180 não diabéticos no hospital, 100% têm pressão alta! Seria loucura concluir daí que a pressão sanguínea elevada impede você de contrair diabetes. As duas condições estão negativamente correlacionadas, mas não porque uma cause a ausência da outra. E também não porque haja algum fator oculto que simultaneamente aumente a pressão sanguínea e ajude a regular a insulina. Isso acontece porque as duas condições têm um *efeito* em comum: levar a pessoa para o hospital.

Em outras palavras, se você está no hospital, está ali por algum motivo. Se não é diabético, aumenta a probabilidade de ser por causa de pressão alta. Então, o que à primeira vista parece uma relação causal entre pressão alta e diabetes na verdade é apenas uma ilusão estatística.

O efeito também pode funcionar no sentido oposto. Na vida real, ter duas doenças traz uma probabilidade maior de ir parar no hospital que ter uma só. Talvez os 120 diabéticos hipertensos da cidade terminem *todos* no hospital, mas 90% das pessoas relativamente saudáveis com uma doença só ficam em casa. Também há outras razões para estar no hospital, por exemplo, no primeiro dia de neve do ano, muita gente tenta polir o limpador de neve com a mão e acaba cortando o dedo. Então, a população do hospital poderia ser assim:

10 pessoas sem diabetes nem pressão alta, mas com um corte profundo no dedo
18 pessoas com pressão alta, mas sem diabetes
28 pessoas com diabetes, mas sem pressão alta
120 pessoas com pressão alta e diabetes

Agora, quando você faz seu estudo no hospital, descobre que 120 em 148 diabéticos, ou 81%, têm pressão alta. Mas só dezoito dos 28 não diabéticos, ou 64%, têm pressão alta. Isso faz parecer que a pressão alta *aumenta* a probabilidade de ter diabetes. Mais uma vez, contudo, isso é uma ilusão. Tudo que estamos medindo é o fato de que um conjunto de pessoas que estão hospitalizadas é qualquer coisa, menos uma amostra aleatória da população.

A falácia de Berkson faz sentido fora dos domínios da medicina. Na verdade, ela faz sentido mesmo fora do domínio das características que podem ser precisamente quantificadas. Você deve ter notado que, entre os homens* na sua lista de possíveis encontros, os bonitões tendem a não ser simpáticos e os simpáticos tendem a não ser bonitões. Será que é porque ter uma face simétrica torna o cara cruel? Ou porque ser simpático com as pessoas torna o cara feio? Bem, talvez. Mas não necessariamente. Apresento a seguir o Grande Quadrado de Homens,

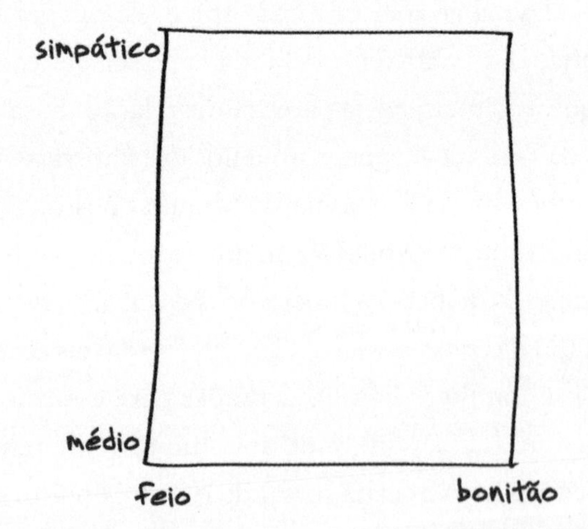

e tomo como hipótese de trabalho que os homens sejam de fato equidistribuídos por todo o quadrado. Em particular, há bonitões simpáticos, feios simpáticos, bonitões médios e feios médios em proporções aproximadamente iguais.

* Ou "pessoas do seu gênero preferido, se houver", obviamente.

Mas simpatia e beleza têm um efeito em comum: colocam esses homens no grupo dos que são notados. Seja honesta, os feios médios são aqueles que você nem chega a levar em conta. Então, dentro do Grande Quadrado, há um Triângulo Menor de Homens Aceitáveis:

Agora a fonte do fenômeno está clara. Os homens mais bonitões no triângulo percorrem toda a gama de personalidades, desde os mais gentis até os mais antipáticos. Em média, eles são tão simpáticos quanto a pessoa média na população inteira, que, vamos falar a verdade, não é tão simpática assim. Da mesma forma, os homens mais simpáticos são apenas medianamente bonitos. Os feios de que você gosta, porém – eles ocupam um minúsculo canto no triângulo e são supersimpáticos –, precisam ser visíveis para você, ou nem sequer estariam ali. A correlação negativa entre aparência e personalidade na sua lista de homens possíveis é absolutamente verdadeira. No entanto, se você tenta melhorar o aspecto do seu namorado treinando-o a agir na média, está sendo vítima da falácia de Berkson.

O esnobismo literário funciona da mesma maneira. Você sabe como são terríveis os romances populares? Não porque as massas não apreciem qualidade, mas porque existe um Grande Quadrado dos Romances, e os únicos dos quais você ouve falar são aqueles no Triângulo Aceitável, que são populares ou bons. Se você se força a ler romances impopulares escolhidos essencialmente ao acaso – eu já participei de um júri de prêmio literário, então realmente tive de fazer isso –, descobre que a maioria deles, assim como os populares, é bastante ruim.

O Grande Quadrado é simples demais, claro. Há muitas dimensões, não só duas, ao longo das quais você pode classificar seus interesses amorosos ou sua leitura semanal. O Grande Quadrado é mais bem descrito como uma espécie de Grande Hipercubo. E isso só para suas preferências pessoais! Se você tentar entender o que acontece na população inteira, vai ter de lidar com o fato de que pessoas diferentes definem atração de forma diferente, podem diferir quanto aos pesos que atribuem aos vários critérios ou podem simplesmente ter preferências incompatíveis. O processo de agregar opiniões, preferências e desejos de muitas pessoas diferentes apresenta ainda outro conjunto de dificuldades. Isso quer dizer oportunidade para fazer mais matemática. Vamos agora nos voltar para isso.

PARTE V

Existência

Inclui: o status moral de Derek Jeter; como decidir votações tríplices; o programa Hilbert; usar a vaca inteira; por que americanos não são estúpidos; "cada duas tangerinas são ligadas por um sapo"; punição cruel e inusitada; "Assim que o trabalho estava completo, a fundação cedeu"; o marquês de Condorcet; o segundo teorema da incompletude; a sabedoria dos bolores limosos.

17. Não existe esse negócio de opinião pública

Você é um bom cidadão dos Estados Unidos ou de alguma outra democracia mais ou menos liberal. Ou talvez até tenha um cargo eletivo. Você acha que o governo deveria, quando possível, respeitar a vontade do povo. Se é assim, você deseja saber: o que quer o povo?

Às vezes você se mata fazendo pesquisas entre a população, porém, não dá para ter certeza. Por exemplo: será que os americanos querem um governo mínimo? Bom, claro que queremos, nós afirmamos isso a toda hora. Numa pesquisa da CBS, em janeiro de 2011, 77% dos entrevistados disseram que cortar despesas era a melhor maneira de lidar com o déficit orçamentário federal, contra apenas 9% que preferiam o aumento de impostos.[1] Esse resultado não é só um produto da atual moda de austeridade – entra ano, sai ano, o povo americano prefere cortar programas de governo a pagar mais impostos.

Mas *quais* programas de governo? É aí que a coisa pega. Acontece que os projetos em que o governo americano gasta dinheiro são aqueles de que o povo gosta. Uma pesquisa da Pew Research, de fevereiro de 2011, consultou os americanos sobre treze categorias de gastos governamentais: em onze dessas categorias, com déficit ou não, mais gente queria aumentar os gastos em lugar de diminuir.[2] Apenas a ajuda ao exterior e o seguro-desemprego – que, combinados, representavam menos de 5% das despesas de 2010 – foram passados na faca. Isso também está de acordo com anos de dados. O americano médio está sempre ansioso para reduzir a ajuda ao exterior, é ocasionalmente tolerante com cortes no bem-estar social e na defesa, mas é doido para aumentar gastos em todos os outros programas financiados pelos nossos impostos.

É isso aí, e ainda queremos um governo mínimo.

No plano estadual, a inconsistência também é grande. Os entrevistados da pesquisa da Pew eram esmagadoramente a favor de uma combinação de corte de programas e aumento de impostos a fim de equilibrar os orçamentos do Estado. Próxima pergunta: que tal cortar financiamentos para educação, saúde, transporte ou pensões. Ou aumentar o imposto sobre vendas, o imposto de renda estadual ou o imposto sobre os negócios? Nenhuma opção obteve apoio da maioria.

"A leitura mais plausível desses dados é que o público quer um almoço grátis", escreve o economista Bryan Caplan. "Eles esperam que o governo gaste menos sem mexer em nenhuma de suas funções principais."[3] O economista Paul Krugman, ganhador do Prêmio Nobel, disse: "O povo quer corte de despesas, mas se opõe a cortar qualquer coisa, exceto o auxílio ao exterior. ... A conclusão é inevitável: os republicanos têm um mandato para recusar as leis da aritmética."[4] O resumo da pesquisa sobre o orçamento feito pela Harris, em fevereiro de 2011, descreve a atitude pública de autonegação quanto ao orçamento em termos mais coloridos: "Muita gente parece querer cortar a floresta, mas manter as árvores."[5] Esse é um retrato pouco lisonjeiro do público americano. Somos bebês incapazes de entender que cortes orçamentários inevitavelmente reduzirão o financiamento de programas que apoiamos, ou somos crianças teimosas, irracionais, que entendem a matemática, mas se recusam a aceitá-la.

Como podemos saber o que o público quer quando o público não produz algo que faça sentido?

Pessoas racionais, países irracionais

Desta vez, deixe-me tomar partido do povo americano, com a ajuda de um problema só de palavras.

Suponha que ⅓ do eleitorado julgue que devemos abordar o déficit aumentando impostos sem cortar gastos; outro ⅓ acha que devemos cortar gastos com defesa; e o resto pensa que devemos cortar drasticamente os benefícios do Medicare – a assistência médica gratuita para idosos e aposentados.

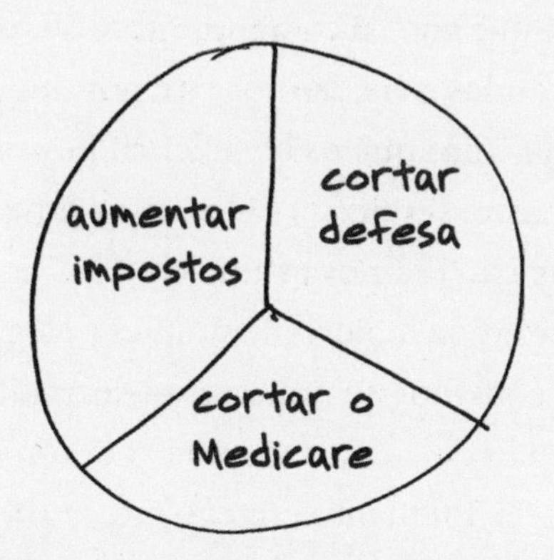

Duas entre três pessoas querem cortar despesas. Numa pesquisa que pergunta "Devemos cortar despesas ou aumentar impostos?", os adeptos de cortes vencerão por uma margem maciça de 67 a 33.

Então, o que cortar? Se você pergunta, "Devemos cortar o orçamento da defesa?", ouvirá um ressoante "Não": ⅔ dos votantes – os que querem aumento de impostos e os que querem cortar o Medicare – preferem que a defesa conserve seu orçamento. E "Devemos cortar o Medicare?" perde pela mesma proporção.

Essa é a familiar posição contraditória que observamos nas pesquisas: queremos cortes, mas também queremos que cada programa mantenha seu financiamento. Como chegamos a esse impasse? Não foi porque os votantes são estúpidos ou delirantes. *Cada votante tem uma postura política perfeitamente racional, coerente.* No entanto, no agregado, sua posição é absurda.

Quando você escava além da camada superficial das pesquisas sobre orçamento, percebe que a situação problema não está tão longe da verdade. Apenas 47% dos americanos[6] acreditavam que equilibrar o orçamento exigia cortar programas que ajudavam pessoas como eles. Apenas 38% concordavam que havia programas importantes que precisavam ser cortados. Em outras palavras: o "americano médio" infantil, que quer cortar gastos, mas exige a manutenção de cada programa, não existe. O americano médio acha que há uma profusão de programas federais sem importância que estão desperdiçando nosso dinheiro, e ele está pronto e disposto a pôr esses programas sob o fio do machado a fim de fechar as contas. O problema é que não há consenso sobre quais programas não têm importância. Em grande parte, isso ocorre porque a maioria dos americanos julga que programas que os beneficiam pessoalmente são aqueles que devem, a todo custo, ser preservados. (Eu não disse que não éramos egoístas, só disse que não éramos estúpidos!)

O sistema de "regras da maioria" é simples e elegante, e dá a sensação de ser justo. Mas ele é melhor quando se está decidindo apenas entre duas opções. Quando há mais de duas, as contradições começam a impregnar as preferências da maioria. Enquanto escrevo este livro, os americanos estão acirradamente divididos em relação à assinatura de Obama no documento de uma conquista em termos de política doméstica, o Affordable Care Act. Numa pesquisa de outubro de 2010 entre prováveis votantes,*[7] 52% dos entrevistados disseram que se opunham à lei, enquanto 41% a apoiavam. Más notícias para Obama? Não, quando se destrinçam os números.

A revogação direta da reforma do sistema de saúde era favorecida por 37%, com outros 10% dizendo que a lei devia ser abrandada. Mas 15% preferiam deixá-la como estava e 36% disseram que ela deveria ser expandida ainda *mais* para modificar o atual sistema de saúde. Isso sugere que muitos dos oponentes à lei estão à esquerda de Obama, não à direita. Aqui há (pelo menos) três escolhas: deixar a lei de assistência médica como está, eliminá-la ou fortalecê-la. Cada uma dessas opções sofre a oposição da maioria dos americanos.**

A incoerência da maioria cria oportunidades de sobra para o erro. Eis como a Fox News reportaria os resultados dessa pesquisa: "Maioria dos americanos opõe-se ao Obamacare!"*** Eis como apareceria na MSNBC: "Maioria dos americanos quer preservar ou fortalecer o Obamacare!". As

---

* Nos Estados Unidos, não é obrigatório votar. (N.T.)

** Acrescento no prelo: uma pesquisa da CNN/ORC, de maio de 2013, revelou que 43% favoreciam o Act, enquanto 35% diziam que ele era liberal demais e 16%, que não era liberal o bastante.

*** Apelido dado ao Affordable Care Act. (N.T.)

duas manchetes contam histórias muito diferentes sobre a opinião pública. Por mais chato que seja, ambas são verdadeiras.

Mas ambas são incompletas. O pesquisador que não pretende se enganar precisa testar cada uma das opções da pesquisa para ver se ela se decompõe em peças de diferentes cores. Cinquenta e seis por cento da população desaprova a política do presidente Obama no Oriente Médio? Esses números impressionantes podem incluir tanto a esquerda do "não derramar sangue por petróleo" quanto a direita do tipo "bomba nuclear neles", com uns poucos simpatizantes de Pat Buchanan e libertários devotos na mistura. Em si, eles não nos contam praticamente nada sobre o que o povo realmente quer.

Eleições podem parecer um caso mais fácil. Um pesquisador apresenta a você uma simples escolha binária, a mesma com que você irá se deparar na urna: candidato 1 ou candidato 2?

Mas às vezes há mais de dois candidatos. Na eleição presidencial de 1992, Bill Clinton teve 43% do voto popular, à frente de George H.W. Bush, com 38%, e H. Ross Perot, com 19%. Em outras palavras: uma maioria dos eleitores (57%) achava que Bill Clinton não devia ser presidente. Uma maioria de eleitores (62%) achava que George Bush não devia ser presidente. E uma maioria realmente grande de eleitores (81%) achava que Ross Perot não devia ser presidente. Nem todas as maiorias podem ser satisfeitas ao mesmo tempo. Uma das maiorias não chega a mandar.

Esse não parece ser um problema tão terrível, você sempre pode conceder a Presidência ao candidato com contagem de votos mais alta, que, à parte questões referentes ao colégio eleitoral, é o que faz o sistema eleitoral americano.

Mas suponha que 19% dos eleitores que votaram em Perot se dividam em: 13% que julgam Bush como a segunda melhor escolha e Clinton o pior dos piores* e 6% que acreditam que Clinton é o melhor dos dois can-

---

* Pessoas debatem até hoje se Perot tirou mais votos de Bush ou de Clinton, ou se os eleitores de Perot teriam simplesmente se abstido em vez de votar em qualquer um dos candidatos dos grandes partidos.

didatos dos partidos grandes. Então, se você perguntasse aos eleitores diretamente se preferiam Bush ou Clinton como presidente, 51%, a maioria, escolheriam Bush. Nesse caso, você ainda acha que o público quer Clinton na Casa Branca? Ou será que é Bush o preferido pela maioria das pessoas, a escolha do povo? Por que os sentimentos do eleitorado em relação a Ross Perot ficariam afetados se Bush ou Clinton chegasse à Presidência?

Acho que a resposta certa é que não há respostas. A opinião pública não existe. Mais precisamente, às vezes existe, referente a assuntos sobre os quais há uma clara visão da maioria. É seguro dizer que, segundo a opinião pública, o terrorismo é ruim e *The Big Bang Theory* é um excelente programa. Mas cortar o déficit é outra história. As preferências da maioria não se fundem numa posição definitiva.

Se não existe algo como opinião pública, o que deve fazer um político eleito? A resposta mais simples: quando não há mensagem coerente da população, faça o que bem entender. Como vimos, a lógica simples exige que você às vezes aja contrariamente à vontade da maioria. Se você é um político medíocre, esse é o momento em que declara que os dados da pesquisa se contradizem. Se você é um político bom, você diz: "Eu fui eleito para liderar, não para dar atenção às pesquisas."

Se você é um mestre em política, descobre meios de virar a incoerência da opinião pública a seu favor. Naquela pesquisa da Pew de fevereiro de 2011, apenas 31% dos entrevistados apoiavam uma redução nos gastos em transportes, e outros 31% apoiavam cortar verbas para escolas, mas apenas 41% apoiavam um imposto sobre as atividades econômicas locais para pagar tudo. Em outras palavras, cada uma das principais opções para cortar o déficit do Estado sofria oposição de uma maioria de eleitores. Qual deveria ser a opção escolhida pelo governador para minimizar o custo político? Resposta: não escolha uma, escolha duas. O discurso é mais ou menos o seguinte: "Eu me comprometo a não subir um único centavo de impostos. Darei às municipalidades as ferramentas de que necessitam para fornecer serviços públicos de primeira qualidade, com custo menor para os contribuintes."

Agora cada localidade, suprida com menos receita pelo Estado, tem de decidir sozinha entre as opções remanescentes: cortar vias públicas ou cortar escolas. Está vendo só a genialidade? O governador excluiu especificamente o aumento de impostos, a mais popular das três opções. No entanto, sua postura firme tem apoio da maioria: 59% dos eleitores concordam com o governador, que os impostos não devem ser aumentados. Coitado do prefeito ou do Executivo local, que precisa descer o machado. Esse pobre infeliz não tem alternativa a não ser executar uma política da qual a maioria dos eleitores não vai gostar, sofrendo as consequências, enquanto o governador sai bem na foto. No jogo do orçamento, como em tantos outros, jogar primeiro pode ser uma grande vantagem.

Vilões muitas vezes merecem o chicote, e talvez ter suas orelhas cortadas

É errado executar prisioneiros mentalmente pouco desenvolvidos? Isso soa como uma questão ética abstrata, mas foi assunto candente num importante caso na Suprema Corte. Mais precisamente, o problema não era "É errado executar prisioneiros mentalmente pouco desenvolvidos?", mas "Os americanos acreditam que é errado executar prisioneiros mentalmente pouco desenvolvidos?". Essa é uma questão de opinião pública, não de ética, e, como vimos, as questões mais simples de opinião pública estão infestadas de paradoxos e confusões. Esta não está entre as mais simples.

Os juízes deram de cara com esse problema em 2002, no caso Atkins vs. Virgínia. Daryl Renard Atkins e um comparsa, William Jones, assaltaram um homem à mão armada, sequestraram-no e depois o mataram. Cada um testemunhou que fora o outro quem apertara o gatilho, mas o júri acreditou em Jones, e Atkins foi condenado por crime capital e sentenciado à morte.

Nem a qualidade da evidência nem a seriedade do crime estavam em debate. A questão da corte não era o que Atkins tinha feito, mas o que ele era. O advogado do réu argumentou perante a Suprema Corte da Virgínia que Atkins sofria de leve retardo metal, com um QI de 59, e como tal não podia ser considerado responsável do ponto de vista moral para receber a pena de morte. A Suprema Corte estadual rejeitou o argumento, citando a determinação da Suprema Corte dos Estados Unidos, de 1989, em Penry vs. Lynaugh, de que a punição capital de prisioneiros mentalmente pouco desenvolvidos não violava a Constituição.

Essa conclusão não foi alcançada sem grande controvérsia entre os juízes da Virgínia. As questões constitucionais envolvidas eram difíceis o bastante para que a Suprema Corte dos Estados Unidos concordasse em revisitar o caso, e com ele o caso Penry. Dessa vez, a Suprema Corte veio para o lado oposto. Numa decisão de seis a três, determinou-se que seria inconstitucional executar Atkins ou qualquer outro criminoso mentalmente atrasado.

À primeira vista, isso parece esquisito. Nenhum aspecto relevante da Constituição mudou entre 1989 e 2012. Como poderia esse documento primevo permitir uma punição e 23 anos depois proibi-la? A chave reside na formulação da Oitava Emenda, que proíbe aos estados impor "punição cruel e incomum". A questão de definir, precisamente, o que constitui crueldade e algo fora do comum tem sido tema de enérgica disputa legal. O significado das palavras é difícil de precisar. Será que "cruel" significa o que os Pais Fundadores teriam considerado cruel ou o que nós fazemos? Será que "incomum" significa incomum naquela época ou incomum agora? Os que elaboraram a Constituição não deixavam de ter consciência dessa ambiguidade essencial. Quando a Câmara dos Representantes debateu a adoção da Carta de Direitos, em agosto de 1789, Samuel Livermore, de New Hampshire, argumentou que o formato vago da linguagem permitiria que gerações futuras mais tolerantes considerassem ilegais as punições necessárias:

> A cláusula parece expressar grande dose de humanidade, em relação à qual não tenho objeção. Mas como ela parece sem sentido. Não a julgo necessária. O que se entende pelo termo fiança excessiva? Quem devem ser os juízes? O que se entende por multas excessivas? Cabe à corte determinar. Não se deve infligir punição cruel e incomum. Às vezes é necessário enforcar um homem, vilões muitas vezes merecem o chicote, e talvez ter suas orelhas cortadas.

Mas seremos no futuro impedidos de infligir essas punições, por serem elas cruéis?[8]

O pesadelo de Livermore tornou-se real. Agora não cortamos as orelhas das pessoas, mesmo que estejam pedindo por isso; e mais, sustentamos que a Constituição nos proíbe de fazê-lo. A jurisprudência da Oitava Emenda agora é governada pelo princípio de "padrões de decência em evolução", pela primeira vez articulado pela corte no caso Trop vs. Dulles (1958), que sustenta que as normas americanas contemporâneas, e não os padrões predominantes em agosto de 1789, fornecem o parâmetro do que é cruel e do que é incomum.

Aí entra a opinião pública. No caso Penry, o parecer da juíza Sandra Day O'Connor sustentava que pesquisas de opinião mostrando que a esmagadora oposição pública à execução de criminosos mentalmente deficientes não devia ser levada em consideração no cômputo de "padrões de decência". Para ser considerada pela corte, a opinião pública necessitaria ser codificada em lei pelos legisladores estaduais, uma lei que representava "a evidência objetiva mais clara e mais confiável de valores contemporâneos". Em 1989, apenas dois estados, Geórgia e Maryland, haviam tomado medidas especiais para proibir a execução das pessoas pouco desenvolvidas mentalmente. Em 2002, a situação tinha mudado, e essas execuções eram proibidas em muitos estados. Até na legislatura do Texas tal lei passara, embora ela tenha sido vetada pelo governador. A maioria da corte sentia que a onda de leis era prova suficiente de que os padrões de decência tinham evoluído, distanciando-se da permissão de executar a pena de morte no caso de Daryl Atkins.

O juiz Antonin Scalia não entrou nessa. Em primeiro lugar, ele reconhece apenas de má vontade que a Oitava Emenda proíbe punições (como cortar orelhas de um criminoso, conhecida no contexto penal como "poda") permitidas no tempo dos insurgentes.*

---

* Em 15 de maio de 1805, Massachusetts proibiu a "poda", juntamente com marcas a ferro, o açoite e o pelourinho, como punições para falsificação de dinheiro. Se essas punições

Mesmo concedendo nesse ponto, escreve Scalia, as legislaturas estaduais não demonstraram um consenso nacional contra a execução de prejudicados mentais, como requer o caso precedente de Penry:

> A corte menciona esses precedentes ao extrair miraculosamente um "consenso nacional" proibindo execuções de pessoas mentalmente retardadas, ... a partir do fato de que dezoito estados – menos da metade (47%) dos 38 estados que permitem a pena capital (para quem a questão existe) – recentemente decretaram legislação barrando a execução dos deficientes mentais. ... O simples número de estados – dezoito – deveria bastar para convencer qualquer pessoa razoável de que não existe "consenso nacional". Como é possível que a concordância entre 47% das jurisdições que admitem pena de morte represente um "consenso"?[9]

A regra da maioria fez a matemática de maneira diferente. Segundo seu cálculo, há trinta estados que proíbem a execução de mentalmente prejudicados: os dezoito mencionados por Scalia e os doze que proíbem inteiramente a pena capital. Isso perfaz trinta em cinquenta, a maioria substancial.

Que fração está correta? Akhil e Vikram Amar,[10] irmãos e professores de direito constitucional, explicam, em base matemática, por que a maioria tem razão. Imagine, pedem eles, um cenário no qual 47 legislaturas estaduais tenham eliminado a pena capital, mas dois dos estados discordantes permitam a execução de condenados mentalmente deficientes. Nesse caso, é difícil negar que o padrão nacional de decência exclui a pena de morte em geral, e mais ainda a pena de morte para os prejudicados mentais. Concluir outra coisa dá um bocado de autoridade moral aos três estados fora de compasso com o espírito nacional. A fração correta a ser considerada é 48 em cinquenta, e não um em três.

---

tivessem sido entendidas como proibidas pela Oitava Emenda, na época, a lei estadual não teria sido necessária (Joseph Barlow Felt, *A Historical Account of Massachusetts Currency*, p.214). A concessão de Scalia, aliás, não reflete seu pensamento corrente: numa entrevista de 2013 para a revista *New York*, ele disse que agora acredita que a Constituição admite surras, e presumivelmente sente o mesmo em relação a cortar orelhas.

Na vida real, claramente não há consenso nacional sobre a pena de morte em si. Isso confere certo atrativo ao argumento de Scalia. São os doze estados que proíbem a pena de morte* que estão fora de compasso com a opinião nacional geral em favor da punição capital. Se eles não acham que as execuções deveriam ser permitidas de todo, como se pode dizer que tenham opinião a respeito de quais execuções são permissíveis?

O erro de Scalia é o mesmo que sempre gera tropeços nas tentativas de dar sentido à opinião pública: a inconsistência de opiniões agregadas. Vamos decompor essa opinião. Quantos estados acreditavam, em 2002, que a pena capital era moralmente inaceitável? Com evidência na legislação, apenas doze. Em outras palavras, a maioria dos estados, 38 em cinquenta, considerava a pena capital moralmente aceitável.

Agora, quantos estados acham que executar um criminoso com deficiência mental é pior, legalmente falando, que executar qualquer outra pessoa? Certamente os vinte estados que concordam com ambas as práticas não podem ser contados. Tampouco os doze onde a pena capital é categoricamente proibida. Há somente dezoito estados que estabelecem a distinção legal relevante. Isso é mais do que quando foi decidido o caso Penry, e no entanto ainda é minoria.

A maioria dos estados, 32 em cinquenta, inclui a pena capital para criminosos mentalmente deficientes na mesma categoria legal que a pena capital de modo geral.**

Juntar essas afirmações parece uma questão de pura lógica: se a maioria acha que a pena capital em geral é aceitável, e se a maioria acha que a pena capital para criminosos mentalmente deficientes não é pior que a pena capital em geral, então a maioria deve aprovar a pena capital para criminosos mentalmente prejudicados.

---

* Desde 2002, o número aumentou para dezessete.

** Esse não é precisamente o cálculo de Scalia. Ele não chegou a ponto de afirmar que os estados sem pena de morte consideravam a execução de criminosos com retardo mental igualmente ruim que as execuções em geral. Seu argumento era de que não temos informação sobre a opinião desses estados a respeito do assunto, então, eles não deveriam ser computados no cálculo.

Mas isso está errado. Como vimos, "a maioria" não é uma entidade unificada, que segue regras lógicas. Lembre-se de que a maioria dos eleitores não queria que George H.W. Bush fosse reeleito em 1992, e a maior parte dos eleitores não queria que Bill Clinton assumisse o cargo de Bush. Contudo, por mais que H. Ross Perot tenha desejado, disso não se conclui que a maioria não queria nem Bush nem Clinton no Salão Oval.

O argumento dos irmãos Amar é mais persuasivo. Se você quer saber quantos estados acham que executar deficientes mentais não é moralmente permissível, simplesmente pergunte quantos estados consideram a prática ilegal. O número é trinta, e não dezoito.

O que não quer dizer que a conclusão geral de Scalia esteja errada e a opinião da maioria, correta. Trata-se de uma questão legal, não matemática. Para ser justo, sinto-me compelido a ressaltar que Scalia também desfere alguns golpes matemáticos. A opinião majoritária do juiz Stevens, por exemplo, menciona que a execução de prisioneiros mentalmente deficientes é rara mesmo em estados que não proíbem especificamente a prática, sugerindo haver uma resistência pública a tais execuções além daquela oficializada pelas legislaturas estaduais. Em cinco estados apenas, escreve Stevens, foi realizada alguma execução dessas nos treze anos entre os casos Penry e Atkins.

Pouco mais de seiscentas pessoas foram executadas ao todo[11] nesses anos. Stevens fornece a cifra de 1% para a presença de retardo mental na população americana. Então, se prisioneiros mentalmente deficientes fossem executados na mesma taxa em que estão presentes na população geral, seria de esperar que seis ou sete desses prisioneiros tivessem sido levados à morte. Sob esta luz, como ressalta Scalia, a evidência não mostra nenhuma resistência particular para executar os deficientes mentais. Nenhum bispo grego ortodoxo jamais foi executado no Texas, mas pode-se duvidar de que o Texas mataria um bispo, se houvesse necessidade?

A real preocupação de Scalia no caso Atkins não é tanto a questão precisa perante a corte, se ambos os lados concordam que o retardo mental afeta apenas um minúsculo segmento de casos capitais. Não, ele está preocupado com o que chama de "abolição incremental" de penas capitais por decreto judicial. E cita sua própria opinião anterior no caso Harmelin vs. Michigan: "A Oitava Emenda não é um trinco com trava, por meio do qual um consenso temporário de leniência para um crime particular fixa um máximo constitucional permanente, incapacitando os estados de efetivar crenças alteradas e de responder a mudanças nas condições sociais."

Scalia tem razão de ficar preocupado por causa de um sistema no qual os caprichos de uma geração de americanos acabam imobilizando constitucionalmente nossos descendentes. Mas está claro que sua objeção é mais que legal. Sua preocupação é que os Estados Unidos percam o hábito da punição por desuso forçado, que os Estados Unidos não só se vejam impedidos de matar assassinos mentalmente deficientes, em virtude do mecanismo leniente da corte, mas acabem se esquecendo do que realmente querem. Scalia – de forma muito semelhante a Samuel Livermore duzentos anos atrás – prevê e deplora um mundo no qual a população perca, por centímetros, sua capacidade de impor punições efetivas aos malfeitores. A imensa engenhosidade da espécie humana para divisar meios de punir as pessoas rivaliza com nossas habilidades em arte, filosofia e ciência. A punição é um recurso renovável, não há o risco de ela se esgotar.

Flórida 2000, o bolor limoso e como escolher uma companheira de balada

O bolor limoso *Physarum polycephalum* é um pequeno organismo charmoso. Ele passa grande parte da vida numa única célula minúscula, parente próximo da ameba. Mas, nas condições certas, milhares desses organismos coalescem num coletivo unificado chamado plasmódio. Nesta forma, o bolor limoso é amarelo intenso e grande o bastante para ser visto a olho nu. Na natureza, ele habita plantas podres. No laboratório, ele realmente adora aveia.

Você não pensaria que houvesse muito a dizer sobre a psicologia do bolor limoso plasmodial, que não tem cérebro nem nada que possa ser chamado de sistema nervoso, muito menos sentimentos ou pensamentos.

Mas um bolor limoso, como toda criatura viva, toma decisões. O interessante é que ele toma decisões *muito boas*. No mundinho limitado do bolor limoso, essas decisões mais ou menos se reduzem a "mover-me na direção de coisas de que eu gosto" (aveia) e "mover-me para longe de coisas de que eu não gosto" (luz forte). De algum modo, o processo de pensamento descentralizado do bolor limoso é capaz de fazer o serviço com muita eficácia. Por exemplo, é possível treinar um bolor limoso a correr por um labirinto.[12] (Isso leva muito tempo e muita aveia.) Os biólogos têm esperança de que, entendendo como o bolor limoso navega pelo seu mundo, possam abrir uma janela para a aurora evolutiva da cognição.

Mesmo aqui, no mais primitivo tipo de tomada de decisão que se possa imaginar, encontramos alguns fenômenos intrigantes. Tanya Latty e Madeleine Beekman,[13] da Universidade de Sydney, estavam estudando a maneira como os bolores limosos lidavam com escolhas difíceis. Uma escolha difícil para um bolor limoso é mais ou menos assim: de um lado da placa de Petri há 3 gramas de aveia; do outro lado, 5 gramas de aveia, mas com uma luz ultravioleta incidindo sobre ela. Colocamos o bolor limoso no centro do prato. O que ele faz?

Nessas condições, descobriram as pesquisadoras, o bolor limoso escolhe cada alternativa aproximadamente metade das vezes – a comida extra é exata para contrabalançar a sensação desagradável da luz ultravioleta. Se você fosse um economista clássico do tipo Daniel Ellsberg, trabalhando para a Rand, diria que o montinho menor de aveia no escuro e o montinho maior sob a luz têm a mesma quantidade de utilidade para o bolor limoso, que, portanto, é ambivalente em relação às alternativas.

Substitua, porém, os 5 gramas por 10 gramas, e o equilíbrio se rompe. O organismo irá toda vez atrás do montinho duplo, haja ou não luz. Experimentos como esse nos ensinam acerca das prioridades do bolor limoso e como ele toma decisões quando essas prioridades estão em conflito. E fazem o serzinho parecer um personagem bastante razoável.

Mas aí aconteceu uma coisa estranha. As pesquisadoras tentaram colocar o bolor limoso numa placa de Petri com *três* opções: os 3 gramas de aveia no escuro (3-escuro), os 5 gramas de aveia sob a luz (5-luz) e 1 grama de aveia no escuro (1-escuro). Seria de prever que o organismo quase nunca fosse para 1-escuro; o montinho 3-escuro tem mais aveia e está no escuro, então, é claramente superior. De fato, o bolor limoso quase nunca escolhe 1-escuro.

Pode-se imaginar também que, uma vez que o bolor limoso considerava 3-escuro e 5-luz igualmente atraentes, ele continuaria a fazê-lo no novo contexto. Nos termos dos economistas, a presença de uma nova opção não deveria mudar o fato de que 3-escuro e 5-luz têm a mesma utilidade. Mas não: quando 1-escuro é uma possibilidade, o bolor limoso realmente muda suas preferências: passa a escolher 3-escuro mais que o triplo de vezes que escolhe 5-luz!

O que se passa?

Aí vai uma dica: o montinho pequeno no escuro está fazendo o papel de H. Ross Perot nesse cenário.

O jargão matemático altissonante em jogo aqui é "independência de alternativas relevantes". Essa é uma regra que diz: se você é um bolor limoso, um ser humano ou uma nação democrática, se tiver uma escolha entre opções A e B, a presença de uma terceira opção C não deveria afetar sua preferência por A ou B. Se você está decidindo se prefere comprar um Prius ou um Hummer, não importa que também tenha a opção de um Ford Pinto. Você *sabe* que não vai escolher o Ford. Então, que relevância ele pode ter?

Ou, mantendo o foco mais perto da política: em vez de uma revendedora de automóveis, ponha o estado da Flórida. Em lugar do Prius, ponha Al Gore. Em lugar do Hummer, George W. Bush. E em lugar do Ford Pinto, ponha Ralph Nader. Na eleição presidencial de 2000, George Bush obteve 48,85% dos votos na Flórida e Al Gore, 48,84%. O Ford Pinto obteve 1,6%.

Então, aí vai o mistério sobre a Flórida em 2000. Ralph Nader jamais ganharia os votos eleitorais* na Flórida. Você sabe disso, eu sei disso e todo

---

* São votos no colégio eleitoral. Lembramos que, na eleição americana, teoricamente, o vencedor pelo voto popular leva todos os votos do estado no colégio eleitoral. (N.T.)

eleitor no estado da Flórida sabia disso. O que se estava perguntando aos eleitores da Flórida na realidade não era

"Quem deveria ganhar os votos eleitorais da Flórida: Gore, Bush ou Nader?"

e sim

"Gore ou Bush deve ganhar os votos eleitorais da Flórida?"

É seguro dizer que, virtualmente, todo eleitor de Nader achava que Al Gore seria um presidente melhor que George Bush.* Isso equivale a dizer que uma sólida maioria de 51% dos eleitores da Flórida preferia Gore a Bush. Todavia, a presença de Ralph Nader, a alternativa irrelevante, significou a vitória de Bush na eleição.

Não estou dizendo que a eleição deveria ter sido decidida de outra maneira. Mas a verdade é que esses votos produzem resultados paradoxais, nos quais a maioria nem sempre consegue as coisas do seu jeito, e alternativas irrelevantes controlam o resultado. Bill Clinton foi o beneficiário em 1992, George W. Bush em 2000, mas o princípio matemático é o mesmo: é difícil dar sentido ao enunciado "O que os eleitores realmente querem".

No entanto, a maneira como decidimos as eleições nos Estados Unidos não é a única. De início isso pode parecer esquisito. Que escolha, a não ser o candidato que tem mais votos, poderia ser justa?

Eis como um matemático pensaria sobre esse problema. Na verdade, eis como um matemático – Jean-Charles de Borda, um francês do século XVIII que se distinguiu por seu trabalho em balística – *realmente* pensou sobre o problema. Uma eleição é uma máquina. Gosto de pensar nela como um grande moedor de carne de ferro fundido. O que entra na máquina são as preferências dos eleitores individuais. A pasta espichada que sai do outro lado, depois de se girar a manivela, é o que chamamos de vontade popular.

---

* Sim, eu também conheço aquele sujeito único que achava que tanto Gore quanto Bush eram instrumentos dos senhores capitalistas, que não fazia diferença quem ganhasse. Não estou falando desse sujeito.

O que nos incomoda em relação à derrota de Al Gore na Flórida? É que mais gente preferia Gore a Bush, e não o inverso. Por que o nosso sistema eleitoral não sabe disso? Porque as pessoas que votaram em Nader não tinham jeito de exprimir sua preferência por Gore em vez de Bush. Estamos deixando de fora de nossa computação alguns dados relevantes.

Um matemático diria: "Você não deve deixar de fora informação que possa ser relevante para o problema que está tentando resolver!"

Um fabricante de salsichas diria: "Já que você está moendo carne, use a vaca inteira!"

Ambos haveriam de concordar que se deve achar um jeito de levar em conta todo o conjunto de preferências das pessoas – e não só o candidato de quem elas gostam mais. Suponha que a urna da Flórida permitisse listar os três candidatos na ordem de preferência. Os resultados poderiam ter sido mais ou menos assim:

Bush, Gore, Nader	49%
Gore, Nader, Bush	25%
Gore, Bush, Nader	24%
Nader, Gore, Bush*	2%

O primeiro grupo representa "republicanos", e o segundo grupo, "democratas liberais". O terceiro grupo são "democratas conservadores", para quem Nader era um pouquinho demais. E o quarto grupo, bem, sabe, são "as pessoas que votaram em Nader".

Como fazer uso dessa informação adicional? Borda sugeriu uma regra simples e elegante. É possível dar pontos a cada candidato segundo sua colocação: havendo três candidatos, dê 2 para o primeiro colocado, 1 para o segundo e 0 para o terceiro. Nesse cenário, Bush ganha dois pontos de 49% dos eleitores e 1 ponto de 24%, perfazendo

* Seguramente, houve gente gostando mais de Nader e preferindo Bush a Gore, ou gostando mais de Bush e preferindo Nader a Gore, mas minha imaginação não é forte o suficiente para compreender que tipo de gente é essa, então, vou presumir que seus números sejam pequenos demais para afetar substancialmente o cálculo.

$$2 \times 0{,}49 + 1 \times 0{,}24 = 1{,}22$$

Gore obtém 2 pontos de 49% e 1 ponto de outros 51%, ou uma contagem de 1,49. E Nader obtém 2 pontos dos 2% que mais gostam dele e outro ponto dos 25% liberais, chegando em último, com 0,29.

Então Gore chega em primeiro lugar, Bush em segundo, Nader em terceiro. Isso bate com o fato de que 51% dos eleitores preferem Gore a Bush, 98% preferem Gore a Nader e 73% preferem Bush a Nader. Todas as três maiorias estão presentes!

E se os números fossem ligeiramente alterados? Digamos, passe 2% dos eleitores de "Gore, Nader, Bush" para "Bush, Gore, Nader". O resultado ficaria assim:

Bush, Gore, Nader	51%
Gore, Nader, Bush	23%
Gore, Bush, Nader	24%
Nader, Gore, Bush	2%

Agora, a maioria dos habitantes da Flórida gosta mais de Bush que Gore. Na verdade, uma maioria absoluta deles tem Bush como primeira escolha. Mas Gore ainda vence de longe a contagem de Borda, 1,47 a 1,26. O que põe Gore no topo? É a presença de Ralph "Alternativa Irrelevante" Nader, o mesmo cara que estragou a votação de Gore na eleição de 2000. A presença de Nader na urna empurra Bush para baixo, para o terceiro lugar, em muitas urnas, custando-lhe pontos, enquanto Gore desfruta o privilégio de jamais ficar em último, porque as pessoas que não gostam dele gostam ainda menos de Nader.

O que nos traz de volta ao bolor limoso. Lembre-se, o bolor limoso não tem um cérebro para coordenar sua tomada de decisão, apenas milhares de núcleos dentro do plasmódio, cada qual forçando o coletivo em uma ou outra direção. De algum modo, o bolor limoso precisa agregar a informação disponível para uma decisão.

Se o bolor limoso estivesse decidindo puramente com base em quantidade de comida, classificaria 5-luz em primeiro, 3-escuro em segundo e

1-escuro em terceiro. Se usasse somente a escuridão classificaria 3-escuro e 1-escuro empatados em primeiro, com 5-luz em terceiro.

Essas classificações são incompatíveis. Então, como o bolor limoso decide preferir 3-escuro? O que Latty e Beekman especulam é que o organismo usa alguma forma de *democracia* para escolher entre essas duas opções, via algo como a contagem de Borda. Digamos que 50% dos núcleos do bolor limoso se importem com comida e 50% se importem com luz. A contagem de Borda teria o seguinte aspecto:

5-luz, 3-escuro, 1-escuro	50%
1-escuro e 3-escuro, 5-luz	50%

5-luz tem dois pontos de metade do bolor limoso que se importa com comida e zero da metade do bolor limoso que se importa com luz, para uma pontuação total de

$$2 \times (0{,}5) + 0 \times (0{,}5) = 1.$$

Num empate, no primeiro lugar, damos a ambos os competidores 1,5 ponto; então, 3-escuro recebe 1,5 ponto de metade do organismo e um da outra metade, ficando com 1,25. E a opção inferior, 1-escuro, não recebe nada da metade do organismo que adora comida, que está na última colocação, e 1,5 da metade que detesta luz, que empata em primeiro, para um total de 0,75. Então 3-escuro vem em primeiro, 5-luz em segundo e 1-escuro em último, em conformidade com o resultado experimental.

E se a opção 1-escuro não existisse? Então, metade do bolor limoso classificaria 5-luz acima de 3-escuro, e a outra metade classificaria 3-escuro acima de 5-luz. Tem-se um empate, que é exatamente o que aconteceu no primeiro experimento, no qual o bolor limoso escolheu entre o montinho de 3 gramas de aveia no escuro e o montinho de 5 gramas no claro.

Em outras palavras, o bolor limoso gosta do montinho de aveia pequeno sem iluminação tanto quanto gosta do monte grande superiluminado. Mas se você introduzir um montinho de aveia *realmente* pequeno e mal-iluminado, em comparação, o monte pequeno no escuro parece melhor, tanto que o organismo decide escolhê-lo quase o tempo todo, em vez de escolher o monte grande iluminado.

Esse fenômeno chama-se "efeito de dominação assimétrica", e bolores limosos não são as únicas criaturas sujeitas e ele. Biólogos descobriram gaios, abelhas e beija-flores[14] agindo da mesma maneira aparentemente irracional.

Para não mencionar os seres humanos! Aqui precisamos substituir aveia por parceiros românticos. Os psicólogos Constantine Sedikides, Dan Ariely e Nils Olsen[15] deram a seguinte tarefa aos sujeitos de sua pesquisa de graduação:

> Vocês serão apresentados a diversas pessoas hipotéticas. Pensem nessas pessoas como possíveis parceiros de encontros. Vocês serão solicitados a escolher *a única pessoa* a quem convidariam para sair. Por favor, assumam que todos os possíveis parceiros são: 1) estudantes da Universidade da Carolina do Norte (ou da Duke University); 2) da mesma etnia ou raça que vocês; 3) aproximadamente da mesma idade que vocês. Os possíveis parceiros de encontros serão descritos em termos de diversos atributos. Uma pontuação percentual acompanhará cada atributo. A pontuação percentual reflete a posição relativa do possível parceiro quanto àquele traço ou característica, em comparação com estudantes da Universidade da Carolina do Norte (ou Duke) que sejam do mesmo gênero, raça e idade que o possível parceiro.

Adam está no 81º percentil de atratividade, 51º percentil de confiança, e 65º percentil de inteligência, enquanto Bill está no 61º percentil de atratividade, 51º de confiança e 87º de inteligência. As estudantes universitárias, como o bolor limoso antes delas, depararam com uma escolha difícil. Exatamente como o bolor limoso, foram na base do 50-50, metade do grupo preferindo cada namorado em potencial.

Mas as coisas mudaram quando Chris entrou em cena. Ele estava no 81º percentil de atratividade e no 51º de confiança, como Adam, mas apenas no 54º de inteligência. Chris era a alternativa irrelevante, uma opção claramente pior que as outras escolhas já em oferta. Você pode adivinhar o que aconteceu. A presença de uma versão ligeiramente mais boba de Adam fez o verdadeiro Adam parecer ainda melhor. Dada a escolha entre sair com Adam, Bill e Chris, ⅔ das mulheres escolheram Adam.

Então, se você é uma pessoa solteira, procurando o amor, e está decidindo qual companhia levar para a balada, escolha aquela que é tão bonita quanto você, só que ligeiramente menos desejável.

De onde vem a irracionalidade? Já vimos que a aparente irracionalidade da opinião popular pode surgir do comportamento coletivo de pessoas individuais perfeitamente racionais. Mas pessoas individuais, como sabemos por experiência, *não são* perfeitamente racionais. A história do bolor limoso sugere que os paradoxos e incoerências do nosso comportamento cotidiano poderiam eles próprios ser explicáveis de modo mais sistemático. Talvez pessoas individuais pareçam irracionais porque na realidade não são indivíduos! Cada um de nós é um pequeno Estado-nação fazendo o melhor possível para resolver disputas e estabelecer meios-termos entre as vozes discordantes que nos conduzem. Nem sempre os resultados fazem sentido. Mas, de algum modo, permitem-nos, como no caso do bolor limoso, bambolear adiante sem cometer muitos erros radicais. Democracia é uma bagunça, mas meio que funciona.

Usar a vaca inteira na Austrália e em Vermont

Deixe-me contar como fazem na Austrália.

A cédula de votação parece muito com a de Borda. Você não marca somente o candidato preferido, mas classifica *todos* os candidatos, desde o preferido até o que mais odeia.

O jeito mais fácil de explicar o que acontece depois é ver o que teria acontecido com a Flórida em 2000 no sistema australiano.

Começamos contando os votos do primeiro lugar e eliminando o candidato que teve menos votos – neste caso, Nader. Pode jogar ele fora! Agora estamos só com Bush e Gore.

Mas justamente porque jogamos Nader fora isso não quer dizer que temos de jogar fora as urnas em que as pessoas votaram nele. (Agora use a vaca inteira!) O passo seguinte – a "transferência imediata" (*instant runoff*) – é o passo realmente engenhoso. Risque o nome de Nader de toda urna e volte a contar os votos, como se Nader jamais tivesse existido. Agora Gore tem 51% dos votos de primeiro lugar: os 49% que teve na primeira contagem, mais os votos que costumavam ir para Nader. Bush ainda tem os 49% com os quais começou. Ele tem menos votos de primeiro lugar, portanto, é eliminado. E Gore é o vencedor.

E a nossa versão da Flórida em 2000 ligeiramente modificada, em que passamos os 2% de "Gore, Nader, Bush" para "Bush, Gore, Nader"? Nessa situação, Gore ainda ganhava a contagem de Borda. Pelas regras australianas, a história é outra. Nader ainda é derrubado na primeira contagem, mas agora, já que 51% das urnas apontam Bush acima de Gore, Bush é o vencedor.

O atrativo da votação de transferência imediata (ou "votação preferencial", como a chamam na Austrália) é óbvio. Pessoas que gostam de Ralph Nader podem votar nele sem se preocupar de estar entregando a disputa de bandeja para aquele de que gostam menos. Sob esse aspecto, Ralph Nader pode *concorrer* sem se preocupar de entregar a disputa para a pessoa de quem gosta menos.*

A votação de transferência imediata existe há mais de 150 anos. É usada não só na Austrália, mas na Irlanda e em Papua Nova Guiné. Quando John Stuart Mill, que sempre teve um fraco pela matemática, ouviu falar da ideia, disse que estava "entre os maiores melhoramentos já feitos na teoria e na prática de governo."**[16]

E ainda assim...

Vamos dar uma olhada naquilo que aconteceu na disputa de 2009 para a prefeitura de Burlington, Vermont,[17] uma das únicas municipalidades

* Reconheço que não está claro se Ralph Nader realmente se preocupa com isso.
** Para ser preciso, Mill estava na verdade falando sobre o intimamente correlato sistema de "voto único transferível".

americanas a usar o sistema de transferência imediata.* Prepare-se: estão por cair montes de números sobre você.

Os três principais candidatos eram Kurt Wright, republicano; Andy Montroll, democrata; e Bob Kiss, do Partido Progressista, de esquerda. (Havia outros candidatos menores na disputa, contudo, no interesse da brevidade, vou ignorar seus votos.) Eis a contagem das urnas:

Montroll, Kiss, Wright	1.332
Montroll, Wright, Kiss	767
Montroll	455
Kiss, Montroll, Wright	2.043
Kiss, Wright, Montroll	371
Kiss	568
Wright, Montroll, Kiss	1.513
Wright, Kiss, Montroll	495
Wright	1.289

(Como você pode ver, nem todo mundo estava a par do sistema de votação de vanguarda. Algumas pessoas simplesmente marcaram a primeira escolha.)

Wright, o republicano, obtém 3.297 votos de primeiro lugar ao todo; Kiss obtém 2.982; e Montroll obtém 2.554. Se você já esteve em Burlington, provavelmente sente-se seguro em dizer que um prefeito republicano não era a vontade da população. Mas, pelo sistema americano tradicional, Wright teria ganhado a eleição, graças à divisão de votos entre os dois candidatos mais liberais.

O que de fato aconteceu foi inteiramente diferente. Montroll, o democrata, teve a menor quantidade de votos de primeiro lugar, e assim foi eliminado. Na contagem seguinte, Kiss e Wright mantiveram cada um

* Porém, não mais. Num referendo decidido por estreita margem, os eleitores de Burlington rejeitaram a votação com transferência imediata em 2010.

os votos de primeiro lugar que já tinham, mas as 1.332 urnas que costumavam dizer "Montroll, Kiss, Wright" agora diziam simplesmente "Kiss, Wright", e os votos eram computados para Kiss. De maneira similar, os 767 votos "Montroll, Wright, Kiss" foram computados para Wright. Resultado final: Kiss, 4.314, Wright, 4.064 e Kiss reeleito.

Soa bem, não? Mas espere um minuto. Somando os números de outra maneira, você pode verificar que 4.067 eleitores gostavam mais de Montroll que de Kiss, enquanto apenas 3.477 gostavam de Kiss mais que de Montroll. E 4.597 eleitores preferiam Montroll a Wright, mas penas 3.668 preferiam Wright a Montroll.

Em outras palavras, uma maioria de eleitores gostava do candidato de centro Montroll mais que de Kiss, e uma maioria de eleitores gostava de Montroll mais que de Wright. Esse é um caso bastante sólido de Montroll como merecido vencedor – e, no entanto, Montroll foi jogado fora na primeira contagem. Aqui você vê uma das fraquezas do voto por transferência imediata. Um candidato de centro do qual todo mundo gosta, mas não é a primeira escolha de ninguém, tem grande dificuldade de ganhar.

Resumindo:

Método de votação tradicional americano: Wright vence.
Método da transferência imediata: Kiss vence.
Confronto direto: Montroll vence.

Ainda confuso? A coisa fica ainda pior. Suponha que esses 495 eleitores que escreveram "Wright, Kiss, Montroll" tivessem se decido a votar em Kiss, deixando os outros dois candidatos fora do voto. E digamos que trezentos dos votantes em "Wright apenas" também trocassem para Kiss. Agora Wright perdeu 795 de seus votos de primeiro lugar, fazendo-o cair para 2.502; então ele, e não Montroll, é eliminado na primeira contagem. A eleição fica apenas entre Montroll e Kiss, e Montroll ganha, 4.067 a 3.777.

Viu o que acabou de acontecer? Demos mais votos a Kiss e, em vez de ganhar, ele perdeu!

Tudo bem se a essa altura você está meio tonto.

Mas apegue-se ao seguinte para se firmar: pelo menos temos algum sentido razoável de quem *devia* ter ganhado a eleição. É Montroll, o democrata, o sujeito que vence tanto Wright quanto Kiss nos confrontos diretos. Talvez devêssemos jogar fora toda essa contagem de Borda e as transferências e simplesmente eleger o candidato preferido pela maioria.

Você não está com a sensação de que eu estou armando alguma coisa para derrubar você?

O carneiro furioso se debate com o paradoxo

Vamos simplificar as coisas um pouquinho em Burlington. Suponha que houvesse apenas três tipos de voto:

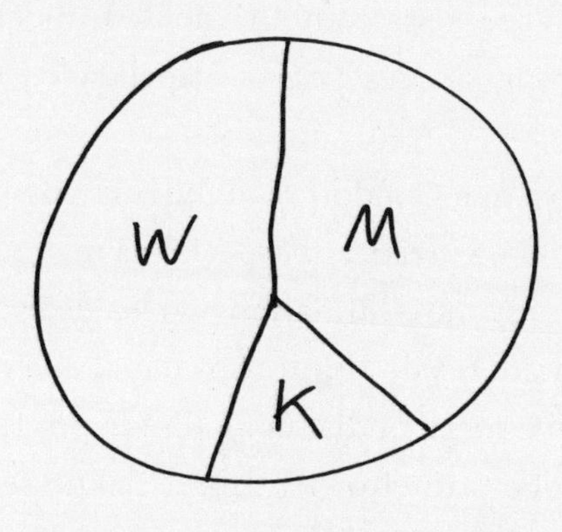

Montroll, Kiss, Wright	1.332
Kiss, Wright, Montroll	371
Wright, Montroll, Kiss	1.513

Uma maioria de eleitores – todo mundo nas fatias da pizza marcadas com K e W – prefere Wright a Montroll. E outra maioria, as fatias M e K, prefere Kiss a Wright. Se a maioria das pessoas gosta mais de Kiss que de Wright, e a maioria gosta mais de Wright que de Montroll, isso não significa que Kiss deveria ganhar outra vez? Há somente um probleminha: as pessoas gostam mais de Montroll que de Kiss por sonoros 2.845 a 371.

Existe aí um bizarro triângulo de votação: Kiss ganha de Wright, Wright ganha de Montroll, Montroll ganha de Kiss. *Todo* candidato perderia o confronto direto com um dos outros dois. Então, como pode alguém merecidamente ocupar o cargo?

Situações circulares incômodas como essa são chamadas *paradoxos de Condorcet*, em referência ao filósofo francês do Iluminismo que primeiro as descobriu, no fim do século XVIII. Marie-Jean-Antoine-Nicolas de Caritat, marquês de Condorcet, era um proeminente pensador liberal nos primórdios da Revolução Francesa, vindo a tornar-se presidente da Assembleia Legislativa. Era um político improvável – tímido e propenso à exaustão, com um estilo de falar tão baixo e apressado que suas propostas muitas vezes não eram ouvidas na ruidosa Câmara revolucionária. Por outro lado, exasperava-se facilmente com pessoas cujos padrões intelectuais não estavam à altura do seu. Essa combinação de timidez e temperamento forte levou seu mentor, Jacques Turgot, a apelidá-lo *le mouton enragé*,[18] "o carneiro furioso".

A virtude política que Condorcet realmente possuía era uma crença apaixonada e resoluta na razão, em especial na matemática, como princípio organizador dos assuntos humanos. Sua lealdade à razão era matéria-padrão para os pensadores do Iluminismo, mas sua crença adicional de que o mundo moral e social podia ser analisado por fórmulas e equações era novidade. Ele foi o primeiro cientista social no sentido moderno. (O termo usado por Condorcet era "matemática social".) Condorcet, nascido na aristocracia, logo chegou à conclusão de que as leis universais do pensamento deviam ter precedência sobre os caprichos dos reis. E concordava com a alegação de Rousseau, de que a "vontade geral" do povo devia ser referência para os governos. Contudo, não se satisfazia, como Rousseau, em aceitar esse argumento como princípio evidente. Para Condorcet, a regra da maioria precisava de justificação matemática, e ele descobriu uma na teoria da probabilidade.

Condorcet apresenta sua teoria no tratado *Essai sur l'application de l'analyse à la probabilité des décisions rendues à la pluralité*, de 1785. Uma versão simples: suponha que um júri de sete pessoas tenha de decidir acerca da culpa de um réu. Quatro dizem que o réu é culpado, apenas três acreditam que ele é inocente. Digamos que cada um desses cidadãos tenha 51% de chance de estar correto. Nesse caso, seria de esperar que uma maioria de quatro a três na direção correta seja mais provável que uma maioria de quatro a três favorecendo a opção incorreta.

Isso é meio parecido com as World Series, no beisebol. Se os Phillies e os Tigers estão se enfrentando diretamente, e nós concordamos que os Phillies são um pouquinho melhores que os Tigers – digamos, eles têm 51% de chance de ganhar cada jogo –, então os Phillies têm maior probabilidade de ganhar as Series de quatro a três que perdê-la pela mesma margem. Se as World Series fossem em melhor de quinze jogos, em vez de sete, a vantagem dos Phillies seria ainda maior.

O chamado "teorema do júri" de Condorcet mostra que um júri grande o suficiente tem probabilidade de chegar ao resultado correto, contanto que os jurados tenham uma tendência individual para serem corretos, não importa quão pequena seja ela.* Se a maioria das pessoas acredita em algo, dizia Condorcet, isso deve ser tomado como forte evidência de que este algo está correto. Estamos matematicamente justificados ao confiar numa maioria grande o suficiente – mesmo que isso contradiga nossas próprias crenças preexistentes. "Devo agir não pelo que eu pense ser razoável", escreveu Condorcet, "mas pelo que todos, como eu, tendo abstraído sua própria opinião, devem encarar como de acordo com a razão e a verdade."[19] O papel do júri é muito parecido com o papel da audiência em *Quem quer ser um milionário?*. Quando temos a chance de inquirir um coletivo, Condorcet pensava, mesmo um coletivo de pares desconhecidos e não qualificados, devemos valorizar sua opinião majoritária acima da nossa própria opinião.

A pedante e detalhada abordagem de Condorcet fez dele o favorito dos estadistas americanos de inclinação científica, como Thomas Jefferson

* É claro que aqui há uma porção de premissas: a mais evidente é que os jurados cheguem a seus julgamentos de forma independente um do outro, o que não está muito certo num contexto em que os jurados conferenciam antes de votar.

(com quem ele compartilhava um fervoroso interesse pela padronização das unidades de medida). John Adams, ao contrário, não encontrava uso para Condorcet – nas margens dos livros de Condorcet ele qualificava o autor de "impostor" e "charlatão matemático".[20] Adams via Condorcet como um incorrigível e delirante teórico cujas ideias jamais poderiam funcionar na prática, e como má influência sobre Jefferson, que tinha as mesmas inclinações. Realmente, a Constituição girondina de Condorcet, de inspiração matemática, com sua intrincada seleção de regras, nunca foi adotada, nem na França nem em nenhum outro lugar. Do lado positivo, a prática de Condorcet de seguir ideias até suas conclusões lógicas levou-o a insistir, quase sozinho entre seus pares, que a muito discutida Declaração dos Direitos do Homem pertencia também às mulheres.

Em 1770, Condorcet, então com 27 anos, e seu mentor matemático, Jean le Rond d'Alembert, coeditor da *Encyclopédie*, fizeram uma extensa visita à casa de Voltaire[21] em Ferney, na fronteira com a Suíça. O matematófilo Voltaire, então na casa dos setenta e com a saúde frágil, logo adotou Condorcet como seu favorito, vendo no jovem promissor sua maior esperança de transmitir os princípios do Iluminismo racionalista para a geração seguinte de pensadores franceses. Talvez tenha ajudado o fato de Condorcet ter escrito um *éloge* formal para a Academia Real sobre o velho amigo de Voltaire, La Condamine, que tornara Voltaire rico com seu esquema de loteria. Voltaire e Condorcet logo estabeleceram uma vigorosa correspondência, o mais novo mantendo o mais velho a par dos últimos acontecimentos políticos em Paris.

Algum atrito entre ambos surgiu a partir de outro dos *éloges* de Condorcet, escrito para Blaise Pascal. Condorcet com justiça elogiou Pascal como grande cientista. Sem o desenvolvimento da teoria da probabilidade, lançada por Pascal e Fermat, Condorcet não poderia ter realizado seu trabalho científico. Condorcet, como Voltaire, rejeitava o raciocínio da aposta de Pascal, mas por razões diferentes. Voltaire achava a ideia de tratar assuntos metafísicos como um jogo de dados ofensiva e sem seriedade. Condorcet, como R.A. Fisher depois,[22] tinha uma objeção mais matemática: não aceitava o uso da linguagem probabilística para falar de temas como a existência de Deus, que não era literalmente governada pela probabilidade. Mas a determinação de Pascal de enxergar o pensamento e o comportamento humanos por uma lente matemática era atraente para o vigoroso "matemático social".

Voltaire, por outro lado, achava o trabalho de Pascal guiado sobretudo por um fanatismo religioso para o qual ele não via utilidade, e rejeitava a sugestão de Pascal de que a matemática podia falar de assuntos além do mundo observável, considerando-a não somente errada, mas perigosa. Voltaire descreveu o *éloge* de Condorcet como "tão lindo que chegava a ser assustador. ... Se ele [Pascal] é um homem tão notável, o restante de nós é formado por totais idiotas, por não sermos capazes de pensar como ele. Condorcet nos causará grande mal se publicar este livro tal como me foi enviado".[23] Vê-se aqui uma legítima diferença intelectual, mas também o arrufo enciumado de um mentor pelo flerte de seu protegido com um adversário filosófico. Pode-se quase ouvir Voltaire dizendo: "Quem vai ser, ele ou eu?" Condorcet deu um jeito de nunca fazer a escolha (embora tenha se curvado a Voltaire e diminuído o tom dos elogios a Pascal em edições posteriores). Ele cindiu a diferença, combinando a devoção de Pascal à aplicação ampla de princípios matemáticos à fé solar de Voltaire na razão, no secularismo e no progresso.

Quando o tema chegou às eleições, Condorcet foi matemático até o último milímetro. Uma pessoa típica poderia olhar os resultados da Flórida em 2000 e dizer: "Ah, muito estranho: um candidato mais de esquerda acabou virando a eleição em favor do republicano." Ou poderia olhar para Burlington em 2009 e dizer: "Ah, muito estranho: o sujeito de centro de quem a maioria das pessoas basicamente gostava foi dispensado na primeira contagem." Para um matemático, essa sensação de "Ah, muito estranho" vem como um desafio intelectual. Você pode dizer de um modo preciso o que *faz com que seja* estranho? Pode formalizar o que significaria para um sistema eleitoral *não* ser estranho?

Condorcet achava que podia. Ele anotou um *axioma*, isto é, um enunciado considerado tão evidente que dispensa justificativa. Ei-lo:

Se a maioria dos eleitores prefere o candidato A ao candidato B, o candidato B não pode ser a escolha do povo.

Condorcet escreveu com admiração sobre o trabalho de Borda, mas considerou a contagem de Borda insatisfatória pelo mesmo motivo que o bolor limoso é considerado irracional pelo economista clássico. No sistema de Borda, como na votação por maioria, o acréscimo de uma terceira alternativa pode transferir a votação do candidato A para o candidato B. Isso viola o axioma de Condorcet: se A vencesse uma corrida de duas pessoas contra B, então B não pode ser vencedor de uma corrida de três pessoas que inclua A.

Condorcet pretendia construir uma teoria matemática da votação a partir de seu axioma exatamente como Euclides construíra toda uma teoria da geometria com base nos seus cinco axiomas sobre o comportamento de pontos, retas e círculos.

- Dois pontos distintos determinam uma única reta.
- Qualquer segmento de reta pode ser estendido para um segmento de reta de qualquer comprimento desejado.
- Para todo segmento de reta R há um círculo que tem R como raio.
- Todos os ângulos retos são congruentes entre si.
- Se P é um ponto e R uma reta não passando por P, existe exatamente uma reta passando por P e paralela a R.

Imagine o que aconteceria se alguém construísse um argumento geométrico complicado mostrando que os axiomas de Euclides levavam, inexoravelmente, a uma contradição. Será que isso é completamente impossível? Esteja avisado, a geometria abriga muitos mistérios. Em 1924, Stefan Banach e Alfred Tarski mostraram como fragmentar uma esfera em seis pedaços, mover os pedaços e reagrupá-los em duas esferas, cada uma do tamanho da primeira. Por que isso é possível? Porque algum conjunto natural de axiomas que a nossa experiência pode nos levar a acreditar sobre corpos tridimensionais, seus volumes e seus movimentos simplesmente não podem ser todos verdadeiros, por mais intuitivamente corretos que pareçam. Claro que os pedaços de Banach-Tarski são formas de extrema complexidade, nada que pudesse ser realizado no cruel mundo físico. O modelo óbvio de negócios que quer comprar uma esfera de platina, fragmentá-la em pedaços de Banach-Tarski, juntar os pedaços em duas esferas e repetir o processo até ter uma carreta cheia de metal precioso não vai dar certo.

Se houvesse uma contradição nos axiomas de Euclides, os geômetras ficariam pirados, e com razão, porque significaria que um ou mais dos axiomas nos quais eles se baseiam não estariam de fato correto. Poderíamos fazer uma declaração até mais pungente – se houver uma contradição nos axiomas de Euclides, isso significa que pontos, retas e círculos, da forma como Euclides os entendia, *não existem*.

ESSA É A DESAGRADÁVEL situação com a qual Condorcet se defrontou quando descobriu seu paradoxo. No gráfico de pizza anterior, o axioma de Condorcet diz que Montroll não pode ser eleito porque perde no confronto direto para Wright. O mesmo vale para Wright, que perde para Kiss, e para Kiss, que perde para Montroll. Não existe essa coisa de escolha popular. Simplesmente não existe.

O paradoxo de Condorcet apresentou um grave desafio à sua visão de mundo fundamentada na lógica. Se existe algum ranking de candidatos objetivamente correto, dificilmente ele pode ser aquele em que Kiss é melhor que Wright, que é melhor que Montroll, que é melhor que Kiss. Condorcet foi forçado a reconhecer que, na presença de tais exemplos, seu axioma precisava ser relativizado: às vezes a maioria podia estar errada. Permanecia, porém, o problema de penetrar o nevoeiro da contradição para profetizar a vontade real do povo – pois Condorcet jamais duvidou que isso existisse.

18. "A partir do nada criei um estranho Universo novo"

Condorcet achava que perguntas como "Quem é o melhor líder?" tinham algo parecido com uma *resposta certa*, e que os cidadãos eram mais ou menos semelhantes a instrumentos científicos para investigar esses problemas, sujeitos a desajustes nas medições, com certeza, mas em média bastante acurados. Para ele, democracia e regra da maioria eram formas de não estar errado com a ajuda da matemática.

Agora não falamos de democracia da mesma maneira. Para a maioria das pessoas, atualmente, o apelo da escolha democrática é que ela é *justa*. Falamos a linguagem dos direitos e acreditamos, com base moral, que as pessoas deveriam ser capazes de escolher seus próprios governantes, sejam as escolhas sensatas ou não.

Essa não é apenas uma discussão sobre política, é uma questão fundamental, que se aplica a todo campo de empenho mental. Queremos descobrir o que é *verdadeiro*, ou tentamos descobrir que conclusões são permitidas segundo nossas regras e nossos procedimentos? Felizmente essas duas noções com frequência concordam; mas toda dificuldade, e portanto todo material conceitualmente interessante, ocorre nos pontos em que elas divergem.

Você pode pensar que, obviamente, na maior parte das vezes, queremos descobrir o que é verdadeiro. Mas nem sempre é esse o caso quando se trata de lei criminal, em que a diferença se apresenta de modo cru, na forma de réus que cometeram o crime, mas não podem ser condenados (digamos, porque a evidência foi obtida de modo inadequado), ou que são inocentes, porém, de toda forma, acabam condenados. O que é justiça? Punir os culpados e libertar os inocentes, ou seguir os procedimentos criminais aonde quer que eles nos levem? Em ciência experimental, já vimos a disputa entre R.A. Fisher, de um lado, e Jerzy Neyman e Egon Pearson, de outro. Será que tentamos, como pensava Fisher, descobrir quais hipóteses devemos considerar verdadeiras? Ou devemos seguir a filosofia de Neyman-Pearson, na qual resistimos a pensar sobre a verdade das hipóteses e simplesmente indagamos: que hipóteses devemos autenticar como corretas, sejam elas verdadeiras ou não, segundo as regras de inferência escolhidas?

Mesmo em matemática, em teoria, a terra da certeza, deparamos com esses problemas, e não em algum misterioso reduto da pesquisa contemporânea, mas na velha e simples geometria clássica. A matéria fundamenta-se nos axiomas de Euclides que indicamos no capítulo anterior. O quinto axioma,

> "Se P é um ponto e R uma reta não passando por P, existe exatamente uma reta passando por P e paralela a R",

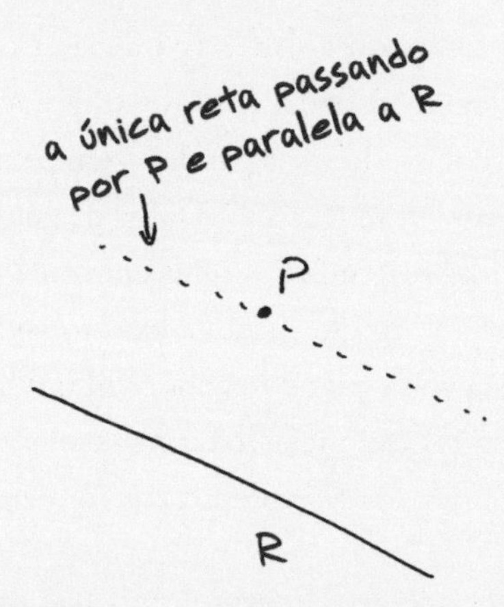

é um pouco engraçado, não? Por algum motivo, ele é um pouco mais complicado, um pouco menos óbvio, que os demais. De qualquer maneira, foi assim que os geômetras o encararam durante séculos.* Acredita-se que o próprio Euclides não gostava muito do quinto axioma, pro-

* A versão do quinto postulado que escrevi aqui não é o original de Euclides, mas uma versão lógica equivalente, originalmente enunciada por Proclo, no século V EC, e popularizada por John Playfair em 1795. A versão de Euclides é um pouco mais longa.

vando as 28 primeiras proposições nos *Elementos* apenas com os quatro primeiros.

Um axioma deselegante é como uma mancha no canto do piso; em si, ela não atrapalha o caminho, mas é *de deixar louco*, e pode-se passar uma quantidade absurda de tempo esfregando, polindo, tentando deixar a superfície limpa e bonita. No contexto matemático, isso redundou em tentativas de mostrar que o quinto axioma, o chamado postulado das paralelas, era consequência dos outros. Se assim fosse, o axioma poderia ser retirado da lista de Euclides, deixando-a impecável e reluzente.

No entanto, depois de 2 mil anos sendo esfregada, a mancha continuava lá.

Em 1820, o nobre húngaro Farkas Bolyai, que em vão dedicara anos da sua vida ao problema, alertou seu filho János para não seguir o mesmo caminho:

> Você não deve tentar essa abordagem das paralelas. Conheço o caminho até o fim. Atravessei essa noite insondável, que extinguiu toda a luz e alegria da minha vida. Eu lhe suplico, deixe as paralelas em paz. ... Eu estava pronto a me tornar o mártir que removeria essa falha da geometria, devolvendo-a purificada à humanidade. Realizei tarefas enormes, gigantescas; minhas criações são muito melhores que as de outros, todavia não obtive sucesso completo. ... Dei meia-volta quando vi que nenhum homem pode alcançar as profundezas da noite. Dei meia-volta inconsolável, com pena de mim mesmo e de toda a humanidade. Aprenda com o meu exemplo.[1]

Filhos nem sempre ouvem o conselho dos pais, e matemáticos nem sempre desistem com facilidade. O jovem Bolyai continuou trabalhando nas paralelas, e em 1823 havia delineado uma solução para o antigo problema. Escreveu de volta ao pai, dizendo:

> Descobri coisas tão maravilhosas que fiquei perplexo, e seria uma imensa má sorte se elas se perdessem. Quando você, meu querido pai, as vir, compreenderá. No presente momento, nada posso dizer exceto isso: que *a partir do nada criei um estranho Universo novo.*

O insight de János Bolyai foi atacar o problema de trás para a frente. Em vez de tentar provar o postulado das paralelas a partir dos outros axiomas, permitiu à sua mente a liberdade de indagar: e se o axioma das paralelas fosse falso? A consequência seria uma contradição? Ele descobriu que a resposta para essa pergunta era "Não" – havia *outra geometria*, não a de Euclides, mas alguma outra coisa, na qual os primeiros quatro axiomas estavam corretos, mas o postulado das paralelas, não. Logo, não pode haver prova do postulado das paralelas a partir dos outros axiomas. Essa prova excluiria a possibilidade da geometria de Bolyai. Mas aí estava ela, essa nova geometria.

Às vezes um desenvolvimento matemático "está no ar" – por razões ainda malcompreendidas, a comunidade está pronta para certos progressos que estão por vir, e estes aparecem de diversas fontes ao mesmo tempo. Exatamente enquanto Bolyai construía sua geometria não euclidiana na Áustria-Hungria, Nikolai Lobachevskii* fazia o mesmo na Rússia. E o grande Carl Friedrich Gauss, velho amigo de Bolyai pai, havia formulado muitas das mesmas ideias num trabalho que ainda não fora impresso. (Ao ser informado do artigo de Bolyai, Gauss respondeu, de forma um tanto descortês: "Elogiá-lo equivaleria a elogiar a mim mesmo."[2])

Descrever a chamada geometria hiperbólica de Bolyai, Lobachevskii e Gauss exigiria um pouco mais de espaço do que aquele de que dispomos. No entanto, como observou Bernhard Riemann algumas décadas depois, existe uma geometria não euclidiana mais simples, que não é absolutamente um novo Universo maluco: a geometria da esfera.

Revisitemos nossos quatro primeiros axiomas:

- Dois Pontos distintos determinam uma única Reta.
- Qualquer segmento de Reta pode ser estendido para um segmento de Reta de qualquer comprimento desejado.
- Para todo segmento de Reta R há um Círculo que tem R como raio.
- Todos os Ângulos Retos são congruentes entre si.

---

* O epônimo para a canção "Lobachevsky", de Tom Lehrer, seguramente o maior número musical cômico de todos os tempos sobre uma publicação matemática.

Você pode notar que fiz uma pequena modificação tipográfica, deixando em maiúsculas as iniciais dos termos geométricos *ponto, reta, círculo* e *ângulo reto.* Não fiz isso para dar aos axiomas uma aparência de estilo antigo na página, mas para enfatizar que, a partir de um ponto de vista estritamente lógico, não importa como se chamam "pontos" e "retas" – poderiam se chamar "sapos" e "tangerinas" –, a estrutura da dedução lógica a partir do axioma seria exatamente a mesma. É exatamente como o plano de sete pontos de Gino Fano, em que as "retas" não têm a aparência das retas que aprendemos na escola, mas não faz mal, o importante é que elas agem como retas no que concerne às regras da geometria. Seria *melhor,* de certo modo, chamar pontos de sapos e retas de tangerinas, porque o objetivo é nos libertarmos dos preconceitos em relação ao significado real das palavras Ponto e Reta.

Eis o que eles significam na geometria esférica de Riemann. Um Ponto é um *par* de pontos na esfera que são *antípodas,* ou diametralmente opostos, um do outro. Uma Reta é um "círculo máximo" – ou seja, um círculo sobre a superfície da esfera, e um segmento de Reta é um segmento desse círculo. Um Círculo é um círculo, agora autorizado a ter qualquer tamanho.

Com essas definições, os quatro primeiros teoremas de Euclides são verdadeiros! Dados dois pontos quaisquer – isto é, dois *pares* quaisquer de pontos antípodas sobre a esfera –, existe uma Reta – isto é, um círculo máximo – que os une.* E mais (embora não seja um dos axiomas): quaisquer duas retas se intersectam em um único Ponto.

Você poderia reclamar do segundo axioma. Como podemos dizer que um segmento de Reta pode ser estendido para *qualquer* comprimento, se ele nunca pode ser mais comprido que a Reta em si, que é a circunferência da esfera? Essa é uma objeção razoável, mas se reduz a uma questão de interpretação. Riemann interpretou o axioma entendendo que retas eram *ilimitadas,* e não que tinham extensão infinita. Essas duas noções são sutilmente distintas. As Retas de Riemann, que são círculos, têm comprimento finito, mas são ilimitadas; é possível percorrê-las para sempre, sem parar.

* Não se espera que isso seja imediatamente óbvio, mas não é difícil convencer-se de que é verdade – recomendo veementemente pegar uma bola de tênis e um pincel hidrográfico e verificar por si mesmo!

Mas o quinto axioma é outra história. Suponha que tenhamos um ponto P e uma Reta R não contendo P. Há exatamente uma Reta passando por P que seja paralela a R? Não, por uma razão muito simples: em geometria esférica, *não há essas coisas* chamadas retas paralelas! Quaisquer dois grandes círculos numa esfera precisam estar em interseção.

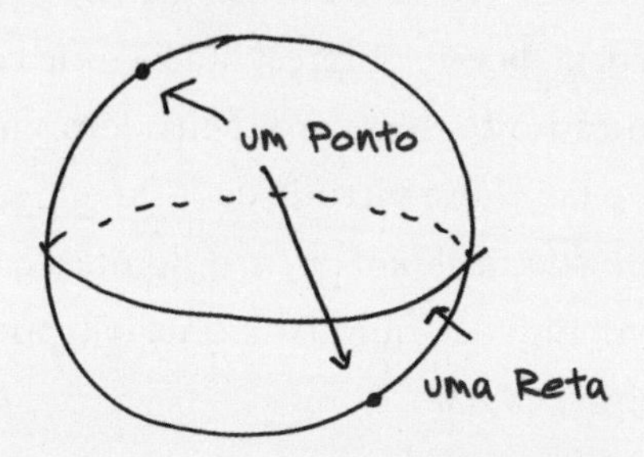

Prova de um só parágrafo: qualquer círculo máximo C corta a superfície da esfera em duas partes iguais, tendo ambas a mesma área. Chamemos essa área de A. Agora suponha outro círculo máximo, C', que seja paralelo a C. Como ele não intersecta com C, deve estar totalmente encerrado em um dos lados de C, numa dessas duas semiesferas de área A. Mas isso significa que a área englobada por C' é *menor* que A, o que é impossível, pois todo círculo máximo engloba exatamente A.

Isso derruba o postulado das paralelas de forma espetacular. (Na geometria de Bolyai, a situação é exatamente a oposta: há retas paralelas demais, não de menos; na realidade, há *infinitas* retas passando por P que são paralelas a R. Como você pode imaginar, essa geometria é um pouco mais difícil de visualizar.)

Se essa estranha condição, em que duas retas nunca são paralelas, soa familiar é porque já estivemos aqui. Esse é exatamente o mesmo fenômeno que vimos no plano projetivo, que Brunelleschi e seus colegas pintores usaram para desenvolver a teoria da perspectiva.* Aí, também, todo

* Os pintores não desenvolveram, nem necessitavam desenvolver, uma teoria geométrica formal do plano projetivo, mas compreendiam como ele se traduzia em pinceladas na tela, o que era suficiente para os seus propósitos.

par de retas se encontra. E isso não é coincidência – pode-se provar que a geometria de Riemann de Pontos e Retas sobre a esfera é a *mesma* que a do plano projetivo.

Quando interpretados como enunciados acerca de Pontos e Retas sobre a esfera, os primeiros quatro axiomas são verdadeiros, mas o quinto, não. Se o quinto axioma fosse uma consequência lógica dos quatro primeiros, então a existência da esfera apresentaria uma contradição – o quinto axioma seria ao mesmo tempo verdadeiro (em virtude da verdade dos primeiros quatro) e falso (em virtude daquilo que sabemos sobre esferas). Pela boa e velha *reductio ad absurdum*, isso significa que esferas não existem. Mas esferas existem. Então, o quinto axioma não pode ser provado a partir dos quatro primeiros, CQD.

Isso parece muito trabalho só para tirar uma mancha do piso. Mas a motivação para provar enunciados desse tipo não é apenas atribuir atenção obsessiva à estética (embora eu não possa negar que esses sentimentos desempenhem algum papel). Aí está: uma vez que você entende que os quatro primeiros axiomas se aplicam a muitas geometrias diferentes, então, qualquer teorema de Euclides comprovado usando-se apenas esses quatro axiomas deve ser verdadeiro, e não só na geometria de Euclides, mas em *todas* as geometrias em que os axiomas valem. Essa é uma espécie de multiplicador de forças matemático: a partir de uma prova, você obtém muitos teoremas.

Esses teoremas não tratam apenas de geometrias abstratas inventadas para provar uma ideia. Depois de Einstein, nós compreendemos que a geometria não euclidiana não é só um jogo – goste-se dela ou não, este é o aspecto real do espaço-tempo.

Essa história está presente repetidas vezes em matemática: nós desenvolvemos um método que funciona para um problema. Se o método é *bom*, se ele realmente contém uma ideia nova, é típico descobrirmos que a mesma prova funciona em muitos contextos distintos, que podem ser diferentes do original como uma esfera é diferente de um plano, ou ainda mais. Nesse momento, a jovem matemática italiana Olivia Caramello está fazendo um alvoroço ao afirmar que teorias que governam muitos campos diferentes da matemática estão intimamente relacionadas sob a superfície – se você gosta de termos técnicos, são "classificadas pelos mesmos topos de Grothendieck"; e que, como resultado, teoremas provados em um campo da matemática podem ser transportados livremente para teoremas em outra área, que em aparência seria totalmente diversa. É cedo demais para dizer se Caramello realmente "criou um estranho Universo novo", como fez Bolyai, mas o trabalho dela está bem de acordo com a longa tradição da matemática da qual Bolyai fez parte.

Essa tradição é chamada "formalismo". Era a ela que G.H. Hardy se referia ao comentar, de forma admirável, que os matemáticos do século XIX afinal haviam começado a se perguntar como coisas do tipo

$$1 - 1 + 1 - 1 + \ldots$$

deveriam ser *definidas*, em vez de indagar o que *eram*. Desse modo, eles evitavam as "perplexidades desnecessárias" que haviam perseguido os matemáticos de épocas anteriores. Na versão mais pura dessa visão, a matemática torna-se uma espécie de jogo travado com símbolos e palavras. Um enunciado é um teorema precisamente se for consequência de axiomas mediante passos lógicos. Mas aquilo a que axiomas e teoremas se referem, o que *significam*, está à mão de qualquer um. O que é um Ponto, uma Reta, um sapo ou uma tangerina? Pode ser qualquer coisa que se comporte da maneira que os axiomas exigem, e o significado que devemos escolher é aquele que seja adequado às nossas atuais necessidades. Uma geometria puramente formal é uma geometria que, em princípio, pode ser feita sem jamais se ter visto ou imaginado um ponto ou uma reta; é uma geometria na qual é irrelevante o aspecto que pontos e retas, entendidos da maneira usual, realmente têm.

Hardy decerto teria reconhecido a angústia de Condorcet como perplexidade do tipo mais desnecessário. Teria aconselhado Condorcet a não perguntar quem era realmente o melhor candidato, ou nem mesmo quem o público queria pôr no cargo, e sim que candidato nós deveríamos *definir* como a escolha do público. Essa abordagem formalista da democracia é mais ou menos geral no mundo livre de hoje. Na disputada eleição presidencial de 2000 na Flórida, milhares de eleitores do condado de Palm Beach que acreditavam estar votando em Al Gore na verdade registraram seus votos para o candidato paleoconservador do Partido Reformista, Pat Buchanan, graças à confusamente designada "urna borboleta". Se Gore tivesse recebido esses votos, ele venceria no estado e chegaria à Presidência.

Mas Gore não recebeu esses votos e nunca batalhou seriamente por eles. Nosso sistema eleitoral é formalista. O que conta é a marca feita na urna, não a característica, na mente do eleitor, que devemos presumir que essa marca indique. Condorcet teria se importado com a intenção do eleitor; nós, pelo menos oficialmente, não nos importamos. Condorcet teria se importado também com os moradores da Flórida que votaram em Ralph Nader. Presumindo, como parece seguro presumir, que a maioria deles preferia Gore a Bush, vemos que Gore é o candidato que o axioma de Condorcet declara vitorioso: a maioria preferia ele a Bush, e uma maioria ainda maior preferia ele a Nader. Mas essas preferências não são relevantes para o sistema que temos. Nós definimos a vontade pública como a marca que aparece com mais frequência em pedacinhos de papel coletados na urna de votação.

Mesmo esse número, claro, está aberto a discussão. Como contamos urnas perfuradas ou danificadas? O que fazer com votos despachados das bases militares de além-mar, a respeito dos quais não se sabia com certeza se haviam sido enviados antes ou no dia da eleição? E em que medida os condados da Flórida deveriam recontar as urnas na tentativa de obter a posição mais precisa possível dos votos reais?

Foi essa última pergunta que foi parar na Suprema Corte, onde o assunto afinal foi decidido. A equipe de Gore havia pedido uma recontagem em condados selecionados, e a Suprema Corte da Flórida concordara. Mas a Suprema Corte dos Estados Unidos disse não,[3] fixando o total que dava a Bush uma vantagem de 537 votos e garantindo-lhe a eleição. Novas contagens provavelmente teriam resultados numa determinação numérica mais acurada dos votos, mas esta, disse a corte, não era a meta primordial de uma eleição. Recontar alguns condados, e não outros, seria injusto com os eleitores cujas urnas não fossem revistas, disse a corte. Não cabe ao estado contar os votos o mais acuradamente possível – saber o que efetivamente aconteceu –, mas obedecer ao protocolo formal que nos diz, nos termos de Hardy, quem deve ser definido como vencedor.

De modo mais genérico, o formalismo da lei manifesta-se como adesão ao procedimento e às palavras dos estatutos, mesmo quando – ou especialmente quando – se voltam contra o que prescreve o senso comum. O juiz Antonin Scalia, o mais feroz defensor do formalismo legal, não tem meias palavras: "Vida longa ao formalismo. É isso que torna o governo um governo de leis, e não de homens."[4]

Na visão de Scalia, quando os juízes tentam compreender o que a lei pretende – seu espírito –, eles são inevitavelmente iludidos pelos seus próprios desejos e preconceitos. É melhor se ater às palavras da Constituição e aos estatutos, tratando-os como axiomas a partir dos quais podem derivar julgamentos mediante algo como a dedução lógica.

Em questões de justiça criminal, Scalia é igualmente devoto do formalismo: a verdade, por definição, é qualquer coisa que seja determinada por um julgamento conduzido da maneira adequada. Scalia deixa sua postura surpreendentemente clara na opinião dissidente que formulou no caso de 2009, *In Re Troy Anthony Davis*, em que argumentava que um assassino condenado não deveria ter direito a uma nova audiência para análise de evidências, apesar do fato de sete das nove testemunhas contra ele terem negado o testemunho anterior: "Esta corte *nunca* sustentou que a Constituição proíbe a execução de um réu condenado que teve direito a um julgamento pleno e justo, mas é posteriormente capaz de convencer uma corte *habeas* de que é 'realmente' inocente." (O grifo em "nunca" e as aspas em "realmente" são de Scalia.)

No que concerne à corte, diz Scalia, o que importa é o veredito ao qual o júri chegou. Davis era assassino, tivesse ou não matado alguém.

O presidente da Suprema Corte, John Roberts, não é, como Scalia, um defensor fervoroso do formalismo, mas tem ampla simpatia pela filosofia de Scalia. Na audiência de confirmação, em 2005, descreveu sua tarefa comparando-a ao beisebol:

> Juízes de todas as instâncias são servos da lei, e não o contrário. Juízes são como árbitros de beisebol. Os árbitros não fazem as regras, eles as aplicam. O papel de um árbitro e de um juiz é crítico. Eles asseguram que todo mundo jogue conforme as regras. Mas é um papel limitado. Ninguém jamais foi a um jogo para ver o árbitro.

Roberts, conscientemente ou não, ecoava o que falara Bill Klem, o "Velho Árbitro", um juiz da liga nacional de beisebol durante quase quarenta anos: "O jogo com a melhor atuação de um árbitro é aquele em que os torcedores não conseguem se lembrar de quem apitou."[5]

Mas o papel do árbitro não é tão limitado quanto Roberts e Klem querem fazer crer, porque o beisebol é um esporte formalista. Para ver isso, basta olhar o jogo 1 do Campeonato da Liga Americana de 1996, no qual o Baltimore Orioles enfrentou o New York Yankees no Bronx. O Baltimore liderava no oitavo *inning*, quando o *shortstop* dos Yankees, Derek Jeter, lançou uma bola longa para o *reliever* do Baltimore, Armando Benitez, bem rebatida, porém viável para o *center fielder* Tony Tarasco, que se colocou sob a bola preparando-se para agarrá-la. Foi então que o torcedor dos Yankees Jeffrey Maier, de doze anos, sentado na primeira fila, debruçou-se sobre a cerca e puxou a bola para as arquibancadas.

Jeter sabia que aquilo não era um *home run*.*[6] Tarasco e Benitez sabiam que não era um *home run*. Cinquenta e seis mil torcedores dos Yankees sabiam que não era um *home run*. A única pessoa no Yankee Stadium que não viu Maier debruçar-se sobre a cerca era a única que importava, o árbitro Rich Garcia. Ele determinou que a bola era um *home run*. Jeter não tentou corrigir a chamada do árbitro, nem mesmo se recusou a correr em volta das bases e executar sua corrida de empate. Ninguém teria esperado isso

* *Inning*: dois turnos, ou uma entrada, correspondendo a um tempo em que o time se defende e um tempo em que ele ataca; *shortstop*: jogador responsável pela defesa da centro-esquerda; *reliever*: arremessador (pitcher) reserva que entra no decorrer do jogo; *center field*: responsável por defender a posição central do campo; *home run*: rebatida ideal no beisebol, quando a bola fica inalcançável, permitindo ao rebatedor dar uma volta inteira (*home run*) e obtendo o máximo de pontos para uma jogada. (N.T.)

dele, porque o beisebol é um esporte formalista. Uma coisa *é* aquilo que o árbitro diz que ela é, e ponto final. Ou, nas palavras de Klem, naquela que deve ser a assertiva mais direta acerca de uma postura ontológica já feita por um profissional do esporte: "Não é nada até eu fazer a chamada."

Isso está mudando – só um pouquinho. Desde 2008, os árbitros têm permissão para consultar o vídeo quando não estão seguros do que ocorreu no campo. Assim, aumenta-se o grau de precisão das chamadas, porém, muitos fãs de longa data do beisebol sentem que, de algum modo, isso é algo estranho ao espírito do esporte. Eu sou um deles. Aposto que John Roberts também é.

Nem todo mundo compartilha a opinião de Scalia sobre a lei (note que a opinião dele no caso Davis foi minoria). Como vimos, em Atkins vs. Virginia, as palavras da Constituição, como "cruel e inusitado", deixam uma quantidade significativa de espaço para interpretação. Se até mesmo o grande Euclides deixou alguma ambiguidade em seus axiomas, como podemos esperar algo diferente dos insurretos? Os realistas em relação à lei, como Richard Posner, juiz e professor da Universidade de Chicago, argumentam que a jurisprudência da Suprema Corte *nunca* é o exercício da legislação formal que Scalia diz ser:

> A maioria dos casos que a Suprema Corte concorda em decidir é como cara ou coroa, no sentido de que não podem ser decididos pelo raciocínio legal convencional, com sua pesada dependência da linguagem constitucional e estatutária e das decisões anteriores. Se pudessem ser decididos por aqueles métodos essencialmente semânticos, seriam resolvidos sem controvérsias, na Suprema Corte do estado ou na Corte Federal de Apelações, e jamais seriam revistos pela Suprema Corte.[7]

Segundo essa visão, as questões difíceis da lei, aquelas que percorrem todo o caminho até chegar à Suprema Corte, ficam indeterminadas nos axiomas. Os juízes supremos estão, portanto, na mesma posição que Pascal quando descobriu que não podia chegar por raciocínio a nenhuma conclusão sobre a existência de Deus. Contudo, como escreveu Pascal, não temos escolha a não ser jogar o jogo. A corte precisa decidir por meio de raciocínio legal, convencional ou não. Às vezes ela toma o caminho de Pascal: se a razão não determina o julgamento, faça o julgamento que parece ter as melhores consequências. Seguindo Posner, esse é o caminho que os juízes afinal adotaram em Bush vs. Gore, com Scalia a bordo. A decisão a que chegaram, diz Posner, não era efetivamente respaldada pela Constituição ou por um precedente judicial. Foi uma decisão tomada de modo pragmático, com o objetivo de eliminar a possibilidade de muitos outros meses de caos eleitoral.

O fantasma da contradição

O formalismo tem uma elegância austera. Ele é atraente para pessoas como G.H. Hardy, Antonin Scalia e eu, que saboreiam essa sensação de uma bela teoria rígida, fortemente vedada a contradições. Mas não é fácil ater-se, de modo consistente, a princípios como este; tampouco é claro se eles chegam a ser sensatos. Mesmo o juiz Scalia tem reconhecido, vez por outra, que quando as palavras literais da lei parecem indicar um julgamento absurdo, as palavras literais devem ser abandonadas em favor de um palpite razoável acerca do que o Congresso pretendia.[8] Da mesma forma, nenhum cientista realmente quer estar preso a regras de significância, não importa quais princípios alegue ter. Quando você realiza dois experimentos, um deles testando um tratamento clínico que em tese parece promissor, outro testando se o salmão morto responde emocionalmente a fotos românticas, e ambos os experimentos dão certo com valores-p de 0,03, você não quer tratar as duas hipóteses do mesmo modo. Você quer abordar as conclusões absurdas com uma dose extra de ceticismo, e as regras que se danem.

O maior defensor do formalismo na matemática foi David Hilbert, o matemático alemão cuja lista de 23 problemas, apresentada em Paris, no Congresso Internacional de Matemática de 1900, determinou o curso de grande parte da matemática no século XX. Hilbert é tão reverenciado que qualquer trabalho que apenas tangencie um de seus problemas adquire um brilho ligeiramente adicional, mesmo cem anos depois. Certa vez conheci um historiador da cultura germânica em Columbus, Ohio, que me disse que a predileção de Hilbert por calçar sandálias com meias é o motivo de esta moda ainda ser francamente popular entre os matemáticos hoje. Não pude encontrar evidência de que isso seja verdade, mas me convém acreditar, e isso dá uma impressão correta do tamanho da sombra de Hilbert.

Muitos dos problemas de Hilbert caíram depressa. Outros, como o de número 18, referente ao empacotamento mais denso possível de esferas, só foram resolvidos recentemente, como vimos no Capítulo 12. Alguns ainda estão em aberto e são fervorosamente estudados. A resolução do problema número 8, a hipótese de Riemann, vai receber o prêmio de US$ 1 milhão, da Fundação Clay.

Pelo menos uma vez o grande Hilbert se enganou: no problema 10, ele pedia um algoritmo que pegasse qualquer questão e dissesse se ela tinha uma solução na qual todas as variáveis assumissem valores inteiros. Numa série de artigos nas décadas de 1960 e 1970, Martin Davis, Yuri Matijasevic, Hilary Putnam e Julia Robinson mostraram que esse algoritmo não existia. (Teóricos dos números, por toda parte, deram um suspiro de alívio – seria um tanto desanimador se houvesse transpirado que um algoritmo formal poderia resolver os problemas sobre os quais passamos anos debruçados.)

O problema 2 de Hilbert era diferente dos outros, porque não se tratava tanto de uma questão matemática, mas da matemática em si. Ele começava com um altissonante endosso da abordagem formalista da matemática.

> Quando estamos envolvidos na investigação dos alicerces de uma ciência, precisamos estabelecer um sistema de axiomas que contenha uma descrição exata e completa das relações subsistentes entre as ideias elementares dessa ciência. Os axiomas assim estabelecidos são ao mesmo tempo as definições dessas ideias elementares; e nenhuma afirmação, no interior do domínio da ciência cujos alicerces estamos testando, é considerada correta, a menos que possa ser derivada desses axiomas por meio de um número finito de passos lógicos.[9]

Na época da conferência em Paris, Hilbert já havia revisitado os axiomas de Euclides e os reescrevera para remover qualquer vestígio de ambiguidade. Ao mesmo tempo, excluíra rigorosamente qualquer apelo à intuição geométrica. Sua versão dos axiomas continua a fazer sentido se substituirmos "ponto" e "reta" por "sapo" e "tangerina". O próprio Hilbert fez um comentário famoso: "É preciso que se possa dizer, a qualquer momento, em vez de pontos, retas e planos, mesas, cadeiras e canecas de cerveja."[10] Um dos primeiros fãs da nova geometria de Hilbert foi o jovem Abraham Wald, que, ainda estudante, em Viena, demonstrara como alguns dos axiomas de Hilbert podiam ser derivados de outros, e portanto eram dispensáveis.*

Hilbert não se contentou em parar na geometria. Seu sonho era criar uma matemática puramente formal, na qual dizer que um enunciado era verdadeiro equivalia precisamente a dizer que ele obedecia às regras estabelecidas no início do jogo, nem mais, nem menos. Era uma matemática da qual Antonin Scalia teria gostado. Os axiomas que Hilbert tinha em mente para a aritmética, formulados pela primeira vez pelo matemático italiano Giuseppe Peano, dificilmente parecem o tipo de coisa sobre a qual possa haver qualquer questão ou controvérsia interessante. Eles dizem coisas do tipo "Zero é um número", "Se x é igual a y e y é igual a z, então x é igual a z" e "Se o número imediatamente seguinte a x é o mesmo que o número imediatamente seguinte a y, então x e y são o mesmo número." Essas são verdades que consideramos óbvias.

O que é notável nesses axiomas de Peano é que, a partir desse começo absolutamente simples, é possível gerar muita matemática. Os axiomas em si parecem referir-se apenas a números inteiros, mas o próprio Peano mostrou que, partindo dos seus axiomas e prosseguindo puramente por definição e dedução lógica, podem-se definir os números racionais e provar suas

* Alguns historiadores afirmam que a atual hipermatematização da economia remonta já a essa época, esclarecendo que o hábito de axiomas passara de Hilbert para a economia por intermédio de Wald e outros jovens matemáticos na Viena de 1930, que combinavam um estilo hilbertiano com fortes interesses aplicados: ver *How Economics Became a Mathematical Science,* de E. Roy Weintraub, onde esta ideia é plenamente elaborada.

propriedades básicas.* A matemática do século XIX havia sido assolada por confusão e crises quando se descobriu que definições amplamente aceitas em análise e geometria eram falhas do ponto de vista lógico. Hilbert via o formalismo como um meio de começar de novo a partir do zero, construído sobre uma fundação tão básica a ponto de ser totalmente incontroversa.

Mas havia um espectro assombrando o programa de Hilbert: o espectro da contradição. Eis o cenário do pesadelo. A comunidade matemática, trabalhando conjuntamente e em uníssono, reconstrói todo o aparato da teoria dos números, da geometria e do cálculo, começando a partir dos axiomas que constituem o leito rochoso e erguendo novos teoremas, tijolo por tijolo, cada camada cimentada à anterior pelas regras da dedução. E aí, um belo dia, um matemático de Amsterdam prova que certa afirmação matemática é verdadeira, enquanto outro matemático em Kyoto prova que ela não é.

E agora? Começando por afirmativas sobre as quais não há possibilidade de dúvida, chegou-se a uma contradição. *Reductio ad absurdum*. Você conclui que os axiomas estavam errados? Ou que há algo de errado com a estrutura da dedução lógica em si? E o que você faz com as décadas de trabalho baseadas nesses axiomas?**

Daí o segundo problema entre os apresentados por Hilbert aos matemáticos reunidos em Paris:

> Mas acima de tudo desejo designar a seguinte como a mais importante entre as questões que podem ser formuladas com respeito aos axiomas: provar que eles não são contraditórios, isto é, que um número definido de passos lógicos baseados neles jamais pode levar a resultados contraditórios.

É tentador afirmar simplesmente que esse resultado terrível não pode acontecer. Como poderia? Os axiomas são obviamente verdadeiros. Mas

* Provavelmente não é coincidência que Peano tenha sido mais um devoto da linguagem artificial construída sobre princípios racionais. Ele criou sua própria linguagem, *latino sine flexione*, na qual escreveu alguns dos seus trabalhos matemáticos da fase posterior.

** O conto de Ted Chiang, escrito em 1991, "Divisão por zero", abarca as consequências psicológicas sofridas por um matemático suficientemente desafortunado para revelar essa inconsistência.

não era menos óbvio para os gregos antigos que uma grandeza geométrica deve ser uma razão entre dois números inteiros. Era assim que funcionava sua ideia de medição, até que todo o arcabouço ficou abalado pelo teorema de Pitágoras e a teimosamente irracional raiz quadrada de 2. A matemática tem o péssimo hábito de mostrar que, às vezes, aquilo que é uma verdade óbvia está absolutamente errado.

Considere o caso de Gottlob Frege, o lógico alemão que, como Hilbert, empenhava-se em firmar as estacas lógicas subterrâneas da matemática. O foco de Frege não era a teoria dos números, mas a teoria dos conjuntos. Também ele começou com uma sequência de axiomas que pareciam tão óbvios que mal precisavam ser enunciados. Na teoria dos conjuntos de Frege, um conjunto nada mais era que uma coleção de objetos, chamados elementos. Geralmente usamos chaves { } para representar os conjuntos cujos elementos estão nelas inseridos; então, {1,2,porco} é o conjunto cujos elementos são o número 1, o número 2 e um porco.

Quando alguns desses elementos desfrutam certa propriedade, e outros não, há um conjunto que é a coleção de todos os elementos que desfrutam essa propriedade específica. Para deixar as coisas um pouco mais claras: há um conjunto de porcos, e, entre eles, os amarelos formam um conjunto, o conjunto de porcos amarelos. Difícil achar aqui alguma coisa que possa criar dificuldade. Mas essas definições são realmente genéricas. Um conjunto pode ser uma coleção de porcos, ou de números reais, ou de ideias, ou de universos possíveis, ou de outros conjuntos. E é este último que causa todos os problemas. Será que existe um conjunto de todos os conjuntos? Claro que sim. Um conjunto de todos os conjuntos infinitos? Por que não? Na verdade, ambos esses conjuntos têm uma propriedade curiosa: *eles são elementos de si mesmos*. O conjunto de conjuntos infinitos, por exemplo, decerto é ele mesmo um conjunto infinito. Seus elementos incluem conjuntos como

{os inteiros}
{os inteiros e também um porco}
{os inteiros e também a Torre Eiffel}

e assim por diante. Claro que isso não tem fim.

Poderíamos chamar esse conjunto de ourobórico, em referência à cobra mítica tão faminta que devora a própria cauda e consome a si mesma. Então, o conjunto de conjuntos infinitos é ourobórico, mas {1,2,porco} não é, porque nenhum de seus elementos é o próprio conjunto {1,2,porco}; todos os seus elementos são números ou animais de fazenda, mas não conjuntos.

Agora vem a sacada final. Seja NO o conjunto de todos os conjuntos não ourobóricos. NO parece uma coisa esquisita para se pensar, mas se a definição de Frege permite isso no mundo dos conjuntos, então nós também temos de permitir.

Mas e aí? NO é ourobórico ou não? Quer dizer, NO é um elemento de NO? Por definição, se NO é ourobórico, então NO pode estar em NO, que consiste apenas em conjuntos não ourobóricos. Mas dizer que NO não é um elemento de NO é precisamente dizer que NO é não ourobórico; ele não contém a si mesmo.

Espere aí, se NO é não ourobórico, então ele *é* um elemento de NO, que é o conjunto de todos os conjuntos não ourobóricos. Agora, no fim das contas, NO é um elemento de NO, o que vale dizer que NO é ourobórico.

Se NO é ourobórico, então ele não é; e se não é, é.

Esse foi, mais ou menos, o conteúdo de uma carta que o jovem Bertrand Russell escreveu a Frege em junho de 1902. Russell havia conhecido Peano em Paris, no Congresso Internacional de Matemática – não se sabe se ele assistiu à conferência de Hilbert, mas com certeza estava a par do programa de reduzir toda a matemática a uma sequência cristalina de deduções a partir de axiomas básicos.* A carta de Russell começava como a missiva de um admirador para um lógico mais velho:

---

* Se é para sermos precisos, Russell não era formalista, como Hilbert, o qual declarava que os axiomas eram simplesmente cordões de símbolos sem nenhum significado definido. Russell era "logicista", e sua visão era de que os axiomas de fato eram enunciados verdadeiros sobre fatos lógicos. Ambos os grupos compartilhavam um interesse vigoroso em descobrir que enunciados podiam ser deduzidos dos axiomas. O grau da sua preocupação com essa distinção é uma boa medida do seu possível gosto em cursar uma pós-graduação em filosofia analítica.

> Vejo-me em total acordo com o senhor em todos os pontos principais, especialmente na sua rejeição a qualquer elemento psicológico em lógica e no valor que o senhor atribui a uma notação conceitual para as fundações da matemática e da lógica formal, que, incidentalmente, dificilmente podem ser distinguidas.

Mas então ele diz: "Encontrei uma dificuldade em um único ponto."

E Russell explica o dilema do NO, agora conhecido como paradoxo de Russell.

Russell encerrava a carta expressando pesar por Frege não ter publicado ainda o segundo volume de *Fundamentos*. Na verdade, o livro estava pronto e já no prelo quando Frege recebeu a carta de Russell. Apesar do tom respeitoso ("Encontrei uma dificuldade", e não "Oi, acabei de ferrar com o trabalho da sua vida"), Frege entendeu imediatamente o que o paradoxo de Russell significava para sua versão da teoria dos conjuntos. Era tarde demais para mudar o livro, mas ele logo redigiu um pós-escrito registrando o devastador lampejo de Russell. A explicação de Frege talvez seja a sentença mais triste já escrita num livro técnico de matemática: "Um cientista dificilmente pode experimentar algo mais indesejável do que, tão logo tenha se completado seu trabalho, ver suas fundações cederem."*

Hilbert e os outros formalistas não queriam deixar aberta a possibilidade de uma contradição embutida como uma bomba-relógio nos axiomas. Ele queria um arcabouço matemático no qual a consistência estivesse garantida. Não que Hilbert realmente pensasse ser *provável* haver uma contradição oculta na aritmética. Como a maioria dos matemáticos, e até como a maioria das pessoas normais, ele acreditava que as regras-padrão da aritmética eram afirmações verdadeiras sobre os números inteiros, de modo que não podiam de fato se contradizer. Mas isso não era satisfatório, baseava-se na pressuposição de que o conjunto dos números inteiros *realmente existia*.

---

* *"Einem wissenschaftlichen Schriftsteller kann kaum etwas Unerwünschteres begegnen, als dass ihm nach Vollendung einer Arbeit eine der Grundlagen seines Baues erschüttert wird."*

Esse era um ponto embaraçoso para muitos. Georg Cantor, algumas décadas antes, pela primeira vez colocara a noção de infinito sobre um tipo de alicerce matemático firme. Mas seu trabalho não fora digerido com facilidade nem fora universalmente aceito, e havia um grupo substancial de matemáticos que sentia que qualquer prova que se baseasse na existência de conjuntos infinitos deveria ser considerada suspeita. Que houvesse algo como o número 7, isso todos estavam dispostos a aceitar. Que houvesse algo como o conjunto de *todos* os números, esse era um assunto a ser debatido.

Hilbert sabia muito bem o que Russell fizera com Frege e estava cônscio dos perigos apresentados por um raciocínio displicente sobre conjuntos infinitos. "Um leitor cuidadoso", escreveu ele em 1926, "descobrirá que a bibliografia da matemática é farta em inanidades e absurdos que tiveram origem no infinito."[11] (O tom não estaria aqui deslocado em uma das mais suaves discordâncias em relação a Antonin Scalia.) Hilbert buscava uma prova *finitária* de consistência, uma prova que não fizesse referência a nenhum conjunto infinito, na qual uma mente racional não pudesse deixar de acreditar.

Mas Hilbert acabaria se decepcionando. Em 1931, Kurt Gödel provou, em seu famoso segundo teorema da incompletude, que não podia haver prova finitária da consistência da aritmética. Ele matara o programa de Hilbert de um só golpe.

Será que você deveria se preocupar com a possibilidade de todo o edifício matemático desabar amanhã à tarde? Em relação ao vale a pena, eu não estou preocupado. Eu acredito, *sim*, em conjuntos infinitos e considero as provas de consistência que usam conjuntos infinitos convincentes o bastante para me deixar dormir à noite.

A maioria dos matemáticos é como eu, mas há alguns dissidentes. Em 2011, Edward Nelson, lógico que leciona em Princeton, fez circular uma prova da *inconsistência* da aritmética. (Felizmente para nós, Terry Tao encontrou em poucos dias um erro no argumento de Nelson.[12]) Vladimir Voevodsky, ganhador da Medalha Fields e agora no Institute of Advanced Study, em Princeton, fez em 2010 uma algazarra ao dizer que ele também não via motivo para se sentir seguro sobre a consistência da aritmética. Ele e um grande grupo internacional de colaboradores têm sua própria proposta para as novas fundações da matemática. Hilbert começara pela geometria, mas logo passara a ver a consistência da aritmética como o problema mais fundamental. O grupo de Voevodsky, em contraste, argumenta que a geometria é, afinal, a coisa fundamental – e não qualquer geometria familiar a Euclides, mas uma geometria de tipo mais moderno, chamada *teoria da homotipia*. Estarão essas fundações imunes ao ceticismo e às contradições? Perguntem-me daqui a vinte anos. Essas coisas levam tempo.

O estilo de matemática de Hilbert sobreviveu à morte de seu programa formalista. Mesmo antes do trabalho de Gödel, Hilbert já deixara claro que não pretendia que a matemática fosse *criada* de maneira fundamentalmente formalista. Isso seria difícil demais! Mesmo que a geometria possa ser remodelada como um exercício de manipular uma série de símbolos sem significado, nenhum ser humano pode gerar ideias geométricas sem desenhar figuras, sem imaginar figuras, sem pensar nos objetos da geometria como *coisas reais*. Meu amigo filósofo geralmente acha esse ponto de vista, chamado platonismo, bastante vergonhoso. Como pode um hipercubo pentadecadimensional ser algo real? Só posso responder que para mim parece tão real quanto, digamos, as montanhas. Afinal, eu posso *definir* um hipercubo pentadecadimensional. Você pode fazer o mesmo com uma montanha?

Mas nós somos filhos de Hilbert. Quando tomamos cerveja com os filósofos, no fim de semana, e eles ficam nos cutucando em relação ao status dos objetos que estudamos,* nós nos recolhemos ao nosso reduto formalista, protestando: claro, usamos nossa intuição geométrica para descobrir o que se passa, mas o modo como afinal *sabemos* que o que dizemos é verdade é a existência de uma prova formal por trás da figura. Na famosa formulação de Philip Davis e Reuben Hersh: "O matemático típico é platônico ao trabalhar, durante a semana, mas é formalista aos domingos."[13]

* Eles realmente fazem isso!

Hilbert não queria destruir o platonismo. Queria tornar o mundo seguro para o platonismo, colocando temas como a geometria sobre uma fundação formal tão inabalável que pudéssemos nos sentir tão moralmente robustos durante a semana quanto no domingo.

Genialidade é uma coisa que acontece

Eu dei muita importância ao papel de Hilbert, e com justiça, mas há um risco de que, prestando atenção exagerada aos nomes acima citados, eu acabe passando a impressão errada de que a matemática é um empreendimento no qual alguns gênios solitários, com uma marca de nascença, iluminam o caminho para o resto da humanidade percorrer. É fácil contar a história dessa maneira. Em alguns casos, como o de Srinivasa Ramanujan, a coisa não fica tão distante disso. Ramanujan era um prodígio do sul da Índia.[14] Desde a infância produziu ideias matemáticas superoriginais, que ele descrevia como revelações divinas da deusa Namagiri. Ele trabalhou durante anos em completo isolamento do corpo principal da matemática, com acesso somente a alguns poucos livros para familiarizar-se com o estado contemporâneo da matéria. Em 1913, quando finalmente fez contato com o mundo maior da teoria dos números, havia preenchido uma série de cadernos com algo perto de 4 mil teoremas, muitos dos quais ainda sujeitos a investigação ativa. (A deusa forneceu a Ramanujan enunciados de teoremas, mas não as provas; estas são tarefa nossa, dos sucessores de Ramanujan.)

Mas Ramanujan é um caso fora de série, cuja história é repetida por ser tão pouco característica. Hilbert começou como um aluno muito bom, mas não excepcional, de maneira nenhuma o jovem matemático mais brilhante de Königsberg – este era Hermann Minkowski,[15] dois anos mais novo. Minkowski seguiu uma destacada carreira matemática, mas não foi nenhum Hilbert.

Uma das partes mais dolorosas de lecionar matemática é ver os alunos prejudicados pelo culto da genialidade. Esse culto diz aos estudantes que não vale a pena fazer matemática a não ser que você seja o *melhor* na matéria, porque esses poucos especiais são os únicos cujas contribuições importam. Ninguém trata nenhuma outra disciplina dessa maneira! Nunca ouvi nenhum aluno dizer: "Gosto de *Hamlet*, mas realmente não vale a pena fazer literatura inglesa... Aquele garoto ali na frente conhece *todas* as peças e começou a ler Shakespeare quando tinha nove anos!" Atletas não abandonam seu esporte só porque um dos seus colegas de equipe brilha mais que ele. No entanto, vejo jovens matemáticos promissores largarem a disciplina todo ano, mesmo que adorem matemática, porque alguém em seu campo de visão está "à sua frente".

Nós perdemos um monte de estudantes de matemática por causa disso. E perdemos um monte de futuros matemáticos. Mas este não é todo o problema. Acho que precisamos de mais estudantes de matemática que *não* se tornem matemáticos. Mais estudantes de matemática que acabem virando médicos, ou professores do ensino médio, ou presidentes de empresas, ou senadores. Mas não chegaremos lá enquanto não jogarmos fora o estereótipo de que a matemática só vale a pena para os pequenos gênios.

O culto da genialidade também tende a subvalorizar o trabalho árduo. Quando eu estava no começo da carreira, pensava em "trabalho árduo" como uma espécie de insulto velado – algo a se dizer sobre um aluno quando não se pode falar honestamente que ele é inteligente. Mas a capacidade de trabalhar com afinco – de manter a atenção e a energia focalizadas no problema, de revirá-lo sistematicamente e forçar qualquer coisa que possa parecer uma rachadura em sua couraça, apesar da ausência de sinais externos de progresso – não é para todo mundo. Os psicólogos agora a chamam de "determinação",[16] e é impossível fazer matemática sem ela. É fácil perder de vista a importância do trabalho, porque a inspiração matemática, quando afinal chega, pode parecer imediata e sem esforço.

Lembro-me do primeiro teorema que provei. Eu estava na faculdade, fazendo meu trabalho de fim de curso, completamente emperrado. Certa noite, numa reunião da equipe editorial da revista literária do campus, eu tomava vinho tinto e participava dispersivamente da discussão sobre um conto meio chato, quando de repente algo se remexeu na minha cabeça e compreendi ultrapassar o bloqueio. Nada de detalhes, mas isso não tinha importância. Na minha cabeça, não havia dúvida de que a coisa estava feita.

É dessa forma que a criação matemática muitas vezes se apresenta. Eis o famoso relato do matemático francês Henri Poincaré sobre uma descoberta matemática que ele fez em 1881:

> Tendo chegado a Coutances, entramos num ônibus para ir a algum lugar. No momento em que pisei o primeiro degrau, a ideia me veio, e nada em meus pensamentos anteriores parecia ter aberto caminho para ela: as transformações que eu tinha usado para definir as funções fuchsianas eram idênticas às de geometria não euclidiana. Não verifiquei a ideia, possivelmente não tive tempo, pois, ao tomar meu assento no ônibus, continuei uma conversa já iniciada. Contudo, tive uma perfeita certeza. Ao voltar para Caen, só para ficar em paz com a consciência, verifiquei o resultado numa hora de folga.*

Mas *na realidade* a coisa não aconteceu no intervalo de um passo, explica Poincaré. Esse momento de inspiração é produto de semanas de trabalho, tanto consciente quanto inconsciente, que de algum modo preparam a cabeça para fazer a necessária conexão de ideias. Ficar sentado à espera de inspiração leva ao fracasso, não interessa se você é um menino-prodígio.

Para mim, pode ser difícil argumentar a favor disso, porque eu mesmo fui um desses meninos-prodígios. Já aos seis anos eu sabia que ia ser matemático. Frequentei cursos bem acima do meu nível escolar e ganhei um monte de medalhas em competições de matemática. Estava bem seguro, quando fui para a faculdade, que os competidores que eu conhecia da Olimpíada de Matemática eram os grandes matemáticos da minha geração. Mas acabou que não fui exatamente um deles. Aquele grupo de jovens astros produziu muitos matemáticos excelentes, como Terry Tao, medalhista Fields – campeão em análise harmônica. Mas a

---

* Do ensaio de Poincaré "Criação matemática", leitura altamente recomendável se você se liga em criatividade matemática ou em qualquer tipo de criatividade.

maioria dos matemáticos com quem trabalho agora não eram matematletas de primeiro time aos treze anos – eles desenvolveram suas habilidades e talentos numa escala de tempo diferente. Será que deveriam ter desistido no ensino médio?

O que se aprende depois de um longo tempo na matemática – e acho que essa lição se aplica de forma muito mais ampla – é que há *sempre* alguém à sua frente, esteja ele bem ali na sua turma ou não. Os que estão começando olham para aqueles com bons teoremas; aqueles que têm bons teoremas olham para os que têm montes de bons teoremas; pessoas com montes de bons teoremas olham para os ganhadores da Medalha Fields; os ganhadores de Medalhas Fields olham para os medalhistas Fields do "círculo interno", e estes sempre podem olhar para aqueles que já estão mortos. Ninguém nunca olha no espelho e diz: "Vamos encarar. Eu sou mais inteligente que Gauss." Mesmo assim, nos últimos cem anos, o esforço conjunto de todos esses "bobões comparados com Gauss" produziu o maior vigor do conhecimento matemático que o mundo já viu.

A matemática, em sua maior parte, é uma empreitada comunal. Cada progresso é o resultado de uma imensa rede de cabeças trabalhando com um propósito comum, mesmo que concedamos honras especiais à pessoa que coloca a última pedra no arco. Mark Twain é bom nisso: "São necessários mil homens para inventar o telégrafo, a máquina a vapor, o fonógrafo, o telefone ou qualquer outra coisa importante. O último ganha o crédito e nós esquecemos os outros."[17]

É mais ou menos como no futebol americano. Há momentos, claro, em que um jogador assume totalmente o controle do jogo, e esses são momentos que lembramos, celebramos e relatamos por muito tempo. Mas eles não são o padrão normal do futebol americano, e não é assim que se ganha a maioria dos jogos. Quando um *quarterback* completa um magnífico passe para um *touchdown* lançando um *wide receiver* na corrida, você está assistindo ao trabalho em conjunto de muita gente: não só do *quarterback* e do *receiver*, mas de toda a linha ofensiva que impediu a defesa do outro time de avançar, a fim de que o seu *quarterback* se firme e faça o lançamento; a finta de bloqueio do *running back* que fingiu agarrar a bola e sair correndo com o objetivo de enganar a defesa num momento crítico; e aí, também, o coordenador do ataque, que bolou a jogada, e seus numerosos assistentes; e a equipe de condicionamento físico, que mantêm os jogadores em forma para correr e lançar... Ninguém chama todos eles de gênios. Mas são eles que criam as condições nas quais a genialidade pode acontecer.

Terry Tao escreve:

> A imagem popular do gênio solitário (e possivelmente meio maluco) – que ignora a bibliografia e a sabedoria convencional, e consegue alguma inspiração inexplicável (realçada, talvez, por um generoso traço de sofrimento) para aparecer com alguma empolgante solução de um problema que confundia todos os especialistas – é charmosa e romântica, mas também barbaramente inexata, pelo menos no mundo da matemática moderna. Nós temos resultados e insights espetaculares, profundos e extraordinários nessa matéria, claro, mas são conquistas trabalhosas e cumulativas de anos, décadas e até séculos de trabalho e progresso constantes de muitos bons e grandes matemáticos; o progresso de um estágio de compreensão para o seguinte pode ser altamente não trivial, e às vezes bastante inesperado, mas ainda assim se constrói sobre as fundações do trabalho anterior, e não de um novo início a partir do nada. ... Na verdade, considero a realidade da pesquisa matemática hoje – na qual o progresso é obtido natural e cumulativamente como consequência de trabalho árduo, dirigido por intuição, leitura e um pouquinho de sorte – muito mais satisfatório que a imagem romântica que eu tinha quando estudante, ou seja, a matemática progredindo basicamente por meio das inspirações místicas de uma rara espécie de "gênios".[18]

Não é errado dizer que Hilbert era um gênio. Mas é mais correto dizer que o que Hilbert conseguiu era genial. A genialidade é uma coisa que acontece, e não uma característica de um tipo de pessoa.

Lógica política

Lógica política não é um sistema formal no sentido que Hilbert e os lógicos matemáticos davam a ela. Todavia, os matemáticos com visão formalista não poderiam deixar de ser incentivados a isso pelo próprio Hilbert, que, em sua palestra de 1918, "Axiomatic thought", advogava que outras ciências adotassem a abordagem axiomática, tão bem-sucedida na matemática.

Gödel, por exemplo, cujo teorema excluiu a possibilidade de banir definitivamente a contradição da aritmética, também se preocupava com a Constituição dos Estados Unidos, que estudou ao se preparar para o teste a fim de obter a cidadania americana, em 1948. Em sua opinião, o documento tinha uma contradição que permitia a uma ditadura fascista tomar o poder no país de forma perfeitamente constitucional. Os amigos de Gödel, Albert Einstein e Oskar Morgenstern, imploraram que ele evitasse esse assunto no exame, mas, como se recorda Morgenstern, a conversa acabou mais ou menos assim:

> Examinador: Então, sr. Gödel, de onde o senhor vem?
>
> Gödel: De onde eu venho? Da Áustria.
>
> Examinador: Que tipo de governo vocês têm na Áustria?
>
> Gödel: Era uma República, mas a Constituição era tal que acabou virando uma ditadura.
>
> Examinador: Ah! Mas isso é muito ruim. Uma coisa dessas não poderia acontecer neste país.
>
> Gödel: Poderia, sim, e eu posso provar.

Felizmente, o examinador depressa mudou de assunto, e a cidadania de Gödel foi devidamente concedida. Quanto à natureza da contradição[19] que Gödel achou na Constituição americana, parece ter se perdido na história matemática. Talvez tenha sido melhor!

O COMPROMISSO DE HILBERT com o princípio e a dedução lógicos muitas vezes o levou, como Condorcet, a adotar uma concepção surpreendentemente moderna em assuntos não matemáticos.* Com algum custo político para si mesmo, ele se recusou a assinar, em 1914, a Declaração para o Mundo Cultural,[20] que defendia a guerra do kaiser na Europa com uma longa lista de negativas, cada qual começando com o enunciado "Não é verdade": "Não é verdade que a Alemanha violou a neutralidade da Bélgica", e assim por diante. Muitos dos maiores cientistas alemães, como Felix Klein, Wilhelm Roentgen e Max Planck, assinaram a declaração. Hilbert disse, de forma bem simples, que era incapaz de verificar com seus parâmetros de exatidão se as afirmativas em questão de fato não eram verdadeiras.

Um ano depois, quando o corpo docente em Göttingen recusou-se a oferecer uma posição para a grande algebrista Emmy Noether, alegando que não se podia pedir aos estudantes que aprendessem matemática com uma mulher, Hilbert respondeu: "Não vejo como o sexo da candidata seja um argumento contra sua admissão. Nós somos uma universidade, não uma casa de banhos."

A análise ponderada da política, porém, tem seus limites. Já velho, na década de 1930, Hilbert parecia incapaz de captar o que estava acontecendo com seu país natal quando os nazistas ali consolidaram seu poder. Seu primeiro aluno de doutorado, Otto Blumenthal, visitou Hilbert em Göttingen, em 1938, para comemorar seu 76º aniversário. Blumenthal era cristão, mas vinha de família judia, e por esse motivo foi afastado de seu posto acadêmico em Aachen. (No mesmo ano que Abraham Wald, na Áustria ocupada pela Alemanha. Ele partiu para os Estados Unidos.)

Constance Reid, em sua biografia de Hilbert, relata a conversa[21] na festa de aniversário:

* Ressalva: Amir Alexander, em *Infinitesimal* (Nova York, FSG, 2014), argumenta que, no século XVII, a posição pura formalista, representada pela geometria euclidiana clássica, se aliava às hierarquias rígidas e à ortodoxia jesuítica, enquanto mais intuitiva e menos rigorosa a teoria pré-newtoniana dos infinitesimais se ligava a uma ideologia mais progressista e democrática.

– Que matéria você está lecionando este semestre? – Hilbert indagou.

– Eu não leciono mais – Blumenthal lembrou-lhe delicadamente.

– O que você quer dizer com "Não leciono mais"?

– Não tenho mais permissão para lecionar.

– Mas isso é absolutamente impossível! Não pode ser feito. Ninguém tem o direito de demitir um professor, a menos que ele tenha cometido algum crime? Por que você não recorre à justiça?

O progresso da mente humana

Condorcet também se ateve com firmeza a suas ideias formalistas sobre a política mesmo quando elas não se ajustavam à realidade. A existência dos ciclos de Condorcet significava que qualquer sistema de votação que obedecesse a esse axioma básico, aparentemente indiscutível – quando a maioria prefere A a B, B não será vencedor –, poderia cair presa de autocontradição. Condorcet passou grande parte da sua última década de vida dedicando-se ao problema dos ciclos, desenvolvendo sistemas de votação cada vez mais intrincados, na intenção de fugir do problema da inconsistência coletiva. Ele jamais conseguiu. Em 1785, escreveu, bastante desesperançoso:

> Geralmente não podemos evitar que nos sejam apresentadas decisões desse tipo, que poderíamos chamar de equivocadas, exceto exigindo uma grande pluralidade e permitindo que votem apenas em homens muito esclarecidos. ... Se não pudermos achar eleitores que sejam suficientemente esclarecidos, devemos evitar a má escolha aceitando como candidatos apenas aqueles homens em cuja competência podemos confiar.[22]

Mas o problema não eram os eleitores, era a matemática. Condorcet, agora compreendemos, desde o início estava condenado ao fracasso. Kenneth Arrow, em sua tese de doutorado, em 1951, provou que mesmo um conjunto de axiomas muito mais fraco que o de Condorcet, um conjunto de exigências acerca do qual parece tão difícil de duvidar quanto as regras de aritmética de Peano, leva a paradoxos.* Este era um trabalho de grande elegância, que ajudou Arrow a conquistar o Prêmio Nobel de Economia em 1972, mas seguramente teria desapontado Condorcet, como o teorema de Gödel desapontou Hilbert.

Ou talvez não – Condorcet era um homem difícil de desapontar. Quando a Revolução ganhou velocidade, seu estilo republicano brando logo foi atropelado pelos jacobinos mais radicais. Primeiro Condorcet foi marginalizado politicamente, depois, foi forçado a esconder-se para evitar a guilhotina. Ainda assim, sua crença na inexorabilidade do progresso guiado pela razão e pela matemática não o abandonou. Isolado numa casa segura em Paris, sabendo que talvez não tivesse muito tempo pela frente, escreveu seu *Esquisse d'un tableau historique des progrès de l'esprit humaine*, apresentando sua visão do futuro. Este é um documento surpreendentemente otimista, descrevendo o mundo do qual seriam erradicados, pela força da ciência, um a um, os erros do monarquismo, o preconceito sexual, a fome e a velhice. O trecho a seguir é típico:

> Não seria de esperar que a raça humana seja melhorada por novas descobertas nas ciências e nas artes, e, como consequência inevitável, nos meios de prosperidade individual e geral? Pelo posterior progresso nos princípios de conduta e na prática moral? E, por fim, pela real melhora das nossas faculdades morais, intelectuais e físicas, que podem ser resultado da melhora dos instrumentos que ampliam nosso poder e dirigem o exercício dessas faculdades, ou da melhora da nossa organização natural em si?

---

* Um sistema de votação ao qual o teorema de Arrow *não* se aplica é a "votação de aprovação", na qual não é preciso declarar todas suas preferências. Você simplesmente vota em quantas pessoas quiser, na urna, e o candidato que obtiver o maior número de votos ganha. A maioria dos matemáticos que conheço considera a votação de aprovação ou suas variantes algo superior, tanto em votação plural quanto em votação preferencial. O sistema tem sido usado para eleger papas, secretários-gerais das Nações Unidas e representantes da American Mathematical Society, mas ainda não para representantes no governo.

Hoje, o *Esquisse* é mais conhecido indiretamente. O ensaio inspirou Thomas Malthus (que considerava as predições de Condorcet irremediavelmente solares) a escrever seu muito mais famoso e muito mais soturno relato sobre o futuro da humanidade.

Pouco depois de escrever a passagem citada, em março de 1794 (ou, no novo calendário revolucionário, no Germinal do Ano 2), Condorcet foi capturado e preso. Dois dias depois foi encontrado morto – alguns dizem que foi suicídio, outros, que ele foi assassinado.

Assim como o estilo da matemática de Hilbert persistiu a despeito da destruição do seu programa formal por Gödel, a abordagem de Condorcet para a política sobreviveu a seu desaparecimento. Não esperamos mais encontrar sistemas de votação que satisfaçam seu axioma. Mas nós nos comprometemos com a crença mais fundamental de Condorcet, de que uma "matemática social" quantitativa – o que agora chamamos de "ciência social" – deve participar na determinação de uma conduta apropriada de governo. Esses seriam os "instrumentos que aumentam nosso poder e dirigem o exercício das [nossas] faculdades", a que Condorcet se referiu com tanto vigor em *Esquisse*.

As ideias de Condorcet estão tão minuciosamente entrelaçadas com o jeito moderno de fazer política que mal podemos vê-la como uma escolha. Mas é uma escolha. E acho que é a escolha certa.

Epílogo
Como estar certo

Entre o segundo e o terceiro anos de faculdade, tive um emprego de verão numa pesquisa em saúde pública. O pesquisador – em um minuto ficará claro por que não estou usando seu nome – quis contratar um aluno de graduação em matemática porque desejava saber quantas pessoas teriam tuberculose em 2050. Meu emprego de verão era esse, descobrir o tal número. O pesquisador me entregou uma grande pasta de artigos sobre tuberculose: quanto a doença era transmissível em variadas circunstâncias, o curso típico da infecção e a duração do período de contágio máximo, curvas de sobrevivência e taxas de remissão depois da medicação, tudo dividido por idade, raça, sexo e ocorrência de HIV. Era uma pasta enorme. Papéis aos montes. Pus mãos à obra, fazendo o que estudantes de matemática fazem: um modelo de predomínio da tuberculose usando dados que o pesquisador me dera para avaliar como os índices de infecção em diferentes grupos de população iriam se modificar e interagir com o decorrer do tempo, década a década, até 2050, ano em que terminava a simulação.

O que aprendi foi o seguinte: eu não tinha a menor ideia de quantas pessoas teriam tuberculose em 2050. Cada um dos estudos empíricos tinha embutida alguma incerteza; ora achava-se que a taxa de contágio era de 20%, mas talvez fosse 13%, ou 25%, embora houvesse bastante certeza de que não era de 60% nem de 0%. Cada uma dessas pequenas incertezas locais infiltrava-se na simulação, e as incertezas em relação a diferentes parâmetros do modelo retroalimentavam-se mutuamente; em 2050, o ruído havia engolido todo o sinal. Eu podia fazer a simulação para dar qualquer coisa. Talvez nem houvesse algo como tuberculose em 2050, ou talvez a maior parte da população mundial estivesse infectada. Eu não tinha nenhum princípio de escolha.

Não era isso que o pesquisador queria ouvir. Não era para isso que ele me pagava. Ele me remunerava para produzir um número, e com paciência repetia a solicitação. Eu sei que há incerteza, dizia ele, é assim que funciona a pesquisa médica, entendo isso, basta você me dar *o seu melhor palpite*. Não importava que eu protestasse dizendo que qualquer palpite seria pior que palpite nenhum. Ele insistia. Era meu patrão, e eu acabei cedendo. Não tenho dúvida de que depois disso ele contou a muita gente que haveria X milhões de pessoas com tuberculose em 2050. E aposto que, se alguém perguntasse como sabia disso, ele diria que contratou um cara que fizera o cálculo para ele.

O crítico que conta

Essa história pode dar a impressão de que estou recomendando um jeito covarde de não estar errado, isto é, jamais dizer nada, responder a toda pergunta difícil com um dar de ombros e uma resposta dúbia: *Bom, decerto pode ser assim, mas, por outro lado, veja bem, também pode ser assado.*

Gente assim, que usa de subterfúgios para fugir das perguntas, ou não diz nada, ou diz que pode ser de um jeito ou de outro, não faz nada acontecer. Quando alguém quer denunciar esse tipo de gente, costuma citar Theodore Roosevelt e seu discurso "Cidadania em uma República", proferido em Paris, em 1910, depois de terminado seu mandato presidencial:

> Não é o crítico que conta. Não é o homem que aponta como o homem forte tropeça ou onde o realizador de ações poderia tê-las feito melhor. O crédito pertence ao homem que está realmente na arena, cuja face está desfigurada por poeira, suor e sangue; que luta corajosamente; que erra, que deixa de alcançar por pouco, uma vez e outra mais, porque não há esforço sem erro ou imperfeição, mas que de fato se empenha em realizar seus feitos; que conhece grandes entusiasmos, grandes devoções; que se desgasta numa causa

> digna; que, na melhor das hipóteses, no final conhece o triunfo de uma grande conquista, e que, na pior das hipóteses, se falhar, pelo menos falhará com grande ousadia, de modo que seu lugar jamais seria junto com as almas frias e tímidas que não conhecem a vitória nem a derrota.

Essa é a parte que as pessoas sempre citam, mas o discurso todo é muitíssimo interessante, mais longo e substancial que qualquer declaração que um presidente dos Estados Unidos atual pudesse fazer. Até você pode encontrar temas que debatemos em algum outro ponto do livro, como quando Roosevelt toca na decrescente utilidade do dinheiro – "A verdade é que, depois de ter conseguido certa medida de sucesso ou recompensa material tangível, a questão de ter mais torna-se cada vez menos importante em comparação com as outras coisas que podem ser feitas na vida" – e na falácia do "Menos como a Suécia" – se uma coisa é boa, mais dessa coisa deve ser ainda melhor, e vice-versa:

> É tão tolo recusar qualquer progresso porque as pessoas que o exigem desejam em algum ponto chegar a extremos absurdos quanto seria chegar a esses extremos absurdos simplesmente porque algumas das medidas advogadas pelos extremistas seriam sensatas.

Contudo, o tema principal, ao qual Roosevelt retorna ao longo de todo o discurso, é que a sobrevivência da civilização depende do triunfo do arrojado, do realista e do viril contra o brando, o intelectual e o infértil.* Ele falava na Sorbonne, o templo da Academia francesa, o mesmo lugar em que David Hilbert apresentara sua lista de 23 problemas apenas dez anos antes. Uma estátua de Blaise Pascal o observava da galeria. Hil-

---

* A opinião de Roosevelt, de que o analítico "aprendizado pelos livros" se opõe à virilidade, é expressa mais diretamente por Shakespeare, que, na cena de abertura de *Otelo*, faz Iago ridicularizar seu rival Cássio chamando-o de "grande matemático/ … /que nunca pôs em campo um esquadrão,/ Tampouco conhece, mais que uma solteirona,/ a divisão da batalha". Esse é o ponto da peça em que todo matemático na plateia percebe que Iago é o bandido da história.

bert havia instado os matemáticos na sua plateia e dava mergulhos cada vez mais profundos de abstração para longe da intuição geométrica e do mundo físico. A meta de Roosevelt era o extremo oposto: em aparência, ele saudava as conquistas dos acadêmicos franceses, mas deixava claro que sua aprendizagem nos livros era de importância apenas secundária na produção da grandeza nacional.

> Falo em uma grande universidade que representa a fina flor do mais elevado desenvolvimento intelectual; presto todas as homenagens ao intelecto a ao treinamento especializado e elaborado do intelecto; todavia, sei que terei a aprovação de todos vós aqui presentes quando acrescentar que o mais importante ainda são os lugares-comuns, as qualidades e virtudes do dia a dia.

No entanto, quando Roosevelt diz "O filósofo de gabinete, o indivíduo refinado e culto que da sua biblioteca diz como os homens devem ser governados em condições ideais, não tem utilidade no efetivo trabalho de governo", ele pensava em Condorcet, que passava seu tempo na biblioteca fazendo exatamente isso, e que contribuiu mais para o Estado francês que a maioria dos homens práticos do seu tempo. E quando Roosevelt rosnava para as almas frias e tímidas que ficam nas margens, em segundo plano, atrás dos guerreiros, volto a Abraham Wald, que, pelo que sei, passou a vida toda sem erguer uma arma com ódio,[1] e mesmo assim desempenhou importante papel no esforço de guerra americano, precisamente por aconselhar os realizadores de ações como realizá-las melhor. Ele não era desfigurado pela poeira, nem pelo suor, nem pelo sangue, mas estava *certo*. Era um crítico que contava.

Pois isso é ação

Contra Roosevelt, eu vou de John Ashbery, cujo poema "Soonest mended"[2] é a maior síntese que conheço de como incerteza e revelação podem se misturar sem se dissolver na mente humana. O poema é um retrato mais complexo e acurado da empreitada da vida que o homem embrutecido de Roosevelt, ferido e alquebrado, mas sem jamais duvidar de seu rumo. A visão tragicômica que Ashbery tem da cidadania poderia ser uma resposta à "Cidadania em uma República" de Roosevelt:

> Está vendo, ambos estávamos certos, embora nada
> Tenha de algum modo chegado a nada; os avatares
> Da nossa conformidade com regras e viver
> Em torno de casa fizeram de nós… bem, num sentido, "bons cidadãos",
> Escovando os dentes e tudo o mais, aprendendo a aceitar
> A caridade dos momentos árduos à medida que são distribuídos,
> Pois isso é ação, essa falta de certeza, esse descuidado
> Preparar, semeando os grãos retorcidos nos sulcos,
> Aprontando-se para esquecer e sempre retornando
> Ao atracadouro da partida, naquele dia, há tanto tempo.*

Pois isso é ação, essa falta de certeza! Esta é uma sentença que repito com frequência para mim mesmo, como um mantra. Theodore Roosevelt decerto teria negado que "não ter certeza" fosse um tipo de ação. Teria dito que era ficar covardemente em cima do muro. Os Housemartins – a maior banda pop marxista a pegar numa guitarra – tomaram o partido de Roosevelt em sua canção "Sitting on a fence",[3] de 1986, retrato intimidante de um moderado político insosso:

> Sentado num muro está um homem que balança de eleição em eleição.
> Sentado num muro está um homem que vê ambos os lados dos dois lados.

---

* "And you see, both of us were right, though nothing/ Has somehow come to nothing; the avatars/ Of our conforming to the rules and living/ Around the home have made – well, in a sense, 'good citizens' of us,/ Brushing the teeth and all that, and learning to accept/ The charity of the hard moments as they are doled out,/ For this is action, this not being sure, this careless/ Preparing, sowing the seeds crooked in the furrow,/ Making ready to forget, and always coming back/ To the mooring of starting out, that day so long ago." (N.T.)

Mas o real problema deste homem
É dizer que não pode quando pode.*

Mas Roosevelt e os Housemartins estão errados, e Ashbery está certo. Para ele, não ter certeza é o movimento de uma pessoa forte, e não de um fraco; em outra parte do poema diz-se que é "uma espécie de ficar sobre o muro/ Erguido no plano de um ideal estético".**

E a matemática é parte disso. As pessoas em geral pensam na matemática como o reino da certeza e da verdade absoluta. De certo modo elas têm razão. Nós transitamos por fatos necessários: $2 + 3 = 5$, e coisas do tipo.

Mas a matemática também é um meio pelo qual podemos raciocinar sobre o incerto, domando-o, quando não o domesticando totalmente. Tem sido assim desde o tempo de Pascal, que começou ajudando jogadores a entender os caprichos da sorte e acabou calculando as chances de aposta na mais cósmica incerteza de todas:*** A matemática nos dá um meio de, por princípio, não termos certeza, não simplesmente erguendo os braços e dizendo "hã", mas fazendo uma firme declaração: "Não tenho certeza; é por isso e isso que eu não tenho certeza; e é mais ou menos este o tanto de que eu não tenho certeza." Ou ainda mais: "Não tenho certeza, e você também não deveria ter."

---

* "Sitting on a fence is a man who swings from poll to poll/ Sitting on a fence is a man who sees both sides of both sides.../ But the real problem with this man/ Is he says he can't when he can." (N.T.)

** "A kind of fence-sitting/ Raised to the level of an esthetic ideal." (N.T.)

*** Ashbery começa a segunda parte, e final, de "Soonest mended" com os versos: "Estes foram então percalços do caminho/ Embora soubéssemos que o caminho *era* de percalços e nada mais" ("These then were some hazards of the course/ Though we knew the course *was* hazards and nothing else"). Ashbery, que viveu na França por uma década, decerto se refere à palavra inglesa para percalço, *hazard*, no sentido seguido de perto pelo eco da palavra em francês *hasard*, que significa "chance", condizente com a atmosfera geral do poema, de rigorosa incerteza. Pascal chamava os jogos que debatia com Fermat de *jeux de hazard* ["jogos de azar", em português], e a origem inicial era a palavra árabe para "dado".

Um homem que balança de eleição em eleição

Na nossa era, o paladino da incerteza por princípio é Nate Silver, "jogador de pôquer on-line que virou papa das estatísticas de beisebol, que virou analista político", cuja coluna no *New York Times* sobre as eleições presidenciais de 2012 chamou mais a atenção do público para os métodos da teoria da probabilidade do que eles jamais haviam merecido. Penso em Silver como uma espécie de Kurt Cobain da probabilidade.[4] Ambos eram dedicados a práticas culturais que antes se confinavam a um quadro pequeno e autorreferente de verdadeiros crédulos (para Silver, predição quantitativa de esportes e política; para Cobain, punk rock). E ambos provaram que, se você abrir sua prática ao público, com um estilo acessível, mas sem comprometer a fonte do material, é possível torná-la maciçamente popular.

O que tornava Silver tão bom? Em grande parte, ele estava disposto a falar sobre incerteza, disposto a tratar a incerteza não como sinal de fraqueza, e sim como uma coisa real no mundo, algo que pode ser estudado com rigor científico e empregado com proveito. Se estamos em setembro de 2012 e você perguntar a um bando de entendidos em política "Quem será eleito presidente em novembro?", um montão deles vai dizer "Obama", e um bando um pouco menor dirá "Romney". A questão é que essas pessoas estão erradas, porque a resposta certa é o tipo de resposta que Silver, quase sozinho na mídia de ampla audiência, estava disposto a dar: "Qualquer um dos dois pode ganhar, porém Obama tem uma probabilidade substancialmente maior."

Tipos políticos tradicionais saudaram essa resposta com o mesmo desrespeito que nutri pelo meu patrão da pesquisa sobre tuberculose. Eles queriam uma *resposta*. Não entendiam que Silver estava lhes dando uma.

Josh Jordan, da *National Review*, escreveu: "Em 30 de setembro, às vésperas dos debates, Silver deu a Obama 85% de chance e predisse uma contagem no colégio eleitoral de 320 a 218. Hoje as margens ficaram mais estreitas – mas Silver ainda dá uma vantagem de 288 a 250, o que levou muita gente a se perguntar se ele observou o mesmo movimento na direção de Romney nas últimas três semanas que os demais."[5]

Se Silver *tinha* observado o movimento em direção a Romney? Claro que sim. No fim de setembro ele dava a Romney uma chance de vitória de 15%, e em 22 de outubro deu 33% – mais que o dobro. Mas Jordan não notou que Silver havia observado, porque este último ainda estimava – corretamente – que Obama tinha mais chance de vencer que Romney. Para repórteres políticos como Jordan, isso significava que a resposta não tinha mudado.

Ou peguemos Dylan Byers em *Politico*:

> Se por acaso Mitt Romney ganhasse em 6 de novembro, fica difícil ver como as pessoas podem continuar a ter fé nas predições de alguém que nunca deu a esse candidato chance maior que 41% de ganhar (lá atrás, em 2 de junho) e – a uma semana da eleição – lhe dá uma chance em quatro, mesmo que as pesquisas o coloquem praticamente ombro a ombro com o adversário. ... Com toda a confiança que Silver põe em suas predições, ele muitas vezes dá a impressão de ser muito vago.[6]

Se você dá alguma importância à matemática, esse tipo de coisa faz a gente ter vontade de tirar a calça pela cabeça. A atitude de Silver não tem nada de vaga, é simples honestidade. Quando a previsão do tempo diz que há 40% de chance de chover, e chove, você perde a fé na meteorologia? Não, você reconhece que o clima é inerentemente incerto, e que uma previsão taxativa sobre se vai chover amanhã ou não em geral é a coisa errada a se fazer.*

Óbvio que no fim Obama acabou vencendo, e com uma margem confortável, deixando os críticos de Silver com cara de bobo.

A ironia é que, se os críticos quisessem pegar Silver numa predição enganada, eles perderam uma grande chance. Podiam ter lhe perguntado:

* Há outras razões, mais sofisticadas, que podem gerar ceticismo em relação à abordagem de Silver, embora não fossem dominantes em meio ao corpo jornalístico de Washington. Por exemplo, poderíamos seguir a linha de raciocínio de Fisher e dizer que a linguagem da probabilidade é inadequada para eventos de ocorrência única, e que somente se aplica a coisas do tipo cara ou coroa, que podem, em princípio, ser repetidas muitas e muitas vezes.

"Em quantos estados você vai errar?" Pelo que eu saiba, nunca alguém fez essa pergunta a Silver, mas é fácil imaginar como ele teria respondido. Em 26 de outubro, Silver estimou que Obama tinha 69% de chance de vencer em New Hampshire. Se você o obrigasse a predizer, naquela mesma hora e lugar, ele teria dito Obama. Então seria possível dizer que ele estimava que sua chance de estar errado em New Hampshire era de 0,31. Lembre-se, o valor esperado não é o valor que você espera, mas um meio-termo probabilístico entre resultados possíveis – e nesse caso ele daria zero resposta errada sobre New Hampshire (um resultado com probabilidade de 0,69) ou uma resposta errada (um resultado com probabilidade de 0,31), o que nos dá um valor esperado de:

$$(0{,}69) \times 0 + (0{,}31) \times 1 = 0{,}31$$

pelo método que estabelecemos no Capítulo 11.

Silver tinha mais certeza em relação à Carolina do Norte, dando a Obama apenas 19% de chance de ganhar. Mas isso ainda significa que ele estimava uma probabilidade de 19% de que seu palpite em Romney pudesse estar errado, ou seja, dava a si mesmo outros 0,19 de resposta errada esperada. Eis uma lista dos estados que em 26 de outubro Silver considerava potencialmente competitivos:[7]

Estado	**Probabilidade de vitória Obama**	**Respostas erradas esperadas**
Oregon	99%	0,01
Novo México	97%	0,03
Minnesota	97%	0,03
Michigan	98%	0,02
Pensilvânia	94%	0,06
Wisconsin	86%	0,14
Nevada	78%	0,22
Ohio	75%	0,25
New Hampshire	69%	0,31
Iowa	68%	0,32

Estado	Probabilidade de vitória Obama	Respostas erradas esperadas
Colorado	57%	0,43
Virgínia	54%	0,46
Flórida	35%	0,35
Carolina do Norte	19%	0,19
Missouri	2%	0,02
Arizona	3%	0,03
Montana	2%	0,02

Como o valor esperado é aditivo, o melhor palpite de Silver quanto ao número de estados competitivos onde ele havia errado é simplesmente a soma das contribuições de cada um desses estados, que perfaz 2,83. Em outras palavras, ele teria dito, se alguém lhe perguntasse: "Em média tenho a probabilidade de ter errado em três estados."

Na verdade ele acertou nos cinquenta.*

MESMO O GURU POLÍTICO mais experiente pode ter dificuldade em desferir um ataque a Silver por ter sido mais acurado do que disse que seria. A elucubração que isso incita na mente é sadia, vá atrás dela! Quando você raciocina corretamente, como Silver fez, descobre que ele sempre pensa que está certo, mas não acha que está sempre certo. Nas palavras do filósofo W.O.V. Quine:

> Acreditar numa coisa é acreditar que ela é verdadeira; portanto, uma pessoa razoável acredita que cada uma de suas crenças seja verdadeira; contudo, a experiência lhe ensinou a esperar que algumas de suas crenças, ele não sabe quais, acabarão por se revelar falsas. Em suma, uma pessoa razoável acredita que cada uma de suas crenças é verdadeira e que algumas são falsas.[8]

* Para ser preciso, foi sua previsão *final* que acertou todos os cinquenta estados. Em 26 de outubro, ele acertou todos, com exceção da Flórida, onde as pesquisas oscilavam, dando Romney aproximadamente empatado nas últimas duas semanas de campanha.

Formalmente, isso é muito semelhante à aparente contradição na opinião do público americano que deslindamos no Capítulo 17. O povo americano acha que cada programa de governo merece continuar a receber verbas, mas isso não significa que julguem que *todos* os programas do governo mereçam continuar a receber verbas.

Silver contornou essas convenções esclerosadas de reportagem política contando ao público uma história mais real. Em vez de dizer quem iria ganhar, ou quem tinha o *momentum*, informou quais as chances que ele achava corretas. Em vez de dizer quantos votos eleitorais Obama receberia, apresentou uma distribuição de probabilidade: digamos, Obama tinha 67% de chances[9] de obter os 270 votos eleitorais de que necessitava para a reeleição, 44% de chances de quebrar a barreira dos trezentos votos, 21% de chances de obter 330, e assim por diante. Silver estava sendo incerto, *rigorosamente* incerto, publicamente, e o público aceitou. Eu não teria julgado possível.

Isso é ação, essa falta de certeza!

Contra a precisão

Uma crítica de Silver pela qual tenho um pouco de simpatia é que é enganoso fazer afirmações do tipo "Hoje Obama tem 73,1% de chances de vencer". O decimal sugere uma precisão de medida que provavelmente não existe. Ninguém pode dizer que aconteceu alguma coisa significativa se o modelo hoje dá 73,1% e amanhã 73,0%. Essa é uma crítica da apresentação de Silver, e não seu programa de fato, mas ela tinha muito peso entre os comentaristas políticos, que sentiam que os leitores estavam sendo forçados a aceitar aquilo porque parecia um número com precisão impressionante.

Não existe essa coisa de precisão demais. Os modelos que usamos para realizar testes padronizados poderiam dar resultados de provas escolares com várias casas decimais. Bastaria permitir o cálculo, mas não devemos fazê-lo – os alunos já são suficientemente ansiosos com os resultados do jeito que são, sem ter de se preocupar se o colega está à sua frente por um centésimo.

O fetiche da precisão perfeita afeta as eleições, não só no candente período de resultados de pesquisas, mas também depois que a eleição já ocorreu. A eleição de 2000 na Flórida, como você lembra, baseou-se numa diferença de poucas centenas de votos entre George W. Bush e Al Gore, um centésimo de ponto percentual do total de votos. Era de importância fundamental, pela nossa lei e nossos costumes, determinar qual dos dois candidatos podia reivindicar algumas centenas de votos a mais nas urnas. Mas, do ponto de vista da ideia de quem os moradores da Flórida queriam para presidente, isso é absurdo. A imprecisão causada por urnas invalidadas, perdidas e mal contadas é muito maior que a minúscula disparidade na contagem final. Não sabemos quem teve mais votos na Flórida. A diferença entre juízes e matemáticos é que os juízes precisam achar um jeito de fingir que sabemos, enquanto os matemáticos estão livres para dizer a verdade.

O jornalista Charles Seife incluiu em seu livro *Os números (não) mentem* uma crônica engraçada e levemente deprimente sobre uma disputa também apertada entre o democrata Al Franken e o republicano Norm Coleman para representar Minnesota no Senado americano. Seria ótimo dizer que Franken assumiu o mandato porque um frio procedimento analítico mostrou que exatamente 312 eleitores a mais no estado queriam vê-lo ocupando a cadeira. Na realidade, porém, esse número reflete o resultado de uma extensa contenda legal sobre questões como se uma cédula para Franken com um rabisco sobre o "Povo-Lagarto" devia ou não ser anulada. Quando se chega a esse grau de minúcia na discussão, a questão de quem "realmente" obteve mais votos deixa até de fazer sentido. O sinal perde-se no ruído.

Eu tendo a me alinhar com Seife, argumentando que eleições tão apertadas deveriam ser decididas no cara ou coroa.* Alguns resistirão veementemente à ideia de escolher nossos líderes pelo acaso. Mas essa é de fato a

* Claro que, se você quisesse montar o esquema corretamente, deveria modificar o lançamento da moeda para dar uma ligeira vantagem ao candidato que parece estar um pouquinho na frente etc. etc. etc.

maior vantagem de cara ou coroa! Eleições apertadas *já são* determinadas pelo acaso. Mau tempo numa cidade grande, uma urna eletrônica com defeito numa cidadezinha distante, uma cédula de votação mal bolada, fazendo com que os judeus idosos votem em Pat Buchanan – qualquer um desses eventos ao acaso pode fazer diferença quando o eleitorado fica encalhado em 50-50. A escolha por cara ou coroa impede-nos de fingir que as pessoas optaram pelo candidato vencedor numa eleição muito apertada. Às vezes a voz do povo diz: "Sei lá eu."[10]

Você poderia pensar que eu realmente me ligo em casas decimais. Afinal, o gêmeo siamês do estereótipo de que matemáticos sempre têm certeza é o estereótipo de que somos sempre precisos, determinados a computar tudo com a maior quantidade possível de casas decimais. Não é assim. Nós queremos computar tudo com a máxima quantidade de casas decimais *necessárias*. Há um rapaz na China chamado Lu Chao que aprendeu e recitou 67.890 dígitos para pi. Esse é um feito impressionante da memória. Mas é interessante? Não, porque os dígitos de pi não são interessantes. Até onde sabemos, servem tanto quanto números aleatórios. O *próprio pi* é interessante, com certeza. Mas pi não são dígitos, ele é meramente especificado por seus dígitos, da mesma maneira que a Torre Eiffel é especificada pela longitude e latitude de 48,8586°N e 2,2942°L. Você pode adicionar a esses números quantas casas decimais quiser, e eles continuarão sem lhe dizer o que faz da Torre Eiffel a Torre Eiffel.

A precisão não é feita só de dígitos. Benjamin Franklin tem um comentário arguto sobre um membro do seu grupo na Filadélfia, Thomas Godfrey:

> Ele sabia de pouca coisa fora do seu jeito de ser, e não era uma companhia agradável; pois, como a maioria dos grandes matemáticos que conheci, ele esperava precisão universal em tudo que se dizia, e vivia sempre negando ou detalhando trivialidades, para constante confusão de qualquer conversa.[11]

Isso dói porque é apenas parcialmente injusto. Os matemáticos podem ser uns chatos quando se trata de amenidades lógicas. Somos daquele tipo de pessoa que acha que é engraçado quando perguntam "Você quer sopa ou salada com isso?" responder "Sim".

Isso não computa

Com tudo isso, nem os matemáticos, exceto quando querem se exibir, tentam bancar seres apenas lógicos. Isso pode ser perigoso! Por exemplo, se você é um pensador puramente dedutivo e acredita em dois fatos contraditórios, então você é obrigado a acreditar que *toda afirmação é falsa*. Veja só como funciona. Suponha que eu acredite simultaneamente que Paris é a capital da França e que não é. Isso parece não ter nada a ver com os Portland Trail Blazers terem sido campeões da NBA em 1982. Mas agora preste atenção no truque. Será que acontece de Paris ser a capital da França *e* os Trail Blazers terem ganhado o campeonato da NBA? Não, não acontece, porque eu sei que Paris não é a capital da França.

Se não é verdade que Paris é a capital da França e os Trail Blazers foram campeões, ou Paris *não é* a capital da França ou os Trail Blazers não foram campeões da NBA. Mas eu sei que Paris é a capital da França, o que exclui a primeira possibilidade. Então os Trail Blazers não ganharam o campeonato da NBA em 1982.

Não é difícil verificar que um argumento exatamente do mesmo tipo, mas de cabeça para baixo, prova que toda afirmação também é verdadeira.

Isso soa esquisito, mas uma dedução lógica é irrefutável. Solte uma mínima contradição em algum lugar de um sistema formal, e a coisa toda vai para o brejo. Filósofos de inclinação matemática chamam essa fragilidade da lógica formal de *ex falso quodlibet*, ou, entre amigos, "o princípio da explosão". (Lembra-se do que eu disse sobre quanto o pessoal da matemática gosta de terminologia ligada à violência?)

Ex falso quodlibet é como o capitão James T. Kirk costumava desativar inteligências artificiais de caráter ditatorial – alimente-as com um paradoxo, e seus módulos de raciocínio entram em pane e param.[12] Elas simplesmente comentam antes de a luzinha de *power* se apagar: "Isso não computa." Bertrand Russell fez com a teoria dos conjuntos de Gottlob Frege o que Kirk fazia com robôs insolentes. Seu único e sorrateiro paradoxo botou todo o prédio abaixo.

Mas o truque de Kirk não funciona com seres humanos. Nós não raciocinamos dessa maneira, nem aqueles entre nós que têm a matemática como meio de vida. Nós somos tolerantes com a contradição – até certo ponto. Como disse F. Scott Fitzgerald: "O teste de uma inteligência de primeira classe é a habilidade de sustentar na mente duas ideias opostas ao mesmo tempo e ainda manter a capacidade de funcionar."[13]

Os matemáticos usam essa habilidade como ferramenta básica de pensamento. Ela é essencial para a *reductio ad absurdum*, que exige que você tenha em mente uma proposição que julga falsa e raciocine como se a julgasse verdadeira: eu suponho que a raiz quadrada de 2 *seja* um número racional, mesmo que esteja tentando provar que não é... Este é um sonhar lúcido de um tipo muito sistemático. Podemos fazê-lo sem provocar curto-circuito em nós mesmos.

Na verdade, esse é um conselho popular (eu sei porque ouvi do meu orientador de doutorado, e presumo que ele tenha ouvido do seu orientador etc.): quando você estiver trabalhando duro num teorema, deve tentar prová-lo de dia e refutá-lo de noite. (A frequência precisa dessa alternância não é crucial; diz-se que o hábito do topólogo R.H. Bing[14] era dividir cada mês; durante duas semanas ele tentava provar a conjectura de Poincaré e nas outras duas tentava encontrar um contraexemplo.*)

Por que trabalhar com propósitos tão entrecruzados? Há dois bons motivos. O primeiro é que você poderia, afinal, estar errado; o enunciado que você julga verdadeiro na realidade é falso, e todo seu esforço para prová-lo está condenado à inutilidade. Refutá-lo de noite é um tipo de garantia contra desperdício tão gigantesco.

Mas há um motivo mais profundo. Se alguma coisa é verdadeira e você tenta refutá-la, você fracassará. Nós somos treinados a pensar no

* No final ele não teve êxito em nenhuma das duas tarefas. A conjectura de Poincaré acabou comprovada por Grigori Perelman, em 2003.

fracasso como algo ruim, mas não é *tão ruim* assim. Você pode aprender com o fracasso. Você tenta refutar a afirmação de um jeito e dá de cara com uma parede. Tenta de outro jeito e bate noutra parede. Toda vez você tenta, e a cada noite fracassa, a cada noite há uma nova parede, e, se tiver sorte, essas paredes começam a se juntar numa estrutura, e essa estrutura é a estrutura da prova do teorema. Pois se você realmente entende *o que o impede* de refutar o teorema, provavelmente entenderá, de uma maneira que antes lhe era inacessível, por que o teorema é verdadeiro.

Foi isso que aconteceu com Bolyai, que desprezou o conselho bem-intencionado do pai e tentou, como tantos antes dele, provar que o postulado das paralelas era consequência dos outros axiomas de Euclides. Como todos os outros, ele fracassou. Mas, ao contrário dos demais, foi capaz de entender o formato do seu fracasso. O que bloqueava todas as suas tentativas de provar que não havia geometria sem o postulado das paralelas era justamente a existência dessa geometria! A cada tentativa fracassada ele aprendia mais sobre as características daquela coisa que ele não imaginava existir, vindo a conhecê-la mais intimamente, até o momento em que percebeu que ela estava realmente lá.

Provar de dia e refutar de noite não é só para a matemática. Eu considero um bom hábito fazer pressão sobre nossas crenças sociais, políticas, científicas e filosóficas. Acredite naquilo que você acredita de dia, mas à noite argumente contra as proposições que lhe são mais caras. Não trapaceie! Na maior medida possível, você deve pensar como se acreditasse no que não acredita. E se não conseguir se convencer a abandonar suas crenças, saberá bem mais sobre *por que* você acredita no que acredita. Você chegou um pouquinho mais perto de uma prova.

Aliás, esse salutar exercício mental não é absolutamente aquilo de que F. Scott Fitzgerald estava falando. Seu aval para manter crenças contraditórias vem de "The crack-up", coletânea de ensaios, de 1936, sobre seu próprio estado de irreparável desolação. As ideias opostas que ele tinha na cabeça ali são "o senso de futilidade do esforço e o senso da necessidade de lutar". Samuel Beckett disse isso depois, de forma mais sucinta: "Eu não posso continuar, eu vou continuar."[15] A caracterização de Fitzgerald de uma "inteligência de primeira classe" pretende negar essa designação à sua própria inteligência. Da maneira como a encarava, a pressão da contradição fizera com que ele efetivamente cessasse de existir, como a teoria dos conjuntos de Frege ou um computador estragado por um paradoxo de Kirk. (Os Housemartins, em alguma outra parte de "Sitting on a fence", mais ou menos resumem "The crack-up": "Menti a mim mesmo desde o começo/ e acabei de descobrir que estou desmoronando."*) Desumanizado e desfeito pela dúvida de si mesmo, afogado em livros e introspecção, ele se tornara exatamente o tipo de jovem literato triste que fazia Theodore Roosevelt vomitar.

David Foster Wallace também se interessava pelo paradoxo. Em seu estilo caracteristicamente matemático, ele introduziu uma versão domesticada do paradoxo de Russell no centro de seu primeiro romance, *The Broom of the System*. Não é exagerado dizer que sua escrita era guiada por sua luta com contradições. Ele era apaixonado pelo técnico e analítico, mas via que os ditos da religião e da autoajuda ofereciam armas melhores contra as drogas, o desespero e o solipsismo que mata. Ele sabia que devia ser função do escritor entrar na cabeça das pessoas, mas seu tema principal era a sina de ficar firmemente encalhado dentro da própria cabeça. Determinado a registrar e neutralizar[16] a influência de suas próprias preocupações e preconceitos, sabia que essa determinação, em si, estava entre essas preocupações e era sujeita a esses preconceitos.

Isso é tema de introdução à filosofia no primeiro ano da faculdade, com toda a certeza, mas, como qualquer estudante de matemática sabe, os velhos problemas que você encontra no primeiro ano estão entre os mais profundos que você vai encontrar. Wallace lutou com os paradoxos da mesma forma que os matemáticos. Você acredita em duas coisas que parecem estar em oposição. Então você se põe a trabalhar – passo a passo, limpando o terreno, separando o que você sabe daquilo em que você acredita, mantendo as hipóteses oponentes lado a lado na sua mente e

* "I lied to myself right from the start/ and I just worked out that I'm falling apart." (N.T.)

encarando cada uma sob a luz adversária da outra, até que a verdade, ou o mais perto que você consiga chegar dela, se torne clara.

Quanto a Beckett, ele tinha uma visão mais rica e empática da contradição, tão onipresente em seu trabalho que assume toda cor emocional possível em um ou outro ponto de sua obra. "Eu não posso continuar, eu vou continuar" é desolador; mas Beckett também recorre à prova pitagórica da irracionalidade da raiz quadrada de 2, transformando-a numa piada entre bêbados.

> – Mas ouse me trair – disse Neary –, e você irá pelo caminho de Hipaso.[17]
>
> – O acusmático, presumo eu – disse Wylie. – Sua retribuição me escapa da mente.
>
> – Afogado num atoleiro – disse Neary –, por ter divulgado a incomensurabilidade do lado e da diagonal.
>
> – Assim pereçam todos os tagarelas – disse Wylie.

Não fica claro quanto de matemática Beckett sabia, porém, em sua peça *Worstward Ho,* escrita nos seus últimos anos de vida, ele sintetiza melhor o valor do fracasso na criação matemática que qualquer catedrático já fez: "Sempre tentei. Sempre fracassei. Não faz mal. Tentar de novo. Fracassar de novo. Fracassar melhor."

Quando é que eu vou usar isso?

Os matemáticos que encontramos neste livro não são apenas perfurações de certezas injustificadas, não são apenas críticos que contam. Eles descobriram coisas e construíram coisas. Galton revelou a ideia de regressão à média; Condorcet construiu um novo paradigma para a tomada de decisão em questões sociais; Bolyai criou uma geometria inteiramente nova, "um estranho Universo novo"; Shannon e Hamming fizeram uma geometria própria, um espaço onde viviam sinais digitais em vez de círculos e triângulos; Wald colocou a couraça na parte certa do avião.

Todo matemático cria coisas novas, algumas grandes, outras pequenas. Toda escrita matemática é uma escrita criativa. As entidades que podemos criar matematicamente não estão sujeitas a limites físicos, podem ser finitas ou infinitas, podem ser visualizáveis no nosso universo observacional ou não. Isso às vezes leva as pessoas de fora a pensar nos matemáticos como viajantes num reino psicodélico de perigoso fogo mental, enfrentando visões que fariam enlouquecer os seres inferiores, às vezes eles próprios levados à loucura.

Como vimos, não é nada disso. Nós matemáticos não somos malucos, não somos alienígenas e não somos místicos.

Verdade é que a sensação do entendimento matemático – de subitamente saber o que está se passando, com certeza absoluta, *tudo, tudo até o fundo* – é uma coisa especial, possível de ser obtida em poucos lugares na vida, se é que há algum outro lugar. Você sente que chegou às entranhas do Universo e encostou a mão no fio. É uma coisa difícil de descrever para as pessoas que não tiveram essa experiência.

Nós não estamos livres para dizer tudo que nos passe na cabeça acerca das entidades que criamos. Elas exigem definição; e, uma vez definidas, não são mais psicodélicas do que árvores e peixes. Elas são o que são. Fazer matemática é ser, a um só tempo, tocado pelo fogo e limitado pela razão. Isso não é uma contradição. A lógica forma um estreito canal através do qual a intuição flui com uma força imensamente ampliada.

As lições da matemática são simples e nelas não há números: existe estrutura no mundo. Podemos ter esperança de entender algo desse mundo e não simplesmente ficar embasbacados com o que os nossos sentidos nos apresentam. Nossa intuição fica mais forte com um exoesqueleto formal do que sem ele. A certeza matemática é uma coisa, as delicadas convicções que descobrimos atadas a nós na vida cotidiana são outra, e, na medida do possível, devemos permanecer cientes dessa diferença.

Toda vez que você observa que maior quantidade de uma coisa boa nem sempre é melhor; ou que você se lembra de que coisas improváveis acontecem com frequência, dadas as oportunidades suficientes, e que resiste à sedução do corretor de Baltimore; ou que toma uma decisão baseada não só no futuro mais provável, porém na nuvem de todos os futuros possíveis, com atenção àqueles mais prováveis e àqueles improváveis; ou que você abandona a ideia de que as crenças de grupos devem estar sujeitas às mesmas regras que as crenças de indivíduos; e que, simplesmente, você descobre aquele pontinho cognitivo gostoso onde pode deixar sua intuição correr solta na rede de trilhas que o raciocínio formal prepara para ela; que se escreve uma equação ou desenha um gráfico – você está fazendo matemática, a extensão do senso comum por outros meios. Quando é que você vai usar isso? Você vem usando matemática desde que nasceu e provavelmente nunca vai parar de usar. Use-a bem.

Notas

Introdução: Quando será que eu vou usar isso? (p.9-28)

1. Material biográfico sobre Abraham Wald apud Oscar Morgenstern, "Abraham Wald, 1902-1950", *Econometrica*, v.19, n.4, out 1951, p.361-7.
2. O material histórico sobre o SRG é tirado em grande parte de W. Allen Wallis, "The Statistical Research Group, 1942-1945", *Journal of the American Statistical Association*, v.75, n.370, jun 1980, p.320-30.
3. Ibid., p.322.
4. Ibid., p.322.
5. Ibid., p.329.
6. Fiquei sabendo sobre Wald e as balas ausentes nos aviões pelo livro de Howard Wainer, *Uneducated Guesses: Using Evidence to Uncover Misguided Education Policies*, Princeton, NJ, Princeton University Press, 2011; ele aplica os insights de Wald às estatísticas parciais e também complicadas obtidas em estudos sobre educação.
7. Marc Mangel e Francisco J. Samaniego, "Abraham Wald's work on aircraft survivability", *Journal of the American Statistical Association*, v.79, n.386, jun 1984, p.259-67.
8. Jacob Wolfowitz, "Abraham Wald, 1902-1950", *Annals of Mathematical Statistics*, v.23, n.1, mar 1952, p.1-13.
9. Amy L. Barrett e Brent R. Brodeski, "Survivor bias and improper measurement: how the Mutual Fund Industry inflates actively managed fund performance"; disponível em: www.savantcapital.com/uploadedFiles/Savant_CMS_Website/Press_Coverage/Press_Releases/Older_releases/sbiasstudy[1].pdf, acesso em 13 jan 2014.
10. Martin Rohleder, Hendrik Scholz e Marco Wilkens, "Survivorship bias and mutual fund performance: relevance, significance and methodical differences", *Review of Finance*, n.15, 2011, p.441-74; ver tabela. Convertemos o excesso de retorno mensal para excesso de retorno anual, de modo que os números no texto não conferem com os da tabela.
11. Abraham Wald, "A method of estimating plane vulnerability based on damage of survivors", Alexandria, VA, Center for Naval Analyses, repr. CRC, n.432, jul 1980.
12. Para a hipótese de Riemann, gosto de *Prime Obsession*, de John Derbyshire, e *A música dos números primos*, de Marcus du Sautoy. Para o teorema de Gödel, há obviamente *Gödel, Escher, Bach*, de Douglas Hofstadter, que, para ser justo, apenas tangencia o teorema como um mantra numa meditação sobre autorreferência em arte, música e lógica.

1. Menos parecido com a Suécia (p.31-41)

1. Daniel J. Mitchell, "Why is Obama trying to make America more like Sweden when Swedes are trying to be less like Sweden?", Cato Institute, 16 mar 2010; disponível em: www.cato.org/blog/why-obama-trying-make-america-more-sweden-when-swedes-are-trying-be-less-sweden; acesso em 13 jan 2014.
2. Horace, *Satires*, 1.1.106, in "Satis/Satura: reconsidering the 'Programmatic intent' of Horace 'Satires', 1.1", *Classical World*, 2000, p.579-90.
3. Laffer sempre foi muito claro a respeito do fato de a curva de Laffer não ter sido invenção sua; Keynes havia entendido e escrito sobre a ideia com bastante discernimento; a ideia básica remonta (pelo menos) ao historiador do século XIV Ibn Khaldun.
4. Jonathan Chait, "Prophet motive", *New Republic*, 31 mar 1997.
5. Hal R. Varian, "What use is economic theory?", 1989; disponível em: http://people.ischool.berkeley.edu/~hal/Papers/theory.pdf; acesso em 13 jan 2014.
6. David Stockman, *The Triumph of Politics: How the Reagan Revolution Failed*, Nova York, Harper & Row, 1986, p.10.
7. N. Gregory Mankiw, *Principles of Microeconomics*, v.1, Amsterdam, Elsevier, 1998, p.166.
8. Em 1978, durante consideração da lei Kemp-Roth de corte de impostos.

2. Localmente reto, globalmente curvo (p.42-62)

1. Christopher Riedweg, *Pythagoras: His Life, Teaching, and Influence*, Ithaca, NY, Cornell University Press, 2005, p.2.
2. George Berkeley, *The Analyst: A Discourse Addressed to an Infidel Mathematician* (1734), David R. Wilkins; disponível em: www.maths.tcd.ie/pub/HistMath/People/Berkeley/Analyst/analyst.pdf; acesso em 13 jan 2014.
3. David O. Tall e Rolph L.E. Schwarzenberger, "Conflicts in the learning of real numbers and limits", *Mathematics Teaching*, n.82, 1978, p.44-9.
4. O material sobre Grandi e suas séries é em grande parte tirado de Morris Kline, "Euler and infinite series", *Mathematics Magazine*, v.56, n.5, nov 1983, p.307-14.
5. A história da aula de cálculo de Cauchy é tirada de *Duel at Dawn*, o estudo histórico muitíssimo interessante de Amir Alexander sobre a interação entre matemática e cultura no começo do século XIX. Ver também Michael J. Barany, "Stuck in the middle: Cauchy's intermediate value theorem and the history of analytic rigor", *Notices of the American Mathematical Society*, v.60, n.10, nov 2013, p.1334-8, para um ponto de vista ligeiramente contrário concernente à modernidade da abordagem de Cauchy.

3. Todo mundo é obeso (p.63-76)

1. Youfa Wang et al., "Will all Americans become overweight or obese? Estimating the progression and cost of the US obesity epidemic", *Obesity*, v.16, n.10, out 2008, p.2323-30.
2. Disponível em: abcnews.go.com/Health/Fitness/story?id=5499878&page=1.
3. *Long Beach Press-Telegram*, 17 ago 2008.
4. Minha discussão sobre o estudo de obesidade de Wang concorda amplamente com isso que está no artigo de Carl Bialik, "Obesity study looks thin", *Wall Street Journal*, 15 ago 2008, que fiquei conhecendo após ter escrito este capítulo.
5. Os valores aqui são de www.soicc.state.nc.us/soicc/planning/c2c.htm, que desde então foi tirado do ar.
6. Katherine M. Flegal et al., "Prevalence of obesity and trends in the distribution of body mass index among US adults, 1999-2010", *Journal of the American Medical Association*, v.307, n.5, 1º fev 2012, p.491-7.

4. Quanto é isso em termos de americanos mortos? (p.77-92)

1. Daniel Byman, "Do targeted killings work?", *Foreign Affairs*, v.85, n.2, mar-abr 2006, p.95.
2. "Expressing solidarity with Israel in the fight against terrorism", *H.R. Res*, n.280, 107º Congresso, 2001.
3. Parte do material deste capítulo é adaptada de meu artigo "Proportionate response", *Slate*, 24 jul 2006.
4. De *Meet the Press*, 16 jul 2006; disponível em: www.nbcnews.com/id/13839698/page/2/#.Uf_Gc2TE09E; acesso em 13 jan 2014.
5. "What Israel wants from the Palestinians, it takes", *Los Angeles Times*, 17 set 2010.
6. Gerald Caplan, "We must give Nicaragua more aid", *Toronto Star*, 8 mai 1988.
7. David K. Shipler, "Robert McNamara and the ghosts of Vietnam", *New York Times Magazine*, 10 ago 1997, p.30-5.
8. Os dados sobre câncer cerebral são todos de "State cancer profiles", National Cancer Institution; disponível em: http://statecancerprofiles.cancer.gov/cgi-bin/deathrates/deathrates.pl?00&076&00&2&001&1&1&1; acesso em 13 jan 2014.
9. O exemplo de taxas de câncer cerebral deve muito a um tratamento semelhante de estatística de câncer renal condado por condado, em Howard Wainer, *Picturing the Uncertain World*, Princeton, NJ, Princeton University Press, 2009, que desenvolve a ideia muito mais minuciosamente do que faço aqui.
10. John E. Kerrich, "Random remarks", *American Statistician*, v.15, n.3, jun 1961, p.16-20.
11. As contagens de pontos para 1999 apud "A report card for the ABCs of public education, v.I, 1998-1999 growth and performance of public schools in North Carolina,

25 most improved K-8 schools"; disponível em: www.ncpublicschools.org/abc_results/results_99/99ABCsTop25.pdf; acesso em 13 jan 2014.

12. Thomas J. Kane e Douglas O. Staiger, "The promise and pitfalls of using imprecise school accountability measures", *Journal of Economic Perspectives*, v.16, n.4, outono de 2002, p.91-114.
13. Ver Kenneth G. Manton et al., "Empirical Bayes procedures for stabilizing maps of U.S. cancer mortality rates", *Journal of the American Statistical Association*, v.84, n.407, set 1989, p.637-50; e Andrew Gelman e Phillip N. Price, "All maps of parameter estimates are misleading", *Statistics in Medicine*, v.18, n.23, 1999, p.3221-34; se quiser saber o tratamento técnico sem restrições.
14. Stephen M. Stigler, *Statistics on the Table: The History of Statistical Concepts and Methods*, Cambridge, MA, Harvard University Press, 1995, p.18.
15. Ver, por exemplo, Ian Hacking, *The Emergence of Probability: A Philosophical Study of Early Ideas about Probability, Induction, and Statistical Inference*, 2ª ed., Cambridge, Cambridge University Press, 2006, cap.18.
16. As cifras de White aqui apud Matthew White, "30 worst atrocities of the 20th Century"; disponível em: http://users.erols.com/mwhite28/atrox.htm; acesso em 13 jan 2014.

5. A pizza maior que o prato (p.93-102)

1. A. Michael Spence e Sandile Hlatshwayo, "The evolving structure of the American economy and the employment challenge", Council of Foreign Relations, mar 2011; disponível em: www.cfr.org/industrial-policy/evolving-structure-american-economy-employment-challenge/p24366; acesso em 13 jan 2014.
2. "Move Over", *Economist*, 7 jul 2012.
3. William J. Clinton, *Back to Work: Why We Need Smart Government for a Strong Economy*, Nova York, Random House, 2011, p.167.
4. Jacqueline A. Stedall, *From Cardano's Great Art to Lagrange's Reflections: Filling a Gap in the History of Algebra*, Zurique, European Mathematical Society, 2011, p.14.
5. Milwaukee Journal Sentinel, PolitiFact; disponível em: www.politifact.com/wisconsin/statements/2011/jul28/republican-party-wisconsin/wisconsin-republican-party-says-more-than-half-nat; acesso em 13 jan 2014.
6. WTMJ News, Milwaukee, "Sensenbrenner, voters take part in contentious town hall meeting over Federal Debt"; disponível em: www.todaystmj4.com/news/local/126122793.html; acesso em 13 jan 2014.
7. Todos os dados sobre empregos aqui provêm de "June 2011 Regional and State Employment and Unemployment (Monthly) News Release", Bureau of Labor Statistics, 22 jul 2011; disponível em: www.bls.gov/news.release/archives/laus_07222011.htm.
8. Steven Rattner, "The rich get even richer", *New York Times*, 26 mar 2012, p.A27.

9. Disponível em: elsa.berkeley.edu/~saez/TabFig2010.xls; acesso em 13 jan 2014.
10. Mitt Romney, "Women and the Obama economy", 10 abr 2012; disponível em: www.scribd.com/doc/88740691/Women-And-The-Obama-Economy-Infographic.
11. Ibid.

6. O corretor de ações de Baltimore e o código da Bíblia (p.105-19)

1. Maimonides, *Laws of Idolatry* 1.2; Isadore Twersky, *A Maimonides Reader*, Nova York, Behrman House, Inc., 1972, p.73.
2. Yehuda Bauer, *Jews for Sale? Nazi-Jewish Negotiations, 1933-1945*, New Haven, Yale University Press, 1996, p.74-90.
3. Doron Witztum, Eliyahu Rips e Yoav Rosenberg, "Equidistant letter sequences in the book of Genesis", *Statistical Science*, v.9, n.3, 1994, p.429-38.
4. Robert E. Kass, "In this issue", *Statistical Science*, v.9, n.3, 1994, p.305-6.
5. Shlomo Sternberg, "Comments on *The Bible Code*", *Notices of the American Mathematical Society*, v.44, n.8, set 1997, p.938-9.
6. Alan Palmiter e Ahmed Taha, "Star creation: the incubation of mutual funds", *Vanderbilt Law Review*, n.62, 2009, p.1485-534. Palmiter e Taha expõem explicitamente a analogia entre o corretor de ações de Baltimore e a incubação dos fundos.
7. Ibid., p.1503.
8. Leonard A. Stefanski, "The North Carolina lottery coincidence", *American Statistician*, v.62, n.2, 2008, p.130-4.
9. Aristotle, *Rethoric* 2.24; disponível em: classics.mit.edu/Aristotle/rethoric.mb.txt; acesso em 14 jan 2014.
10. Ronald A. Fisher, *The Design of Experiments*, Edimburgo, Oliver & Boyd, 1935, p.13-4.
11. Brendan McKay e Dror Bar-Natan, "Equidistant letter sequences in Tolstoy's *War and Peace*"; disponível em: cs.anu.edu.au/~bdm/dilugim/WNP/main.pdf; acesso em 14 jan 2014.
12. Brendan McKay, Dror Bar-Natan, Maya Bar-Hillel e Gil Kalai, "Solving the Bible Code puzzle", *Statistical Science*, v.14, n.2, 1999, p.150-73, seção 6.
13. Ibid.
14. *New York Times*, 8 dez 2010, p.A27.
15. Ver, por exemplo, o artigo de Witztum "Of science and parody: a complete refutation of MBBK's central claim"; disponível em: www.torahcode.co.il/english/paro_hb.htm; acesso em 14 jan 2014.

7. Peixe morto não lê mentes (p.120-52)

1. Craig M. Bennett et al., "Neural correlates on interspecies perspective taking in the post-mortem Atlantic Salmon. An argument for proper multiple comparisons correction", *Journal of Serendipitous and Unexpected Results*, n.1, 2010, p.1-5.
2. Ibid., p.2.
3. Gershon Legman, *Rationale of the Dirty Joke: An Analysis of Sexual Humor*, Nova York, Grove, 1968; reimpr., Simon & Schuster, 2006.
4. Ver, por exemplo, Stanislas Dehaene, *The Number Sense: How the Mind Creates Mathematics*, Nova York, Oxford University Press, 1997.
5. Richard W. Feldmann, "The Cardano-Tartaglia dispute", *Mathematics Teacher*, v.54, n.3, 1961, p.160-3.
6. Material sobre Arbuthnot apud Capítulo 18 de Ian Hacking, *The Emergence of Probability*, Nova York, Cambridge University Press, 1975; e Capítulo 6 de Stephen M. Stigler, *The History of Statistics*, Cambridge, MA, Harvard University Press/ Belknap Press, 1986.
7. Ver Elliot Sober, *Evidence and Evolution: The Logic Behind the Science*, Nova York, Cambridge University Press, 2008, para uma discussão minuciosa de muitas, muitas vertentes, tanto clássicas quanto contemporâneas, deste "argumento de um projeto".
8. Charles Darwin, *The Origin of Species*, 6ª ed., Londres, 1872, p.421.
9. Richard J. Gerrig e Philip George Zimbardo, *Psychology and Life*, Boston, Allyn & Bacon, 2002.
10. David Bakan, "The test of significance in psychological research", *Psychological Bulletin*, v.66, n.6, 1966, p.423-37.
11. Apud Ann Furedi, "Social consequences: the public health implications of the 1995 'pill scare' ", *Human Reproduction Update*, v.5, n.6, 1999, p.621-6.
12. Edith M. Lederer, "Government warns some birth control pills may cause blood clots", Associated Press, 19 out 1995.
13. Sally Hope, "Third generation oral contraceptives: 12% of women stopped taking their pill immediately they heard CSM's warning", *British Medical Journal*, v.312, n.7030, 1996, p. 576.
14. "Social consequences", op.cit., p.623.
15. Klim McPherson, "Third generation oral contraception and venous thromboembolism ", *British Medical Journal*, v.312, n.7023, 1996, p.68.
16. Julia Wrigley e Joanna Dreby, "Fatalities and the organization of child care in the United States, 1985-2003", *American Sociological Review*, v.70, n.5, 2005, p.729-57.
17. Todas as estatísticas sobre mortes infantis apud Centers for Disease Control. Sherry L. Murphy, Jiaquan Xu e Kenneth D. Kochanek "Deaths: final data for 2010"; disponível em: www.cdc.gov/nchs/data/nvsr/nvsr6l/nvsr6l/04.pdf.
18. O material biográfico sobre Skinner é apud seu artigo autobiográfico "B.F. Skinner, an autobiography", in Peter B. Dews (org.), *Festschrift for BF Skinner*, Nova York,

Appleton-Century-Crofts, 1970, p.1-22; e de sua autobiografia, *Particulars of My Life*, espec. p.262-3.

19. Skinner, "Autobiography", p.6.
20. Ibid., p.8.
21. Skinner, *Particulars*, p.262.
22. Skinner, "Autobiography", p.7.
23. Skinner, *Particulars*, p.292.
24. John B. Watson, *Behaviorism*, Livingstone, NJ, Transaction Publishers, 1998, p.4.
25. Skinner, "Autobiography", p.12.
26. Ibid., p.6.
27. Joshua Gang, "Behaviorism and the beginnings of close reading", *English Literary History*, v.78, n.1, 2011, p.1-25.
28. B.F. Skinner, "The alliteration in Shakespeare's sonnets: a study in literary behavior", *Psychological Record*, n.3, 1939, p.186-92. Fiquei sabendo a respeito do trabalho de Skinner sobre aliteração pelo clássico artigo de Persi Diaconis e Frederick Mosteller, "Methods for studying coincidences", *Journal of the American Statistical Association*, v.84, n.408, 1989, p.853-61, leitura essencial para quem quiser se aprofundar nas ideias debatidas neste capítulo.
29. "Alliteration in Shakespeare's sonnets", p.191.
30. Ver, por exemplo, Ulrich K. Goldsmith, "Words out of a hat? Alliteration and assonance in Shakespeare's sonnets", *Journal of English and Germanic Philology*, v.49, n.1, 1950, p.33-48.
31. Herbert D. Ward, "The trick of alliteration", *North American Review*, v.150, n.398, 1890, p.140-2.
32. Thomas Gilovich, Robert Vallone e Amos Tversky, "The hot hand in basketball: on the misperception of random sequences", *Cognitive Psychology*, v.17, n.3, 1985, p.293-314.
33. Kevin B. Korb e Michael Stillwell, "The story of the hot hand: powerful myth or powerless critique?", artigo acadêmico apresentado na Conferência Internacional de Ciência Cognitiva, 2003; disponível em: www.csse.monash.edu.au/~korb/iccs.pdf.
34. Gur Yaar e Shmuel Eisenmann, "The hot (invisible) hand: can time sequence patterns of success/failure in sports be modeled as repeated random independent trials?", *PloS One*, v.6, n.10, 2011, p.e24532.
35. Em relação a isso, eu realmente gosto do artigo de 2011, "Differentiating skill and luck in financial markets with streaks", de Andrew Mauboussin e Samuel Arbesman; é um trabalho especialmente impressionante, considerando que o primeiro autor era aluno do último ano do ensino médio quando o artigo foi escrito! Não creio que suas conclusões sejam decisivas, mas acho que representa um modo muito bom de se pensar sobre esses problemas difíceis; disponível em: papers.ssrn.com/sol3/papers.cfm?abstract_id=1664031.
36. Comunicação pessoal com Huizinga.
37. Yigal Attali, "Perceived hotness affects behavior of basketball players and coaches", *Psychological Science*, v.24, n.7, 1 jul 2013, p.1151-6.

8. *Reductio ad* improvável (p.153-67)

1. Allison Klein, "Homicides decrease in Washington region", *Washington Post*, 31 dez 2012.
2. David W. Hughes e Susan Cartwright, "John Michell, the Pleiades, and odds of 496.000 to 1", *Journal of Astronomical History and Heritage*, n.10, 2007, p.93-9.
3. As duas figuras de pontos espalhados pelo quadrado foram geradas por Yuval Peres, da Microsoft Research, e apud seu "Gaussian analytic functions"; disponível em: http://research.microsoft.com/en-us/um/people/peres/GAF/GAF.html.
4. Ronald A. Fisher, *Statistical Methods and Scientific Inference*, Edimburgo, Oliver & Boyd, 1959, p.39.
5. "Tests of significance considered as evidence", *Journal of the American Statistical Association*, v.37, n.219, 1942, p.325-35.
6. A história do trabalho de Zhang na conjectura do intervalo delimitado é adaptada do meu artigo "The beauty of bounded gaps", *Slate*, 22 mai 2013. Ver Yitang Zhang, "Bounded gap between primes", *Annals of Mathematics*, a ser publicado em breve.

9. A *Revista Internacional de Haruspício* (p.168-87)

1. Você pode ler a versão do próprio Shalizi em seu blog, http://bactra.org/weblog/698.html.
2. John P.A. Ioannidis, "Why most published research findings are false", *PLoS Medicine*, v.2, n.8, 2005, p.e124; disponível em: www.plosmedicine.org/article/info:doi/10.1371/journal.pmed.0020124.
3. Para uma avaliação dos riscos de estudos de baixa potência em neurociência, ver Katherine S. Button et al., "Power failure: why small sample size undermines the reliability of neuroscience", *Nature Reviews Neuroscience*, n.14, 2013, p.365-76.
4. Kristina M. Durante, Ashley Rae e Vladas Griskevicius, "The fluctuating female vote: politics, religion and the ovulatory cycle", *Psychological Science*, v.24, n.6, 2013, p.1007-16. Sou grato a Andrew Gelman pelas conversas sobre a metodologia desse artigo e pelo post em seu blog sobre ele (disponível em: http://andrewgelman.com/2013/05/17/how-can-statisticians-help-psychologists-do-their-research-better), do qual minha análise é retirada, em grande parte.
5. Ver Andrew Gelman e David Weakliem, "Of beauty, sex and power: statistical challenges in estimating small effects", *American Scientist*, n.97, 2009, p.310-6, para um exemplo elaborado desse fenômeno no contexto da questão de se pessoas de boa aparência têm mais filhas que filhos. (Necas.)
6. Christopher F. Chabris et al., "Most reported genetic associations with general intelligence are probably false positives", *Psychological Science*, v.23, n.11, 2012, p.1314-23.

7. C. Glenn Begley e Lee M. Ellis, "Drug development: raise standards for preclinical cancer research", *Nature*, v.483, n.7391, 2012, p.531-3.
8. Uri Simonsohn, Leif Nelson e Joseph Simmons, "*P*-curve: a key to the file drawer", *Journal of Experimental Psychology: General*, no prelo. As curvas esboçadas nessa seção são as "curvas-*p*" descritas no artigo.
9. Algumas referências representativas: Alan Gerber e Neil Malhotra, "Do statistical reporting standards affect what is published? Publication bias in two leading political science journals", *Quarterly Journal of Political Science*, v.3, n.3, 2008, p.313-26. Alan S. Gerber e Neil Malhotra, "Publication bias in empirical sociological research: do arbitrary significance levels distort published results?", *Sociological Method & Research*, v.37, n.1, 2008, p.3-30; e E.J. Masicampo e Daniel R. Lalande, "A peculiar prevalence of *P*-values just below .05", *Quarterly Journal of Experimental Psychology*, v.65, n.11, 2012, p.2271-9.
10. *Matrixx Initiatives, Inc. v. Siracusano*, 2ª ed., 131 S. Ct. 1309, 563 U.S., 179 L. 2011.
11. Robert Rector e Kirk A. Johnson, "Adolescente virginity pledges and risky sexual behaviors", Heritage Foundation, 2005; disponível em: www.heritage.org/research/reports/2005/06/adolescent-virginity-pledges-and-risky-sexual-behaviors; acesso em 14 jan 2014.
12. Robert Rector, Kirk A. Kohnson e Patrick F. Fagan, "Understanding differences in black and white child poverty rates", Heritage Center for Data Analysis Report CDA01-04, n.20, 2001, p.15, apud Jordan Ellenberg, "Sex and significance", *Slate*, 5 jul 2005; disponível em: http://thf_media.s3amazonaws.com/2001/pdf/cda01-04.pdf; acesso em 14 jan 2014.
13. Michael Fitzgerald e Ioan James, *The Mind of the Mathematician*, Baltimore, Johns Hopkins University Press, 2007, p.151, apud Francisco Louçã, "The widest cleft in statistics: how and why Fisher opposed Neyman and Pearson", Departamento de Economia da Escola de Economia e Administração, Lisboa, artigo de trabalho, 02/2008/DE/UECE; disponível em: www.iseg.utl.pt./departamentos/economia/wp/wp022008deuece.pdf; acesso em 14 jan 2014. Note que o livro de Fitzgerald-James parece decidido a argumentar que grande número de matemáticos de sucesso ao longo da história tinham síndrome de Asperger, de modo que sua avaliação do desenvolvimento social de Fisher deve ser lido com isso em mente.
14. Carta a Hick de 8 out 1951, in J.H. Bennett (org.), *Statistical Inference and Analysis: Selected Correspondence of R.A. Fisher*, Oxford, Clarendon Press, 1990, p.144, apud Louçã, op.cit.
15. Ronald A. Fisher, "The arrangement of field experiment", *Journal of The Ministry of Agriculture of Great Britain*, n.33, 1926, p.503-13, apud breve artigo de Jerry Dallal "Why p = 0,05?" (disponível em www.jerrydallal.com/LHSP/p05.htm), uma boa introdução ao pensamento de Fisher sobre o assunto.
16. Ronald A. Fisher, *Statistical Methods and Scientific Inference*, Edimburgo, Oliver & Boyd, 1956, p.41-2, também citado in Dallal, op.cit.

10. Ei, Deus, você está aí? Sou eu, a inferência bayesiana (p.188-219)

1. Charles Duhigg, "How companies learn your secrets", *New York Times Magazine*, 16 fev 2012.
2. Peter Lynch e Owen Lynch, "Forecasts by Phoniac", *Weather*, v.63, n.11, 2008, p.324-6.
3. Ian Roulstone e John Norbury, *Invisible in the Storm: The Role of Mathematics in Understanding Weather*, Princeton, NJ, Princeton University Press, 2013, p.281.
4. Edward N. Lorenz, "The predictability of hydrodynamic flow", *Transactions of the New York Academy of Sciences*, série 2, v.25, n.4, 1963, p.409-32.
5. Eugenia Kalnay, *Atmospheric Modeling, Data Assimilation, and Predictability*, Cambridge, Cambridge University Press, 2003, p.26.
6. Jordan Ellenberg, "This psychologist might outsmart the math brains compating for Netflix Prize", *Wired*, mar 2008, p.114-22.
7. Xavier Amatriain e Justin Basilico, "Netflix recommendations: beyond the 5 stars"; disponível em: techblog.netflix.com/2012/04/Netflix-recommendations-beyond-5-stars.html; acesso em 14 jan 2014.
8. Um bom relato contemporâneo da loucura extrassensorial pode ser encontrado in Francis Wickware, "Dr. Rhine and ESP", *Life*, 15 abr 1940.
9. Thomas L. Griffiths e Joshua B. Tenenbaum, "Randomness and coincidences: reconciling intuition and probability theory", *Proceedings of the 23rd Annual Conference of the Cognitive Science Society*, 2001.
10. Comunicação pessoal, Gary Lupyan.
11. Griffiths e Tenenbaum, op.cit., fig.2.
12. Bernd Beber e Alexandra Scacco, "The devil is in the digits", *Washington Post*, 20 jun 2009.
13. Ronald A. Fisher: "Mr. Keynes's treatise on probability", *Eugenics Review*, v.14, n.1, 1922, p.46-50.
14. Apud David Goodstein e Gerry Neugebauer em prefácio especial para as Feynman Lectures, reimpresso in Richard Feynman, *Six Easy Pieces*, Nova York, Basic Books, 2011, p.xxi.
15. O debate nesta seção deve muito ao livro de Elliott Sober, *Evidence and Evolution*, Nova York, Cambridge University Press, 2008.
16. Aileen Fyfe, "The reception of William Paley's *Natural Theology* in the University of Cambridge", *British Journal for the History of Science*, v.30, n.106, 1997, p.324.
17. Carta de Darwin a John Lubbock, 22 nov 1859, Darwin Correspondence Project; disponível em: www.darwinproject.ac.uk/letter/entry-2532; acesso em 14 jan 2014.
18. Nick Bostrom, "Are we living in a computer simulation?", *Philosophical Quarterly*, v.53, n.211, 2003, p.243-55.
19. O argumento de Bostrom em favor de SIMs tem mais conteúdo que este; é controverso, porém não imediatamente descartável.

11. O que esperar quando você espera ganhar na loteria (p.223-64)

1. Toda a informação sobre a loteria genovesa é de David R. Bellhouse, "The Genoese Lottery", *Statistical Science*, v.6, n.2, mai 1991, p.141-8.
2. Stoughton Hall e Holworthy Hall.
3. Adam Smith, *The Wealth of Nations*, Nova York, Wiley, 2010, livro I, cap.10, p.102.
4. A história de Halley e da anuidade com preços inadequados provém do Capítulo 13 de Ian Hacking, *The Emergence of Probability*, Nova York, Cambridge University Press, 1975.
5. Comunicação pessoal do departamento da loteria Powerball PR.
6. "Jackpot History"; disponível em: www.lottostrategies.com/script/jackpot_history/draw_date/101; acesso em 14 jan 2014.
7. Ver John Haigh, "The statistics of lotteries", in Donald B. Hausch e William Thomas Ziemba (orgs.), *Handbook of Sports and Lottery Markets*, cap.23, Amsterdam, Elsevier, 2008, para um levantamento de resultados conhecidos cujas combinações os jogadores na loteria preferem e quais eles evitam.
8. Carta de Gregory W. Sullivan, inspetor-geral da Fazenda de Massachusetts, para Steven Grossman, tesoureiro estadual de Massachusetts, 27 jul 2012. O relatório de Sullivan é a fonte para o material aqui exposto sobre apostas de grandes volumes no Cash WinFall, exceto onde esteja especificado de outra forma; disponível em: www.mass.gov/ig/publications/reports-and-recommendations/2012/lottery-cash-winfall-letter-july-2012.pdf; acesso em 14 jan 2014.
9. Não pude verificar a data exata da escolha do nome Random Strategies. É possível que a equipe não usasse esse nome quando fez suas primeiras apostas em 2005.
10. Entrevista telefônica, Gerald Selbee, 11 fev 2013.
11. Agradecimentos a François Dorais por essa tradução para o inglês.
12. O material sobre os primeiros tempos de Buffon apud capítulos 1 e 2 de Jacques Roger, *Buffon: A Life in Natural History, trans. Sarah Lucille Bonnefoi*, Ithaca, NJ, Cornell University Press, 1997.
13. Da tradução de "Essay on moral Arithmetic", de Buffon, feita por John D. Hey, Tibor M. Neugebauer e Carmen M. Pasca, in Axel Ockenfels Abdolkarim Sadrieh, *The Selten School of Behavioral Economics*, Berlim/Heidelberg, Springer Verlag, 2010, p.54.
14. Pierre Deligne, "Quelques idées maîtresses de l'oeuvre de A. Grothendieck", *Matériaux pour l'histoire des mathématiques au XXème siècle: actes du coloque à la mémoire de Jean Dieudonné, Nice, 1996*. Paris, Société Mathématique de France, 1998. O original é: "Rien ne semble de passer et pourtant à la fin de l'exposé un théorème clairement non trivial est là." Tradução para o inglês de Colin McCarty, de seu artigo "The rising sea: Grothendieck on simplicity and generality", parte 1, *Episodes in History of Modern Algebra (1800-1950)*, Providence, American Mathematical Society, 2007, p.301-22.

15. Das memórias de Grothendieck, *Récoltes et semailles*, apud McCarty, "Rising sea", p.302.
16. Entrevista telefônica, Gerald Selbee, 11 fev 2013. Toda a informação sobre o papel de Selbee foi retirada dessa entrevista.
17. E-mail de Andrea Estes, 5 fev 2013.
18. Andrea Estes e Scott Allen, "A game with a windfall for a knowing few", *Boston Globe*, 31 jul 2011.
19. A história de Voltaire e da loteria é apud Haydn Mason, *Voltaire*, Baltimore, Johns Hopkins University Press, 1981, p.22-3, e do artigo de Brendan Mckie "The enlightenment guide to winning the lottery"; disponível em: www.damninteresting.com/the-enlightenment-guide-to-winning-the-lottery; acesso em 14 jan 2014.
20. Carta de Gregory W. Sullivan a Steven Grossman.
21. Estes e Allen, op.cit.

12. Perca mais vezes o avião! (p.265-86)

1. Ou pelo menos todo mundo diz que ele costumava dizer isso. Não pude achar qualquer evidência de que ele alguma vez tenha registrado a frase por escrito.
2. "Social Security kept paying benefits to 1,546 deceased", *Washington Wire* (blog), *Wall Street Journal*, 24 jun 2013.
3. Nicholas Beaudrot, "The Social Security administration is incredibly well run"; disponível em: www.donkeylicious.com/2013/06/the-social-security-administration-is.html.
4. Carta de Pascal a Fermat, 10 ago 1660.
5. Aqui, todo o Voltaire é da 25ª de suas "Cartas filosóficas", que consistem em comentários sobre *Pensées*.
6. N. Gregory Mankiw, "My personal work incentives", 26 out 2008; disponível em: gregmankiw.blogspot.com/2008/10/blog-post.html. Mankiw retorna ao mesmo tema em sua coluna "I can afford higher taxes, but they'll make me work less", *New York Times*, BU3, 10 out 2010.
7. No filme *Public Speaking*, de 2010.
8. Ambas citações de Buffon, *Essays on Moral Arithmetic*, 1777.
9. Material biográfico de Ellsberg apud Tom Wells, *Wild Man: The Life and Times of Daniel Ellsberg*, Nova York, St. Martin's, 2001; e Daniel Ellsberg, *Secrets: A Memoir of Vietnam and the Pentagon Papers*, Nova York, Penguin, 2003.
10. Daniel Ellsberg, "The theory and practice of blackmail", Rand Corporation, jul 1968, não publicado na época; disponível em: www.rand.org/content/dam/rand/pubs/papers/2005/P3883.pdf; acesso em 14 jan. 2014.
11. Idem, "Risk, ambiguity and the savage axioms", *Quarterly Journal of Economics*, v.75, n.4, 1961, p.643-69.

13. Onde os trilhos do trem se encontram (p.287-329)

1. A LTCM em si não sobreviveu por muito tempo, mas os principais atores saíram ricos e se mantiveram nos arredores do setor financeiro, apesar do desastre da LTCM.
2. Otto-Joachim Gruesser e Michael Hagner, "On the history of deformation phosphenes and the idea of internal light generated in the eye for the purpose of vision", *Documenta Ophtalmologica*, v.74, n.1-2, 1990, p.57-85.
3. David Foster Wallace, entrevistado na e-zine *Word*, 17 mai 1996; disponível em: www.badgerinternet.com/~bobkat/jest11a.html; acesso em 14 jan 2014.
4. Gino Fano, "Sui postulati fondamentali della geometria proiettiva", *Giornale dei matematiche* 30.s 106, 1892. Tradução adaptada do original in C.H. Kimberling, "The origins of modern axiomatics: Pash to Peano", *American Mathematical Monthly* 79, n.2, fev 1972 p.133-6
5. Explicação altamente resumida: lembre-se, o plano projetivo pode ser considerado um conjunto de retas passando pela origem num espaço tridimensional, e as retas no plano projetivo são planos passando pela origem. Um plano passando pela origem num espaço tridimensional tem uma equação na forma $ax + by + cz = 0$. Assim, um plano passando pela origem num 3-espaço em números boolianos *também* é dado por uma equação $ax + by + cz = 0$, exceto que agora a, b, c devem ser 0 ou 1. Logo, há oito equações possíveis dessa forma. E mais, fazendo $a = b = c = 0$, obtemos uma equação $(0 = 0)$, que é satisfeita para todos x, y e z, e portanto não determina um plano; assim, há ao todo sete planos passando pela origem no 3-espaço, o que significa que há sete retas no plano projetivo booliano, exatamente como deve ser.
6. Informação sobre Hamming tirada em grande parte da seção 2 de Thomas M. Thompson, *From Error-Correcting Codes Through Sphere Packing to Simple Groups*, Washington, DC, Mathematical Association of America, 1984.
7. Ibid., p.27.
8. Ibid., p.5-6.
9. Ibid., p.29.
10. Todo material sobre Ro provém do *Dictionary of RO*; disponível em: www.sorabji.com/r/ro.
11. O material histórico sobre empacotamento de esferas apud George Szpiro, *The Kepler Conjecture*, Nova York, Wiley, 2003.
12. Henry Cohn e Abhinav Kumar, "Optimality and uniqueness of the leech lattice among lattices", *Annals of Mathematics*, n.170, 2009, p.1003-50.
13. Thompson, *From Error-Correcting Codes*, p.121.
14. Ralph H.F. Denniston, "Some new 5-designs", *Bulletin of the London Mathematical Society*, v.8, n.3, 1976, p.263-7.
15. Pascal, *Pensées*, n.139.
16. Informação sobre o "empreendedor típico" provém do cap.6 do livro de Scott A. Shane *The Illusions of Entrepreneurship: The Costly Myths That Entrepreneurs, Investors, and Policy Makers Live By*, New Haven, CT, Yale University Press, 2010.

14. O triunfo da mediocridade (p.333-51)

1. Horace Secrist, *An Introduction to Statistical Methods: A Textbook for Students, A Manual for Statisticians and Business Executives*, Nova York, MacMillan, 1917.
2. Horace Secrits, *The Triumph of Mediocrity in Business*, Chicago, Bureau of Business Research, Northwestern University, 1933, p.7.
3. Robert Riegel, *Annals of the American Academy of Political and Social Science*, v.170, n.1, nov 1933, p.179.
4. Secrist, *Triumph of Mediocrity in Business*, p.24.
5. Ibid., p.25.
6. Karl Pearson, *The Life, Letters and Labours of Francis Galton*, Cambridge, GB, Cambridge University Press, 1930, p.66.
7. Francis Galton, *Memories of My Life*, Londres, Methuen, 1908, p.288. Tanto as memórias de Galton quanto a biografia de Pearson são reproduzidas na totalidade como parte da formidável coleção galtoniana; disponível em galton.org.
8. Apud Emel Aileen Gökyigit, "The reception of Francis Galton's *Hereditary Genius*", *Journal of the History of Biology*, v.27, n.2, verão 1994.
9. De Charles Darwin, "Autobiography", in Francis Darwin (org.), *The Life and Letters of Charles Darwin*, Nova York/Londres, Appleton, 1911, p.40.
10. Eric Karabell, "Don't fall for another hot April for Ethier", blog de Eric Karabell, Fantasy Baseball; http://insider.espn.go.com/blog/eric-karabell/post/_/id/275/andre-ethier-los-angeles-dodgers-great-start-perfect-sell-high-candidate-fantasy-baseball; acesso em 14 jan 2014.
11. Dados sobre totais de *home runs* até metade da temporada apud "All-time leaders at the All-Star Break", CNN Sports Illustrated; disponível em: http://sportsillustrated.cnn.com/baseball/mlb/2001/allstar/news/2001/07/04/leaders_break_hr.
12. "Review of *The Triumph of Mediocrity in Business* by Horace Secrist", *Journal of the American Statistical Association*, v.28, n.184, dez 1933, p.463-5.
13. Informação biográfica sobre Hotelling apud Walter L. Smith, "Harold Hotelling, 1895-1973", *Annals of Statistics*, v.6, n.6, nov 1978.
14. Meu tratamento da história Secrist/Hotelling deve muito a Stephen M. Stigler, "The history of statistics in 1933", *Statistical Science*, v.11, n.3, 1996, p.244-52.
15. Walter F.R. Weldon, "Inheritance in animals and plants", *Lectures on the Method of Science*, Oxford, Clarendon Press, 1906. Fiquei sabendo do ensaio de Weldon por intermédio de Stephen Stigler.
16. A.J.M. Broadribb e Daphne M. Humphreys, "Diverticular disease: three studies, Part II: Treatment with bran", *British Medical Journal*, v.1, n.6007, fev 1976, p.425-8.
17. Anthony Petrosino, Carolyn Turpin-Petrosino e James O. Finckenauer, "Well-Meaning Programs Can Have Harmful Effects! Lessons from Experiments of Programs Such as Scared Straight", *Crime and Delinquency* 46, n. 3 (2000), p.354-79.

15. A elipse de Galton (p.352-92)

1. Francis Galton, "Kinship and correlation", *North American Review*, n.150, 1890, p.419-31.
2. Stanley A. Changnon, David Changnon e Thomas R. Karl, "Temporal and spatial characteristics of snowstorms in the continuous United States", *Journal of Applied Meteorology and Climatology*, v.45, n.8, 2006, p.1141-55.
3. Informação sobre o mapa de isogônicas de Halley apud Mark Monmonier, *Air Apparent: How Meteorologists Learned to Map, Predict, and Dramatize Weather*, Chicago, University of Chicago Press, 2000, p.24-5.
4. Dados e imagem, cortesia de Andrew Gelman.
5. Michael Harris, "An automorphic reading of Thomas Pynchon's *Against the Day*", 2008; disponível em: www.math.jussieu.fr/~harris/Pynchon.pdf; acesso em 14 jan 2014. Ver também Roberto Natalini, "David Foster Wallace and the Mathematics of infinity", *A Companion to David Foster Wallace Studies*, Nova York, Palgrave MacMillan, 2013, p.43-58, que interpreta *Infinite Jest* de maneira semelhante, achando que não são apenas parábolas e hipérboles, mas o *cicloide* — o que se obtém quando se submete uma parábola à operação matemática da inversão.
6. Francis Galton, *Natural Inheritance*, Nova York, MacMillan, 1889, p.102.
7. Raymond B. Fosdick, "The passing of the Bertillon system of identification", *Journal of the American Institute of Criminal Law and Criminology*, v.6, n.3, 1915, p.363-9.
8. Francis Galton, "Co-relation and their measurement, chiefly from anthropometric data", *Proceedings of the Royal Society of London*, n.45, 1888, p.135-45; e "Kinship and correlation", *North American Review*, n.150, 1890, p.419-31. Nas palavras do próprio Galton, do artigo de 1890: "Então naturalmente surgiu uma questão quanto aos limites de refinamento, até onde o sistema do sr. Bertillon podia ser executado com proveito. Um *datum* adicional era sem dúvida obtido por meio da medição de cada membro ou outra dimensão corporal complementar; mas qual era o correspondente aumento de acurácia nos meios de identificação? Os tamanhos das várias partes do corpo da mesma pessoa estão de certa forma relacionados entre si. Uma luva ou um sapato grande sugere que a pessoa a quem pertença seja um homem grande. Mas o conhecimento de que um homem tem uma luva grande e um sapato grande não nos dá muito mais informação se nosso conhecimento se limitar apenas a um dos dois fatos. Seria extremamente incorreto supor que a acurácia do método antropométrico de identificação aumenta com o número de medidas da mesma forma que aumentaria com maravilhosa rapidez a segurança proporcionada por uma melhor descrição dos cadeados com o número de pavilhões. O tamanho dos pavilhões varia de maneira independente um do outro; consequentemente, o acréscimo de cada novo pavilhão *multiplica* a segurança anterior. Mas o tamanho dos vários membros e dimensões corporais da mesma pessoa não varia de forma independente; assim, o acréscimo de cada nova medida contribui em grau cada vez menor para a segurança da identificação."

9. Francis Galton, *Memories of My Life*, p.310.
10. *Briscoe vs Virginia*, argumentação oral, 11 jan 2010; disponível em: www.oyez.org/cases/2000-2009/2009/2009_07_11191; acesso em 14 jan 2014.
11. David Brooks, "One nation, slightly divisible", *Atlantic*, dez 2001.
12. Andrew E. Gelman et al., "Rich State, poor State, red State, blue State: what's the matter with Connecticut?", *Quarterly Journal of Political Science*, v.2, n.4, 2007, p.345-67.
13. Ver o livro de Gelman, *Rich State, Poor State, Red State, Blue State*, Princeton, NJ, Princeton University Press, 2008, p.68-70 para esses dados.
14. "NIH stops clinical trial on combination cholesterol treatment", *NIH News*, 26 mai 2011; disponível em: www.nih.gov/news/health/may2011/nhlbi-26.htm; acesso em 14 jan 2014.
15. "NHLBI stops trial of estrogen plus progestin due to increased breast cancer risk, lack of overall benefit", press release da NIH, 9 jul 2002; disponível em: www.nih.gov/news/pr/jul2002/nhlbi-09.htm; acesso em 14 jan 2014.
16. Philip M. Sarrel et al., "The mortality toll of estrogen avoidance: an analysis of excess deaths among hysterectomized women affect 50 to 59 years", *American Journal of Public Health*, v.103, n.9, 2013, p.1583-8.

16. O câncer de pulmão leva você a fumar? (p.393-410)

1. Material sobre a história inicial da ligação entre fumar e câncer de pulmão apud Colin White, "Research on smoking and lung cancer: a landmark in the history of chronic disease epidemiology", *Yale Journal of Biology and Medicine*, n.63, 1990, p.29-46.
2. Richard Doll e A. Bradford Hill, "Smoking and carcinoma of the lung", *British Medical Journal*, v.2, n.4682, 30 set 1950, p.739-48.
3. Fisher escreveu isso em 1958, apud Paul D. Stolley, "When genius errs: R.A. Fisher and the lung cancer controversy", *American Journal of Epidemiology*, v.133, n.5, 1991.
4. Ver, por exemplo, Dorret I. Boomsma, Judith R. Koopmans, Lorenz J.P. van Doornen e Jacob F. Orlebeke, "Genetic and social influences on starting to smoke: a study of Dutch adolescent twins and their parents", *Addiction*, v.89, n.2, fev 1994, p.219-26.
5. Jan P. Vandenbroucke, "Those who were wrong", *American Journal of Epidemiology*, v.130, n.1, 1989, p.3-5.
6. Apud Jon M. Harkness, "The U.S. Public Health Service and smoking in the 1950s: the tale of two more statements", *Journal of the History of Medicine and Allied Sciences*, v.62, n.2, abr 2007, p.171-212.
7. Idem.
8. Jerome Cornfield, "Statistical relationship and proof in Medicine", *American Statistician*, v.8, n.5, 1954, p.20.

9. Para a pandemia de 2009, ver Angus Nicoll e Martin McKee, "Moderate pandemic, not many dead: learning the right lessons in Europe from the 2009 pandemic", *European Journal of Public Health*, v.20, n.5, 2010, p.486-8. Notar, porém, que os estudos mais recentes sugeriram que o número de mortes no mundo todo foi muito mais alto do que o originalmente estimado, talvez da ordem de 250 mil.
10. Joseph Berkson, "Smoking and lung cancer: some observations on two recent reports", *Journal of American Statistical Association*, v.53, n.281, mar 1958, p.28-38.
11. Idem.
12. Idem.

17. Não existe esse negócio de opinião pública (p.413-43)

1. "Lowering the deficit and making sacrifices", 24 jan 2011; disponível em: www.cbsnews.com/htdocs/pdf/poll_deficit_011411.pdf; acesso em 14 jan 2014.
2. "Fewer want spending to grow, but most cuts remain unpopular", 10 fev 2011; disponível em: www.people-press.org/files/2011/02/702.pdf.
3. Bryan Caplan, "Mises and Bastiat on how democracy goes wrong, Part II", 2003, Library of Economics and Liberty; disponível em: www.econlib.org/library/Columns/y2003/CaplanBastiat.html; acesso em 14 jan 2014.
4. Paul Krugman, "Don't cut you, don't cut me", *New York Times*, 11 fev 2011; disponível em: http://krugman.blogs.nytimes.com/2011/02/11/dont-cut-you-dont-cut-me.
5. "Cutting government spending may be popular but there is little appetite for cutting specific government programs", Harris Poll, 16 fev. 2011; disponível em: www.harrisinteractive.com/NewsRoom/HarrisPolls/tabid/447/mid/1508/articleId/693/ctl/ReadCustom%20Default/Default.aspx; acesso em 14 jan 2014.
6. Esses números são da pesquisa da CBS, jan 2011, op.cit.
7. "The AP-GfK Poll, November 2010", questões HC1 e HC14a; disponível em: http://surveys.ap.org./data/GfK/AP-GfK%20Poll%20November%20Topline-nonCC.pdf.
8. *Annals of the Congress of the United States*, 17 ago 1789, Washington, DC, Gales & Seaton, 1834, p.782.
9. *Atkins vs. Virginia*, 536 US 304, 2002.
10. "Akhil Reed Amar and Vikram David Amar, eighth amendment mathematics (Part I): how the Atkins justices divided when summing", *Writ*, 28 jun 2002; disponível em: writ.news.findlaw.com/amar/20020628.html; acesso em 14 jan 2014.
11. Números de execuções apud Death Penalty Information Center; disponível em: www.deathpenaltyinfo.org/executions-year; acesso em 14 jan 2014.
12. Ver, por exemplo, Atsushi Tero, Ryo Kobayashi e Toshiyuki Nakagaki, "A mathematical model for adaptive transport network in path finding by true slime mold", *Journal of Theoretical Biology*, v.244, n.4, 2007, p.553-64.

13. Tanya Latty e Madeleine Beekman, "Irrational decision-making in an amoeboid organism: transitivity and context-dependent preferences", *Proceedings of the Royal Society B: Biological Sciences*, v.278, n.1703, jan 2011, p.307-12.
14. Susan C. Edwards e Stephen C. Pratt, "Rationality in collective decision-making by ant colonies", *Proceedings of the Royal Society B: Biological Sciences*, v.276, n.1673, 2009, p.3655-61.
15. Constantine Sedikides, Dan Ariely e Nils Olsen, "Contextual and procedural determinants of partner selection: of asymmetric dominance and prominence", *Social Cognition*, v.17, n.2, 1999, p.118-39. Mas ver também Shane Frederick, Leonard Lee e Ernest Baskin, "The limits of attraction" (documento de trabalho), argumentando que a evidência para o efeito de dominação assimétrica em seres humanos fora dos cenários de laboratório é muito fraca.
16. John Stuart Mill, *On Liberty and Other Essays*, Oxford, Oxford University Press, 1991, p.310.
17. Os totais de votos, aqui, apud "Burlington Vermont IRV mayor election"; disponível em: http://rangevoting.org/Burlington.html; acesso em 15 jan 2014. Ver também a avaliação da eleição feita pelo cientista político da Universidade de Vermont Anthony Gierzynski, "Instant Runoff Voting"; disponível em: www.uvm.edu/~vlrs/IRVassessment.pdf; acesso em 15 jan 2014.
18. Ian MacLean e Fiona Hewitt (orgs.), *Condorcet: Foundation of Social Choice and Political Theory*, Cheltenham, GB, Edward Elgar Publishing, 1994, p.7.
19. De "Essay on the applications of analysis to the probability of majority decisions", in Ian MacLean e Fiona Hewitt, *Condorcet*, p.38.
20. Material sobre Condorcet, Jefferson e Adams, apud MacLean e Hewitt, *Condorcet*, p.64.
21. O material sobre a relação entre Voltaire e Condorcet nesta seção, em grande parte apud David Williams, "Signposts to the secular city: the Voltaire-Condorcet relationship", in T.D. Hemming, Edward Freeman e David Meakin (orgs.), *The Secular City: Studies in the Enlightenment*, Exeter, GB, University of Exeter Press, 1994, p.120-33.
22. Lorraine Daston, *Classical Probability in the Enlightenment*, Princeton, NJ, Princeton University Press, 1995, p.99.
23. Relatado numa carta de Mme. Suard, 3 jun 1775, apud Williams, "Signposts", p.128.

18. "A partir do nada criei um estranho Universo novo" (p.444-74)

1. Esta citação, e grande parte da discussão histórica do trabalho de Bolyai em geometria não euclidiana, apud Amir Alexander, *Duel at Dawn: Heroes, Martyrs, and the Rise of Modern Mathematics*, Cambridge, MA, Harvard University Press, 2011, parte IV.
2. Steven G. Kranz, *An Episodic History of Mathematics*, Washington, DC, Mathematical Association of America, 2010, p.171.

3. In *Bush vs. Gore*, 531 U.S. 98, 2000.
4. Antonin Scalia, *A Matter of Interpretation: Federal Courts and the Law*, Princeton, NJ, Princeton University Press, 1997, p.25.
5. Citado amplamente, por exemplo, in Paul Dickson, *Baseball's Greatest Quotations* (ed.rev.), Glasgow, Collins, 2008, p.298.
6. Para ser justo, a pergunta "O que Derek Jeter sabia e quando soube?" nunca foi completamente resolvida. Numa entrevista em 2011 com Carl Ripken Jr., ele reconheceu que os Yankees "se deram bem" no jogo, mas não se dispôs a ir a ponto de dizer que ele devia ter sido eliminado. Mas devia.
7. De Richard A. Posner, "What's the biggest flaw in the opinions this term?", *Slate*, 21 jun 2013.
8. Ver, por exemplo, a participação de Scalia in *Green vs Bock Laundry Machine Co.*, 490 U.S. 504, 1989.
9. Da tradução inglesa do discurso de Hilbert feita por Mary Winston Newson, *Bulletin of the American Mathematical Society*, jul 1902, p.437-79.
10. Reid, *Hilbert*, Berlim, Springer-Verlag, 1970, p.57.
11. Hilbert, "Über das Unendliche", *Mathematische Annalen*, n.95, 1926, p.161-90; trad. ingl. Erna Putnam e Gerald J. Massey, "On the infinite", in Paul Benacerraf e Hilary Putnam (orgs.), *Philosophy of Mathematics*, 2ª ed., Cambridge, GB, Cambridge University Press, 1983.
12. Se quiser ver como fica quando matemáticos sérios vão tim-tim por tim-tim, pode assistir à coisa toda se desenrolar em tempo real na seção de comentários do blog de matemática *The N-Category Café*, 27 set 2011, "The inconsistency of Arithmetic", disponível em: http://golem.ph.utexas.edu/category/2011/09/the_inconsistency_of_arithmetic.html; acesso em 15 jan 2014.
13. Philip J. Davis e Reuben Hersh, *The Mathematical Experience*, Boston, Houghton Mifflin, 1981, p.321.
14. O livro de Robert Kanigel, *The Man Who Knew Infinity*, Nova York, Scribner, 1991, é um meticuloso relato popular da vida e da obra de Ramanujan, se você quiser saber mais.
15. Reid, *Hilbert*, p.7.
16. Ver, por exemplo, o trabalho de Angela Lee Duckworth.
17. De uma carta que Twain escreveu em 17 mar 1903 para a jovem Helen Keller in "The bulk of all human utterances is plagiarism", letters of note; disponível em: www.lettersofnote.com/2012/05/bulk-of-all-human-utterances-is.html; acesso em 15 jan 2014.
18. Terry Tao, "Does one have to be a genius to do Maths?"; disponível em: http://terrytao.wordpress.com/career-advice/does-one-have-to-be-a-genius-to-do-maths; acesso em 15 jan 2014.
19. A história e a conversa citada, apud "Kurt Gödel and the Institute", Institute for Advanced Study; disponível em: www.ias.edu/people/godel/institute.

20. Reid, *Hilbert*, p.137.
21. Reid, *Hilbert*, p.210.
22. De "An election between three candidates", seção de "Essays on the applications of analysis", de Condorcet, in MacLean e Hewitt, *Condorcet*.

Epílogo: Como estar certo (p.475-94)

1. No entanto, Wald cumpriu seu serviço compulsório no Exército romeno, de modo que não posso dizer que ele não ergueu.
2. Apud Ashbery, *The Double Dream of Spring*, 1966. Você pode ler o poema on-line; disponível em: www.poetryfoundation.org/poem/177260; acesso em 15 jan 2014.
3. "Sitting on a fence" aparece no álbum de estreia dos Housemartins, *London O Hull 4*.
4. Parte desse material é adaptada de minha resenha sobre o livro de Silver, *The Signal and the Noise*, *Boston Globe*, 29 set 2012.
5. Josh Jordan, "Nate Silver's flawed model", *National Review Online*, 22 out 2012; disponível em: www.nationalreview.com/articles/331192/nate-silver-s-flawed-model-josh-jordan; acesso em 15 jan 2014.
6. Dylan Byers, "Nate Silver: one-term celebrity?", *Politico*, 29 out 2012.
7. Nate Silver, "October 25: the State of the States", *New York Times*, 26 out 2012.
8. Willard van Orman Quine, *Quiddities: An Intermittently Philosophical Dictionary*, Cambridge, MA, Harvard University Press, 1987, p.21.
9. Esses não são os números reais de Silver, que não estão arquivados, até onde posso afirmar; são apenas números inventados para ilustrar os tipos de predição que ele vinha fazendo antes da eleição.
10. O debate sobre eleições apertadas é adaptado do meu artigo "To resolve Wisconsin's State Supreme Court election flip a coin", *Washington Post*, 11 abr 2011.
11. De *The Autobiography of Benjamin Franklin*, Nova York, Collier, 1909; disponível em: www.gutenberg.org/cache/epub/148/pg148html; acesso em 15 jan 2014.
12. Ver, por exemplo, "I, Mudd", *Star Trek*, no ar em 3 nov 1967.
13. F. Scott Fitzgerald, "The crack-up", *Esquire*, fev 1936.
14. Por exemplo, in George G. Szpiro, *Poincaré's Prize: The Hundred-Year Quest to Solve One of Math's Greatest Puzzles*, Nova York, Dutton, 2007.
15. Samuel Beckett, *The Unnameable*, Nova York, Grove Press, 1958.
16. Minha menção à linguagem de DFW é tirada de um artigo que publiquei na *Slate*, 18 set 2008, "Finite jest: editors and writers remember David Foster Wallace"; disponível em: www.slate.com/articles/arts/culturebox/2008/09/finite_jest_2.html.
17. Samuel Beckett, *Murphy*, Londres, Routledge, 1938.

Agradecimentos

Já se vão mais ou menos oito anos desde que tive pela primeira vez a ideia de escrever este livro. Ele está agora em suas mãos, e não é só uma ideia, é um testemunho da sábia orientação do meu agente Jay Mandel, que com muita paciência me perguntava todo ano se eu estava pronto para tentar escrever algo. E que, quando eu finalmente disse "sim", ajudou-me a refinar o conceito de "Eu quero gritar para as pessoas, detalhadamente, quanto a matemática é bacana" para alguma coisa mais parecida com um livro de verdade.

Sou muito afortunado de ter o livro na Penguin Press, que tem uma longa tradição de ajudar professores a falar para um público amplo permitindo-lhes ao mesmo tempo viajar intelectualmente. Tirei grande proveito das percepções de Colin Dickerman, que adquiriu o livro e ajudou no processo até a forma quase terminada, e Scott Moyers, que o assumiu na reta final. Ambos foram muito compreensivos com um autor novato, à medida que o projeto foi se transformando em algo bem diferente do livro que eu havia originalmente proposto. Também me beneficiei muito dos conselhos e da assistência de Mally Anderson, Akif Saifi, Sarah Hutson e Liz Calamari, na Penguin Press, e de Laura Stickney, da Penguin do Reino Unido.

Também devo minha gratidão aos editores da *Slate*, especialmente Josh Levin, Jack Shafer e David Plotz, que decidiram, em 2001, que a revista precisava de uma coluna de matemática. Eles vêm cuidando do meu material desde então, ajudando-me a aprender como falar sobre matemática de um modo que o não matemático possa entender. Algumas partes deste livro são adaptadas dos meus artigos na *Slate* e foram beneficiadas com a edição deles. Sou também muito grato aos meus editores em outras publicações: o *New York Times*, o *Washington Post*, o *Boston Globe* e o *Wall Street Journal*. (O livro também contém alguns trechos redirecionados dos meus artigos no *Post* e no *Globe*.) Sou especialmente grato a Heidi Julavits, na *Believer*, e Nicholas Thompson, na *Wired*, que foram os primeiros a me encomendar matérias longas e me deram lições críticas sobre como manter uma narrativa matemática fluente durante milhares de palavras seguidas.

Elise Craig fez um excelente trabalho verificando fatos em algumas partes do livro – se você achar algum erro, será em outras partes. Greg Villepique copidescou o livro, removendo erros atribuíveis ao jargão e factuais. Ele é um inimigo incansável de hifens desnecessários.

Barry Mazur, meu orientador de doutorado, ensinou-me grande parte do que agora sei sobre teoria dos números; e mais, ele serve de modelo para as profundas conexões entre a matemática e outros modos de pensar, expressar e sentir.

Para a citação de Russell que abre o livro, estou em dívida com David Foster Wallace, que marcou a citação como epígrafe em potencial em suas anotações de trabalho para *Everything and More*, seu livro sobre a teoria dos conjuntos, mas acabou não usando.

Muito de *O poder do pensamento matemático* foi escrito enquanto eu estava no ano sabático de minhas funções na Universidade de Wisconsin-Madison. Agradeço à Wisconsin Alumni Research Foundation por me possibilitar estender esse período de licença durante um ano inteiro com uma Romnes Faculty Fellowship e aos meus colegas em Madison por me apoiarem neste projeto idiossincrático e não exatamente acadêmico.

Quero agradecer também ao Barriques Coffee, na Monroe Street, em Madison, onde grande parte deste livro foi produzida.

O livro em si beneficiou-se de sugestões de leituras minuciosas de muitos amigos, colegas e estranhos que responderam ao meu e-mail, incluindo: Laura Balzano, Meredith Broussard, Tim Carmody, Tim Chow, Jenny Davidson, Jon Eckhardt, Steve Fienberg, Peli Grietzer, o Hieratic Conglomerate, Gil Kalai, Emmanuel Kowalski, David Krakauer, Lauren Kroiz, Tanya Latty, Marc Mangel, Arika Okrent, John Quiggin, Ben Recht, Michel Regenwetter, Ian Roulstone, Nissim Schlam-Salman, Gerald Selbee, Cosma Shalizi, Michelle Shih, Barry Simon, Brad Snyder, Elliott Sober, Miranda Spieler, Jason Steinberg, Hal Stern, Stephanie Tai, Bob Temple, Ravi Vakil, Robert Wardrop, Eric Wepsic, Leland Wilkinson e Janet Wittes. Inevitavelmente há outros; peço desculpas a qualquer um que eu tenha esquecido. Quero escolher diversos leitores que deram um feedback especialmente importante: Tom Scocca, que leu a coisa toda com olhar aguçado e uma atitude implacável; Andrew Gelman e Stephen Stigler, que me mantiveram correto em relação à história da estatística; Stephen Burt, que me manteve correto em relação à poesia; Henry Cohn, que realizou uma leitura espantosamente cuidadosa de boa parte do livro e me deu a citação sobre Winston Churchill e o plano projetivo; Lynda Barry, que me disse que tudo bem eu mesmo desenhar as figuras; e meus pais, ambos profissionais de estatística aplicada, que leram tudo e me disseram quando a coisa estava ficando abstrata demais.

Agradeço a meu filho e a minha filha por terem sido pacientes ao longo dos muitos dias de trabalho que o livro exigiu, e a meu filho em particular por desenhar uma das figuras. Acima de tudo, a Tanya Schlam, leitora primeira e final de tudo que vocês viram aqui e a pessoa cujo apoio e amor tornaram possível eu chegar a conceber este projeto. Ela me ajudou a compreender, mais ainda que a matemática, como estar certo.

Índice remissivo

ABC News, 63
Abel, Niels Henrik, 61
Abraão, 105
Acima de qualquer suspeita (Turow), 255
Adams, John, 440
aditividade do valor esperado, 242, 244-53
Affordable Care Act, 31, 416
Ahmadinejad, Mahmoud, 199
Albrecht, Spike, 146, 148, 151
Alcméon de Crotona, 297
aleatoriedade:
 aglomerados de estrelas e, 156-8
 números primos e, 160-7
 regressão e *ver* regressão
Alexandre Magno, 27
Álgebra, 122-9, 380
Algoritmos, 70-2
 asteroide, previsão da trajetória, 189
 gravidez, predição da Target, 188, 191, 196
 para resolver equações com números inteiros, 457
 previsão do tempo, 189-90
 terroristas, na busca por, 191-7
Alhazen *ver* Ibn al-Haytham, 'Ali al-Hasan
aliteração, análise estatística de, 143-7
Allen, Scott, 259
altura, e regressão à média, 339-41, 352-61
Amar, Akhil, 422, 424
Amar, Vikram, 422, 424
Amgen, 174
análise estatística de baixa potência, 146, 150, 172
análise não padronizada, 58
anjos bons da nossa natureza, Os (Pinker)
anuidades, fixação de preço de, 228-9
Apolônio de Perga, 361, 364
Arbuthnot, John, 134-5
arco-íris da gravidade, O (Pynchon), 366
área do círculo, 42-50
"argument for Divine Providence, taken from the constant regularity observed in the birth of both sexes, An" (Arbuthnot), 135
argumento do projeto, 212-9
Ariely, Dan, 432
Arquimedes, 42, 43, 45, 47-9, 52, 252
Arrow, Kenneth, 472-3
Ashbery, John, 478-80
Associação para a Ciência Psicológica, 187
asteroide, previsão da trajetória, 189
Atkins, Daryl Renard, 419, 421
Atkins vs. Virginia, 419-25, 455
atrocidades:
 como conjunto parcialmente ordenado, 92
 comparação proporcional de, 77-80, 90-1
Attali, Yigal, 152
"Axiomatic thought" (Hilbert), 470

Bakan, David, 136
Banach-Tarski, paradoxo de, 442-3
Barbier, Joseph-Émile, 248, 249, 251, 254
Bar-Natan, Dror, 116-8, 119
basquete:
 "mão quente", análise estatística da, 147-50
 porcentagem de arremessos na NBA e sistemas de ranqueamento, 84-5
Bayes, teorema de, 205
bayesiana, inferência, 197-219
 argumento do projeto e, 213-9
 mecânica da, 200-5
Beal, Andrew, 166
Beaudrot, Nicholas, 269

Beber, Bernd, 199, 200
Beckett, Samuel, 490, 492
Beekman, Madeleine, 426, 431
Beethoven, Ludwig van, 371
beisebol:
    formalismo no, 454-5
    regressão à média no, 343-6
Bell, Laboratórios, 308, 312
bem-estar social, Estado de, 31-4
Benitez, Armando, 454
Bennett, Craig, 120-2
Bennett, Jim, 191
Berkeley, George, 52, 58
Berkson, falácia de, 405-10
Berkson, Joseph, 158, 405-6
Bernoulli, Daniel, 275, 277-9, 281, 286, 307
Bernoulli, Jakob, 83
Bernoulli, Nicolas, 135, 277
Bertillon, Alphonse, 367-8
bertillonagem, 367-70
Bertrand, Joseph, 255
Bíblia, códigos da *ver* códigos da Bíblia
Bing, R.H., 489
Bits, 305
bivariada de distribuição normal, 360
Blumentahl, Otto, 471-2
bolor limoso, 425-7, 430-3
Bolyai, Farkas, 446
Bolyai, János, 446-7, 449, 451, 490, 492
Borda, Jean-Charles de, 428-31, 442
Bose-Chaudhuri-Hocquenghem, códigos de, 312
Boston Globe, 258
Bostrom, Nick, 217
British Medical Journal, 349
Brooks, David, 385
Broom of the System, The (Wallace), 491
Brown, Derren, 113
Brunelleschi, Filippo, 297-9, 449
Buchanan, Pat, 417, 452, 487
Buffon, Georges-Louis LeClerc, conde de, 244-8, 253, 254, 281
Buffon, problema da agulha, 246-53
Buffon, problema do macarrão, 253
Burlington, Vermont, eleição para prefeito, 2009, 434-7, 441
Burney, Leroy E., 400
Bush, George H.W., 417-8, 424
Bush, George W., 363, 385, 427-30, 433-4, 452
Bush vs. Gore, 456
Byers, Dylan, 482
Byman, Daniel, 77

cálculo, 50-62, 69
câncer de pulmão/fumar cigarros, correlação entre, 396-402
câncer no cérebro, incidência de, 80
Candès, Emmanuel, 373
Cantor, Georg, 307, 463
caos, 189-90
capacidade de um canal de comunicação, 308
Caplan, Bryan, 414
Caplan, Gerald, 77
cara mais limpo da escola, 215
cara ou coroa, 80-3, 87-91
Caramello, Olivia, 450-1
Cardano, Girolamo, 83, 94
carteira de ações, variância de, 290
Cash WinFall, 235-44, 256-64, 287, 291, 295, 305, 324
Cato, Instituto, 31-3
Cauchy, Augustin-Louis, 59-62
CDs, 312
Chabris, Christopher, 173
Chandler, Tyson, 84
Chao, Lu, 487
chapéu do gendarme, 83-91
checksum, 312
Cheney, Dick, 35
Churchill, Winston, 300
"Cidadania em uma República" (Roosevelt), 476-7
círculo, área do, 42-50
Clausewitz, Carl von, 22
clima:
    algoritmos e previsão do tempo, 189-90
    regressão à média e, 373-7
Clinton, Bill, 93, 417-8, 424, 428
CNN, 110
Cobain, Kurt, 481
código da Bíblia, O (Drosnin), 109-10

códigos da Bíblia, 105-11, 116-9, 130, 134
Cohn, Henry, 318
colapso financeiro (2008), 289-90
Coleman, Norm, 486
comparações múltiplas, correção de, 122
comportamento humano, algoritmo prevendo, 188-97
    gravidez, algoritmo da Target para predizer, 188, 191, 196
    localizar terroristas, para, 191-7
compressão, 373
Condorcet, Marie-Jean-Antoine-Nicolas de Caritat, marquês de, 411, 438-43, 444, 451-2, 471, 472-4, 478, 492
Condorcet, paradoxos de, 438, 443
cônicas, seções, 364-7
conjuntos, teoria dos *ver* teoria dos conjuntos
conselho de encontro para namoro, 408-9, 432
consistência da matemática, 456-65
Contra o dia (Pynchon), 366
contraceptivo oral, medo de uso, 138-40
contradição, 456-65, 488-92
Conway, John, 318
Cornfield, Jerry, 402
correção de erros, código de, 306-16
correlação, 16, 361, 367-70, 372-3, 379-92, 393-410
    Berkson, falácia de, e, 405-10
    Bertillon, sistema de, e, 372-3, 379-92
    drogas, estudos de eficácia de, e, 388-9
    fumar cigarros/câncer de pulmão, 396-402
    geometria e, 380-7
    HDL, colesterol/ataques cardíacos, 387-8, 395-6
    relações causais, 379-80, 395-410
    reposição hormonal, terapia de/doença cardíaca, 389
    saúde pública, decisões e, 401-4
    variáveis binárias e, 393-5
    variáveis não correlacionadas, 389-92
corretor de ações de Baltimore, 111-6, 176
"Crack-up, The" (Fitzgerald), 490-1
Cramer, Gabriel, 244, 281
criação divina:
    argumento do projeto, 212-9
    códigos da Torá e, 105-11, 117-9, 130, 134
    fé, utilidade da, 272-5
    teste de significância e, 134-6
"crista de galo", gráficos *ver* gráficos coxcomb
Curtindo a vida adoidado (filme), 35
curva do sino, 83-91

D'Alembert, Jean le Rond, 440
Darwin, Charles, 135, 136, 213, 338-9, 379
Daubechies, Ingrid, 373
Davis, Martin, 457
Davis, Philip, 464
Dawkins, Darryl, 147
Dayton, Mark, 96
De la Vallée Poussin, Charles-Jean, 162
De Moivre, Abraham, 87-9, 90, 360
Deligne, Pierre, 254
Denniston, R.H.F., 322-5
derivadas, 52
desastres:
    como conjunto parcialmente ordenado, 91-2
    comparação proporcional de, 77-80, 91-2
Descartes, René, 303, 352, 380-1
desconhecidos conhecidos (risco), 285-6
desconhecidos desconhecidos (incerteza), 285-6
desempenho nos negócios e regressão à média, 333-6, 340
desperdício governamental, custo de eliminar, 268-9
detecção de erros, códigos de, 312
Dewey, Melvil, 314
Dewey, sistema decimal de, 314
Dial, The, 143
Dickson, J.D. Hamilton, 367
dinheiro, utilidade do, 275-82
Diógenes, o Cínico, 53
distribuição normal, 83-91
Divergent Series (Hardy), 59
divergente, série *ver* série divergente
Doctrine of Chances, The (De Moivre), 87
Doll, Richard, 396-8, 406
Doll e Hill, estudo de, 396-8, 406

dominação assimétrica, efeito de, 432
drogas, estudo de eficácia de:
e correlação, 388-9
interpretação de, 132-3
Drosnin, Michael, 109-10, 118

Economist, The, 93
Edgeworth, Francis Ysidro, 88
educação matemática, 69-72
Einstein, Albert, 197, 470
eleição iraniana, análise dos totais de votos, 199-200
elementos, Os (Euclides), 446
elipses, 352-67
conjuntos de dados exibindo, 361-3
excentricidade das, 361
Galton, de, 352-61
quádricas, como, 364-7
Ellsberg, Daniel, 221, 282-6, 326
Ellsberg, paradoxo de, 284-5
Emanuel, Simcha, 118
empacotamento de esferas, problema do, 316-8
empreendedorismo, 328-9
emprego, crescimento do nível de, 93-6
emprego, estatísticas de:
crescimento de nível de, estadual vs. nacional, 96
crescimento de nível de, por setor, 93-5
mulheres, e estatísticas de perda, 99-101
Ensaio filosófico sobre as probabilidades (Laplace), 282
ensinar matemática, 69-72
equação de Fermat generalizada, 166-7
equações cúbicas, 128
Erving, Julius, 147
escores de testes escolares, 85-6
espaço de manobra, 116-9
Esquisse d'un tableau historique des progrès de l'esprit humaine (Condorcet), 473
Essai sur l'application de l'analyse à la probabilité des décisions rendues à la pluralité (Condorcet), 438
Essay Towards Making the Doctrine of Chances Easy to Those Who Understand Vulgar Arithmetic Only..., An (Hoyle), 87
Estes, Andrea, 258
estranho caso do cachorro morto, O (Haddon), 255
Ética a Nicômaco (Aristóteles), 34
Euclides, 27, 45, 161, 297, 442-3, 445-6
Eudoxo de Cnido, 45, 49, 252
eugenia, 378-9
Euler, Leonhard, 57
ex falso quodlibet (princípio da explosão), 488
exaustão, método da, 45-50
excentricidade de uma elipse, 361
existência, 411-74
consistência da matemática e, 456-65
culto da genialidade, 465-9
formalismo e, 451-65
lógica política e, 470-2
opinião pública e, 413-43
postulado das paralelas e, 445-9
expectativa, 221-329
geometria projetiva e, 296-304
loterias e, 223-64
teoria de codificação e, 305-25
utilidade e, 265-86, 325-9
variância e, 287-96
expectativa condicional, 355
expectativa incondicional, 355
experimentos clínicos *ver* drogas, estudos de eficácia de
explosão, princípio da, 488
explosão combinatória, 296
"Exposition on a New Theory of the Measurement of Risk" (Bernoulli)

Facebook, 191-7
falsa linearidade, 33
falsos positivos, em testes de significância, 171-2
Fano, Gino, 302-3
Fano, plano de, 302-4, 305
fé, utilidade da, 272-5
Fermat, conjectura de, 25, 166-7
Fermat, Pierre de, 166, 269, 271
Feynman, Richard, 209
Fisher, R.A., 116, 131, 134, 136, 139, 141, 144, 153, 155, 158, 180, 183, 185, 186, 187, 197, 206-7, 208, 397-400, 401, 404, 445, 482

Fitzgerald, F. Scott, 489, 490-1
flash-drives, 312
"floco de neve de seis pontas, O" (Kepler), 316
flogaritmo, 162
Flórida, eleição presidencial de 2000 na, 427-30, 433-4, 452, 486
fluxões, 52
formalismo, 451-65
Fosdick, Raymond, 368
Foster, Edward Powell, 314
franc-carreau, 244-53
Franken, Al, 486
Franklin, Benjamin, 487
Frege, Gottlob, 460-2, 489
frequentista, visão da probabilidade, 129-30
Friedman, Milton, 13, 38-9, 326
Frost, Robert, 142
fumar cigarros/câncer de pulmão, correlação, 396-402
Fundamentos (Frege), 462
fundos mútuos, desempenho dos:
    parábola do corretor de ações de Baltimore, 111-6
    viés de sobrevivência e, 17
furos de balas ausentes, problema dos, 14-20

Galton, Francis, 336-41, 346, 348, 352-61, 367, 368-9, 372, 378, 379, 492
Galvin, William, 264
Garcia, Rich, 454
Gascoigne, George, 146
Gato de Cartola, problema do, 211-2
Gauss, Carl Friedrich, 26, 447
gaveta de arquivo, problema da, 176
Gelman, Andrew, 386
gendarme, chapéu do *ver* chapéu do gendarme
Gênesis, 108-9, 117-8
genialidade, culto da, 465-9
geometria, 380
    agulha de Buffon, 246-53
    axiomas de Euclides, 442-3, 446-8
    correlação e, 380-7
    do código de Hamming, 310-1
    elipses e, 352-67
    esférica, 447-50
    não euclidiana, 445-50
    Pitágoras, teorema de, 43, 47, 154
    plana, 72
    problema do empacotamento de esferas e, 316-8
    projetiva, 296-304
Gilovich, Thomas, 147, 150-1, 157
Gingrich, Newt, 77
Girshick, Abe, 13
Gödel, Kurt, 463, 464, 470
Godfrey, Thomas, 487
Golay, Marcel, 312, 318
Goldbach, conjectura de, 166
Gombaud, Antoine (Chevalier de Méré), 269
Google, 188-9, 191
Gore, Al, 385, 427-30, 433-4, 452
Graça infinita (Wallace), 275, 300
gráficos coxcomb, "crista de galo", 353-4
gráficos de dispersão, 353-7
Grande Quadrado de Homens, 408-9
Grandi, Guido, 57
Grandi, série de, 57, 61
Great Big Book of Horrible Things (White), 91
Green, Bem, 166, 167
Grothendieck, Alexander, 254-5
Guerra dos Trinta Anos, 79-80, 92
Guerra e paz (Tolstói), 109, 117-8
guerra termonuclear global, 283, 286
Guilherme III, rei, 228

hackear-*p*, problema de, 177-9
Hadamard, código de, 312
Hadamard, Jacques, 162
Hales, Thomas, 319
Halley, Edmond, 228, 229, 359-60
Hamming, código de, 309-11, 320, 321-3
Hamming, distância de, 313-6
Hamming, esfera de, 315-6
Hamming, Richard, 308-9, 312, 313, 321, 492
Hardy, G.H., 59, 61, 165, 451-2
Harkness, Jon, 400
Harmelin vs. Michigan, 425
harúspice, 168-70
Harvey, James, 239-40, 256-8, 259, 260-2, 263-4, 287, 294-5, 329

HDL, colesterol/ataques cardíacos, e correlação, 387-8, 395-6
Hereditary Genius (Galton), 337, 339
Hersh, Reuben, 464
Hick, W.E., 185
Hilbert, David, 456-9, 462, 463-5, 469, 470, 471-3
Hill, A. Bradford, 396-7, 406
"Hino à alegria" (Beethoven), 371
Hiparco, 385
Hipaso, 45
hipérboles, 366
hipótese nula, teste de significância da, 131-52, 168-81
  advertência para contraceptivos orais e, 138-40
  análise de baixa potência, 146, 150, 172
  como *reductio ad* improvável, 155
  criação divina e, 134-6
  críticas e problemas associados a, 137
  falsos positivos gerados pelo, 170-2
  hackear-*p*, problema de, e, 177-9
  harúspice, 168-9
  maldição dos vencedores, problema da, e, 173
  "mão quente", análise da, 147-52
  mecânica da, 131-4
  relevância da significância, 137-42
  valores-*p*, 129, 133-4, 177-8, 197
História natural (Buffon), 244
Hlatshwayo, Sandile, 93, 95-6
Home Run Derby, maldição do, 345
Horácio, 34
Hotelling, Harold, 346-8
Housemartins, Os, 479-80, 491
Hoyle, Edmond, 87
Huizinga, John, 151-2

Ibn al-Haytham, 'Ali al-Hasan, 297
impressão digital, 370
improbabilidade, 105-19
  códigos da Torá e, 105-11, 117-9, 130, 134
  espaço de manobra de, 116-9
  loterias e, 115-6, 130-1, 159
  parábola do corretor de ações de Baltimore e, 111-6, 176
  ver também probabilidade
In Re Troy Anthony Davis, 453
incerteza, 286, 478-85
incompletude, segundo teorema da, 463
incubação de fundos mútuos, 114
independência de alternativas irrelevantes, 427-33
indiferença, princípio da, 214
inferência, 103-219
  bayesiana, 197-219
  comportamento humano, algoritmo prevendo, 188-97
  hipótese nula, teste de significância da, e, 131-52, 153-4, 168-82
  ocorrências improváveis e, 105-19
  padrões probatórios para avaliar resultados, 120-52, 168-87
  reductio ad improvável e, 155-67, 181-2
infinitesimais, grandezas, 53-62
intervalos de confiança, 181-5
intervalos limitados, conjectura dos, 160, 164-5, 167
Ioannidis, John, 170, 174, 187
Isaías, Livro de, 109
isobáricas, 359
isogônicas, 360
isoípsas, 359
isonéficas, 359
isopléticas, 357, 359-60
isotérmicas, 359

Jefferson, Thomas, 439-40
Jeter, Derek, 344, 454
Johnson, Armon, 84-5, 86
Johnson, Kirk, 180
Jones, William, 419
Jordan, Josh, 481-2
Journal of American Statistical Association (*Jasa*), 346, 347
Journal of the American Medical Association, 400
júri, teorema do, 438-9

Kahnemann, Daniel, 327
Kane, Thomas, 85-6
Kass, Robert E., 109, 116
Kazhdan, David, 110

Kemp, Jack, 37
Kemp, Matt, 343-4, 346
Kennedy, Anthony, 368
Kepler, Johannes, 316-7, 318-9
Kerrich, J.E., 82
Kerry, John, 361-2
Keynes, John Maynard, 208
Kiss, Bob, 435-8
Kitab al-Manazir (Ibn al-Haytham), 297
Klein, Felix, 471
Klem, Bill, 454-5
Korb, Kevin, 150
Kronecker, Leopold, 123
Krugman, Paul, 414
Kumar, Abhinav, 318

La Condamine, Charles-Marie de, 259-60, 440
Laffer, Arthur, 35, 40-1
Laffer, curva de, 34-41, 267
lançamento de moeda *ver* cara ou coroa
Laplace, Pierre-Simon, 282
Latty, Tanya, 426, 431
Lawson, Donald, 231, 232
Le Peletier des Forts, Michel, 259
Lebowitz, Fran, 280
Leech, empilhamento de, 318, 319
Leech, john, 318
lei das médias, 90
lei dos grandes números, 82, 83-91, 129
Leibniz, Gottfried W., 57
Liggins, DeAndre, 84
limite, 59
linearidade, 29-102
 curva de Laffer e, 34-41
 falsa, 33
 localmente reto, globalmente curvo, 42-62
 não linearidade distinta de, 33-4
 números negativos, impacto dos, 93-102
 regressão linear, 64-8, 70-5
 sistemas de ranqueamento e, 77-92
lineocentrismo, 78
Littlewood, J.E., 165
Livermore, Samuel, 420-1, 425
Lobachevskii, Nikolai, 447
localmente reto, globalmente curvo, 42-62
 cálculo e, 50-62
 círculo, área do, 42-50
 exaustão, método da, 45-9
 grandezas infinitesimais, definindo, 52, 53-62
logaritmo, 162
lógica política, 470-2
lojban, 315
Long Beach Press-Telegram, 63
Long-Term Capital Management, 290
Lorenz, Edward, 189-90
Los Angeles Times, 77
loterias, 130-1, 159, 223-64
 aditividade do valor esperado, 242, 244-53
 Cash Winfall, 235-44, 256-64, 287, 291, 295, 305, 324
 código de Denniston e, 322-5
 improbabilidade e, 115-6, 130-1, 159
 loteria da Transilvânia, 293-4
 plano de Fano e, 302-4, 305
 Powerball, 230-5
 utilidade de jogar, 325-7
 variância e, 290-6
Lowenstein, Roger, 290
Lu, Yuran, 256, 287, 325, 329

Maier, Jeffrey, 454
Maimônides, 105, 107-8
maldição do vencedor, 173
Mallat, Stéphane, 373
Malthus, Thomas, 474
Mankiw, Greg, 38-9, 280
Many Labs, projeto, 187
"mão quente", mito da, 147-50
Mariner 9 (satélite orbitando Marte), 312
Maryland vs. King, 368
Mason e Dixon (Pynchon), 366
matemática:
 como senso comum, 18-23
 compreensão da, e percepção de problemas cotidianos, 9-11

ensino da, 69-72
existência *ver* existência
expectativa *ver* expectativa
fatos complicados da, 24-5
inferência *ver* inferência
linearidade *ver* linearidade
quatro quadrantes da, 24
regressão *ver* regressão
Wald, e o problema dos furos de balas, 11-20
matemática, educação *ver* educação matemática
matemática reformada, 70-1
matemática tradicional, 70
"Mathematician, The" (Von Neumann), 22-3, 27
Matijasevic, Yuri, 457
Matrixx, 180
Maynard, James, 164
McKay, Brendan, 116-9
McNamara, Robert, 77
médias ponderadas, 86
médias simples, 86
meias, sandálias calçadas com, 457
"melodrama da matemática", mito do, 255
Melville, Herman, 118
Menecmo, 27
menos parecido com a Suécia, falácia, 31-4
Mental Radio (Sinclair), 197
mente brilhante, Uma (filme), 255
métodos probatórios para avaliar resultados, 120-52, 168-87
engenharia reversa e, 123-9
inferência bayesiana *ver* bayesiana, inferência
intervalos de confiança, uso de, 181-5
replicação de resultados, 186-7
salmão morto, estudo por IRMf, resultados estatísticos de, 120-1
teoria da probabilidade e, 129-52
teste de significância e *ver* hipótese nula, teste de significância da
Meyer, Yves, 373
Michell, John, 156, 158, 160
Milhão, Decreto do, 228-9
Mill, John Stuart, 434
Minard, Charles, 353
Minkowski, Hermann, 465
Mirman, Eugene, 63
Mishneh Torah, 105, 107
míssil, trajetória de:
equação quadrática e, 123-8
regressão linear e, 67-8
Mitchell, Daniel, 31, 33
Mitchell, John, 143
Moby Dick (Melville), 118
Mona Lisa (quadro), 369-70
Montroll, Andy, 435-8
Moor, Ahmed, 77
Morgenstern, Oskar, 12, 283, 470
Morlet, Jean, 373
Mosteller, Frederick, 13
mulheres, e estatísticas de perda de emprego, 99-101
Mumford, David, 72

Nader, Ralph, 427-30, 433-4, 452
não linearidade:
distinta da linearidade, 33-4
da utilidade, 277
National Review, 481
Natural Theology; or, Evidence of the Existence and Attributes of the Deity, Collected from the Appearances of Nature (Paley), 213
Nelson, Edward, 58, 463
Netflix, 190-2
New York Times, 97, 99, 118, 344, 481
Newton, Isaac, 21, 50, 52-3, 64
Neyman, Jerzy, 183-5, 274, 445
Nightingale, Florence, 353
Noether, Emmy, 471
Notices of the American Mathematical Society, 110
NSA, 196
Numb3rs (programa de TV), 160
números (não) mentem, Os (Seife), 486
números negativos:
desigualdade de renda e, 97-9
estatísticas de nível de emprego e, 93-5
mulheres, e estatísticas de perda de empregos, 99-101
problemas com palavras e, 101-2

números primos, distribuição dos, 160-7
números primos, teorema dos, 162, 163

O'Connor, Sandra Day, 421
Obama, Barack, 31-3, 77, 280, 361-2, 416-7, 481-4
obesidade, 63-4, 73-6
Oitava Emenda, 371-2
Olsen, Nils, 432
opinião pública, 413-43
  Atkins vs. Virginia, 419-25, 455
  independência de alternativas irrelevantes, efeito da, 427-33
  na eleição presidencial de 2000 na Flórida, 427-30, 433-4, 452, 486
  paradoxos de Condorcet e, 438, 443
  pesquisas e, 413-9
  teorema do júri e, 438-9
  transferência imediata, votação com, 433-7
Oprah Winfrey Show, The (programa de TV), 110
orelhas, cortar, 420-1
origem das espécies, A (Darwin), 337

palavras de código, 309
Paley, William, 213, 215
parábolas, 366
paralelas, postulado das *ver* postulado das paralelas
Paramore (navio), 360
Parapsicologia: fronteira científica da mente (Rhine), 197
parcialmente ordenado, conjunto, 92
Parsons, código de, 371
Partido Republicano, 96
Pascal, aposta de, 272-5
Pascal, Blaise, 219, 269-75, 307, 328, 440-1, 455-6, 480
Peano, Giuseppe, 458
Pearson, Egon, 183-5, 274, 445
Pearson, Karl, 380, 383
pena capital, 419-25
Penry vs. Lynaugh, 420, 421-2
Pensées (Pascal), 219, 271-2, 274
Peres, Shimon, 110
performance de consultor de investimentos, 151
Perot, H. Ross, 417-8, 424, 427
perspectiva, 296-7
Peruggia, Vincenzo, 369-70
pesquisas políticas, computação de erro padrão em, 88
pi, 47, 487
pi (filme), 255
Piketty, Thomas, 97-8
Pinker, Steven, 79-80
Pitágoras, 45
Pitágoras, teorema de, 43-5, 47, 154-5
pitagóricos, 44-5
Planck, Max, 471
plano projetivo, 299-301, 302, 449-50
Platão, 297
platonismo, 464-5
Plêiades, 156-8
Podesta, John, 110
Poincaré, Henri, 467
Poisson, Siméon-Denis, 83
polígonos, 49, 52
Politico, 482
ponto de fuga, 299
ponto final substituto, problema do, 396
pontos no infinito, 299, 300
"Por que Obama está tentando tornar os Estados Unidos mais parecidos com a Suécia quando os suecos tentam ser menos parecidos com a Suécia?" (Mitchell), 31
Posner, Richard, 455-6
postulado das paralelas, 445-9
Powerball, 230-5
precisão, 485-8
preços de seguros, e valor esperado, 227, 228-9
primos gêmeos, conjectura dos, 161, 165-6
princípio da explosão, 488
princípio da indiferença, 214
probabilidade, 129-42
  como grau de confiabilidade, 204-5
  lei dos grandes números e, 129
  a posteriori, 205

a priori, 201-3
teste de significância e *ver* teste de significância da hipótese nula
visão frequentista da, 129-30
ver também improbabilidade
probabilidades a posteriori, 205
probabilidades condicionais, 195
produto, regra do, 112
projetiva, geometria *ver* geometria projetiva
projetivo, plano *ver* plano projetivo
projeto inteligente, 213
"promessa e as armadilhas de usar medidas imprecisas de prestação de contas escolar, A" (Kane & Steiger), 86
promotor, falácia do, 196
proporções, 77-80, 90-2
prova, A (filme), 255
Psychological Science, 172
Ptolomeu, 27
Putnam, Hilary, 457
Pynchon, Thomas, 366

quadrado circunscrito, 47
quadrado inscrito, 46
quadráticas, equações, 123-8
quádricas (seções cônicas), 364-7
Quem quer ser um milionário? (filme, programa de TV), 439
Quine, W.O.V., 484

rádio, telepatas de, 197-9
Ramanujan, Srinivasa, 465
Rand, Corporação, 283
Random Walk Down Wall Street, A (Malkiel), 291
Rattner, Steven, 97
Reagan, Ronald, 37-8, 280
Rector, Robert, 180
reductio ad absurdum, 153, 155, 450
reductio ad improvável, 155-67, 181-2
aglomerados de primos e, 160-7
argumento do projeto, 213-4
armadilhas da, 158-9
Plêiades como aglomerados vs., distribuição aleatória, 156-8
teste de significância da hipótese nula e, 155
Reed-Solomon, código, 312
regressão, 331-410
clima e, 373-7
correlação e, 361, 367-9, 372-3, 379-410
elipses e, 352-67
estatísticas de beisebol e, 343-6
estudos de hereditariedade de Galton e, 336-41, 352-61
trânsito oral-anal e, 349-50
triunfo da mediocridade de Secrist e, 333-6, 341, 346-8
regressão linear, 64-8, 70-5
ensino superior/resultados de testes no ensino médio e, 64-6
obesidade e, 63-4, 73-6
trajetória de mísseis e, 67-8
"Regression toward mediocrity in hereditary stature" (Galton), 357
Reid, Constance, 471-2
Reid, Ryan, 84
relações causais, e correlação, 379-80, 395-410
relações exteriores, 77
"Relatórios de Replicações Registradas", 187
replicação, 186-7
reposição hormonal, terapia/doença cardíaca, correlação entre, 389
reticulado cúbico de face centrada, 317
Review of Finance, 18
Rhine, J.B., 197-8
Riegel, Robert, 334
Riemann, Bernhard, 447-50
Rips, Eliyahu, 106, 107, 108, 109, 110, 117, 118
riqueza das nações, A (Smith), 224
risco, 286
risco, índices de, 139-41
Ro, 314
Roberts, John, 453-4, 455
Robinson, Abraham, 58
Robinson, Julia, 457
Roentgen, Wilhelm, 471
Romberg, Justin, 373
Romney, campanha de, 99-101
Romney, Mitt, 99, 172-3, 481-3

Roosevelt, Theodore, 476-80
Rosenberg, Yoav, 106, 107, 108, 110, 117, 118
Rousseau, Jean-Jacques, 438
Ruanda, genocídio de, 78-9, 91-2
Rumsfeld, Donald, 35, 285
Russell, Bertrand, 5, 143, 461-2, 489
Russell, paradoxo de, 461-2

S. Petersburgo, paradoxo de, 277-81
Saez, Emmanuel, 97-8
salmão morto, 120-1
saúde pública, decisões sobre, e valor esperado, 401-4
Saunders, Percy, 142
Savage, Leonard Jimmie, 13, 283, 326
Savant Capital, estudo de desempenho de fundos mútuos, 17
Scacco, Alexandra, 199
Scalia, Antonin, 421-4, 425, 453, 455-6, 458, 463
Scared Straight, 350-1
seções cônicas *ver* cônicas, seções
Secrist, Horace, 333-6, 340-2, 346-50
Sedikides, Constantine, 432
Seife, Charles, 486
Selbee, Gerald, 240-1, 256-7, 259, 260-1, 287, 291, 293-5, 325
Selbee, Marjorie, 240
selva, A (Sinclair), 197
Sensenbrenner, Jim, 96
senso comum, 18-23
Sequências de Letras Equidistantes (SLE), 107-11
"Será que todos os americanos vão ficar acima do peso ou se tornar obesos?" (Wang et al.), 63
série divergente, 61
Shakespeare, William, 144-6
Shalizi, Cosma, 168
Shannon, Claude, 306, 308, 311, 312, 314-5, 320-2, 372, 492
significância, teste de *ver* hipótese nula, teste de significância da
Silver, Nate, 481-5
simetria finita, grupos de, 318
Simonsohn, Uri, 177, 187
Sinclair, Mary, 197
Sinclair, Upton, 197
sino, curva do *ver* curva do sino
sistemas de ranqueamento, 77-92
- atrocidades e desastres e, 77-80, 91-2
- cara e coroa e, 80-3, 87-91
- curva do sino e, 83-91
- incidência de câncer no cérebro e, 80
- lei das médias e, 90
- lei dos grandes números e, 82, 83-91, 129
- médias ponderadas e, 86
- porcentagens de arremessos na NBA e, 84-5
- proporções e, 77-80, 91-2
- resultados de testes escolares e, 85-6

"Sitting on a fence" (Os Housemartins), 479-80
Skinner, B.F., 142-7
Smith, Adam, 224-5, 235, 263, 326
sobrevivência, viés da:
- desempenho de fundos mútuos e, 17-8
- problema de Wald dos furos de balas e, 16-7

"Soonest mended" (Ashbery), 478-9
Sotomayor, Sonia, 180
Spence, Michael, 93, 95-6
SRG – Statistical Research Group, 12-3, 14, 15
Staiger, Douglas, 85-6
"Statistical inquiries into the efficacy of prayer" (Galton), 338
Statistical Science, 109, 119
Stein, Ben, 35
Sternberg, Shlomo, 110
Stevens, John Paul, 424
Stigler, George, 265, 267, 268, 269, 404
Stockman, David, 37-8
Strena Seu De Nive Sexanula (Kepler), 316
Sullivan, Gregory W., 239, 263
Suprema Corte dos Estados Unidos, 180, 384, 419-20, 452-6

Talbott, John, 400
tamanho da amostra, 83-5
Tao, Terry, 166, 167, 373, 463, 467, 469
Tarasco, Tony, 454

Target, lojas, 188, 191, 196
Tarski, Alfred, 442-3
telepatia, 197-200
tempo de espera em aeroportos *versus* voos perdidos, 265-9
teoria dos conjuntos, 460-2
"teoria matemática da probabilidade, Uma" (Shannon), 307
teorias conspiratórias, 210-1
terroristas, algoritmos para encontrar, 191-7
terroristas, ataques, 77-8
Terry, Luther, 400
Thabeet, Hasheem, 84
Theory of Games and Economic Behavior, The (Von Neumann e Morgenstern), 283
título do livro, desculpas pelo, 378-9
Tolstói, Liev, 117-8
tomada de decisão social, 438-43, 472-4
Torá, códigos da, 105-11, 117-9, 130, 134
Toronto Star, 77
transferência imediata, votação com (*instant runoff*), 434-7
Transilvânia, loteria da, 293-4
transitividade, 387-9
Treatise on Probability (Keynes), 208
tributação, e receita gerada, 34-41
Triumph of Mediocrity in Business, The (Secrist), 333-4
Trop vs. Dulles, 421
Tsarnaev, Dzhokar, 211
Turgot, Jacques, 438
Turiaf, Ronny, 84
Turow, Scott, 255
Tversky, Amos, 147-51, 157, 327
Twain, Mark, 68, 468

utilidade, 265-86
    de comprar um bilhete de loteria, 326-7
    de crença religiosa, 271-5
    desperdício governamental, custo de eliminar, 268-9
    do dinheiro, 275-82
    de empreendedorismo, 328-9
    paradoxo de Ellsberg, 284-5
    tempo de espera em aeroportos vs. voos perdidos e, 265-9
    teoria da utilidade esperada, 282-6
utilidade, curva de, 267
utilidade esperada, doutrina da, 282-6
Utis, 266-7

Vallone, Robert, 147, 150-1, 157
valor esperado, 225-35
    aditividade do, 242, 244-53
    apostas, de, 226-7
    bilhetes de loteria, de, 224-6, 230-44
    crença religiosa, de, 272-5
    e decisões sobre saúde pública, 401-4
    preços de seguros, 228-9
valores-*p*, 129, 133-4, 177-8, 197
Vandenbroucke, Jan, 399
Varian, Hal, 37
variância, 287-96
    carteira de ações e, 289-90
    loteria Cash WinFall e, 291-6
variáveis, estabelecendo como zero, 15
variáveis binárias, correlação e, 393-5
variáveis não correlacionadas, 389-92
vetor, 381-2
vetores ortogonais, 383-4
Vida no Mississippi (Twain), 68-9
Viète, François, 94
Voevodsky, Vladimir, 463-4
Voltaire, 260, 274, 440-1
Von Neumann, John, 22-3, 27, 283, 286, 327
votação:
    em Burlington, Vermont, 2009, para prefeito, 434-7, 441
    Condorcet, paradoxos e, 438, 443
    na Flórida, eleição presidencial de 2000, 427-30, 433-4, 452, 486
    padrões de *ver* votação, padrões de, análise estatística de
    Silver, predições de, para eleição presidencial de 2012, 481-5
    transferência imediata, votação com, 433-7
votação, padrões de, análise estatística de:
    eleição iraniana, totais de votos, 199-200

Obama vs.Kerry, divisão de votos, 361-2
riqueza e votos em republicanos vs. democratas, 363, 385-6
voxels, 121-2

Wald, Abraham, 11-18, 20, 176, 177, 458, 471, 478, 492
Walker, Scott, 96
Wall Street Journal, 35, 345, 349
Wall Street Journal's Washington Wire, blog, 268
Wallace, David Foster, 255, 275, 300, 491
Wallis, W. Allen, 13
Wang, Youfa, 73-5
Wanniski, Jude, 35, 37, 41
Washington Post, 101
Watson, John, 143-4
Way the World Works, The (Wanniski), 37
Weil, Sandy, 151-2
Weissmandl, Michael Dov, 107-8
Weldon, Walter R.F., 348-9
When Genius Failed (Lowenstein), 290
White, Matthew, 91
"Why most published research findings are false" (Ioannidis), 170
Wiener, Norbert, 13
Wiles, Andrew, 166
Williams, William Carlos, 72
Witztum, Doron, 106, 107, 108, 109-10, 116-7, 118-9
Wolfowitz, Jack, 13, 16
Worstward Ho (Beckett), 492
Wright, Kurt, 435-7

Zenith Radio Corporation, 197-8
Zeno, 53
Zeno, paradoxo de, 53-4, 57
Zhang, Ying, 240, 257, 261
Zhang, Yitang "Tom", 160, 161, 163, 164-5, 167

"Brilhante... O talento de Ellenberg para encontrar situações da vida real carregadas de princípios matemáticos deve causar inveja em qualquer professor da disciplina... Parte do prazer intelectual do livro é ver o autor saltar de tema em tema... O efeito final é um imenso mosaico unificado pela matemática." *The Washington Post*

"Jordan Ellenberg mostra como a matemática entretém e estimula o raciocínio. Mas também que o raciocínio matemático pode ser uma caixa de ferramentas para qualquer ser pensante – qualquer pessoa que queira evitar as falácias e outras formas de erro." Steven Pinker, cientista cognitivo, professor de psicologia em Harvard e autor de *Como a mente funciona*

"Os matemáticos, de Charles Lutwidge Dodgson a Steven Strogatz, têm celebrado o poder da matemática na vida e na imaginação. Nesta exploração imensamente agradável da matemática cotidiana... Ellenberg explica os princípios fundamentais com prazer erudito – seja achando furos nas predições de um 'apocalipse de obesidade' nos Estados Unidos ou desconstruindo a tentativa do psicólogo B. F. Skinner de provar estatisticamente que Shakespeare era um fracasso em aliteração." *Nature*

"Fácil de acompanhar, apresentado com humor. O livro irá ajudá-lo a evitar as armadilhas que surgem quando não temos os instrumentos corretos." Mario Livio, *The Wall Street Journal*

"Revigorante, lúcido e ao mesmo tempo rigoroso, o livro nos mostra como surgem as ideias matemáticas – e também como podemos começar a pensar matematicamente." *The New York Times*

"Espirituoso, irresistível e simplesmente gostoso de ler, este livro vai ajudar você a explorar seus superpoderes matemáticos." *Scientific American*

"Ellenberg rompe a difundida percepção da matemática como assunto acadêmico, irrelevante para a vida das pessoas comuns. Os leitores serão surpreendidos pela frequência com que a matemática lança uma luz inesperada sobre a economia, a saúde e a política. Baseando-se em pouquíssimas fórmulas, Ellenberg escreve com verve e humor, demonstrando que a matemática simplesmente é uma extensão do senso comum. Ele traduz até mesmo o trabalho de pioneiros teóricos como Cantor e Gödel para uma linguagem de amadores inteligentes... Um encontro estimulante com a matemática." *Booklist*

"Um poeta-matemático oferece uma cartilha poderosa e divertida para a era dos grandes bancos de dados... Um livro de matemática gratificante para qualquer um." *Salon*

"Se você vai tirar férias e está procurando um livro informativo e de leitura agradável, embarque em *O poder do pensamento matemático*, de Jordan Ellenberg." *Bloomberg View*

"O livro me faz lembrar do grande autor de matemática Martin Gardner: Ellenberg compartilha da notável habilidade de Gardner de escrever de forma clara e interessante, introduzindo ideias matemáticas complexas sem que o leitor registre qualquer dificuldade." *Times Higher Education*

"O autor evita o jargão pesado e se apoia em fatos interessantes do mundo real e em equações e ilustrações básicas para comunicar como até mesmo a matemática simples é uma ferramenta poderosa... Espirituosa e expansiva, a matemática de Ellenberg deixará os leitores informados, intrigados e munidos de uma profusão de assuntos interessantes para conversas."
Kirkus Reviews

1ª EDIÇÃO [2015] 6 reimpressões

ESTA OBRA FOI COMPOSTA POR MARI TABOADA EM DANTE PRO E IMPRESSA
EM OFSETE PELA GRÁFICA SANTA MARTA SOBRE PAPEL PÓLEN NATURAL
DA SUZANO S.A. PARA A EDITORA SCHWARCZ EM JUNHO DE 2023

A marca FSC® é a garantia de que a madeira utilizada na fabricação do papel deste livro provém de florestas que foram gerenciadas de maneira ambientalmente correta, socialmente justa e economicamente viável, além de outras fontes de origem controlada.